写真と資料が語る
総覧・日本の巨樹イチョウ
―幹周7m以上22m台までの全巨樹―

銀杏科学研究舎・主宰
堀　輝　三
筑波大学名誉教授・理学博士

銀杏科学研究舎・主任研究員（文化部門担当）
堀　志保美

共　著

内田老鶴圃

はじめに

　樹木は自分の生きてきた何百年かの歴史を体組織の中に記録・保存している。現存する巨樹・巨木は何百年か前に芽生え、その時代の大気を使って細胞・組織を形成して生長し続け、年ごとに年輪を刻んできた。したがって巨樹に育った今日の幹芯に残る組織壁には当時のその地域の大気組成が保存記録されていると考えられる。例え樹が枯死しても、その樹が存在する限り、枯死残存遺体の中にそれは保存されている。

　通常、イチョウの幹組織は他の樹木より腐る確率が低い。すなわち、**うろ**になって失われる割合は少ないので、幹組織が本体とともに永く残存し続ける割合が高い。だから、樹体の中に保存されているもろもろの情報を引き出せる技術が開発されたときには、不老不死ともいわれるほど寿命の永いイチョウは歴史遺物(過去の情報保存体)としての有用性が非常に高いといえる。長く生きてきたイチョウが保有するもろもろの植物的有形、無形形質から将来私達がいろいろな情報を引き出し、活用できる日の来ることが期待できる。そのために、体の一部の乾燥標本を保存する博物館・標本館といった現在の文化財保存施設とは違った、個体丸ごとを保存する植物遺体保存施設(情報銀行)をつくってはどうであろう。後世の人は、そこから情報を引き出し、活用することであろう。

　イチョウはスギ、ヒノキ、マツといった有用建築材樹種と比べて用途は非常に狭い。そのため、建築材としての育成栽培はあまり行われない。また、個人が気ままに植え楽しむということはなかったように思える。その代わり、数百年以上も前から、人の交流を背景にしたシンボリックな目的で植えられたことが多かったようである。
　例えば、布教の途中立ち寄った所に杖としてもって来たイチョウを挿して残した、○○の戦勝祈願のために植えた、誰々を埋葬した印として、ランドマークとして、あるいは神社仏閣を建てた記念として植えたとかである。このため、イチョウは単独に植えられることが多く、後にはそれがランドマークなど当初の目的以外の標徴物としての用をなすようになることが多い。いずれの場合も、イチョウが人のいろいろな活動の跡づけとして残されたり、植えられたりしている。すなわち巨樹イチョウは「人間活動の歴史的痕跡」を残しているのである。それ故イチョウに関するもろもろの調査をすることは過去を探るひとつの手掛かりになると考えられる。
　こうした観点から、現存する古木イチョウの評価を通して、人的交流の歴史を浮かび上がらせることも期待できる。その交流の範囲は国内はもとより、イチョウの分布が限定される東アジア三国(中国・韓国・日本)にわたり、この三国間の古い時代における交流の歴史経路を、イチョウの移入、伝搬の経路として捉えてみることができるのではないであろうか？

　現在生きている、歴史を刻み込んだ巨樹イチョウの姿をできるだけ多く記録し、残しておくことも重要である。その姿とそれを記録した記録媒体にも、情報は残されているはずである。消えてしまっては取り返しがつかない。そうした研究が将来展開することを期待し、そのための基礎資料収集の初期ステップとして本巻をつくった。現時点では、近世・近代の文献調査すら初期的な段階であり、まして、

中世に及ぶものは皆無である。そうした文献資料の発掘は一朝一夕にできるものではなく、本書がその核になるひとつの小石としての役割を果たし、将来の研究が発展拡大することを期待したい。

　2003 年に、日本全土に現存する幹周 6 m 台の巨木イチョウ約 180 本を記録収集した「日本の巨木イチョウ」を刊行した。これは、6 m 台の巨木イチョウの 90 数％はカバーしている（公開されていない個人所有の木は除かざるを得なかったが）。

　本巻はその姉妹編として、幹周長 7 m 以上（最大 22 m 台まで）の樹すべてを対象として調査した 20 世紀の記録である。「巨木イチョウ」について、本文中に「幹周 6 m 台の木に限る」と書いたが、表紙やタイトルにサイズを入れなかったため何人かの方から「わが県のこの有名なイチョウが載っていないのはどうしてか？」という疑問が寄せられた。そのため、誰にも容易に分かるように、本巻のタイトルは「写真と資料が語る：総覧・日本の巨樹イチョウ―幹周 7 m 以上 22 m 台までの全巨樹―」とした。

　イチョウについてのみ適用した用語だが、幹周 500〜700 cm の木を**巨木**、それ以下を大木、幹局 701 cm 以上の樹を**巨樹**、として区別している（文献 34 参照）。

謝　　辞

　全国の友人や現地の多くの方々(お名前を聞けなかった方が多い)の協力と支援をいただき、この本が完成できました。ここに記して、感謝の意を表します(50音順)。

写真撮影・コンピューター技術、指導支援協力：井上勲氏(筑波大学)、川床正治氏(鹿児島市)、巨智部直久氏(群馬大学)、佐藤征弥氏(徳島大学)、白倉明氏(山梨県)、隅田朗彦氏(新潟青陵女子短期大学)、田上喬一氏(東大阪短期大学)、中山剛氏(筑波大学)、松永茂氏(総合研究大学院大学)、三宅貞敏氏(山口市)、宮村新一氏(筑波大学)、矢部滋氏(福井県立恐竜博物館)、山下涌二郎氏(茨城県阿見町・いちょう葉産業KK)。

撮影活動協力：青木優和氏(筑波大学・下田市)、浅野一雄氏(愛媛県西予市)、飯田勇次氏(佐賀県唐津市立湊中学校)、今村氏(長野県飯田市)、浦川虎郷氏(長崎県壱岐市・壱岐島の科学研究会)、奥田一雄氏(高知大学)、岡本昇氏(愛媛県松野町)、木場英久氏(神奈川県立博物館)、近田文弘氏(国立科学博物館)、葛西晴恵氏(青森県板柳町)、須藤資隆氏(長崎県壱岐市役所)、鈴木季直氏(神奈川大学)、高田晃氏(前岐阜県立博物館長)、対馬隆策氏夫妻(青森市浪岡)、出川洋介氏(神奈川県立博物館)、出口博則氏(広島大学)、永留浩氏(長崎県対馬市・長崎県生物学会)、藤井新也、孝子氏夫妻(静岡県沼津市)、堀鉄二氏(札幌市)、松木滋男氏(札幌市)、六平巧己、恵子氏夫妻(秋田県由利本荘市)、山口富美夫氏(広島大学)。

情報協力：安芸太田町教育委員会、石元清士氏(高知県土佐市)、應小萍氏(中国)、岡本美昭氏(奈義町教育委員会)、大井汪氏(東京都)、大井義夫氏(東京都)、小川通安氏(大分県玖珠町教育委員会)、小幡満佐子氏(東京都)、片野登氏(秋田市)、熊本県小国町教育委員会、佐藤祐二氏(大分県玖珠町教育委員会)、白倉美織氏(山梨県)、鈴木由紀氏(東京シネマ新社)、隅田詩織氏(新潟県)、瀬田勝哉氏(武蔵大学)、田名部清一氏(青森県八戸市)、谷口常也氏(東京シネマ新社)、寺田和夫氏(福井県立恐竜博物館)、中井孝、一枝氏夫妻(茨城県つくば市)、中野武登氏(広島工業大学)、中村仁美氏(阿蘇市)、西岡芳文氏(金沢文庫)、原山光成氏(熊本県小国町)、八戸市教育委員会、兵庫県佐用町教育委員会、福岡県水巻町役場、水巻町図書館・図書史料館、堀果織氏(山梨県)、真柳誠氏(茨城大学)、丸谷喜美治氏(宮城県田尻町公民館)、宮本美智子氏(広島県安芸太田町筒賀公民館)。

　現地調査の一部は、1)著者が筑波大学在職中に2年間受けた筑波大学学内研究プログラム「実地調査」旅費で行った。また、2)平成16年度三菱財団研究助成「日本・東アジアにおけるイチョウの伝播・交流に関する学際的研究」(代表者：瀬田勝哉、武蔵大学教授、班員：佐藤征弥、堀輝三)での調査および研究成果の一部を本巻で引用した。記して感謝の意を表します。

　最後に、この書誌出版の意義を解し、支援下さいました内田老鶴圃社長内田悟氏、出版の構成および出版について種々お世話になった同社笠井千代樹氏、内田学氏に感謝します。

2005年10月1日

堀　輝　三
堀　志保美

収録した巨樹イチョウ一覧
付：巨木イチョウ一覧

「巨樹」はすべて本巻「日本の巨樹イチョウ」を、「巨木」は姉妹巻「日本の巨木イチョウ」（2003年刊）を意味し、収録されている場所はF欄に記した。

A欄：各個体の認識記号。都道府県番号の次の大文字 A, B, C,…は巨樹を、小文字 a, b, c,…は巨木を意味する。配列の原則として、各都道府県内で幹周値の高い方から順に示した。

B欄：「イチョウ所在地」の郵便番号（C欄の住所が検索できる）。

C欄：各都道府県ごとに上段に巨樹、下段に巨木の順に配列した。ただし、「巨樹イチョウ」には、事情により巨木に相当する木が数本含まれている。
　　巨樹については、2005（平成17）年10月1日までに実施された市町村合併後の新住所（合併前の旧住所および予定住所はD欄に）を示した。巨木についてもまず未変更および新住所を記し、合併により変更された旧住所および予定住所をD欄に示した。新旧両住所からイチョウの所在地を確認できる。

F欄：収録したすべての「巨樹」、「巨木」イチョウの掲載図版の番号とその解説頁を示す。

A	B	C	D	E	F
個体記号	〒番号	住所名	(旧/予定)住所名	所在地名	写真番号/解説頁

01 北海道(巨木3本：総数3本)

A	B	C	D	E	F
01a	041-1111	七飯町本町		本町上台団地入口	巨木 1/188
01b	049-1511	松前町松城		松前家墓地内	巨木 2/188
01c	041-1613	函館市白尻町	(旧：南茅部町臼尻)	覚王寺	巨木 3/189

02 青森県(巨樹27本、巨木6本：総数33本)

A	B	C	D	E	F
02A	038-2504	深浦町北金ヶ沢		一般地	巨樹 2/ 6
02B	039-1201	階上町道仏		一般地	巨樹 10/ 11
02C	039-2231	百石町下谷地	(2006.3.1→おいらせ町)	根岸不動尊	巨樹 1/ 5
02D	034-0303	十和田市法量	(旧：十和田湖町法量)	一般地(善正寺跡)	巨樹 7/ 9
02E	038-2324	深浦町深浦		七戸氏敷地内	巨樹 3/ 7
02F	038-2503	深浦町関		一般地(公園横)	巨樹 4/ 7
02G	039-2561	七戸町銀南木		銀南木農村公園	巨樹 11/ 11
02H	039-1703	五戸町倉石又重	(旧：倉石村又重)	一般地(畑地の縁)	巨樹 22/ 18
02I	038-1325	青森市浪岡北中野	(旧：浪岡町北中野)	源常林姥神社	巨樹 13/ 13
02J	039-3505	青森市宮田		一般地(山寺跡)	巨樹 15/ 14
02K	039-2403	東北町新舘	(旧：上北町新舘)	新舘神社	巨樹 17/ 16
02L	039-0104	南部町小向		三光寺	巨樹 19/ 17
02M	039-3505	青森市宮田		一般地(八幡神社横)	巨樹 16/ 15
02N	039-5201	むつ市川内町	(旧：川内町川内)	一般地(金七五三神社跡)	巨樹 24/ 19
02O	034-0211	十和田市大不動		大不動館跡(八幡神社)	巨樹 8/ 10
02P	039-0453	三戸町貝守		一般地(貝守館跡)	巨樹 21/ 18
02Q	039-2826	七戸町中野	(旧：天間林村天間舘中野)	町有地内	巨樹 12/ 12
02R	038-2324	深浦町深浦		円覚寺	巨樹 5/ 8
02S	039-2402	東北町大浦	(旧：上北町大浦沼端)	沼崎観音	巨樹 18/ 16
02T	038-2732	鰺ヶ沢町日照田町		高倉神社	巨樹 23/ 19
02U	039-0611	名川町斗賀	(2006.1.1→南部町)	斗賀霊現堂	巨樹 20/ 17
02V	036-8356	弘前市下白銀町		弘前公園・二の丸	巨樹 25/ 20
02W	038-1323	青森市浪岡本郷	(旧：浪岡町本郷柳田)	對馬氏敷地内	巨樹 14/ 13
02X	038-3145	つがる市木造千代町	(旧：木造町千代町)	いちょうが岡公園	巨樹 26/ 20
02Y	038-2502	深浦町岩坂		一般地	巨樹 6/ 8
02Z	034-0106	十和田市深持		(熊の沢の)如来堂	巨樹 9/ 10
02α	031-0011	八戸市田向		(移植準備中)	巨樹 補2/187
02a	036-8356	弘前市下白銀町		弘前公園/弘前城址・西の郭	巨木 4/189
02b	031-0044	八戸市廿六日町		神明宮	巨木 5/190
02c	036-0412	黒石市袋		白山姫神社/袋観音	巨木 6/190
02d	034-0041	十和田市相坂		大池神社(右株)	巨木 7/191
02e	039-0200	田子町(通称七日市)		釜淵観音堂	巨木 8/191
02f	039-1166	八戸市根城		根城址	巨木 9/192

03 岩手県(巨樹18本、巨木5本：総数23本)

A	B	C	D	E	F
03A	028-0021	久慈市門前		長泉寺	巨樹 27/ 21
03B	028-5304	一戸町出ル町		個人敷地内	巨樹 28/ 22
03C	028-6504	九戸村長興寺		長興寺	巨樹 29/ 22
03D	029-5614	沢内村太田	(2005.11.1→西和賀町)	太田八幡宮神社	巨樹 30/ 23
03E	028-7302	八幡平市松尾寄木	(旧：松尾村寄木)	畑地(藤根氏所有)	巨樹 31/ 23
03F	028-0113	東和町東晴山	(2006.1.1→花巻市)	畠山氏敷地内	巨樹 32/ 24
03G	029-3311	藤沢町黄海		個人敷地内	巨樹 33/ 25
03H	028-6102	二戸市下斗米		一般地(聖福院所有)	巨樹 35/ 26
03I	024-0321	北上市和賀町岩崎		一般地(正雲寺跡)	巨樹 36/ 26

A	B	C	D	E	F
個体記号	〒番号	住所名	(旧／予定)住所名	所在地名	写真番号／解説頁
03J	024-0104	北上市二子町		高橋氏敷地内(正行寺跡)	巨樹 37/ 27
03K	024-0056	北上市鬼柳町		八幡神社	巨樹 38/ 27
03L	023-1101	江刺市岩谷堂	(2006.2.20→奥州市)	館山八幡神社	巨樹 39/ 28
03M	023-1551	江刺市米里	(2006.2.20→奥州市)	自徳寺	巨樹 40/ 28
03N	029-1201	一関市室根町折壁	(旧：室根村折壁)	龍雲寺墓地内	巨樹 41/ 29
03O	029-2311	住田町世田米		浄福寺(左側並木の1本目)	巨樹 42/ 29
03P	028-6101	二戸市福岡		一般地(八幡大明神)	巨樹 34/ 25
03Q	027-0052	宮古市宮町		いちょう公園	巨樹 43/ 30
03R	028-0031	久慈市天神堂		天神堂	巨樹 補3/188
03a	028-7302	八幡平市松尾寄木	(旧：松尾村寄木)	高橋氏敷地内	巨木 10/192
03b	029-2311	住田町世田米		浄福寺(左側並木手前から4本目)	巨木 11/193
03c	028-8111	久慈市宇部町		小田為綱生誕の地	巨木 12/193
03d	028-1311	山田町大沢		南陽(禅)寺墓地	巨木 13/194
03e	022-0005	大船渡市日頃市町		長安寺門前(右株)	巨木 14/194

04 宮城県(巨樹8本、巨木4本：総数12本)

A	B	C	D	E	F
04A	981-2131	丸森町四反田		個人敷地内(町有)	巨樹 44/ 31
04B	989-1745	柴田町入間田		加藤氏敷地内	巨樹 45/ 32
04C	989-4412	田尻町大嶺	(2006.3.31→大崎市)	薬師堂	巨樹 46/ 33
04D	989-5185	栗原市金成大原木	(旧：金成町大堤大原木)	八坂神社	巨樹 47/ 34
04E	989-1502	川崎町今宿		一般地(野上下愛林組合)	巨樹 48/ 35
04F	987-0902	登米市東和町米谷	(旧：東和町米谷)	東陽寺	巨樹 49/ 36
04G	983-0047	仙台市宮城野区銀杏町		永野氏敷地内(姥神社)	巨樹 50/ 37
04H	981-4401	加美町宮崎	(旧：宮崎町宮崎麓)	宮崎氏敷地内(妙体寺跡)	巨樹 51/ 38
04a	989-1305	村田町村田		白鳥神社	巨木 15/195
04b	989-1504	川崎町本砂金		常正寺跡観音堂	巨木 16/195
04c	986-0006	石巻市高木		吉祥寺	巨木 17/196
04d	988-0504	唐桑町竹の袖	(2006.3.31→気仙沼市)	加茂神社	巨木 18/196

05 秋田県(巨樹15本、巨木6本：総数21本)

A	B	C	D	E	F
05A	018-3113	二ツ井町仁鮒	(2006.3.21→能代市)	銀杏山神社(手前の株)	巨樹 53/ 39
05B	018-3201	藤里町藤琴		佐藤氏敷地内(田中権現)	巨樹 52/ 38
05C	015-0202	由利本荘市東由利蔵	(旧：東由利町蔵)	神明社	巨樹 55/ 40
05D	018-3113	二ツ井町仁鮒	(2006.3.21→能代市)	銀杏山神社(連理・右株)	巨樹 54/ 40
05E	012-1241	羽後町田代天王		斉藤氏敷地内	巨樹 58/ 42
05F	018-0845	由利本荘市中俣	(旧：大内町中俣)	一般地(田圃の縁)	巨樹 57/ 41
05G	018-4401	上小阿仁村沖田面		加賀谷家墓地内	巨樹 64/ 45
05H	018-1713	五城目町馬場目		一般地(墓地横)	巨樹 59/ 42
05 I	014-0516	仙北市西木町小山田	(旧：西木村小山田)	真山寺	巨樹 60/ 43
05J	019-1302	美郷町金沢	(旧：仙南村金沢)	善巧寺	巨樹 61/ 43
05K	013-0216	横手市雄物川町西野	(旧：雄物川町西野)	西光寺(奥の株)	巨樹 62/ 44
05L	010-0001	秋田市中通		一般地(通称座頭小路)	巨樹 66/ 46
05M	013-0561	横手市大森町八沢木	(旧：大森町八沢木)	一般地(曹渓寺跡)	巨樹 63/ 44
05N	017-0005	大館市花岡町		信正寺	巨樹 65/ 45
05O	015-0045	由利本荘市葛法	(旧：本荘市葛法)	葛法共同墓地	巨樹 56/ 41
05a	018-4743	北秋田市阿仁笑内	(旧：阿仁町笑内)	笑内神社	巨木 19/197
05b	013-0216	横手市雄物川町西野	(旧：雄物川町西野)	西光寺(手前の株)	巨木 20/197
05c	013-0501	横手市大森町板井田	(旧：大森町板井田)	岸氏敷地内	巨木 21/198
05d	015-0815	由利本荘市猟師町	(旧：本荘市猟師町)	超光寺	巨木 22/198
05e	017-0025	大館市芦田子		地区共有地	巨木 23/199

A	B	C	D	E	F
個体記号	〒番号	住所名	(旧／予定)住所名	所在地名	写真番号／解説頁
05f	018-3113	二ツ井町仁鮒	(2006.3.21 ➡ 能代市)	銀杏山神社(連理・左株)	巨木 24/199

06 山形県(巨樹8本、巨木5本：総数13本)

A	B	C	D	E	F
06A	999-3301	山形市山寺		立石寺／日枝神社	巨樹 67/ 46
06B	999-3511	河北町谷地		三社宮(谷地城本丸跡)	巨樹 74/ 51
06C	997-0415	鶴岡市砂川	(旧：朝日村砂川)	菅原氏敷地内(八幡神社)	巨樹 71/ 49
06D	999-6602	庄内町三ヶ沢	(旧：立川町三ヶ沢)	霊輝院	巨樹 73/ 50
06E	990-0041	山形市緑町		専称寺	巨樹 68/ 47
06F	997-0752	鶴岡市湯田川		由豆佐売神社	巨樹 70/ 48
06G	990-0401	中山町長崎		一般地(柏倉氏管理)	巨樹 69/ 47
06H	992-0472	南陽市宮内		熊野神社	巨樹 72/ 50
06a	994-0004	天童市小関北畑		押野氏敷地内	巨木 29/202
06b	999-7672	鶴岡市柳久瀬	(旧：藤島町柳久瀬)	皇太神社	巨木 25/200
06c	993-0087	長井市横町		遍照寺	巨木 26/200
06d	999-1203	小国町市野々		飛泉寺跡	巨木 27/201
06e	999-6608	庄内町科沢	(旧：立川町科沢)	国有地	巨木 28/201

07 福島県(巨樹11本、巨木8本：総数19本)

A	B	C	D	E	F
07A	979-2611	新地町駒ヶ嶺		畑地(白幡八幡神社)	巨樹 75/ 51
07B	967-0501	伊南村古町	(2006.3.20 ➡ 南会津町)	伊南小学校校庭	巨樹 76/ 52
07C	965-0201	会津若松市湊町赤井		畑地(田中氏敷地内)	巨樹 77/ 53
07D	969-5141	会津若松市大戸町小谷川端		一般地(初瀬川氏所有地内)	巨樹 78/ 53
07E	960-0905	月舘町糠田	(2006.1.1 ➡ 伊達市)	一般地(堂の脇)	巨樹 79/ 54
07F	960-8064	福島市御倉町		宝林寺	巨樹 80/ 54
07G	966-0923	喜多方市慶徳町新宮		新宮熊野神社	巨樹 81/ 55
07H	963-6131	棚倉町棚倉		大部屋稲荷神社	巨樹 82/ 55
07I	963-4112	田村市大越町下大越	(旧：大越町下大越)	長源寺	巨樹 83/ 56
07J	964-0896	二本松市末広町		個人敷地内	巨樹 84/ 56
07K	963-7803	石川町中田		薬師堂	巨樹 85/ 57
07a	969-2273	猪苗代町関戸		地蔵堂	巨木 30/202
07b	964-0868	二本松市舘野		足立氏敷地内	巨木 31/203
07c	960-0745	梁川町右城町	(2006.1.1 ➡ 伊達市)	称名寺	巨木 32/203
07d	969-7402	三島町名入		諏訪神社	巨木 33/204
07e	969-6143	会津美里町氷玉	(旧：会津本郷町氷玉)	藤巻神社	巨木 34/204
07f	973-8405	いわき市内郷白水町		願成寺	巨木 37/206
07g	969-3505	塩川町金橋	(2006.1.4 ➡ 喜多方市)	金川戸隠神社	巨木 35/205
07h	966-0404	北塩原村北山		大正寺	巨木 36/205

08 茨城県(巨樹7本、巨木12本：総数19本)

A	B	C	D	E	F
08A	311-3514	行方市西蓮寺	(旧：玉造町西蓮寺)	西蓮寺(2号株)	巨樹 86/ 57
08B	313-0101	常陸太田市上宮河内町	(旧：金砂郷町上宮河内)	西金砂神社	巨樹 87/ 58
08C	319-3535	大子町上金沢		法龍寺	巨樹 89/ 60
08D	309-1635	笠間市稲田		西念寺	巨樹 90/ 61
08E	313-0104	常陸太田市上利員町	(旧：金砂郷町上利員)	鏡徳寺	巨樹 88/ 59
08F	300-1616	利根町立木		蛟蝄神社・門の宮(公民館横)	巨樹 91/ 61
08G	306-0501	坂東市逆井	(旧：猿島町逆井)	香取神社	巨樹 92/ 62
08a	302-0022	取手市本郷		東漸寺	巨木 38/206
08b	311-3514	行方市西蓮寺	(旧：玉造町西蓮寺)	西蓮寺(1号株)	巨木 47/211
08c	311-2115	鉾田市中居	(旧：大洋村中居)	照明院／阿弥陀堂	巨木 39/207
08d	311-1135	水戸市六反田町		六地蔵寺	巨木 40/207

A	B	C	D	E	F
個体記号	〒番号	住所名	(旧／予定)住所名	所在地名	写真番号／解説頁
08e	310-0065	水戸市八幡町		白幡山八幡宮	巨木 41/208
08f	319-1101	東海村石神外宿		願船寺	巨木 42/208
08g	300-3523	八千代町八町		八町観音新長谷寺	巨木 48/211
08h	312-0003	ひたちなか市足崎		住谷氏敷地内	巨木 43/209
08i	306-0023	古河市本町		八幡神社	巨木 44/209
08j	316-0012	日立市大久保町		鹿島神社	巨木 49/212
08k	313-0003	常陸太田市瑞龍町		源栄氏敷地内	巨木 45/210
08m	319-3111	常陸大宮市山方	(旧：山方町山方)	密蔵院	巨木 46/210

09 栃木県（巨樹4本、巨木3本：総数7本）

A	B	C	D	E	F
09A	329-0114	野木町野木		野木神社	巨樹 93/ 62
09B	326-0803	足利市家富町		鑁阿寺	巨樹 94/ 63
09C	324-0246	大田原市寒井	(旧：黒羽町寒井)	三嶋神社	巨樹 95/ 64
09D	321-2802	藤原町上三依	(2006.3.20→日光市)	上三依観音堂	巨樹 96/ 64
09a	323-0026	小山市本郷町		城山公園	巨木 50/212
09b	320-0806	宇都宮市中央		宇都宮城址	巨木 51/213
09c	321-0917	宇都宮市西刑部町		成願寺	巨木 52/213

10 群馬県（巨樹4本、巨木2本：総数6本）

A	B	C	D	E	F
10A	370-0414	太田市堀口町	(旧：尾島町堀口)	浄蔵寺	巨樹 97/ 65
10B	370-2454	富岡市田島		一般地(鏑川の和合橋際)	巨樹 98/ 66
10C	378-0035	沼田市井土上町		荘田神社	巨樹 99/ 67
10D	370-0004	高崎市井野町		井野神社	巨樹 100/ 68
10a	370-2317	富岡市上高尾		長学寺	巨木 54/214
10b	371-0023	前橋市本町		八幡宮	巨木 53/214

11 埼玉県（巨樹10本、巨木4本：総数14本）

A	B	C	D	E	F
11A	357-0202	飯能市高山		常楽院／高山不動	巨樹 101/ 69
11B	343-0106	松伏町大川戸		大川戸八幡神社	巨樹 102/ 70
11C	334-0056	川口市峯		峯ケ岡八幡神社	巨樹 103/ 70
11D	355-0356	都幾川村関堀	(2006.2.1→ときがわ町)	市川氏敷地内	巨樹 104/ 71
11E	369-1622	皆野町国神		一般地	巨樹 105/ 72
11F	351-0115	和光市新倉		長照寺	巨樹 106/ 73
11G	350-0056	川越市松江町		出世稲荷社(左株)	巨樹 107/ 73
11H	360-0804	熊谷市代		八幡宮	巨樹 108/ 74
11I	355-0065	東松山市岩殿		正法寺／岩殿観音	巨樹 109/ 74
11J	348-0037	羽生市小松		小松神社	巨樹 110/ 75
11a	346-0033	久喜市下清久		清福寺	巨木 55/215
11b	336-0021	さいたま市南区別所	(旧：さいたま市別所)	真福寺	巨木 56/215
11c	349-1147	大利根町北大桑		香取神社	巨木 57/216
11d	347-0105	騎西町騎西		玉敷神社(本殿左横)	巨木 58/216

12 千葉県（巨樹9本、巨木6本：総数15本）

A	B	C	D	E	F
12A	290-0556	市原市本郷		三峰神社	巨樹 111/ 75
12B	272-0021	市川市八幡		八幡神社	巨樹 116/ 79
12C	290-0069	市原市八幡北町		飯香岡八幡宮	巨樹 112/ 76
12D	299-5234	勝浦市勝浦		高照寺	巨樹 115/ 78
12E	290-0162	市原市金剛地		熊野大神	巨樹 113/ 77
12F	260-0844	千葉市中央区千葉寺町		千葉寺	巨樹 117/ 80
12G	290-0007	市原市菊間		若宮八幡社／菊間八幡神社	巨樹 114/ 77

A	B	C	D	E	F
個体記号	〒番号	住所名	(旧/予定)住所名	所在地名	写真番号/解説頁
12H	299-0201	袖ヶ浦市川原井		八幡神社	巨樹 118/ 81
12 I	299-0226	袖ヶ浦市滝ノ口		小高神社	巨樹 119/ 81
12a	294-0233	館山市大神宮		大神宮安房神社	巨木 64/219
12b	292-0204	木更津市茅野		善雄寺(茅野地区集会所横)	巨木 59/217
12c	270-1145	我孫子市高野山		香取神社	巨木 60/217
12d	272-0107	市川市押切		押切稲荷神社	巨木 61/218
12e	283-0101	九十九里町作田		西明寺跡(公園)	巨木 63/219
12f	277-0032	柏市名戸ヶ谷		法林寺	巨木 62/218
13 東京都(巨樹5本、巨木13本:総数18本)					
13A	106-0046	港区元麻布		善福寺	巨樹 120/ 82
13B	112-0002	文京区小石川		光円寺	巨樹 121/ 83
13C	198-0171	青梅市二俣尾		石神社	巨樹 122/ 84
13D	140-0014	品川区大井		光福寺	巨樹 123/ 84
13E	183-0023	府中市宮町		大国魂神社	巨樹 124/ 85
13a	100-0012	千代田区日比谷公園		日比谷公園(松本楼横)	巨木 65/220
13b	155-0032	世田谷区代沢		森厳寺	巨木 66/220
13c	144-0056	大田区西六郷		個人敷地内	巨木 76/225
13d	171-0032	豊島区雑司ヶ谷		法明寺鬼子母神	巨木 67/221
13e	105-0011	港区芝公園		芝東照宮	巨木 68/221
13f	107-0052	港区赤坂		氷川神社	巨木 75/225
13g	192-0022	八王子市平町		大蔵院	巨木 74/224
13h	111-0032	台東区浅草		浅草寺観音堂交番前	巨木 73/224
13i	102-0091	千代田区北の丸公園		武道館前	巨木 69/222
13j	196-0022	昭島市中神町		熊野神社	巨木 70/222
13k	124-0024	葛飾区新小岩		福島氏敷地内	巨木 71/223
13n	100-0014	千代田区永田町		日枝神社	巨木 72/223
13o		千代田区千代田		皇居内の病院裏(非公開地)	巨樹 補1/187
14 神奈川県(巨樹12本、巨木6本:総数18本)					
14A	243-0201	厚木市上荻野		荻野神社	巨樹 125/ 86
14B	253-0086	茅ヶ崎市浜之郷		鶴嶺八幡宮	巨樹 128/ 88
14C	259-0304	湯河原町宮下		五所神社	巨樹 129/ 88
14D	250-0863	小田原市飯泉		勝福寺/飯泉観音	巨樹 130/ 89
14E	216-0001	川崎市宮前区野川		影向寺	巨樹 131/ 89
14F	243-0801	厚木市上依知		依知神社(右株)	巨樹 126/ 87
14G	251-0001	藤沢市西富		遊行寺	巨樹 133/ 91
14H	248-0002	鎌倉市二階堂		荏柄天神社	巨樹 134/ 91
14 I	243-0014	厚木市旭町		熊野神社	巨樹 127/ 87
14J	224-0057	横浜市都筑区川和町		八幡東明寺廃寺跡/稲荷社	巨樹 132/ 90
14K	243-0425	海老名市中野		中野八幡宮	巨樹 136/ 92
14L	247-0056	鎌倉市大船		常楽寺	巨樹 135/ 92
14a	248-0005	鎌倉市雪ノ下		鶴岡八幡宮	巨木 77/226
14b	258-0001	松田町寄		寄神社	巨木 78/226
14c	249-0004	逗子市沼間		五霊神社	巨木 79/227
14d	254-0075	平塚市中原		慈眼寺	巨木 80/227
14e	254-0012	平塚市大神		寄木神社(手前の株)	巨木 81/228
14f	224-0053	横浜市都筑区池辺町		長王寺	巨木 82/228

A	B	C	D	E	F
個体記号	〒番号	住所名	(旧/予定)住所名	所在地名	写真番号/解説頁
15 新潟県(巨樹16本、巨木3本：総数19本)					
15A	959-1625	五泉市切畑		馬頭観音堂脇	巨樹 138/ 94
15B	940-1133	長岡市六日市町		佐藤氏敷地内	巨樹 141/ 96
15C	959-4636	阿賀町石間	(旧：三川村小石取)	石川氏敷地内	巨樹 145/ 98
15D	958-0215	朝日村檜原		太子堂(太田氏敷地内)	巨樹 151/101
15E	959-1921	阿賀野市折居	(旧：笹神村折居)	八所神社	巨樹 152/102
15F	959-1604	五泉市論瀬		諏訪神社	巨樹 137/ 93
15G	952-0109	佐渡市新穂大野	(旧：新穂村大野)	中河氏敷地内	巨樹 146/ 98
15H	942-1526	十日町市松代	(旧：松代町松代)	長命寺	巨樹 147/ 99
15I	940-2501	寺泊町野積	(2006.1.1 ➡長岡市)	西生寺	巨樹 143/ 97
15J	940-2523	寺泊町田頭	(2006.1.1 ➡長岡市)	福道神社	巨樹 142/ 96
15K	958-0023	村上市瀬波上町		大龍寺	巨樹 150/100
15L	959-4618	阿賀町川口	(旧：三川村白川)	一般地(杉崎氏敷地隣)	巨樹 144/ 97
15M	949-6545	南魚沼市長崎	(旧：塩沢町長崎)	大福寺	巨樹 149/100
15N	940-0821	長岡市栖吉町		一般地(栖吉神社所有)	巨樹 140/ 95
15O	941-0041	糸魚川市真光寺		一般地(阿弥陀堂)	巨樹 148/ 99
15P	959-1735	村松町蛭野	(2006.1.1 ➡五泉市)	一般地(慈光寺門前)	巨樹 139/ 95
15a	959-2214	阿賀野市草水	(旧：安田町草水)	観音寺	巨木 83/229
15b	959-1701	村松町石曽根	(2006.1.1 ➡五泉市)	熊野堂禅定院	巨木 84/229
15c	949-0543	糸魚川市山寺		金蔵院	巨木 85/230
16 富山県(巨樹1本、巨木3本：総数4本)					
16A	935-0022	氷見市朝日本町		上日寺	巨樹 153/103
16a	939-0134	福岡町木舟	(2005.11.1 ➡高岡市)	鐘泉寺	巨木 86/230
16b	933-0112	高岡市伏木古国府		勝興寺(右株)	巨木 87/231
16c	933-0112	高岡市伏木古国府		勝興寺(左株)	巨木 88/231
17 石川県(巨樹4本：総数4本)					
17A	926-0365	七尾市庵町(百海町)		伊影山神社	巨樹 154/104
17B	929-0402	津幡町笠池ヶ原		一般地(祐関寺跡)	巨樹 155/104
17C	927-0311	鳳珠郡能登町瑞穂	(旧：鳳至郡能都町瑞穂)	大峰神社	巨樹 156/105
17D	920-2331	白山市瀬戸	(旧：尾口村瀬戸)	瀬戸神社	巨樹 157/106
18 福井県(巨樹3本、巨木2本：総数5本)					
18A	914-0146	敦賀市金山		金山彦神社	巨樹 158/107
18B	911-0012	勝山市野向町薬師神谷		薬師神社／白山神社	巨樹 159/107
18C	916-1111	鯖江市上戸口町		三峯城跡	巨樹 160/108
18a	919-0633	あわら市花乃杜	(旧：金津町花乃杜)	大鳥神社(1号株)	巨木 89/232
18b	915-0252	越前市西庄境町	(旧：今立町西庄境)	明光寺	巨木 90/232
19 山梨県(巨樹2本、巨木5本：総数7本)					
19A	409-2102	南部町福士(小久保)	(旧：富沢町福士(小久保))	金山神社	巨樹 161/109
19B	409-2538	身延町門野		本妙寺	巨樹 162/109
19a	409-2522	身延町下山		上沢寺	巨木 91/233
19b	409-2305	南部町内船		内船八幡神社	巨木 92/233
19c	409-2524	身延町身延		本行坊	巨木 95/235
19d	401-0021	大月市初狩		自徳寺墓地内	巨木 94/234
19e	409-2102	南部町福士(東根熊)	(旧：富沢町福士)	池大神	巨木 93/234

A	B	C	D	E	F
個体記号	〒番号	住所名	(旧/予定)住所名	所在地名	写真番号/解説頁
20 長野県(巨樹6本、巨木3本：総数9本)					
20A	389-2322	飯山市瑞穂		銀杏三寶大荒神	巨樹 163/110
20B	389-2301	木島平村穂高		長光寺	巨樹 164/111
20C	381-0043	長野市吉田		一般地(吉田大神宮跡)	巨樹 165/111
20D	399-3501	大鹿村鹿塩		園通殿	巨樹 166/112
20E	382-0805	高山村三郷		一般地	巨樹 167/113
20F	399-7200	生坂村小立野		乳房観音	巨樹 168/113
20a	395-0061	飯田市正永町		今村氏敷地内	巨木 96/235
20b	390-0222	松本市入山辺		千手観音堂付近	巨木 98/236
20c	399-8205	安曇野市豊科	(旧：豊科町豊科)	荒井農家組合作業所横	巨木 97/236
21 岐阜県(巨樹1本、巨木2本：総数3本)					
21A	506-0007	高山市総和町		国分寺	巨樹 169/114
21a	503-0126	安八町中須		中須八幡宮	巨木 99/237
21b	509-4424	飛騨市宮川町森安	(旧：宮川村森安)	白山神社	巨木 100/237
22 静岡県(巨樹7本、巨木5本：総数12本)					
22A	421-1308	静岡市葵区黒俣	(旧：静岡市黒俣)	一般地	巨樹 170/115
22B	411-0943	長泉町下土狩		渡辺氏敷地内	巨樹 171/116
22C	430-0852	浜松市領家		栄秀寺	巨樹 172/116
22D	412-0038	御殿場市駒門		駒門浅間神社	巨樹 173/117
22E	417-0841	富士市富士岡		富士岡地蔵堂	巨樹 175/118
22F	418-0012	富士宮市村山		村山浅間神社	巨樹 176/118
22G	410-3611	松崎町松崎		伊那下神社	巨樹 174/117
22a	410-3617	松崎町岩地		諸石神社	巨木 101/238
22b	410-3611	松崎町松崎		伊那下神社	巨木 104/239
22d	417-0001	富士市今泉		十王子神社	巨木 102/238
22e	410-1317	小山町大胡田		大胡田天神社	巨木 103/239
22f	431-2537	浜松市引佐町渋川	(旧：引佐町渋川)	六所神社跡	巨木 105/240
23 愛知県(巨木1本：総数1本)					
23a	444-2847	豊田市時瀬町	(旧：旭町時瀬)	神明社	巨木 106/240
24 三重県(巨樹1本：総数1本)					
24A	519-0156	亀山市南野町		宗英寺	巨樹 177/119
25 滋賀県(巨木3本：総数3本)					
25a	521-0242	米原市長岡	(旧：山東町長岡)	長岡神社	巨木 107/241
25b	529-0222	高月町雨森		天川命神社	巨木 108/241
25c	521-0305	米原市上板並	(旧：伊吹町上板並)	諏訪神社	巨木 109/242
26 京都府(巨樹1本、巨木1本：総数2本)					
26A	626-0433	伊根町野村(通称寺領)		寺領観音堂	巨樹 178/119
26a	600-8340	京都府下京区花屋町		西本願寺御影堂前	巨木 110/242
27 大阪府(巨樹2本：総数2本)					
27A	563-0113	能勢町倉垣		倉垣天満宮	巨樹 179/120
27B	563-0353	能勢町柏原		安穏寺	巨樹 180/120
28 兵庫県(巨樹4本、巨木2本：総数6本)					
28A	669-3822	丹波市青垣町大名草	(旧：青垣町大名草)	常滝寺	巨樹 182/122
28B	669-6353	豊岡市竹野町桑野本	(旧：竹野町桑野本)	桑原神社	巨樹 181/121

A	B	C	D	E	F
個体記号	〒番号	住所名	(旧／予定)住所名	所在地名	写真番号／解説頁
28C	679-5301	佐用町佐用		一般地(保健所裏)	巨樹 183/123
28D	679-2432	神崎町大山	(2005.11.7 ➡ 神河町)	荒田神社	巨樹 184/123
28a	671-2121	夢前町宮置	(2006.3.27 ➡ 姫路市)	置塩城址／櫃蔵神社	巨木 111/243
28b	669-5255	朝来市和田山町殿	(旧：和田山町殿)	乳ノ木庵	巨木 112/243

29 奈良県(巨樹2本、巨木1本：総数3本)

A	B	C	D	E	F
29A	633-0112	桜井市初瀬		素盞雄神社	巨樹 185/124
29B	633-0422	室生村下田口	(2006.1.1 ➡ 宇陀市)	田口水分神社	巨樹 186/124
29a	638-0321	天川村坪内		来迎院	巨木 113/244

30 和歌山県(巨木2本：総数2本)

A	B	C	D	E	F
30a	649-4455	古座川町三尾川		光泉寺	巨木 114/244
30b	649-6524	粉川町西川原	(2005.11.7 ➡ 紀の川市)	加茂神社	巨木 115/245

31 鳥取県(巨樹3本、巨木3本：総数6本)

A	B	C	D	E	F
31A	680-1131	鳥取市馬場		倉田八幡宮	巨樹 187/125
31B	680-0441	八頭町西御門	(旧：郡家町西御門)	仁王堂	巨樹 188/126
31C	682-0634	倉吉市桜		大日寺	巨樹 189/127
31a	689-0524	鳥取市青谷町八葉寺	(旧：青谷町八葉寺)	子守神社	巨木 116/245, 303
31b	680-0701	若桜町若桜		龍徳寺	巨木 117/246
31c	689-0405	鳥取市鹿野町鹿野	(旧：鹿野町鹿野)	幸盛寺	巨木 118/246, 303

32 島根県(巨樹2本、巨木1本：総数3本)

A	B	C	D	E	F
32A	695-0156	江津市有福温泉町		有福八幡宮	巨樹 191/129
32B	694-0223	大田市三瓶町池田		浄善寺	巨樹 190/128
32a	697-0006	浜田市下府町		伊甘神社	巨木 119/247

33 岡山県(巨樹3本、巨木4本：総数7本)

A	B	C	D	E	F
33A	708-1307	奈義町高円		菩提寺	巨樹 192/130
33B	717-0742	真庭市後谷	(旧：勝山町後谷)	観音堂	巨樹 193/131
33C	709-4302	勝央町河原		銀杏広場	巨樹 194/131
33a	719-3814	新見市哲西町大野部	(旧：哲西町大野部)	岩倉八幡神社	巨木 123/249
33b	708-1302	奈義町小坂		阿弥陀堂	巨木 122/248
33c	717-0501	真庭市蒜山中福田	(旧：八束村中福田)	福田神社(左(西)株)	巨木 120/247
33d	709-2117	岡山市御津野々口	(旧：御津町野々口)	実成寺跡	巨木 121/248

34 広島県(巨樹4本、巨木3本：総数7本)

A	B	C	D	E	F
34A	731-3701	安芸太田町上筒賀	(旧：筒賀村上筒賀)	大歳神社／筒賀神社	巨樹 195/132
34B	728-0131	三次市作木町香淀	(旧：作木村香淀)	迦具神社	巨樹 196/132
34C	727-0402	庄原市高野町新市	(旧：高野町新市)	天満神社	巨樹 197/133
34D	739-1301	広島市安佐北区白木町井原		新宮神社	巨樹 198/133
34a	729-3104	福山市新市町宮内	(旧：新市町宮内)	吉備津神社前広場	巨木 124/249
34b	720-2522	福山市駅家町服部永谷		永谷八幡神社	巨木 125/250
34c	729-2402	東広島市安芸津町三津	(旧：安芸津町三津)	蓮光寺	巨木 126/250

35 山口県(巨樹4本、巨木2本：総数6本)

A	B	C	D	E	F
35A	747-0344	山口市徳地八坂	(旧：徳地町八坂)	妙見社	巨樹 199/134
35B	752-0973	下関市長府中之町		正円寺	巨樹 201/135
35C	747-0063	防府市下右田		天徳寺	巨樹 200/134
35D	742-1403	上関町室津		常満寺	巨樹 202/136

A	B	C	D	E	F
個体記号	〒番号	住所名	(旧/予定)住所名	所在地名	写真番号/解説頁
35a	740-0313	岩国市保木		高木氏敷地内	巨木127/251
35b	753-0811	山口市吉敷		龍蔵寺	巨木128/251

36 徳島県(巨樹15本、巨木8本：総数23本)

A	B	C	D	E	F
36A	771-1350	上板町瀬部		乳保神社	巨樹203/137
36B	779-5452	山城町上名	(2006.3.1→三好市)	藤川氏敷地内	巨樹206/140
36C	771-3310	神山町神領		大久保地区多目的研修集会所横	巨樹205/139
36D	771-2105	美馬市美馬町	(旧：美馬町銀杏木)	一般地(郡里廃寺跡)	巨樹213/145
36E	779-3222	石井町高川原(天神)		天満神社	巨樹210/142
36F	779-3208	石井町高原(中島)		新宮本宮両神社(左株)	巨樹211/143
36G	771-1615	阿波市境目	(旧：市場町大影)	一般地(熊埜大権現の前)	巨樹212/144
36H	771-0201	北島町北村		光福寺	巨樹215/146
36I	778-0206	東祖谷山村釣井	(2006.3.1→三好市)	木村家住宅	巨樹207/140
36J	778-0105	西祖谷山村西岡	(2006.3.1→三好市)	西岡小学校裏	巨樹208/141
36K	772-0004	鳴門市撫養町木津		長谷寺	巨樹214/146
36L	779-3112	徳島市国府町芝原		八幡神社	巨樹217/147
36M	771-4101	佐那河内村下		大宮八幡神社	巨樹216/147
36N	771-1302	上板町七條		山ノ神公園	巨樹204/138
36P	779-3231	石井町石井(重松)		八幡神社	巨樹209/141
36a	779-3244	石井町浦庄		銀杏集会所(銀杏庵・左株)	巨木136/255
36b	776-0002	吉野川市鴨島町麻植塚	(旧：鴨島町麻植塚)	五所神社	巨木129/252
36c	779-0115	板野町矢武		八幡神社	巨木130/252
36d	779-3402	吉野川市山川町宮島	(旧：山川町宮島)	山崎八幡宮	巨木131/253
36e	779-4306	つるぎ町一宇(河内)	(旧：一宇村河内)	河内堂	巨木132/253
36f	771-1210	藍住町徳命		八幡神社	巨木133/254
36g	779-3208	石井町高原(中島)		新宮本宮両神社(右株)	巨木134/254
36i	771-1320	上板町神宅		大山寺	巨木135/255

37 香川県(巨樹1本、巨木1本：総数2本)

A	B	C	D	E	F
37A	769-2306	さぬき市多和	(旧：長尾町多和)	大窪寺	巨樹218/148
37b	761-1612	高松市塩江町安原上東	(旧：塩江町安原上東)	岩部八幡神社(左株)	巨木137/256

38 愛媛県(巨樹7本、巨木7本：総数14本)

A	B	C	D	E	F
38A	798-2112	松野町蕨生		奥内薬師堂	巨樹219/148
38B	791-3522	内子町中川	(旧：小田町中川)	三嶋神社	巨樹220/149
38C	798-3301	宇和島市津島町岩松	(旧：津島町岩松)	三島宮	巨樹222/150
38D	791-3523	内子町上川	(旧：小田町上川)	薬師堂	巨樹221/150
38E	797-1712	西予市城川町遊子谷	(旧：城川町遊子谷)	別宮氏敷地内	巨樹223/151
38F	798-4353	愛南町久良	(旧：城辺町久良真浦)	一般地	巨樹224/152
38G	795-0044	大洲市手成		金竜寺(左株)	巨樹225/153
38a	799-3461	大洲市豊茂(甲)	(旧：長浜町豊茂甲)	三嶋神社	巨木138/256
38b	798-1503	鬼北町上大野	(旧：日吉村上大野)	瑞林寺跡	巨木139/257
38c	798-2112	松野町蕨生		游鶴羽薬師如来	巨木142/258
38d	795-0041	大洲市八多喜町		聖臨寺	巨木140/257
38h	797-1703	西予市城川町窪野	(旧：城川町窪野)	三滝神社	巨木143/259
38i	792-0857	新居浜市角野		瑞応寺	巨木144/259
38l	791-2133	砥部町五本松		常盤木神社	巨木141/258

39 高知県(巨樹5本、巨木3本：総数8本)

A	B	C	D	E	F
39A	781-1911	仁淀川町長者乙	(旧：仁淀村長者乙)	十王堂	巨樹226/154

A	B	C	D	E	F
個体記号	〒番号	住所名	(旧／予定) 住所名	所在地名	写真番号／解説頁
39B	781-3331	土佐町地蔵寺		一般地	巨樹 227/155
39C	788-0267	宿毛市小筑紫町伊与野		一般地（永楽寺跡）	巨樹 228/156
39D	787-0771	四万十市有岡	(旧：中村市有岡)	真静寺	巨樹 229/156
39F	781-1103	土佐市高岡町丙		仁淀川堤防上	巨樹 230/157
39a	789-1300	中土佐町（上の加江）		公有地	巨木 146/260
39b	785-0016	須崎市栄町		園教寺	巨木 145/260
39c	789-0312	大豊町高須		泉氏敷地内	巨木　補/277

40 福岡県(巨樹6本、巨木9本；総数15本)					
40A	822-0031	直方市植木		花の木堰（遠賀川の土手）	巨樹 231/158
40B	807-0051	水巻町立屋敷		八剣神社	巨樹 232/159
40C	803-0181	北九州市小倉南区呼野		大山祇神社	巨樹 233/160
40D	819-1145	前原市雷山		雷神社	巨樹 234/160
40E	819-1641	二丈町吉井		浮嶽神社（久安寺跡）	巨樹 235/161
40F	835-0007	瀬高町長田		老松院（上長田公民館横）	巨樹 236/161
40a	824-0254	犀川町扇谷	(2006.3.20→みやこ町)	大山祇神社	巨木 147/261
40b	838-0029	甘木市荷原	(2006.3.20→朝倉市)	美奈宜神社	巨木 148/261
40c	812-0038	福岡市博多区祇園町		萬行寺	巨木 149/262
40d	811-3515	宗像市池田	(旧：玄海町池田)	孔大寺神社	巨木 150/262
40e	812-0026	福岡市博多区上川端町		櫛田神社	巨木 151/263
40f	838-1501	把木町赤谷	(2006.3.20→朝倉市)	堀氏敷地内（奥の株）	巨木 153/264, 303
40g	822-1400	香春町（殿田）		神宮院	巨木 152/263
40h	839-0831	久留米市大橋町蜷川		莒崎八幡宮	巨木 155/265
40i	838-1700	東峰村宝珠山	(旧：宝珠山村（岩屋）)	岩屋神社	巨木 154/264, 304

41 佐賀県(巨樹2本：総数2本)					
41A	844-0001	有田町泉山		泉山公民館前	巨樹 237/162
41B	843-0002	武雄市朝日町中野		黒尾大明神	巨樹 238/163

42 長崎県(巨樹1本、巨木3本：総数4本)					
42A	817-2331	対馬市上対馬町琴	(旧：上対馬町琴)	一般地（長松寺前）	巨樹 239/164
42a	817-1213	対馬市豊玉町千尋藻	(旧：豊玉町千尋藻)	六御前神社	巨木 156/265, 304
42b	859-4307	鷹島町三里免	(2006.1.1→松浦市)	今宮神社	巨木 157/266
42c	811-5544	壱岐市勝本町布気触	(旧：勝本町布気触)	水神社	巨木 158/266

43 熊本県(巨樹10本、巨木8本：総数18本)					
43A	861-4203	城南町隈庄		一般地	巨樹 240/165
43B	869-2503	小国町下城		一般地	巨樹 241/166
43C	861-0331	山鹿市鹿本町来民	(旧：鹿本町来民)	公園	巨樹 242/167
43D	869-1822	高森町矢津田		高尾野阿弥陀堂	巨樹 243/167
43E	868-0200	五木村宮園		一般地（宮園公民館前）	巨樹 244/168
43F	868-0200	五木村田口		移植準備中（田口公会堂前）	巨樹 245/168
43G	868-0423	あさぎり町上南	(旧：上村上丙)	稲富氏敷地内	巨樹 246/169
43H	861-0133	植木町滴水		一般地（植木町公民館前）	巨樹 247/170
43I	865-0041	玉名市伊倉北方		一般地	巨樹 248/171
43J	869-2225	阿蘇市黒川	(旧：阿蘇町黒川)	一般地（長善坊跡）	巨樹 249/172
43a	861-4224	城南町阿高		竹下水神	巨木 159/267
43b	861-4105	熊本市元三町		諏訪神社	巨木 165/270
43c	868-0200	五木村（九折瀬）		九折瀬観音堂	巨木 160/267
43d	869-1823	高森町津留		小鶴年祢神社	巨木 161/268

A	B	C	D	E	F
個体記号	〒番号	住所名	(旧/予定)住所名	所在地名	写真番号/解説頁
43e	869-1824	高森町野尻(川上)		川上神社	巨木 162/268
43f	861-0414	山鹿市菊鹿町上内田	(旧：菊鹿町上内田)	国有地内	巨木 163/269
43g	869-1811	高森町草部		真覚寺	巨木 164/269
43h	861-1311	菊池市赤星		赤星菅原神社	巨木 166/270

44 大分県(巨樹11本、巨木4本：総数15本)

A	B	C	D	E	F
44A	879-4521	玖珠町太田		平井大神宮	巨樹 253/175
44B	872-0464	宇佐市院内町西椎屋	(旧：院内町西椎屋)	西椎屋神社／菅原神社	巨樹 250/173
44C	879-5551	別府市内成		大野氏敷地内	巨樹 254/176
44D	879-4722	九重町弘治		富迫観音	巨樹 252/174
44E	879-6421	豊後大野市大野町中原	(旧：大野町中原)	一般地(山林の中)	巨樹 255/176
44F	877-0016	日田市三本松		圣王天明神(右株)	巨樹 256/177
44G	871-0434	中津市耶馬溪町樋山路	(旧：耶馬溪町樋山路)	樋山黒法師堂	巨樹 258/179
44H	870-0277	大分市広内		九六位山円通寺	巨樹 259/179
44I	879-6103	竹田市荻町新藤	(旧：荻町新藤)	荻神社	巨樹 260/180
44J	879-4121	日田市天瀬町馬原	(旧：天瀬町馬原)	高塚愛宕地蔵尊	巨樹 257/178
44K	872-0506	宇佐市安心院町妻垣	(旧：安心院町妻垣)	八幡宮跡／妻垣神社	巨樹 251/174
44a	879-3302	佐伯市宇目南田原	(旧：宇目町南田原(柳瀬))	矢野氏敷地内	巨木 167/271, 305
44b	877-0022	日田市神来町		元大原神社	巨木 168/271
44c	877-0016	日田市三本松		圣王天明神(左株)	巨木 169/272
44d	879-4632	九重町松木		公有地	巨木 170/272

45 宮崎県(巨樹6本、巨木5本：総数11本)

A	B	C	D	E	F
45A	880-2321	高岡町内山	(2006.1.1 ➔ 宮崎市)	一般地	巨樹 261/181
45B	882-1412	高千穂町下野		下野八幡宮	巨樹 262/182
45C	889-4601	山田町山田	(2006.1.1 ➔ 都城市)	永井氏敷地内	巨樹 264/184
45D	881-0032	西都市白馬町		麟祥院	巨樹 265/184
45E	881-0005	西都市三宅(国分)		木喰五智館(日向国分寺跡)	巨樹 266/185
45F	882-1414	高千穂町河内		有藤氏敷地内(熊野鳴滝神社)	巨樹 263/183
45a	889-4301	えびの市原田		えびの市役所飯野出張所	巨木 171/273, 305
45b	885-0083	都城市都島町		龍峯寺墓地内	巨木 172/273
45c	882-1102	高千穂町押方		押方地蔵尊	巨木 173/274
45d	889-4400	高原町狭野		狭野神社	巨木 174/274
45e	880-2103	宮崎市生目		生目神社	巨木 175/275

46 鹿児島県(巨樹3本、巨木3本：総数6本)

A	B	C	D	E	F
46A	899-4501	福山町福山	(2005.11.7 ➔ 霧島市)	宮浦神社(右株)	巨樹 268/186
46B	899-4501	福山町福山	(2005.11.7 ➔ 霧島市)	宮浦神社(左株)	巨樹 269/186
46C	895-2504	大口市青木		一般地(泉徳寺跡)	巨樹 267/185
46a	899-6404	溝辺町麓	(2005.11.7 ➔ 霧島市)	鷹屋神社	巨木 176/275
46b	899-5412	姶良町三拾町		若宮神社	巨木 177/276
46c	899-5411	姶良町鍋倉		帖佐八幡神社	巨木 178/276

47 沖縄県(巨木1本：総数1本)

A	B	C	D	E	F
47a	905-2267	名護市大浦		大浦共同売店横	巨木 179/277

総数 452 本

目次

はじめに ……………………………………………………………………………… i
謝　辞 ………………………………………………………………………………… iii
収録した巨樹イチョウ一覧（付：巨木イチョウ一覧）………………………… v
巨樹イチョウの地理的分布図 …………………………………………………… xviii

第Ⅰ章　写真編
　各項目の説明
　写真図版 1〜269、補 1〜3

第Ⅱ章　資料編
　各項目の説明 ……………………………………………………………………… 3
　各樹の資料と解説 ………………………………………………………………… 5
　参考文献 …………………………………………………………………………… 189

第Ⅲ章　参考編：わが国のイチョウの文化史
　第1節　日本へのイチョウの伝来はいつか ………………………………… 194
　第2節　伝来後の日本におけるイチョウ文化の展開 ……………………… 201

第1図：全巨樹イチョウの分布図

緑色葉 ♀ は、幹周 7m 台の雄株
　　　 ♀ は、幹周 8〜22m の雄株
赤色葉 ♀ は、幹周 7m 台の雌株
　　　 ♀ は、幹周 8〜22m の雌株
をそれぞれ表している。

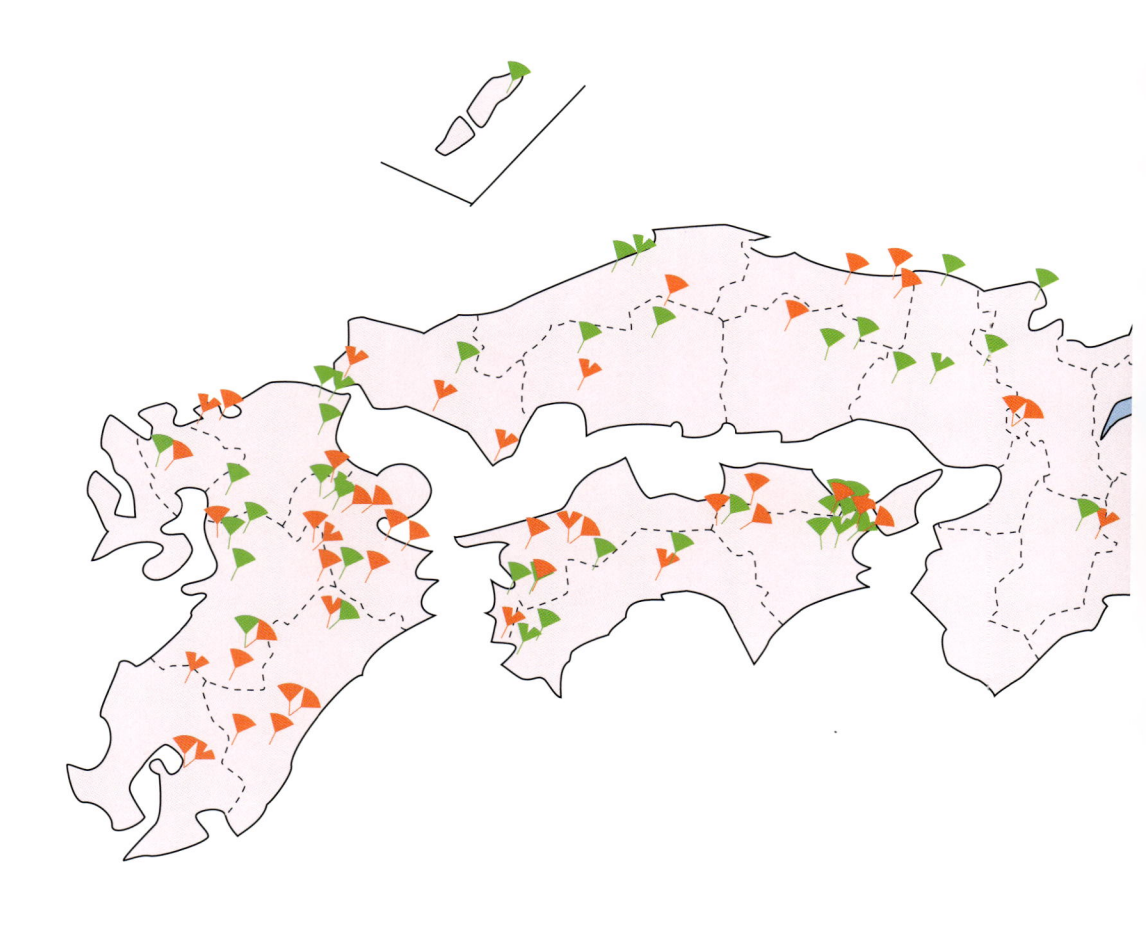

xix

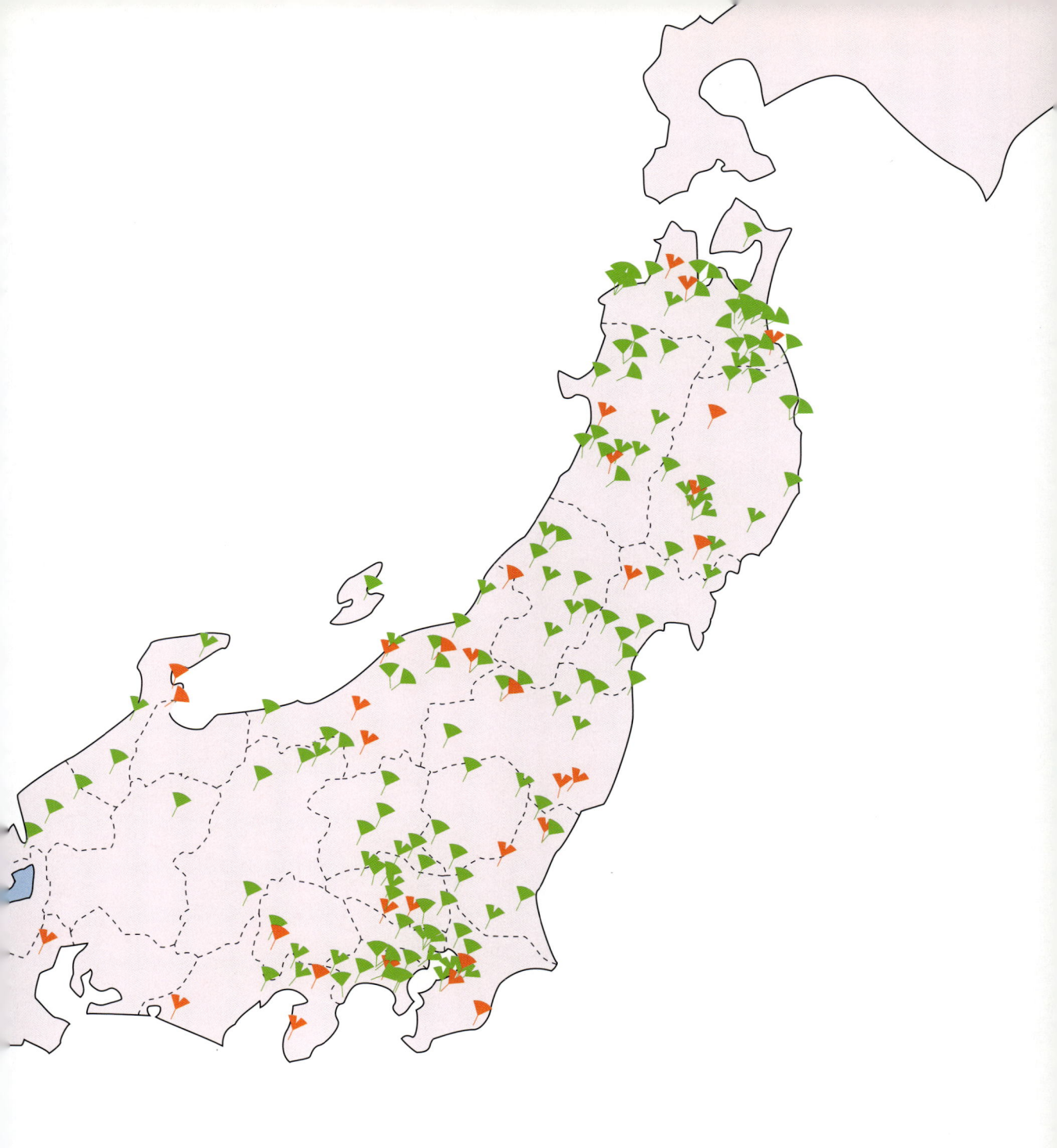

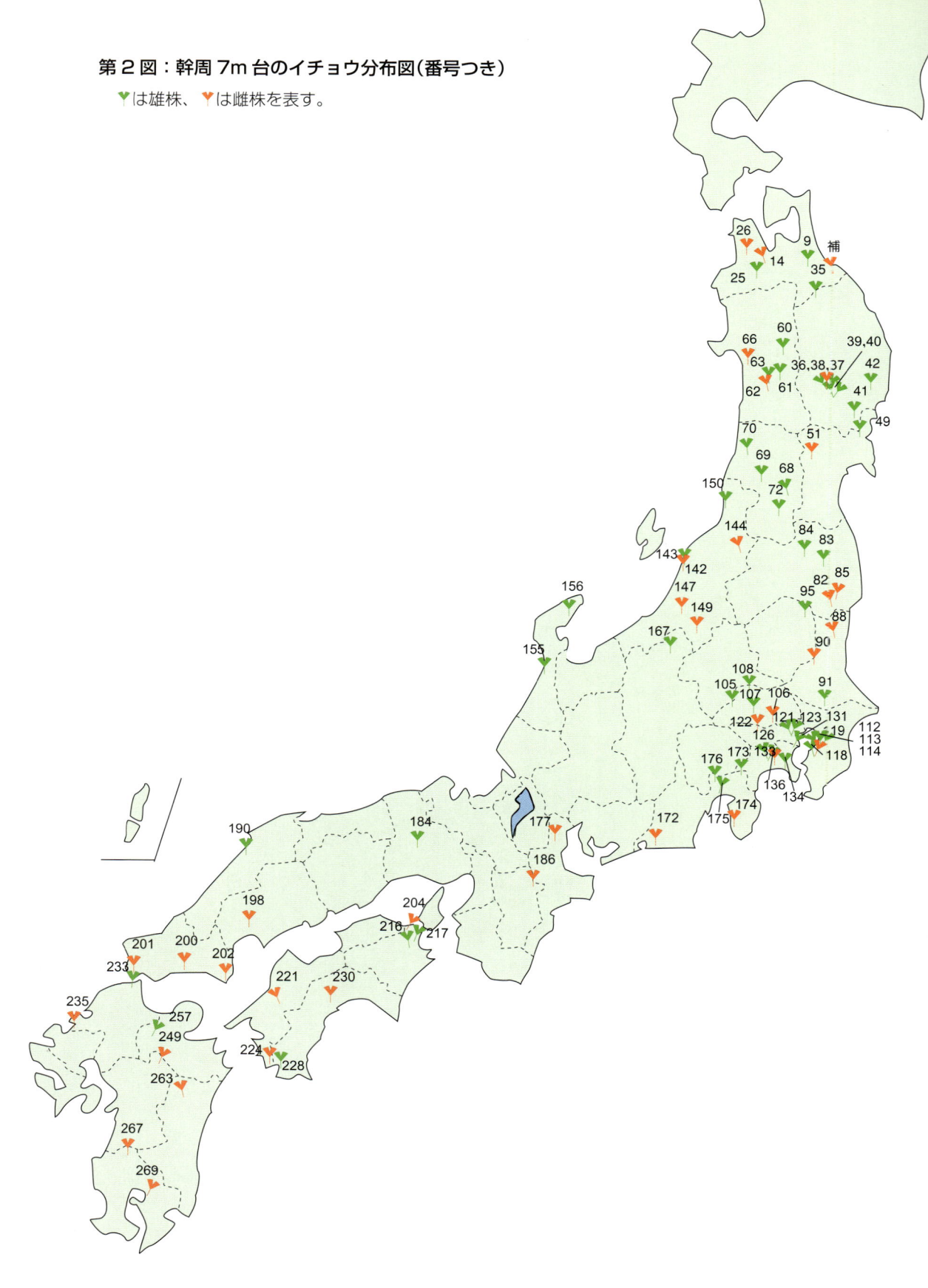

第 2 図：幹周 7m 台のイチョウ分布図（番号つき）

は雄株、 は雌株を表す。

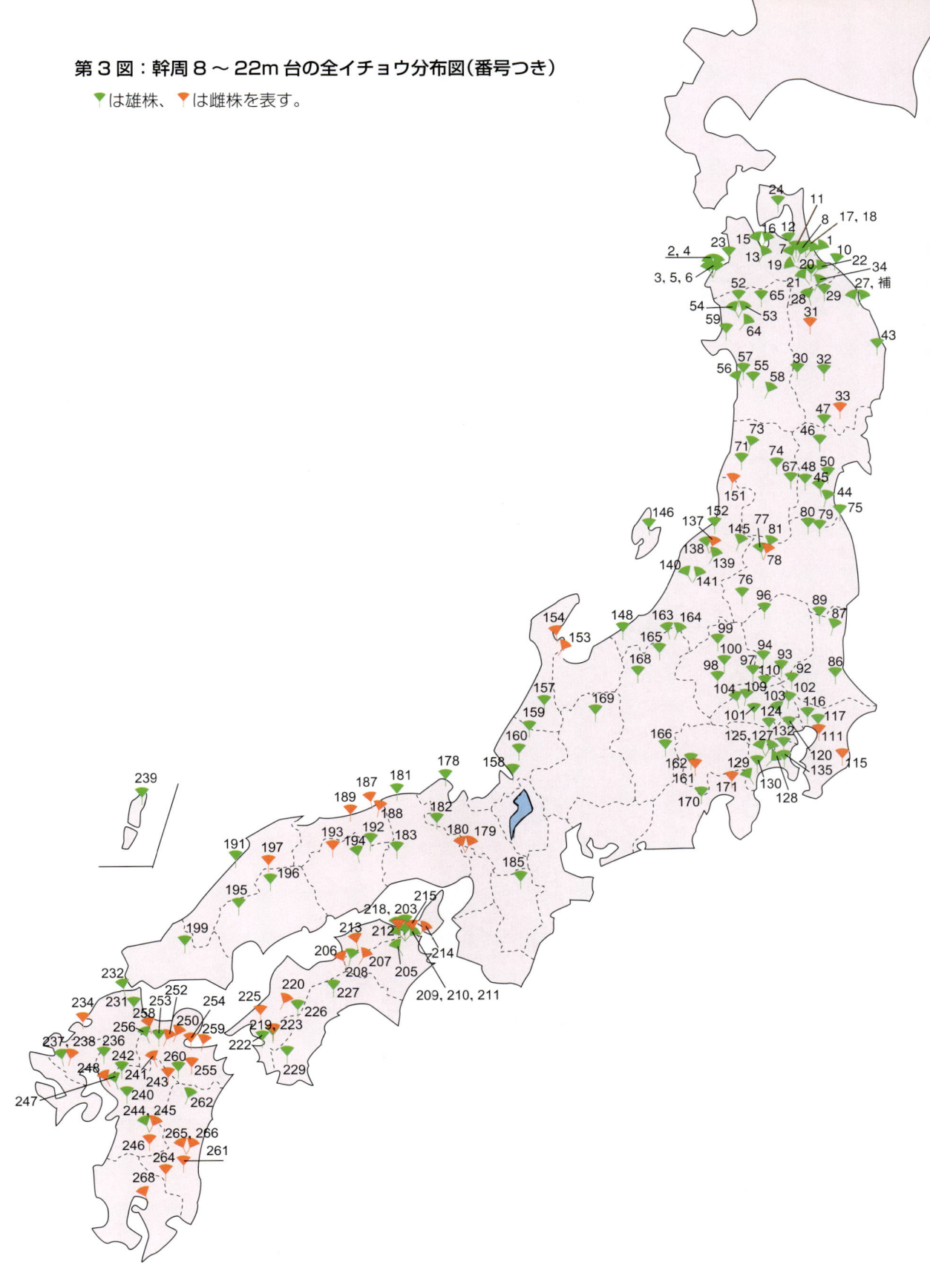

第 3 図：幹周 8〜22m 台の全イチョウ分布図（番号つき）

▼は雄株、▼は雌株を表す。

xxi

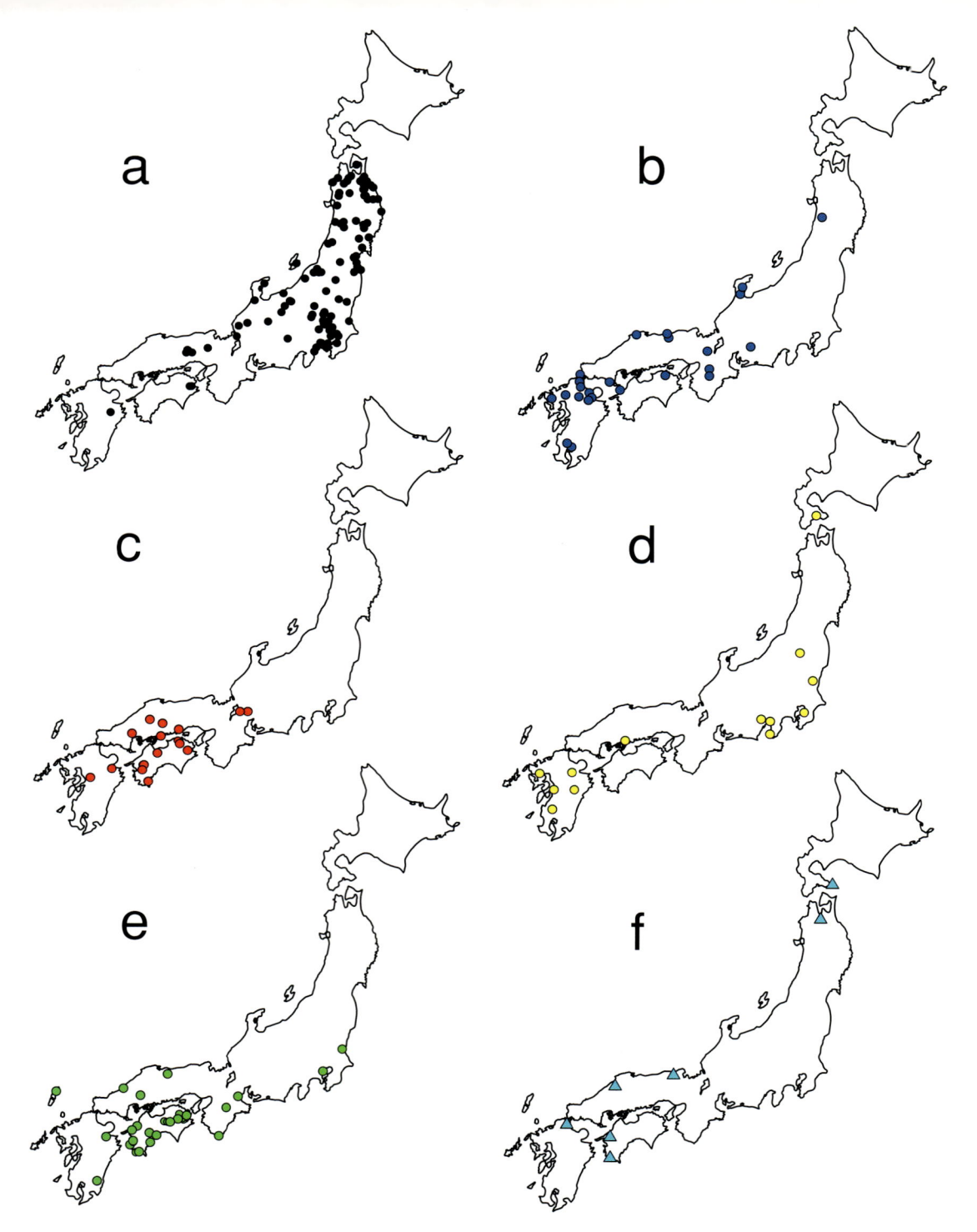

第 4 図：日本国内に分布する DNA タイプのうち主な 6 つのタイプの分布

　巨樹イチョウの DNA を調べることによって、イチョウの伝来・伝播のルートを明らかにする研究も行っている。これまでに日本では 15 種類の DNA がタイプが見つかっていて、ここには、代表的な 6 つの DNA タイプの分布を示す。

　a のように東日本に多いものや b、c、f のように西日本に多いものなどそれぞれ分布に特徴がみられる。e は数は多くはないが、日本に広く分布する面白いタイプである。港に近い所に分布しているのが特徴（佐藤・堀 2004）。

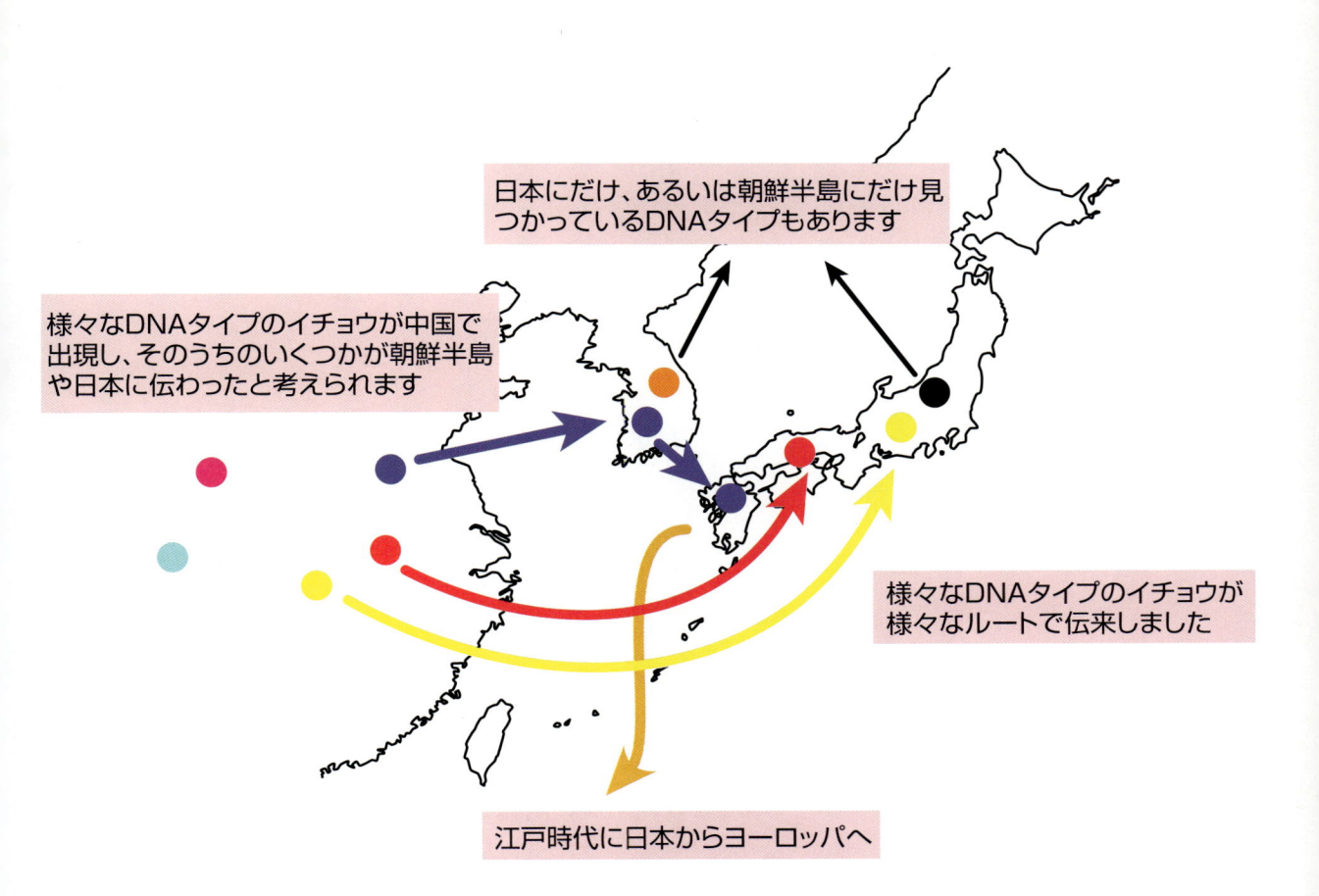

様々なDNAタイプのイチョウが中国で出現し、そのうちのいくつかが朝鮮半島や日本に伝わったと考えられます

日本にだけ、あるいは朝鮮半島にだけ見つかっているDNAタイプもあります

様々なDNAタイプのイチョウが様々なルートで伝来しました

江戸時代に日本からヨーロッパへ

第5図：東アジア三国の間のイチョウの移動に関する試行的研究成果の一部

かつては広く世界に分布していたイチョウだが、やがて衰退していき中国にのみ細々と生き残った。そして11世紀に宋の都で栽培されるようになり、再び生息域が広がり始めたのである。DNA分析の結果から、日本へは中国から直接あるいは朝鮮半島経由の様々なルートで伝わったと考えられている。中国には日本では見出されていないDNAタイプも見つかっている。また、現在のヨーロッパにあるイチョウは、江戸時代に長崎の出島から伝わったと言われている。今後より詳細な移動の歴史の解明が望まれる（佐藤・堀 2004）。

第Ⅰ章
写　真　編

　晩秋から翌春の葉が落ちている季節に、イチョウは自分の真の姿を現す。
　特に樹の中高部は、夏期に見たときの印象とは全く違う姿を示してくれる。それは、あのやさしい夏の姿とは対照的に、強靱な、生きている姿そのものと、そしてその過去の歴史を示している。
　したがって、本巻では各イチョウの冬季の姿を中心に構成した。

各項目の説明

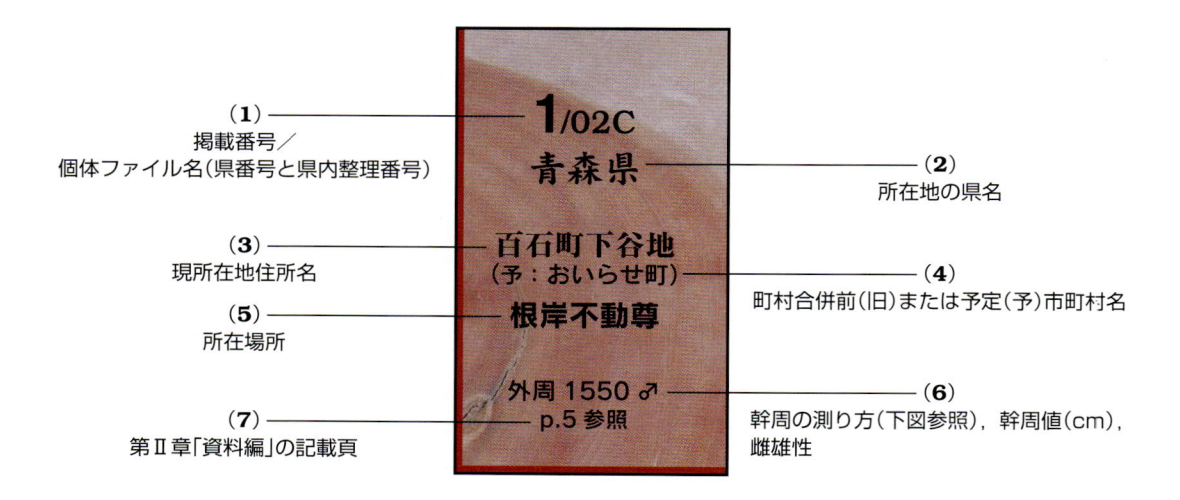

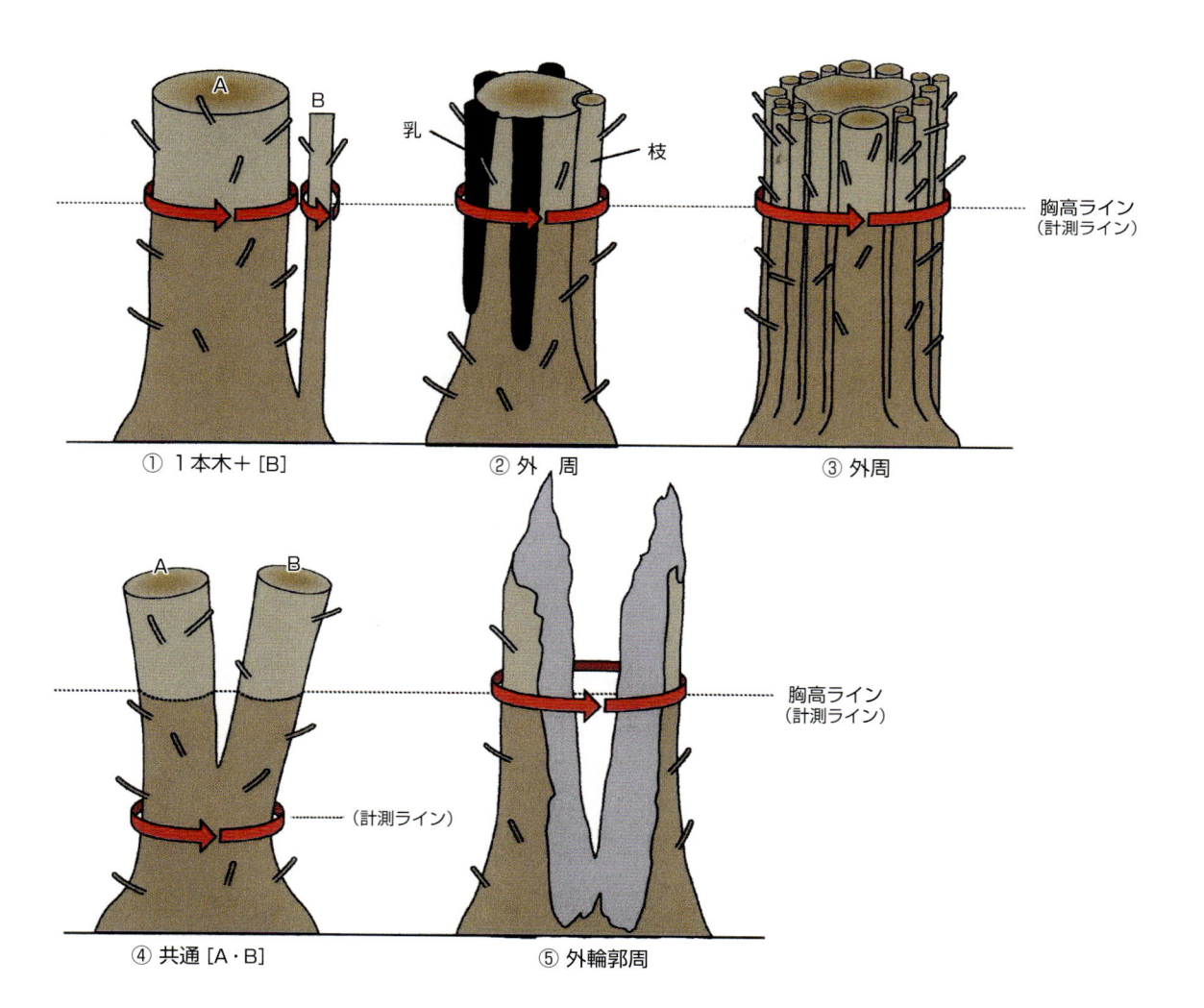

（1）掲載番号／個体ファイル名（県番号と県内整理番号）
　1/02C

（2）所在地の県名
　青森県

（3）現所在地住所名
　百石町下谷地

（4）町村合併前（旧）または予定（予）市町村名
　（予：おいらせ町）

（5）所在場所
　根岸不動尊

（6）幹周の測り方（下図参照），幹周値（cm），雌雄性
　外周 1550 ♂

（7）第Ⅱ章「資料編」の記載頁
　p.5 参照

① 1本木＋[B]

② 外周　　乳　　枝

③ 外周　　胸高ライン（計測ライン）

④ 共通[A・B]　　（計測ライン）

⑤ 外輪郭周　　胸高ライン（計測ライン）

1/02C
青森県

百石町下谷地
(予：おいらせ町)
根岸不動尊

外周 1550 ♂
p.5 参照

2/02A
青森県

深浦町北金ヶ沢
一般地

外周 2230 ♂
p.6 参照

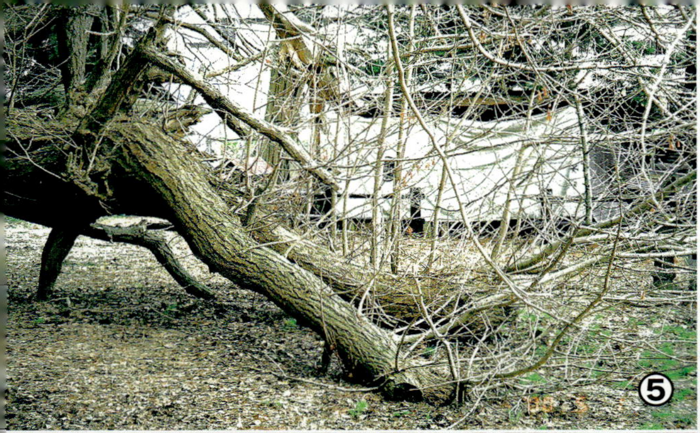
⑤

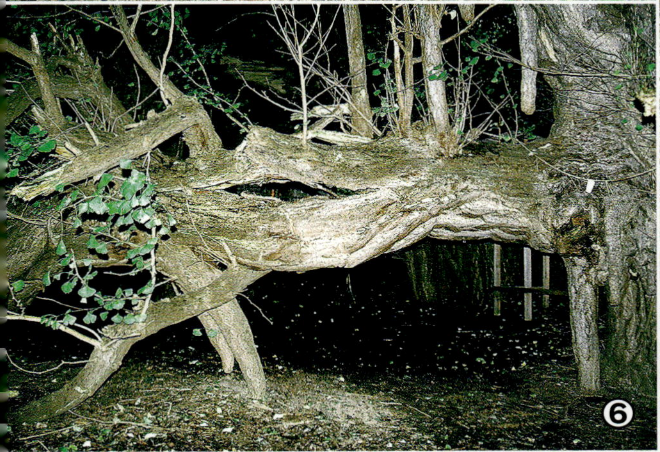
⑥

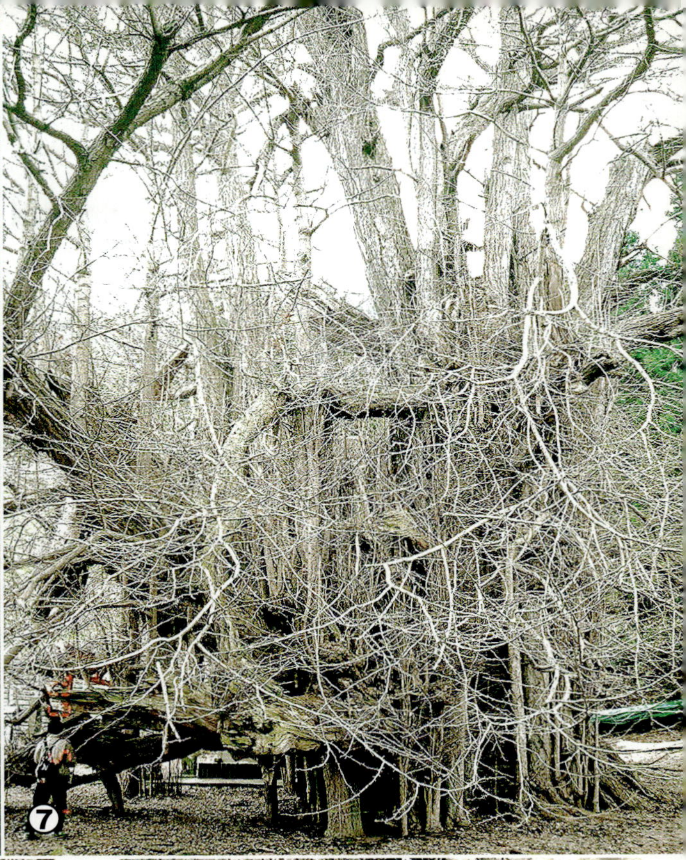
⑦

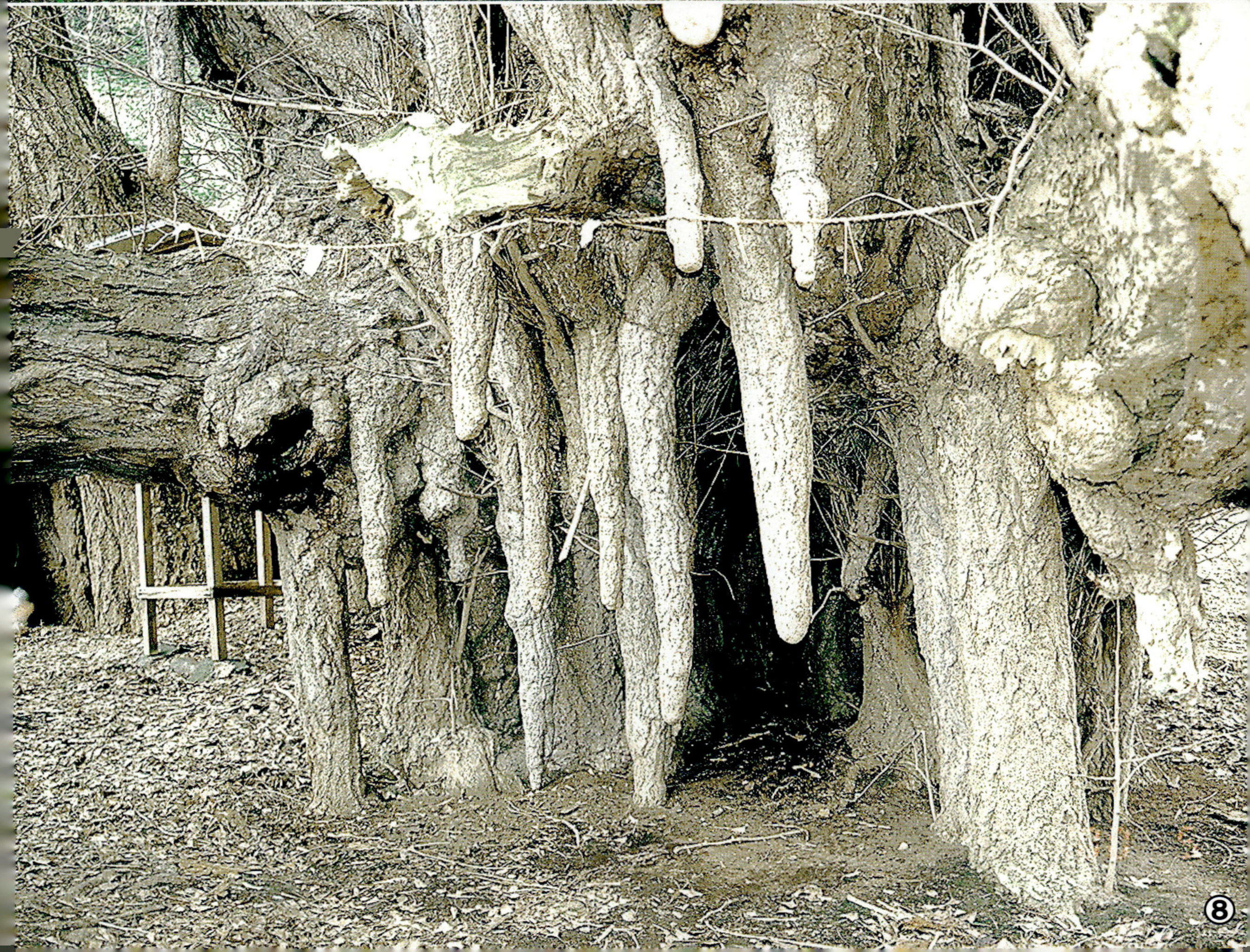
⑧

3/02E
青森県

深浦町深浦
七戸氏敷地内

外周 1420 ♂
p.7 参照

⑤

⑥ ⑦

4/02F
青森県

深浦町関
一般地
（公園横）

外周 1377 ♂
p.7 参照

5/02R
青森県

深浦町深浦
円覚寺

主 900 ♂
p.8 参照

6/02Y
青森県

深浦町岩坂
一般地

外周 1200(10 以上)♂
p.8 参照

① ② ③ ④

7/02D
青森県

十和田市法量
(旧：十和田湖町法量)
一般地
(善正寺跡)
外周 1450 ♂
p.9 参照

8/02O
青森県

十和田市大不動
大不動館跡
(八幡神社)

外周 1030 ♂
p.10 参照

9/02Z
青森県

十和田市深持
(熊の沢の)如来堂

主 760 ♂
p.10 参照

10/02B
青森県

階上町道仏
一般地

外周 1583 ♂
p.11 参照

11/02G
青森県

七戸町銀南木
銀南木農村公園

外周 1300 ♂
p.11 参照

12/02❾
青森県

七戸町中野
(旧：天間林村天間舘中野)
町有地内

外周 995 ♂
p.12 参照

13/02I
青森県

青森市浪岡北中野
(旧：浪岡町北中野)
源常林姥神社

1140 ♂
p.13 参照

14/02W
青森県

青森市浪岡本郷
(旧：浪岡町本郷柳田)
對馬氏敷地内

740 ♀
p.13 参照

15/02J
青森県

青森市宮田
一般地
(山寺跡)

外周 1136 ♂
p.14 参照

16/02M
青森県

青森市宮田
一般地
（八幡神社横）

外周（約）1500♂
p.15 参照

17/02K
青森県

東北町新舘
（旧：上北町新舘）
新舘神社

外周 1105 ♂
p.16 参照

18/02S
青森県

東北町大浦
(旧：上北町大浦沼端)
沼崎観音

外周 900 ♂
p.16 参照

19/02L
青森県

南部町小向
三光寺

外周 1065 ♂
p.17 参照

①
②
③
④
⑤
⑥

20/02U
青森県

名川町斗賀
(予：南部町)
斗賀霊現堂

外周 850 ♂
p.17 参照

21/02P
青森県

三戸町貝守
一般地
（貝守館跡）

外周 1000 ♂
p.18 参照

22/02H
青森県

五戸町倉石又重
（旧：倉石村又重）

一般地
（畑地の縁）

外周 1220 ♂
p.18 参照

23/02T
青森県

鰺ヶ沢町日照田町
高倉神社

外周 900 ♂
p.19 参照

24/02N
青森県

むつ市川内町
(旧：川内町川内)

一般地
(金七五三神社跡)

外周 1040 ♂
p.19 参照

25/02V
青森県

弘前市下白銀町
弘前公園・二の丸

740 ♂
p.20 参照

26/02X
青森県

つがる市木造千代町
(旧：木造町千代町)
いちょうが岡公園

715 ♀
p.20 参照

① ② ③ ④

27/03A
岩手県

久慈市門前
長泉寺

未測定♂
p.21 参照

28/03B
岩手県

一戸町出ル町
個人敷地内

外周 1130(♂>♀)
p.22 参照

29/03C
岩手県
九戸村長興寺
長興寺

外周 1000 ♂
p.22 参照

30/03D
岩手県

沢内村太田
（予：西和賀町）
太田八幡宮神社

930 ♂
p.23 参照

31/03E
岩手県

八幡平市松尾寄木
(旧:松尾村寄木)
畑地
（藤根氏所有）

外周 900 ♀
p.23 参照

32/03F
岩手県

東和町東晴山
（予：花巻市）
畠山氏敷地内

外周 810 ♂
p.24 参照

33/03G
岩手県

藤沢町黄海
個人敷地内

外周 810 ♀
p.25 参照

34/03P
岩手県

二戸市福岡
一般地
（八幡大明神）

外輪郭周 1080 ♂
p.25 参照

① ② ③

④

⑤

⑥

35/03H
岩手県

二戸市下斗米
一般地
（聖福院所有）

790 ♂
p.26 参照

①
②
③
④
⑤

36/03I
岩手県

北上市和賀町岩崎
一般地
（正雲寺跡）

780 ♂
p.26 参照

37/03J
岩手県

北上市二子町
高橋氏敷地内
（正行寺跡）

775 ♂
p.27 参照

38/03K
岩手県

北上市鬼柳町
八幡神社

760 ♀
p.27 参照

39/03L
岩手県

江刺市岩谷堂
（予：奥州市）
館山八幡神社

外周 760 ♂
p.28 参照

40/03M
岩手県

江刺市米里
（予：奥州市）
自徳寺

外周 760 ♂
p.28 参照

41/03N
岩手県

一関市室根町折壁
（旧：室根村折壁）
龍雲寺墓地内

外周 740 ♂
p.29 参照

42/03O
岩手県

住田町世田米
浄福寺
（左側並木の1本目）

共通 730 ♂
p.29 参照

43/03g
岩手県

宮古市宮町
いちょう公園

外輪郭周 1452 ♂
p.30 参照

① ② ③ ④ ⑤

44/04A
宮城県
丸森町四反田
個人敷地内
（町有）

外周 1275 ♂
p.31 参照

45/04B
宮城県

柴田町入間田
加藤氏敷地内

外周(約)1550㎝
p.32 参照

46/04C
宮城県

田尻町大嶺
（予：大崎市）
薬師堂

外周 980 ♂
p.33 参照

乳イチョ

① ② ③ ④ ⑤ ⑥

47/04D
宮城県

栗原市金成大原木
(旧：金成町大堤大原木)
八坂神社

共通 932 ♂
p.34 参照

48/04E
宮城県

川崎町今宿
一般地
(野上下愛林組合)

930 ♂
p.35 参照

① ② ③ ④

49/04F
宮城県

登米市東和町米谷
（旧：東和町米谷）
東陽寺

730 ♂
p.36 参照

50/04G
宮城県

仙台市宮城野区
銀杏町

**永野氏敷地内
（姥神神社）**

未測定♀
p.37 参照

51/04H
宮城県

加美町宮崎
(旧：宮崎町宮崎麓)

宮崎氏敷地内
(妙体寺跡)

720 ♀
p.38 参照

52/05B
秋田県

藤里町藤琴
佐藤氏敷地内
（田中権現）

外周 1030 ♂
p.38 参照

53/05A
秋田県

二ツ井町仁鮒
(予：能代市)

銀杏山神社
(手前の株)

外周 1038 ♂
p.39 参照

54/05D
秋田県

二ツ井町仁鮒
（予：能代市）

銀杏山神社
（連理・右株）

外周(主)930♂
p.40 参照

55/05C
秋田県

由利本荘市東由利蔵
(旧：東由利町蔵)
神明社

外周 1025 ♂
p.40 参照

56/050
秋田県

由利本荘市葛法
(旧：本荘市葛法)

葛法共同墓地

外周 815 (6) ♂
p.41 参照

57/05F
秋田県

由利本荘市中俣
(旧：大内町中俣)

一般地
(田圃の縁)

外周850♂
p.41 参照

58/05E
秋田県

羽後町田代天王
斉藤氏敷地内

外周 897 ♂
p.42 参照

59/05H
秋田県

五城目町馬場目
一般地
（墓地横）

外周 804 ♂
p.42 参照

60/05I
秋田県

仙北市西木町小山田
(旧：西木村小山田)

真山寺

772 ♂
p.43 参照

61/05J
秋田県

美郷町金沢
(旧:仙南村金沢)
善巧寺

740 ♂
p.43 参照

62/05K
秋田県

横手市雄物川町西野
（旧：雄物川町西野）

**西光寺
（奥の株）**

740 ♀
p.44 参照

63/05M
秋田県

横手市大森町八沢木
(旧：大森町八沢木)
一般地
(曹渓寺跡)

外周(主)720 ♂
p.44 参照

64/05G
秋田県

上小阿仁村沖田面
加賀谷家墓地内

外周 828 ♂
p.45 参照

65/05N
秋田県

大館市花岡町
信正寺

共通 1250 ♂
p.45 参照

66/05L
秋田県

秋田市中通
一般地
(通称座頭小路)

735 ♀
p.46 参照

67/06A
山形県

山形市山寺
**立石寺/
日枝神社**

外周 1100 ♂
p.46 参照

68/06E
山形県

山形市緑町
専称寺

775 ♂
p.47 参照

69/06G
山形県

中山町長崎
一般地
（柏倉氏管理）

外周 760（♂＞♀）
p.47 参照

① ② ③ ④ ⑤

70/06F
山形県

鶴岡市湯田川
由豆佐売神社

760 ♂
p.48 参照

① ② ③ ④ ⑤

71/06C
山形県

鶴岡市砂川
(旧：朝日村砂川)

菅原氏敷地内
（八幡神社）

外周 930 ♂
p.49 参照

72/06H
山形県

南陽市宮内
熊野神社

外周 752♂
p.50 参照

① ② ③ ④ ⑤

73/06D
山形県

庄内町三ヶ沢
（旧：立川町三ヶ沢）
霊輝院

外周 930（♂＞♀）
p.50 参照

74/06B
山形県

河北町谷地
三社宮
（谷地城本丸跡）

外周 980 ♂
p.51 参照

75/07A
福島県

新地町駒ヶ嶺
畑地
（白幡八幡神社）

外周 1320 ♂
p.51 参照

① ②

④

⑤

76/07B
福島県

伊南村古町
（予：南会津町）
伊南小学校校庭

外周(主)1050 ♂
p.52 参照

77/07C
福島県

会津若松市湊町赤井
畑地
（田中氏敷地内）

外周 1035 ♂
p.53 参照

78/07D
福島県

会津若松市大戸町
小谷川端
一般地
（初瀬川氏所有地内）

外周 940 ♀
p.53 参照

79/07E
福島県

月舘町糠田
（予：伊達市）

一般地
（堂の脇）

外周930♂
p.54 参照

80/07F
福島県

福島市御倉町
宝林寺

外周 885 ♂
p.54 参照

81/07G
福島県

喜多方市慶徳町新宮
新宮熊野神社

800 ♂
p.55 参照

82/07H
福島県

棚倉町棚倉
大部屋稲荷神社

外周 750 ♀
p.55 参照

83/07I
福島県

田村市大越町下大越
(旧:大越町下大越)
長源寺

外周 730 ♂
p.56 参照

84/07J
福島県

二本松市末広町
個人敷地内

710 ♂
p.56 参照

85/07K
福島県

石川町中田
薬師堂

730 ♀
p.57 参照

86/08A
茨城県

行方市西蓮寺
(旧：玉造町西蓮寺)

**西蓮寺
（2号株）**

外周 1150 ♂
p.57 参照

87/08B
茨城県

常陸太田市
上宮河内町
(旧：金砂郷町上宮河内)
西金砂神社
外周 1040 ♂
p.58 参照

① ② ③ ④ ⑤

88/08E
茨城県

常陸太田市上利員町
(旧：金砂郷町上利員)
鏡徳寺

740 ♀
p.59 参照

89/08C
茨城県

大子町上金沢
法龍寺

共通 1253 ♂
p.60 参照

90/08D
茨城県

笠間市稲田
西念寺

770 ♀
p.61 参照

91/08F
茨城県

利根町立木
蛟蝄神社・門の宮
（立木公民館横）

外周 785(7)♂
p.61 参照

92/08G
茨城県

坂東市逆井
(旧：猿島町逆井)
香取神社

外周 990(5)♂
p.62 参照

93/09A
栃木県

野木町野木
野木神社

未測定♂
p.62 参照

94/09B
栃木県

足利市家富町
鑁阿寺
(バンナジ)

900 ♂
p.63 参照

95/09C
栃木県

大田原市寒井
（旧：黒羽町寒井）
三嶋神社

共通 760 ♂
p.64 参照

96/09D
栃木県

藤原町上三依
（予：日光市）
上三依観音堂

外周 1050 ♂
p.64 参照

97/10A
群馬県

太田市堀口町
(旧：尾島町堀口)
浄蔵寺

外周 1200 ♂
p.65 参照

98/10B
群馬県

富岡市田島
一般地
(鏑川の和合橋際)

外周 1360 ♂
p.66 参照

① ② ③ ④

99/10C
群馬県

沼田市井土上町
荘田神社

外周 1038 ♂
p.67 参照

100/10D
群馬県

高崎市井野町
井野神社

外周 870 ♂
p.68 参照

① ② ③ ④ ⑤

101/11A

埼玉県

飯能市高山

常楽院
(高山不動)

測定できず♂
p.69 参照

102/11B
埼玉県

松伏町大川戸
大川戸八幡神社

外周 1010 ♂
p.70 参照

103/11C
埼玉県

川口市峯
峯ケ岡八幡神社

外周 900(5)♂
p.70 参照

104/11D
埼玉県

都幾川村関堀
（予：ときがわ町）
市川氏敷地内

外周 850 ♂
p.71 参照

105/11E
埼玉県

皆野町国神
一般地

測定せず♂
p.72 参照

106/11F
埼玉県

和光市新倉
長照寺

766 ♀
p.73 参照

107/11G
埼玉県
川越市松江町
出世稲荷社
（左株）

750 ♂
p.73 参照

108/11H
埼玉県

熊谷市代
八幡宮

外周 706 ♂
p.74 参照

109/11I
埼玉県
東松山市岩殿
正法寺
（岩殿観音）

根回 1120(n)♂
p.74 参照

① ② ③ ④ ⑤

110/11J
埼玉県

羽生市小松
小松神社

外周 1178 ♂
p.75 参照

111/12A
千葉県

市原市本郷
三峰神社

外周(主)1210 ♀
p.75 参照

112/12C
千葉県

市原市八幡北町
飯香岡八幡宮

外周 781 ♂
p.76 参照

113/12E
千葉県

市原市金剛地
熊野大神

外周 770 ♂
p.77 参照

114/12G
千葉県

市原市菊間
若宮八幡社
(菊間八幡神社)

745 ♂
p.77 参照

115/12D
千葉県

勝浦市勝浦
高照寺

測定不能♀
p.78 参照

116/12B
千葉県

市川市八幡
八幡神社

外周(約)1100♂
p.79 参照

117/12F
千葉県

千葉市中央区
千葉寺町
千葉寺

940 ♂
p.80 参照

① ② ③ ④ ⑤

118/12H
千葉県

袖ヶ浦市川原井
八幡神社

756 ♂
p.81 参照

119/12I
千葉県

袖ヶ浦市滝ノ口
小高神社

外周 720(11) ♀
p.81 参照

120/13A
東京都

港区元麻布
善福寺

測定せず♂
p.82 参照

121/13B
東京都

文京区小石川
光円寺

外周 788 ?
p.83 参照

122/13C
東京都

青梅市二俣尾
石神社

718 ♀
p.84 参照

① ② ③ ④ ⑤ ⑥

123/13D
東京都

品川区大井
光福寺

700 ♂
p.84 参照

124/13E
東京都

府中市宮町
大国魂神社

外周 971(6) ♂
p.85 参照

① ② ③ ④ ⑤

125/14A
神奈川県

厚木市上荻野
荻野神社

外周 1232 ♂
p.86 参照

126/14F
神奈川県

厚木市上依知
依知神社（右株）

740 ♂
p.87 参照

127/14I
神奈川県

厚木市旭町
熊野神社

共通 864 ♂
p.87 参照

128/14B
神奈川県

茅ヶ崎市浜之郷
鶴嶺八幡宮

外周 1121 ♂
p.88 参照

129/14C
神奈川県
湯河原町宮下
五所神社

外周 981 ♂
p.88 参照

130/14D
神奈川県

小田原市飯泉
勝福寺
（飯泉観音）

944 ♂
p.89 参照

131/14E
神奈川県

川崎市宮前区野川
影向寺

775 ♂
p.89 参照

132/14J
神奈川県

横浜市都筑区川和町
八幡東明寺廃寺跡
(稲荷社/カサ会館前)

外輪郭周 858 ♂
p.90 参照

①
②
③

④

⑤

⑥

⑦

133/14G
神奈川県

藤沢市西富
遊行寺

700 ♀
p.91 参照

134/14H
神奈川県

鎌倉市二階堂
荏柄天神社

700 ♀
p.91 参照

① ② ③

135/14L
神奈川県

鎌倉市大船
常楽寺

叢生(n)♂
p.92 参照

136/14K
神奈川県

海老名市中野
中野八幡宮

測定できず/不明
p.92 参照

① ② ③ ④ ⑤ ⑥

137/15F
新潟県

五泉市論瀬
諏訪神社

803 ♀
p.93 参照

138/15A
新潟県

五泉市切畑
馬頭観音堂脇

外周 1210 ♂
p.94 参照

139/15P
新潟県

村松町蛭野
（予：五泉市）
一般地
（慈光寺門前）
外輪郭周 1510 ♂
p.95 参照

① ② ③ ④

⑤

⑥ ⑦

140/15N
新潟県

長岡市栖吉町
一般地
（栖吉神社所有）

外周 1030(n)♂
p.95 参照

水環境を知る

藻類関連書 一覧

内田老鶴圃

淡水藻類
淡水産藻類属総覧

ISBN978-4-7536-4085-0

山岸高旺　編著　B5判・1444頁・本体価格50000円（税別）

本書は淡水における藻類，約1500属を収録した淡水藻類の属の総覧である．さらに異名とされるもの，関連するものを約800属加えて所収．60年に及ぶ著者の淡水藻研究の集大成として，淡水藻類の全体像に迫る大著である．本文は，各分類群の「細胞・藻体」「生殖・生活史」「分類・分類表」を示した後，それぞれの属の記載が中心となり，線画による基本的な図版を示しながら，属の分類基準とされる形態形質，生殖形質，生育状況を述べる．また類似属との関係や産状など特記事項も詳細に記す．学名総索引，和文，欧文の事項索引，属名のカナ読み索引を付す．

はじめに／凡例／淡水藻類　序
(01) 藍藻類　(01付) 灰青藻類　(02) 紅藻類　(03) 黄色鞭毛藻類　(04) 黄緑色藻類　(05) 珪藻類　(06) 褐色鞭毛藻類　(07) 渦鞭毛藻類　(08) 緑色鞭毛藻類　(09) 褐藻類　(10) 緑虫藻類　(11) 緑藻類　(12) 車軸藻類
学名総索引／属名カナ読み索引／和文事項索引／欧文事項索引

小林弘珪藻図鑑　第1巻
ISBN978-4-7536-4046-1

小林　弘
出井雅彦・真山茂樹　著　B5判・596頁・本体価格34000円（税別）
南雲　保・長田敬五

斯界の第一人者，故小林弘博士の名を冠して発行された待望の書．既刊「日本淡水藻図鑑」(1977) に欠けていた分類群を所収し解説する（144種，プレート180枚収録）．分類体系には最新の研究成果を盛り込むとともに，珪藻分類の基本となる殻構造の用語を写真，線画を駆使し詳細に解説．また，使用される珪藻独特の用語について英語，日本語，ラテン語の対照表を示し読者の便宜を図る．さらに学名と和名の対照一覧を添えている．

凡例／新分類群・新組み合わせ・新用語／収録分類群一覧／珪藻の殻構造と用語／珪藻用語対照表／珪藻分類体系／和文解説／欧文解説と図版／属の学名-和名対照表／学名索引

新日本海藻誌
日本産海藻類総覧

ISBN978-4-7536-4049-2

吉田忠生 著 B5判・1248頁・本体価格 46000円（税別）

岡村金太郎の名著「日本海藻誌」以来，実に60余念ぶりに刊行された海藻学の決定版．斯界の権威が日本の海藻を網羅して書き下ろした歴史的大著．綱，目，科，属，種などの分類階級ごとに，形質の特徴，および他との比較などを詳細に記述．また「綱から目へ，目から科へ・・・」わかりやすい検索表が付く．各種ごとに極めて詳細，緻密な文献リストが付される．さらに種ごとにタイプ産地，タイプ標本，分布地域名が示される．学名，和名の由来，生育地の特徴など，関連する話題も豊富．

緑藻綱 よつめも目／クロロコックム目／ひびみどろ目／カエトフォラ目／ねじれみどり目／あおさ目／かわのり目／しおぐさ目／もつれぐさ目／みどりげ目／いわずた目／みる目／はねも目／かさのり目

褐藻綱 しおみどろ目／いそがわら目／うすばおおぎ目／くろがしら目／あみじぐさ目／ながまつも目／ういきょうも目／かやものり目／むちも目／けやりも目／うるしぐさ目／こんぶ目／ひばまた目

紅藻綱 ちのりも目／べにみどろ目／エリスロペルティス目／うしけのり目／アクロカエティウム目／だるす目／うみぞうめん目／さんご目／てんぐさ目／べにまだら目／かぎけのり目／すぎのり目／おごのり目／いたにぐさ目／まさごしばり目／いぎす目

有用海藻誌
海藻の資源開発と利用に向けて

ISBN978-4-7536-4048-5

大野正夫 編著 B5判・596頁・本体価格 20000円（税別）

本書は「生物学編」，「利用編」，「機能性成分編」の3編から構成されどの項目からも必要なところから読むことができる．生物学編は，利用分野ごとに分けて，種名の査定に必要な形態，生活史，分布生態を記述．これらの水産，食用などへの利用や産業的背景，利用の歴史についても詳述する．利用編は，海藻産業の歴史的背景，加工技術から化学構造，品質などにふれており，将来への展望についても述べられている．機能性成分編では，あまり知られていない海藻の成分とその利用範囲までを幅広く記述．

有用海藻の生物学 ヒトエグサ／アオサ類／アオノリ類／イワズタと暖海産緑藻／ワカメ／コンブ／モズク類とマツモ／ヒバマタ目類／アラメ・カジメ類／アマノリ類／テングサ類／オゴノリ類／ツノマタ類／サンゴモ類／地方特産の食用海藻／世界の海藻資源の概観 **海藻の利用** 海苔産業／昆布産業／ワカメ産業／ひじきと海藻サラダ産業／沖縄のモズク類養殖／青海苔産業／寒天産業／カラギナン／アルギン酸／藻の文化 **海藻の機能性成分** 海藻の抗がん作用／海藻と健康—老化防止効果—／海藻の化学成分と医薬品応用への可能性／海藻と肥料／海藻と化粧品

日本淡水藻図鑑

ISBN978-4-7536-4051-5

廣瀬弘幸・山岸高旺 編集　B5判・978頁・本体価格 38000円（税別）

淡水藻一般の形態，生態，分布，分類の概要，採集・観察・培養・保存・標本作成の方法を述べ，さらに日本国内の採集地，淡水藻の利用の途等々がはじめに記され，これに図版とその説明が続く．全巻にわたり図を左頁に，その解説を右頁に配して一見して対照できるように工夫配列．各綱・目・科・属，さらには収録記載されている種の詳細な検索表を付す．

序　凡例　藍藻綱・灰青藻綱・紅藻綱・褐藻綱・黄金鞭毛藻綱・黄緑色藻綱・渦鞭毛藻綱・褐色鞭毛藻綱・緑色鞭毛藻綱・ミドリムシ藻綱・緑藻綱・輪藻綱　淡水藻の採集と研究法　日本淡水藻の分類学的研究略史

藻類多様性の生物学

ISBN978-4-7536-4060-7

千原光雄　編著　B5判・400頁・本体価格 9000円（税別）

藻類の複雑な多様性・異質性は藻学およびその周辺領域の多くの学問による長い年月の成果に裏付けられたものであり，その全貌を理解することは容易なことではない．本書は，かねてより最近の知識を盛った藻類の教科書の必要性を痛感していた編者が，それぞれの藻群を得意とする専門家の参加を得て，膨大な知識の蓄積を整理するとともに，次々と発表される新しい成果を取り入れつつ編んだもので，現在の藻類を理解するための最適の書である．

総論／藍色植物門／原核緑色植物門／灰色植物門／紅色植物門／クリプト植物門／渦鞭毛植物門／不等毛植物門／ハプト植物門／ユーグレナ植物門／クロララクニオン植物門／緑色植物門／緑色植物の新しい分類

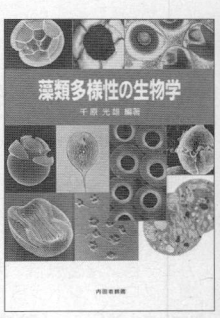

日本の赤潮生物　写真と解説

ISBN978-4-7536-4055-3

福代康夫・高野秀昭
千原光雄・松岡数充　共編　B5判・430頁・本体価格 13000円（税別）

これまでに発生した赤潮の原因種とこれに混在した種を中心として収録した他，赤潮を形成したことがなくても赤潮形成種を同定する際に比較すべき種や有毒種を含む．主に日本近海および日本の淡水域に出現する種類であるが，東南アジア海域で出現する重要な赤潮原因種も含む．赤潮生物の大きさや外部形態の特徴を中心に，内部形態やシスト形成の有無，生活史，生理・生態などを述べる．

藍藻綱（8種）クリプト藻綱（2種）渦鞭毛藻綱（70種）珪藻綱（85種）ラフィド藻綱（9種）黄金色藻綱（6種）ハプト藻綱（4種）ユーグレナ藻綱（8種）プラシノ藻綱（5種）緑藻綱（1種）原生動物（2種）

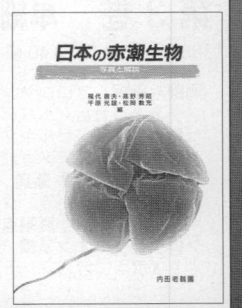

藻類の生活史集成　全3巻

堀 輝三 編　各巻 B5 判

本書全3巻は，藻類学の分野の中で個別に扱われることの多かった各藻類の生活史を，分かりやすい形で成書としたものである．収録全種について，それぞれ明らかになっている生活史を図示し対面頁に簡潔な解説を与え，見開きで一目で読み取れるように構成する．各巻の巻末に，1〜3巻共通の学名総索引，和名索引を付す．

解説は次のスタイルで統一．

I　参考文献・関連文献・資料

II　該当種の生活史・生活環の解説，未解決な問題点，同じ生活史を示すその他の種類名，関連した学術的な話題．

III　該当藻に関する採集方法，利用状況，培養法などの付帯情報．

IV　英語による図版の簡潔な説明．

第1巻　緑色藻類
ISBN978-4-7536-4057-7

B5 判・448 頁（185 種収録）・本体価格 8000 円（税別）

(狭義の) 緑藻綱　クラミドモナス目／オオヒゲマワリ目／クロロコック目／ヨコワミドロ目／クロロサルキナ目／カエトホラ目／サヤミドロ目／所属未定　**アオサ藻綱**　ヒビミドロ目／アオサ目／ファエオフィラ目／ミドリゲ目／イワヅタ目／カサノリ目　**車軸藻綱**　クレブソルミディウム目／コレオカエテ目／接合藻目　**所属綱不明群**　スミレモ目／カワノリ目　**プラシノ藻綱**　クロロデンドラ目

第2巻　褐藻・紅藻類
ISBN978-4-7536-4058-4

B5 判・424 頁（171 種収録）・本体価格 8000 円（税別）

褐藻綱　シオミドロ目／ナガマツモ目／イソガワラ目／カヤモノリ目／ウイキョウモ目／チロプテリス目／クロガシラ目／ウスバオオギ目／アミジグサ目／ムチモ目／ケヤリモ目／ウルシグサ目／コンブ目／アスコセイラ目／ヒバマタ目　**紅藻綱**　オオイシソウ目／チノリモ目／エリスロペルティス目／ウシケノリ目／ウミゾウメン目／カクレイト目／スギノリ目／ダルス目／マサゴシバリ目／イギス目

第3巻　単細胞性・鞭毛藻類
ISBN978-4-7536-4059-1

B5 判・400 頁（146 種収録）・本体価格 7000 円（税別）

渦鞭毛藻綱　プロロケントルム目／ディノフィシス目／ギムノディニウム目／ノクティルカ目／ペリディニウム目／ピロキスティス目／フィトディニウム目　**黄金色藻綱**　サルキノクリシィス目／ヒカリモ目／オクロモナス目／ペディネラ目／クリスアメーバ目／クリソカプサ目／ディクチオカ目　**シヌラ藻綱**　シヌラ目　**ハプト藻綱**　イソクリシス目／コッコスファエラ目／プリムネシウム目／パブロバ目　**クリプト藻綱**　クリプトモナス目　**ラフィド藻綱**　ヴァキュオラリア目　**真眼点藻綱**　真眼点藻目　**ミドリムシ藻綱**　ミドリムシ目　**クロララクニオン藻綱**　クロララクニオン目　**黄緑色藻綱**　ミショコックス目／トリボネマ目／フシナシミドロ目　**珪藻綱**　中心目／羽状目

淡水藻類写真集　全20巻

山岸高旺・秋山　優　編集　B5判・各巻100種収録（100シート）

本体価格　1・2巻 4000円，3・4・6〜10巻 5000円，
（税別）　5巻 8000円，11〜20巻 7000円

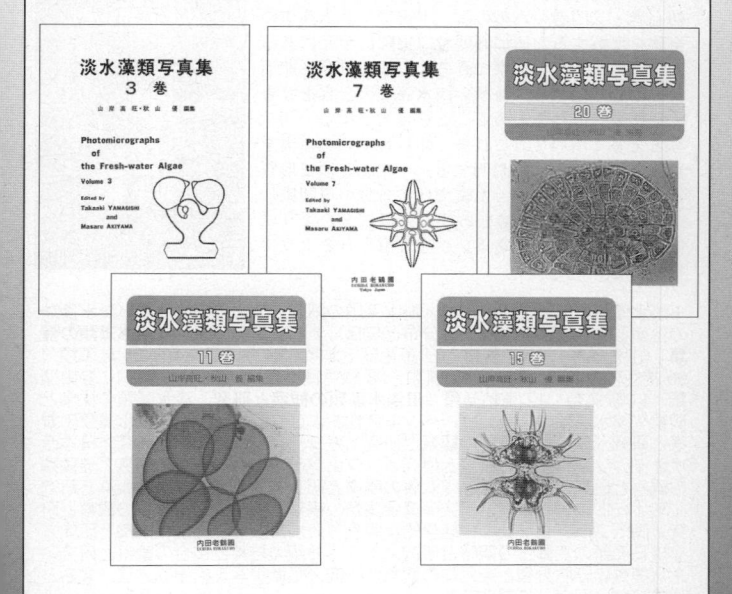

淡水藻類写真集ガイドブック

ISBN978-4-7536-4086-7

山岸高旺　著　B5判・144頁・本体価格 3800円（税別）

多種多様な淡水藻類の全容を，簡潔かつ利用しやすい形にまとめたハンディな入門書．本書は，淡水藻類研究の基礎的資料として貴重な「淡水藻類写真集（全20巻）」利用のために，また淡水藻類の全体像を捉えるために編まれた．多くの写真を示すことで，いろいろな藻類の写真を見ながら，淡水藻の種類や分類系の大筋を理解することができる．

淡水藻類写真集の収録種類数／淡水藻類写真集の使い方／淡水藻類写真集の図版の構成／図版の各項目の説明／写真による淡水藻類の属の検索／写真集に収録されている属・種の説明／淡水藻類12綱の代表的な属（1）〜（6）／淡水藻類の体制と生育状況（1）〜（6）／淡水藻類写真集に収録されている属

淡水藻類入門
淡水藻類の形質・種類・観察と研究

ISBN978-4-7536-4087-4

山岸高旺　編著　B5判・700頁・本体価格 25000 円（税別）

「日本淡水藻図鑑」の編者である著者がまとめた，初心者・入門者のための書．本書では淡水藻類の全体を理解するために必要で，実際に手元にある光学顕微鏡だけで観察できる，形態形質と生殖形質を中心に述べる．数多い淡水藻類の全容をとらえ，簡単な形にまとめることを目的とする．図や写真を多く用いて，これまで知られている事実を正確に分かりやすく説明する．I編，II編で形質と分類の概説を行い，III編では各分野の専門家による具体的事例20編をあげ，実際にどのように観察・研究を進めたらよいかを理解できるように構成する．

I 淡水藻類の形質 淡水藻類／淡水藻類の細胞／淡水藻類の体制／淡水藻類の生殖と生活史／淡水藻類の分布と伝播／淡水藻類の分類　**II 淡水藻類の種類** 01 藍藻類　02 紅藻類　03 黄色鞭毛藻類　04 黄緑色藻類　05 珪藻類　06 褐色鞭毛藻類　07 渦鞭毛藻類　08 緑色鞭毛藻類　09 褐藻類　10 緑虫藻類　11 緑藻類　12 車軸藻類　**III 淡水藻類の観察と研究** 淡水藻類の採集と観察／淡水藻類の研究分野／ベントス性およびプランクトン性淡水藻類の観察と研究／浮遊性藍藻類の観察と研究／カワモズク類の観察と研究／日本オオイシソウ科藻類の観察と研究／フシナシミドロ属の観察と研究／珪藻類の観察と研究／コエラストルム属の観察と研究／サヤミドロ属の観察と研究／アオミドロ属の観察と研究／黄金藻類の観察と研究／土壌藻類の観察と研究／湖沼プランクトンの生態学的な観察／淡水藻類の変異性の観察と研究／ツヅミモ類の変異性の観察と研究／ツヅミモ類の培養と接合の観察と研究／糸状藻類の細胞分裂と染色体の観察と研究／顕微鏡写真の撮影方法／学名と種の記載・同定，参考文献

藻類の生態

ISBN978-4-7536-4053-9

秋山　優・有賀祐勝　共編　A5判・640頁・本体価格 12800 円（税別）
坂本　充・横浜康継

本書は総論的記述から始まり，藻類の基本的機能，ハビタートと種の観点から見た藻類，また各論的な扱いとしてハビタート別にみた生態学的特性と多様性，相互作用を中心とした生態学的特徴，生活環と進化からみた種の生態的特質，群集の構造とその多様性などについての章から構成される．

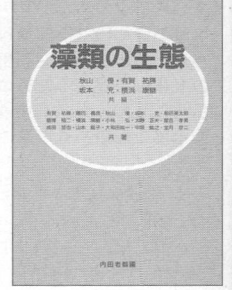

水界生態系における藻類の役割／水界環境と藻類の生理／藻類の生活圏／海洋植物プランクトンの生産生／湖沼における植物プランクトンの生産と動態／自然界における藻類の窒素代謝／植物プランクトンの異常増殖／海藻の分布と環境要因／河川底生藻類の生態／汽水域の藻類の生態／土壌藻類の生態／海水中の藻類の生態／藻類と水界動物の相互作用／藻のパソジーン／藻類の細胞外代謝生産物とその生態的役割／藻類の生活史と生態／藻類群集の構造と多様性

原生生物の世界
細菌，藻類，菌類と原生動物の分類

ISBN978-4-7536-4050-8

丸山 晃 著
丸山雪江 絵

B5 判・440 頁・本体価格 28000 円（税別）

本書は原生生物，すなわち細菌，藻類，菌類と原生動物の分類という壮大な世界を一巻に収めた類例のない書である．まず生物界全体を概観し，生命の歴史をたどることから始め，次に分類の歴史を述べ生物の形と機能から段階的に区分していく．本書において，これまで分断されていた性質が徐々にまとめられ，巨大な分類系が構築される．また本書では，現在考えられている最新の分類体系が示される．核酸の塩基配列や蛋白質のアミノ酸配列の情報により確度の高い分類系を記述する．原生生物の膨大な情報の単なる列記に終わらず，それらを有機的に結びつける．学名索引，和名索引，事項索引および文献が大いに役立つ．

第1章 生物群の概説 細菌／藻類，コケ・シダ・種子植物と菌類／原生動物と後生動物 **第2章 生命の歴史** 先カンブリア代／古生代／中生代／新生代 **第3章 分類の歴史** 植物と動物／細菌，藻類，菌類，粘菌と原生動物 **第4章 形と機能を分ける** 代謝系を分ける／細胞体制を分ける／核を分ける／細胞膜を分ける／16S rRNA を分ける／細胞外被を分ける／栄養様式を分ける／発酵を分ける／嫌気呼吸を分ける／光合成を分ける／無機物好気呼吸を分ける／酸素呼吸を分ける／鞭毛系を分ける／体制，生殖と生活環を分ける **第5章 生物を分ける** 原核生物／真核生物 **第6章 生物界を再編する** 新しい分類体系—その全体像—／3つの上位界／真核生物界

陸上植物の起源
緑藻から緑色植物へ

ISBN978-4-7536-4090-4

渡邊 信
堀 輝三 共訳 A5 判・384 頁・本体価格 4800 円（税別）

最初に海で生まれた現生植物の祖先は，どのような進化をたどって陸上に進出したのか——．分子生物学，生化学，発生学，形態学などの成果にもとづく探求の書．海藻のような海産藻類からでなく，淡水域に生息した緑藻，特にシャジクモ類から派生したという推論をたて，陸上植物の出現した約五億年前の地球環境，DNA の構造，シャジクモ類の形態・生態・生理などを総合的に考察する．

陸上植物の起源—はじめに—／シルル紀前期とオルドビス紀後期の環境／陸上植物の初期進化へのアプローチ／シャジクモ藻綱／シャジクモ類の形態・生態・生理／シャジクモ藻綱と陸上植物のギャップ／植物形態の進化：細胞壁・細胞骨格・細胞質分裂・プラスモデスム・組織形成／植物の有性生殖の進化／植物のシグナル伝達系・植物ホルモン・光形態形成・フェノール類の起源／陸上植物の起源—まとめ—

淡水珪藻生態図鑑
群集解析に基づく汚濁指数 DAIpo, pH 耐性能

ISBN978-4-7536-4047-8

渡辺仁治　編著

浅井一視・大塚泰介
辻　彰洋・伯耆晶子　著　B5判・784頁・本体価格 33000 円（税別）

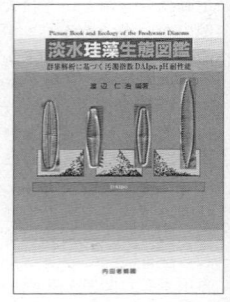

本書の編集にあたっては, 新しい情報に配慮しながら, 基本的には従来からの分類体系を重視し, 新しい分類群名はできる限り併記することとした. 種名には, Synonym および最近の分類学的情報を文献と併記して, 生態学的情報の混乱を避けることにつとめた.

陸水の有機汚濁と pH に対する生態学的情報, および生態分布図は, 著者らが特定の統一条件のもとで採集した付着珪藻群集の試料を, 数理統計的に処理して得た情報を示したものである.

総論　珪藻研究の歴史／環境指標としての珪藻群集／湖沼, 河川共通の水質汚濁指数 DAIpo／珪藻の生活様式／試料の採集／試料の処理と検鏡／形態（種の同定に関わる特性要素）
写真編　I 中心目 (Centrales) の分類　II 羽状目 (Pennales) の分類　II A. 無縦溝亜目 (Araphidineae) の分類　II A ディアトマ科 (Diatomaceae)　II B. 有縦溝亜目 (Raphidineae) の分類　II B₁ ユーノチア科 (Eunotiaceae)　II B₂ アクナンテス科 (Achnanthaceae)　II B₃ ナビクラ科 (Naviculaceae)　II B₄ エピテミア科 (Epithemiaceae)　II B₄ ニチア科 (Nitzschiaceae)　II B₅ スリレラ科 (Surirellaceae)

世界の淡水産紅藻

ISBN978-4-7536-4088-1

熊野　茂　著　B5判・416頁・本体価格 28000 円（税別）

清澄な水域に生息している淡水産紅藻は, 環境汚染に極めて敏感であるため, 地球的規模での水の汚染の危険を知らせる有効な指標としての役割を担っている. しかし水質の汚染に伴い残念ながら淡水産紅藻種のいくつかの種は既に絶滅し, また多くの種の絶滅が危惧されている. 本書は淡水産紅藻という分類群についての研究成果をまとめたものであり, 世界で認められている淡水産紅藻の大部分の分類群を, 種, 変種のランクまで収録する.

チノリモ目　チノリモ科　イデユコゴメ科　**ベニミドロ目**　ベニミドロ科　フラグモネマタ科　**オオイシソウ目**　オオイシソウ科　**ウシケノリ目**　ウシケノリ科　ボリジア科　**アクロカエチウム目**　アクロカエチウム科　**バルジアナ目**　**カワモズク目**　カワモズク科　プシロシフォン科　レマネア科　チスジノリ科　**ベニマダラ目**　ベニマダラ科　**イギス目**　イギス科　コノハノリ科　フジマツモ科

内田老鶴圃

〒112-0012　東京都文京区大塚 3-34-3
Tel.03-3945-6781　Fax.03-3945-6782

141/15B
新潟県

長岡市六日市町
佐藤氏敷地内

外周 1150(7) ♂
p.96 参照

142/15J
新潟県

寺泊町田頭
(予：長岡市)
福道神社

725 ♀
p.96 参照

143/15I
新潟県

寺泊町野積
(予:長岡市)
西生寺

外周 750 ♂
p.97 参照

144/15L
新潟県

阿賀町川口
(旧:三川村白川)

一般地
(杉崎氏敷地隣)

700 ♀
p.97 参照

145/15C
新潟県

阿賀町石間
（旧：三川村小石取）
石川氏敷地内

外周 1054 ♂
p.98 参照

146/15G
新潟県

佐渡市新穂大野
(旧:新穂村大野)
中河氏敷地内

804 ♂
p.98 参照

147/15H
新潟県

十日町市松代
(旧：松代町松代)

長命寺

760 ♀
p.99 参照

148/150
新潟県

糸魚川市真光寺
一般地
（阿弥陀堂）

共通 953（4）♂
p.99 参照

149/15M
新潟県

南魚沼市長崎
（旧：塩沢町長崎）

大福寺

700 ♀
p.100 参照

150/15K
新潟県

村上市瀬波上町
大龍寺

709 ♂
p.100 参照

151/15D
新潟県

朝日村檜原
太子堂
（太田氏敷地内）

914 ♀
p.101 参照

152/15E
新潟県

阿賀野市折居
（旧：笹神村折居）
八所神社

外周 850〜900 ♂
p.102 参照

153/16A
富山県

氷見市朝日本町
上日寺

未測定♀
p.103 参照

① ② ③ ④

154/17A
石川県

七尾市庵町(百海町)
伊影山神社

測定できず♀
p.104 参照

155/17B
石川県

津幡町笠池ヶ原
一般地
（祐関寺跡）

785 ♂
p.104 参照

156/17C
石川県

鳳珠郡能登町瑞穂
(旧：鳳至郡能都町瑞穂)
大峰神社

763 ♂
p.105 参照

157/17D
石川県

白山市瀬戸
(旧：尾口村瀬戸)
瀬戸神社

共通 1010 ♂
p.106 参照

158/18A
福井県

敦賀市金山
金山彦神社

外周(主)808 ♂
p.107 参照

① ② ③ ④ ⑤ ⑥

159/18B
福井県

勝山市
野向町薬師神谷

**薬師神社/
白山神社**

外周 800 ♂
p.107 参照

① ② ③ ④

160/18C
福井県

鯖江市上戸口町
三峯城跡

断片外周 990 ♂
p.108 参照

161/19A
山梨県

南部町福士
(旧：富沢町福士小久保)

金山神社

外周 1040 ㌢
p.109 参照

162/19B
山梨県

身延町門野
本妙寺

外周 804 ♂
p.109 参照

163/20A
長野県

飯山市瑞穂
銀杏三寶大荒神

外周 1690 ♂
p.110 参照

164/20B
長野県

木島平村穂高
長光寺

900♂
p.111 参照

165/20C
長野県

長野市吉田
一般地
(吉田大(御)神宮跡)

885 ♂
p.111 参照

166/20D
長野県

大鹿村鹿塩
圓通殿

805 ♂
p.112 参照

167/20E
長野県

高山村三郷
一般地

730 ♂
p.113 参照

168/20F
長野県

生坂村小立野
乳房観音

外周 985 ♂
p.113 参照

169/21A
岐阜県

高山市総和町
国分寺

820♂
p.114 参照

170/22A
静岡県

静岡市葵区黒俣
一般地

885 ♂
p.115 参照

171/22B
静岡県

長泉町下土狩
渡辺氏敷地内

未測定 ♀
p.116 参照

172/22C
静岡県

浜松市領家
栄秀寺

外周 790(n) ♀
p.116 参照

173/22D
静岡県

御殿場市駒門
駒門浅間神社

730 ♂
p.117 参照

174/22G
静岡県

松崎町松崎
伊那下神社

外輪郭周 770 ♀
p.117 参照

①

②

③

④

175/22E
静岡県
富士市富士岡
富士岡地蔵堂

723 ♂
p.118 参照

176/22F
静岡県

富士宮市村山
村山浅間神社

外周 777 ♂
p.118 参照

177/24A
三重県

亀山市南野町
宗英寺

外周 745 ♀
p.119 参照

① ② ③ ④ ⑤ ⑥

178/26A
京都府

伊根町野村
寺領観音堂

外周 866 (n) ♂
p.119 参照

179/27A
大阪府

能勢町倉垣
倉垣天満宮

830 ♀
p.120 参照

180/27B
大阪府

能勢町柏原
安穏寺

外周 850(5) ♀
p.120 参照

181/28B
兵庫県

豊岡市竹野町桑野本
(旧：竹野町桑野本)

桑原神社

850 ♂
p.121 参照

182/28A
兵庫県

丹波市青垣町大名草
(旧：青垣町大名草)
常滝寺

外周 1150 以上 ♂
p.122 参照

①

②

③

④

⑤

⑥

⑦

183/28C
兵庫県

佐用町佐用
一般地
（保健所裏）

共通は未測定
(775・353・385)♂
p.123 参照

①
②
③

④

⑤

⑥

184/28D
兵庫県

神崎町大山
（予：神河町）
荒田神社

700♂
p.123 参照

185/29A
奈良県

桜井市初瀬
素盞雄神社

800 ♂
p.124 参照

186/29B
奈良県

室生村下田口
（予：宇陀市）
田口水分神社

外周(主)760(4)♀
p.124 参照

187/31A
鳥取県

鳥取市馬場
倉田八幡宮

共通 1005(9) ♀
p.125 参照

188/31B
鳥取県

八頭町西御門
(旧：郡家町西御門)
仁王堂

共通 845(3) ♀
p.126 参照

189/31C
鳥取県

倉吉市桜
大日寺

多幹叢生♀
p.127 参照

190/32B
島根県

大田市三瓶町池田
淨善寺

共通 700 ♂
p.128 参照

191/32A
島根県

江津市有福温泉町
有福八幡宮

主 865 ♂
p.129 参照

192/33A
岡山県

奈義町高円
菩提寺

外周 1400 ♂
p.130 参照

193/33B
岡山県

真庭市後谷
（旧：勝山町後谷）
観音堂

未測定♀
p.131 参照

194/33C
岡山県

勝央町河原
銀杏広場

叢生(n)♂
p.131 参照

195/34A
広島県

安芸太田町上筒賀
(旧：筒賀村上筒賀)

**大歳神社／
筒賀神社**

940(♂＞♀)
p.132 参照

196/34B
広島県

三次市作木町香淀
（旧：作木村香淀）
迦具神社

810 ♂
p.132 参照

197/34C
広島県

庄原市高野町新市
(旧:高野町新市)
天満神社

外周 980 ♀
p.133 参照

198/34D
広島県

広島市安佐北区
白木町井原
新宮神社

684 ♀
p.133 参照

199/35A
山口県

山口市徳地八坂
(予：徳地町八坂)
妙見社

935 ♂
p.134 参照

200/35C
山口県

防府市下右田
天徳寺

760 ♀
p.134 参照

201/35B
山口県

下関市長府中之町
正円寺

785 ♀
p.135 参照

202/35D
山口県

上関町室津
常満寺

外周 750 ♀
p.136 参照

① ② ③ ④ ⑤

203/36A
徳島県

上板町瀬部
乳保神社

測定できず(n)♂
p.137 参照

204/36N
徳島県

上板町七條
山ノ神公園

710 ♀
p.138 参照

205/36C

徳島県

神山町神領

大久保地区多目的
研修集会所横

外周 1137 ♂
p.139 参照

206/36B
徳島県

山城町上名
（予：三好市）
藤川氏敷地内

外周 1150 ♀
p.140 参照

207/36I
徳島県

東祖谷山村釣井
（予：三好市）
木村家住宅

外周 803 ♀
p.140 参照

208/36J
徳島県

西祖谷山村西岡
(予：三好市)
西岡小学校裏

外周(約)800 ♂
p.141 参照

209/36P
徳島県

石井町石井(重松)
八幡神社

外輪郭集600♂
p.141 参照

210/36E
徳島県

石井町高川原(天神)
天満神社

外周 1023 ♂
p.142 参照

⑥

⑦

⑧

⑨

211/36F
徳島県

石井町高原(中島)
新宮本宮両神社
(左株)

1074 ♂
p.143 参照

212/36G

徳島県

阿波市境目
(旧：市場町大影)

一般地
(熊埜大権現前)

外周 930 ♀
p.144 参照

213/36D
徳島県

美馬市美馬町
(旧：美馬町銀杏木)

一般地
(郡里廃寺跡)

外周 1213 ♀
p.145 参照

214/36K
徳島県

鳴門市撫養町木津
長谷寺

共通 731 ♀
p.146 参照

215/36H
徳島県

北島町北村
光福寺

806 ♀
p.146 参照

216/36M
徳島県

佐那河内村下
大宮八幡神社

720 ♂
p.147 参照

217/36L
徳島県

徳島市国府町芝原
八幡神社

外周 752 ♂
p.147 参照

218/37A
香川県

さぬき市多和
(旧：長尾町多和)
大窪寺

700以上♂
p.148 参照

219/38A
愛媛県

松野町蕨生
奥内薬師堂

外周970♂
p.148 参照

220/38B
愛媛県

喜多郡内子町中川
(旧：上浮穴郡小田町中川)

三嶋神社

根回 1265 ♀
p.149 参照

221/38D
愛媛県

喜多郡内子町上川
〈旧：上浮穴郡小田町上川〉
薬師堂

760 ♀
p.150 参照

222/38C

愛媛県

宇和島市津島町岩松
（旧：津島町岩松）

三島宮

870 ♂
p.150 参照

①
②
③
④

223/38E
愛媛県

西予市城川町遊子谷
(旧：城川町遊子谷)
別宮氏敷地内

外周 1200(23) ♀
p.151 参照

224/38F
愛媛県

愛南町久良
(旧：城辺町久良真浦)
一般地

個々は測定せず♀
p.152 参照

225/38G
愛媛県

大洲市手成
金竜寺
（左株）

外周 993(5) ♀
p.153 参照

① ② ③ ④ ⑤ ⑥

226/39A
高知県

吾川郡仁淀川町
長者乙
(旧：高岡郡仁淀村長者乙)

十王堂

外周 1165 ♂
p.154 参照

227/39B
高知県

土佐町地蔵寺
一般地

844 ♂
p.155 参照

228/39C
高知県

宿毛市小筑紫町
伊与野

一般地
（永楽寺跡）

主 720 ♂
p.156 参照

229/39D
高知県

四万十市有岡
(旧：中村市有岡)
真静寺

700 以上 ♂
p.156 参照

①
②
③
④

230/39F
高知県

土佐市高岡町丙
仁淀川堤防上

個々は測定せず♀
p.157 参照

① ② ③ ④ ⑤

231/40A
福岡県

直方市植木
花の木堰
(遠賀川の土手)

共通 1360 ♂
p.158 参照

①②③④⑤

232/40B
福岡県

水巻町立屋敷
八剣神社

1030 ♂
p.159 参照

233/40C
福岡県

北九州市小倉南区
呼野
大山祇神社

745 ♀
p.160 参照

234/40D
福岡県

前原市雷山
雷神社

共通 840 ♀
p.160 参照

235/40E
福岡県

二丈町吉井
浮嶽神社
（久安寺跡）

共通 730(3) ♀
p.161 参照

236/40F
福岡県

瀬高町長田
老松院

外周 1110(5)♂
p.161 参照

237/41A
佐賀県

有田町泉山
泉山公民館前

980 ♂
p.162 参照

238/41B
佐賀県

武雄市朝日町中野
黒尾大明神

共通 870 ♀
p.163 参照

239/42A
長崎県

対馬市上対馬町琴
（旧：上対馬町琴）

一般地
（長松寺前）

外輪郭周 1350 ♂
p.164 参照

240/43A
熊本県

城南町隈庄
一般地

共通 1230 ♂
p.165 参照

241/43B
熊本県

小国町下城
一般地

1088 ♀
p.166 参照

242/43C
熊本県

山鹿市鹿本町来民
（旧：鹿本町来民）
公園

957 ♂
p.167 参照

① ② ③ ④ ⑤

243/43D
熊本県

高森町矢津田
高尾野阿弥陀堂

主 920 ♀
p.167 参照

244/43E
熊本県

五木村宮園
一般地
（宮園公民館前）

832 ♂
p.168 参照

245/43F
熊本県

五木村田口
田口公会堂前
（移植準備中）

800 ♀
p.168 参照

246/43G
熊本県

あさぎり町上南
(旧：上村上丙)

稲富氏敷地内

根回 863(6)♀
p.169 参照

247/43H
熊本県

植木町滴水
一般地
（植木町公民館前）

外周 1200 ♂
p.170 参照

248/43I
熊本県

玉名市伊倉北方
一般地

約960 ♀
p.171 参照

① ② ③ ④ ⑤ ⑥

249/43J
熊本県

阿蘇市黒川
(旧:阿蘇町黒川)

一般地
(長善坊跡)

748 ♀
p.172 参照

250/44B
大分県

宇佐市院内町西椎屋
(旧：院内町西椎屋)
**西椎屋神社／
菅原神社**

1113 ♀
p.173 参照

251/44K
大分県

宇佐市安心院町妻垣
(旧：安心院町妻垣)
**八幡宮跡 /
妻垣神社**
主 562 ♀
p.174 参照

252/44D
大分県

九重町弘治
富迫観音

共通 1100 ♀
p.174 参照

253/44A
大分県

玖珠町太田
平井大神宮

1150 以上 ♂
p.175 参照

① ② ③

④

⑤ ⑥

⑦ ⑧ 文化二乙丑青林 花屋震晃信女 玉枝童子 ⑨

254/44C
大分県

別府市内成
大野氏敷地内

900 ♀
p.176 参照

① ② ③ ④ ⑤

255/44E
大分県

豊後大野市
大野町中原
(旧：大野町中原)

一般地(山林の中)

850 ♀
p.176 参照

256/44F
大分県

日田市三本松
聖王天明神
（右株）

外輪郭周 850 ♂
p.177 参照

257/44J
大分県

日田市天瀬町馬原
(旧:天瀬町馬原)
高塚愛宕地蔵尊

主 600～700(n)♂
p.178 参照

258/44G
大分県

中津市耶馬溪町
樋山路
(旧:耶馬溪町樋山路)

樋山黒法師堂

外周 800 ♀
p.179 参照

① ② ③ ④ ⑤ ⑥

259/44H
大分県

大分市広内
九六位山円通寺

主 768 ♀
p.179 参照

260/441
大分県

竹田市荻町新藤
(旧：荻町新藤)
荻神社

外周1000(n)♂
p.180 参照

261/45A
宮崎県

高岡町内山
（予：宮崎市）
一般地

1025 ♀
p.181 参照

262/45B
宮崎県

高千穂町下野
下野八幡宮

1014 ♂
p.182 参照

263/45F
宮崎県

高千穂町河内
有藤氏敷地内
(熊野鳴滝神社横)

780 ♀
p.183 参照

264/45C
宮崎県

山田町山田
（予：都城市）
永井氏敷地内

外周 910 ♀
p.184 参照

265/45D
宮崎県

西都市白馬町
麟祥院

外輪郭周 856(2) ♀
p.184 参照

266/45E
宮崎県

西都市三宅(国分)
木喰五智館
(日向国分寺跡)

外周 840(5) ♀
p.185 参照

267/46C
鹿児島県

大口市青木

一般地
（泉徳寺跡）

772 ♀
p.185 参照

268/46A
鹿児島県

福山町福山
（予：霧島市）

宮浦神社
（右株）

外周 824 ♀
p.186 参照

269/46B
鹿児島県

福山町福山
(予：霧島市)

宮浦神社
（左株）

792 ♀
p.186 参照

補1/13o
東京都

千代田区
皇居内の病院裏
（非公開地）

690 ♀
p.187 参照

補2/02α
青森県

八戸市田向
八戸市民病院裏
（移植準備中）

728 ♀
p.187 参照

補3/03R
岩手県

久慈市天神堂
天神堂

843 ♂
p.188 参照

第Ⅱ章
資料編

　第Ⅰ章「写真編」に収録された約270本の巨樹イチョウの現住所名、市町村合併・編入前の旧住所名、イチョウの生育場所名、幹周の記録歴、雌雄性、添付写真・図絵の有無、各個体の主に根幹部の現状様態、交通、撮影データ等について記した。

　樹木の大きさを示す指標として、胸高幹周（目通り幹周）値が最も一般的である。著者もこれまで記録された胸高幹周値をいろいろな参考資料から集約したが、それは大きさの推移を見てとれるだけでなく、胸高位には次のような意味を見るからである。（個々の）イチョウの個性が色濃く維持反映されているのは、根幹部（地上部2〜3mくらいまでの高さまで）であると思う。なぜなら、一般的にそれより上部は、台風、落雷その他の災害によってしばしば折損、損失が起こり、そのため樹齢の経た巨木、巨樹イチョウの上部は常に更新されているといっても過言ではない。言いかえれば、常に若いのである。なぜなら、折損幹、枝から新しい萌芽枝が伸びるからである。一方、イチョウ各個の個性、歴史を残す根幹部は大規模な更新を伴わないので記録保存性が高い。幹周の測定はそのひとつである。この部分に力点を置くのはそのためである。根元から折れてしまった樹は一から出直しの再生状態になる。倒壊直後なら、残った地際ぎりぎりの残痕部に情報が残っている。

　現在のこのような再生が進行中の樹が全国に数本存在する（例えば、熊本県八代市・熊野座神社のイチョウ：平成11年9月の台風18号・不知火湾台風により根元から倒壊した）が、現在再生中である（**コラム24**参照）。

　古記録の資料発掘はまだ緒についたばかりである。現在の所、古い記録としてせいぜい200年くらい前までしか遡れていない。江戸時代以前の記録となると、現在のところ未だ全く発見されていない。これからさらなる努力を続けていきたい。

(1) 掲載番号・個体標識（ファイル名）

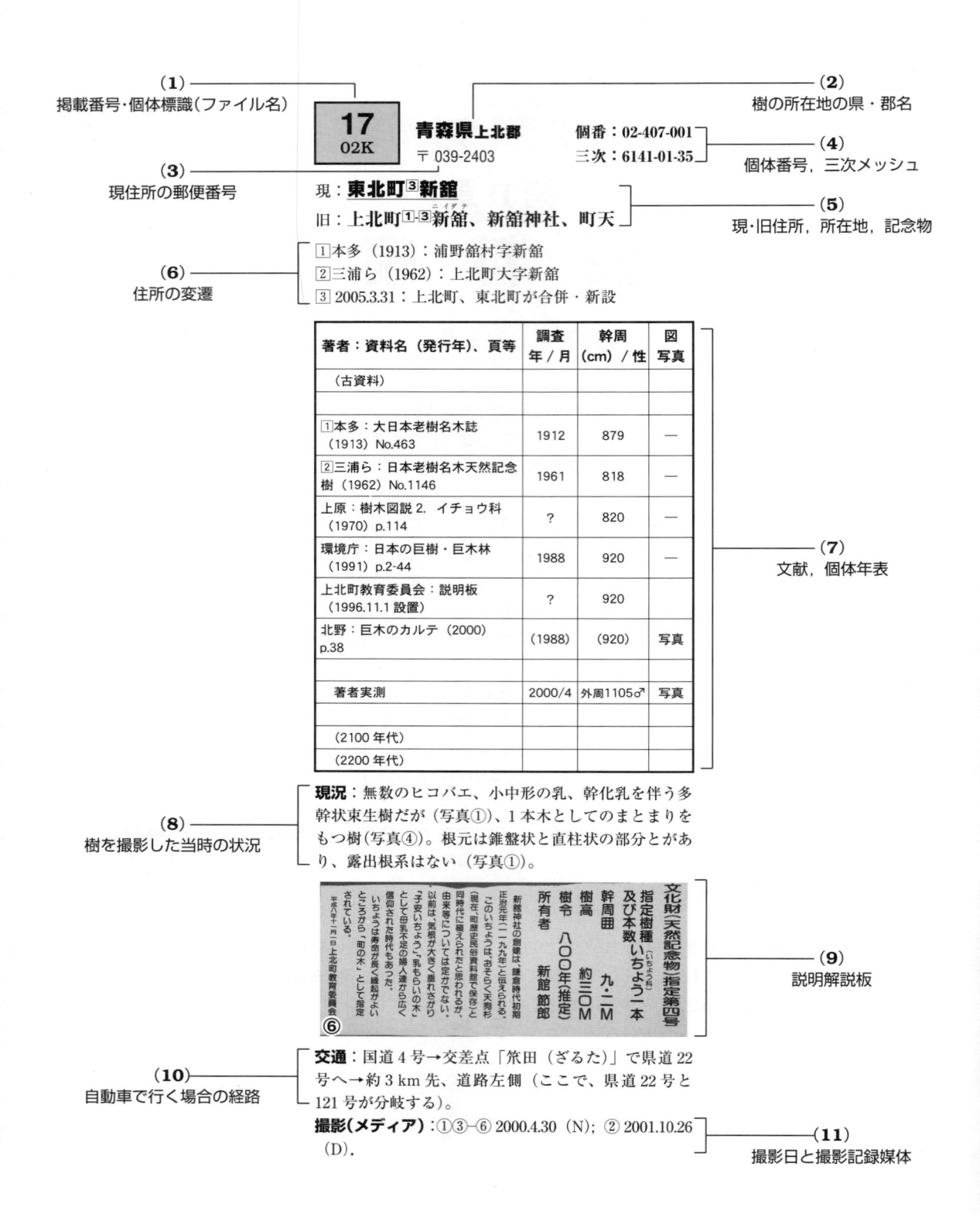

17
02K

(2) 樹の所在地の県・郡名

青森県上北郡
〒039-2403

個番：02-407-001
三次：6141-01-35

(4) 個体番号，三次メッシュ

(3) 現住所の郵便番号

現：**東北町**③**新舘**
旧：上北町[1-3]新舘（ニイダテ）、新舘神社、町天

(5) 現・旧住所，所在地，記念物

(6) 住所の変遷

① 本多（1913）：浦野舘村字新舘
② 三浦ら（1962）：上北町大字新舘
③ 2005.3.31：上北町、東北町が合併・新設

著者：資料名（発行年）、頁等	調査年/月	幹周(cm)/性	図写真
（古資料）			
① 本多：大日本老樹名木誌 (1913) No.463	1912	879	—
② 三浦ら：日本老樹名木天然記念樹 (1962) No.1146	1961	818	
上原：樹木図説 2. イチョウ科 (1970) p.114	?	820	
環境庁：日本の巨樹・巨木林 (1991) p.2-44	1988	920	
上北町教育委員会：説明板 (1996.11.1 設置)	?	920	
北野：巨木のカルテ (2000) p.38	(1988)	(920)	写真
著者実測	2000/4	外周1105♂	写真
(2100年代)			
(2200年代)			

(7) 文献，個体年表

(8) 樹を撮影した当時の状況

現況：無数のヒコバエ、小中形の乳、幹化乳を伴う多幹状束生樹だが（写真①）、1本木としてのまとまりをもつ樹（写真④）。根元は錐盤状と直柱状の部分とがあり、露出根系はない（写真①）。

(9) 説明解説板

(10) 自動車で行く場合の経路

交通：国道4号→交差点「笊田（ざるた）」で県道22号へ→約3km先、道路左側（ここで、県道22号と121号が分岐する）。

撮影(メディア)：①③―⑥ 2000.4.30（N）；② 2001.10.26 (D)．

(11) 撮影日と撮影記録媒体

各項目の説明

（1） **本巻に収録した巨樹(少数ながら巨木その他を含む)を都道府県番号とともに北から配列**

大きい数字は掲載順番。小さな文字群(数字とアルファベット)は各個体につけたファイル名の一部で、数字は都道府県番号(02　青森県、03　岩手県…)、大文字アルファベットは当該県内の幹周7m以上の巨樹イチョウのうち、最大サイズのものをAとし、以下B、C…とした(幹周6m台の巨木イチョウは小文字アルファベットを使用)。ただし、本巻内における配列はサイズ順ではなく、同一市町村内に生育するイチョウが連番配列になる(合併後の市町村名の変更も考慮して)ことを優先した。

（2）　**当該木が所在する県・郡名**

（3）　**当該木が所在する現住所の郵便番号**

ナビゲーターを活用すると、自動的に当該木近くまで経路が示されるので便利である。ただし、カバーする地域の広さはさまざまなので、近くに行ってから現地の人に詳しく聞く必要がある。

（4）　**個番(個体登録番号)、三次(三次メッシュコード番号)**

1988年に環境庁(現環境省)が実施した「第4回自然環境保全基礎調査」に基づき作成された報告書「日本の巨樹・巨木材」(1991年刊、全9冊)に収録された幹周3m以上の全樹種の各個体につけられた個体登録番号(個番)、と所在地を示す地図メッシュコード番号(三次)。三次メッシュとは、日本全土を1辺が1kmの正方形メッシュで区画し、それにコード番号を付したもの。各個体に付せられた三次コード番号により、当該木の所在場所を全国地図の中から1km四方区画内に限定できる。全国的に有名ではない個体を探索するときなどは非常に有効である。県単位の本として販売されている。

個番：登録なし／三次：なしは、上記の全国調査の際、未発見、登録もれになった個体のこと。

（5）　**当該木の所在住所名、所在場所名、記念物等の種類**

現：現住所名(アンダーライン部分は(3)の郵便番号で検索できる区域名に相当する)。合併・編入が実施されても名称の変更がなかった場合は、すべて"現"とした。

旧：2003〜2005年10月1日までに合併が実施され、市町村名に変更があった場合の、合併前の旧住所名。

予：2005年10月2日以降に合併が実施される予定の新自治体名。

　　＊　2006年3月以降当面10年間くらいは、新住所表記への移行期間になるであろう。既刊の出版物を参照する場合、旧住所名が有効である。

　　＊＊　合併に伴い天然記念物指定のレベルに変更があっても、現在は未調査のため、合併・編入前の自治体における指定のままにしてある。

（6）　**所在地名の歴史的変遷**

当該木を記録した文献、資料等に記されている過去の住所名。

（7）　**当該樹を記録した書誌、文献、古文書、古絵図、写真などを集約した個体年表**

・調査年／月：幹周の調査測定年月。

・幹周：明治以前の記録はcmに換算して表記した[1丈 = 303 cm、1尺 = 30.3 cm、1寸 = 3.03 cmで

換算した]。
- 外周、共通、外輪郭周は第Ⅰ章「各項目の説明」を参照。「根回」は根上がり木の幹と根部の境界部、またはそれより下位での周長を示す。
- ( )付の調査日、幹周値は環境庁(1991)のデータを引用したことを示す。
- ca.は約、♂は雄株、♀は雌株、♂＞♀は雄株ながら枝の一部が雌であることを示す。
- 幹周に (1〜n) が付されている場合の括弧内の数値は、構成する株立幹数〔nは多数〕を示す。主幹(値)が明らかな場合は、主〇〇〇と記す。
- (・)は、胸高位より下方で分岐(または融合)している幹のそれぞれの推定値を示した。・点が1つの場合は、2幹を表す。
- +[ ]は、主幹または主幹群とは独立して測定できる側幹、株立ちがある場合を示す。[+]内の数値は各分幹の周長(ただし周長が1m以下についてはαで記した)。
- 性の判定は著者が現地で、雄花(♂)、雌花(♀)を確認したものによるものが大多数であるが、着花数が少なかったり、中性樹については判定を保留または誤認したものがあるかもしれない。
- 図／写真：付図絵、(古)写真の有無。

(8) 現　　況

樹を撮影記録した20世紀末前後(1998〜2004年)当時の、(主に)根から3〜4mの高さまでの根幹部の様態を記述した。

(9) 当該樹に付設されている説明解説板など

(10) 交　　通

当該樹を訪れるための経路の一例を自動車で行く場合で示した。馴染みのない地方のイチョウの所在地の確認を容易にするため、当該樹の所在場所の最寄りの高速道路のインターチェンジを起点とした経路を例示した。

(11) 本巻に掲載した図版写真の撮影日と撮影記録媒体の種類

N：カラーネガフィルム撮影、R：スライド撮影、D：デジタルカメラ撮影。[番号と記名]がある場合は、撮影依頼した方の名前と写真番号。

後日の利用を可能にするために、カラーネガ原図およびスライドは現物保存し、同時にすべてデジタル保存もしてある。

1 青森県上北郡　　個番：02-403-001
02C　〒039-2231　　三次：6041-73-24

現：**百石町**①-③**大字下谷地**9、根岸不動尊、町天

予：〔おいらせ町③　　　　　　〕

① 本多(1913)：百石村字根岸
② 三浦ら(1962)、上原(1970)：百石町字根岸
③ 2006.3.1：百石町、下田町が合併・新設の予定

現況：幹下部は、折損枯死幹を含む(写真①⑤)。2つの多幹束生状の幹群が連なる(写真④)。それぞれ多数のヒコバエが叢生し、多数の乳が地中まで垂下し、あるものは幹化している(写真④)。精確な胸高幹周の測定は不可能で、乳、ヒコバエを含む樹の外周を測定。

〈日本一の大いちょう〉⑥

樹齢一一〇〇年以上(町文化財審議会調査)といわれているこの大いちょうは、母乳不足の母親が乳ができるように祈ればほぼその願いが叶う霊樹として近郷近在に知れわたっている。
昔、慈覚大師という坊さんが、人々に仏の道を教えるため諸国を行脚していた。旅の疲れにとりの小高い丘の上に腰をおろし、ここの景色に見とれていたが、旅の疲れがでたまま眠りこんでしまった。大師は、いつの間にか不思議なこの地へ来ていて目が西の山に沈むころ目を覚ました。あたりの不思議なこの景色を見て、これは道に迷ったかと急いで近くの不動尊に向かってねむりの中で不思議なこの道を教えられ、一体の不動尊像を首にしていちょうの枝に根をかけてしまった。そこで、いちょうの枝に身をよせて、いちょうの木の根に残して立ち去った。これは道に残して立ち去った。これは道に残して立ち去った。昭和六十三年度環境庁の全国巨樹調査によるとぼぼ全国で十二番目、東北・北海道では一番目の大いちょうとなったいちょうの木である。東北・北日本一である。

百石町

交通：八戸道→百石道「下田百石IC」→国道45号→国道338号→1km弱北上、右折(「イチョウ」の看板あり)。

撮影(メディア)：①④⑤ 2002.4.29 (D); ② 2002.4.29 (N); ③ 2003.7.9 (D); ⑥ 1997.6.6 (R).

著者：資料名(発行年)、頁等	調査年/月	幹周(cm)/性	図写真
(古資料)			
① 本多：大日本老樹名木誌(1913)No.436	1912	1091	—
② 三浦ら：日本老樹名木天然記念樹(1962)No.1283	1961	根元1515	
② 上原：樹木図説2.イチョウ科(1970)p.116	?	根元1520	
読売新聞社編：新 日本名木100選(1990)p.219	?	1600	写真
環境庁：日本の巨樹・巨木林(1991)02-40	1988	1600	—
梅原ら：巨樹を見に行く(1994)p.36	?	1600	写真
平岡：巨樹探検(1999)p.55,269	1988	1600	絵
渡辺：巨樹・巨木(1999)p.32	1991/7	1600 ♂	写真
北野：巨木のカルテ(2000)p.37	(1988)	(1600)	写真
須田：魅惑の巨樹巡り(2000)p.20	1996/9	1600以上	写真
著者実測	2000/4	外周1550♂	写真
高橋：日本の巨樹・巨木(2001)p.91	?	1360	—
(2100年代)			
(2200年代)			

コラム 1　イチョウ、「鴨脚樹」、「公孫樹」、「銀杏」

　わが国では、イチョウ(いちょう)を漢字で「銀杏」、「公孫樹」、「鴨脚樹」等と書きます。「銀杏」は、指すものによってイチョウともギンナンとも発音します。前者のときはイチョウの木を意味することが多く、後者は実を指すことが多いようです。年輩の方々は、銀杏より公孫樹という書き方のほうが馴染みがあるようです。なぜなら、全国にある有名なイチョウの前に立っている説明板や名標に「公孫樹」と書かれていることが圧倒的に多いからでしょう(写真1)。

　「公孫樹」は中国の各地で使われてきたイチョウの呼称名(例えば、白眼、霊眼、仁杏、白果等)のひとつに過ぎなかったのですが、何故かこの字の意味するところが日本人に好まれたようです。「公孫」という字句には、「おじいさんの代に植えたイチョウに食べられるギンナンがなるのは孫の時代になってからで…、生長には長い長い時間がかかる木なのだよ」、という意味が込められています。

　「鴨脚樹」は、中国において、古い時代から11世紀頃まで使われたイチョウの呼称です。11世紀に銀杏という呼び方に変わり(詳しくは**第III章**参照)、その後はこちらが一般化して、わが国には「銀杏」の漢字が伝わりました。本草書などを通して「鴨脚樹」の漢名も知っていましたが、実際に使うことは少なかったようです。

写真1

2 02A　青森県西津軽郡　個番：02-323-003
〒 038-2504　　　　　三次：6140-00-97

現：**深浦町大字北金ケ沢**(キタカネガサワ)、一般地、県天（1955.
1.7）、垂乳根(タラチネ)のイチョウ

① 本多(1913)、島川(1915)：大戸瀬村北金ケ澤
② 青森県史蹟名勝天然紀念物調査会(1939)：
　　大戸瀬村大字北金ケ沢字塩見
③ 三浦ら(1962)：深浦町大字北金ケ沢
④ 上原(1970)、その他：深浦町北金ケ沢字塩見形
⑤ 2006.3.31：深浦町、岩崎村が合併・新設

現況：主幹の周りに多数の小幹、無数のヒコバエ、長短・大小の垂下乳が囲む(写真③④)。乳のいくつかは地中に達し、幹化している(写真⑧)。これらを除いた幹周の測定は不可能で、すべてを含む外輪郭を測定。地面に平行に伸びた枝の先端は地に接し、発根して新しい個体を生じている(写真⑤⑥)。以上の特徴は、60余年前に記録された亶

著者：資料名(発行年)、頁等	調査年/月	幹周(cm)/性	図写真
（古資料）			
①本多：大日本老樹名木誌(1913)No.433	1912	1182	写真
①島川：西津軽郡誌(1915)p.218	?	1182	
中村：折曽乃関(1922)No.25	1922	径13尺10間余	
②青森県史蹟名勝天然記念物調査会：史蹟名勝天然記念物調査報告(第七輯)(1939)p.13	?	根回ca.1400♂	
深浦町教育委員会：説明板(設置日不明)	?	1945	
③三浦ら：日本老樹名木天然記念樹(1962)No.1084	1961	1600	
④上原：樹木図説2.イチョウ科(1970)p.113	?	1600	
環境庁：日本の巨樹・巨木林(1991)02-33	1988	2000	
樋田：イチョウ(1991)p.75	?	1945♂	—
牧野：巨樹名木巡り〔北海道・東北地区〕(1991)p.54	?	2000	写真
渡辺：巨樹・巨木(1999)p.23	1994/5	2000♂	写真
平岡：巨樹探検(1999)p.269	1995/8	2200	—
北野：巨木のカルテ(2000)p.34	(1988)	(2000)	写真
須田：魅惑の巨樹巡り(2000)p.18	1998/9	主1100 2000	写真
著者実測	2000/5	外周2230♂	写真
高橋：日本の巨樹・巨木(2001)p.12, 84	?	2080	写真
(2100年代)			
(2200年代)			

県指定天然記念物
北金ヶ沢のイチョウ
昭和30年1月7日指定

このイチョウは樹齢1,000年以上、高さ約36m、幹回り19.45mで、垂れ下がっているたくさんの気根・乳垂から「垂乳根のイチョウ」と呼び、古くより神木として崇拝信仰されています。
また、お産をし母乳不足で困っている女性に乳を授けるありがたい樹としても広く知られてきました。
この地は、元亨年代(1321年)頃から応永年代(1400年)に栄えた金井安倍氏の菩提寺の別院が建立されていたと伝えられます。
そして伝説には、古代の武将安倍比羅夫が建立した神社の跡地で、そのときこのイチョウが植えられたと言われています。
　　　　　　　　　　　　　　　深浦町教育委員会
⑨

交通：東北道「浪岡IC」→国道101号〈五所川原市、鰺ヶ沢町経由〉を深浦町へ→JR五能線「きたかねがさわ」駅を過ぎた辺りの進行右手に「北金ヶ沢の大銀杏」の看板あり。

撮影(メディア)：①③⑥⑨ 2000.5.1(N); ②④ 1999.5.28(N); ⑤ 2000.11.5(R); ⑦ 2000.5.1(R); ⑧ 2000.11.5(N)

3 02E	青森県西津軽郡	個番：登録なし

〒038-2324　　三次：なし

現：**深浦町大字深浦、七戸氏敷地内**

① 本多（1913）、島川（1915）：深浦村深浦
② 三浦ら（1962）：深浦町大字深浦
③ 2005.3.31：深浦町、岩崎村が合併・新設

著者：資料名（発行年）、頁等	調査年／月	幹周(cm)／性	図写真
（古資料）			
①本多：大日本老樹名木誌(1913)No.456	1912	909	—
①島川：西津軽郡誌(1915)p.218	?	909	—
②三浦ら：日本老樹名木天然記念樹(1962)No.1128	1961	909	—
著者実測	1999/10	外周1420♂＋[3α]	写真
（2100年代）			
（2200年代）			

現況：多数の若いヒコバエ、生長したヒコバエ、本幹と融合してしまったヒコバエを伴う多幹束生樹で逆台形状（写真④）。多数の乳が垂下し（写真⑤）、本幹に融合したものもある。2004年の台風により、手前の太い枝が折損した（写真⑧）。

交通：東北道「浪岡IC」→国道101号〈五所川原市、鰺ヶ沢町経由〉で深浦町へ→深浦港で県道192号（岩崎深浦線）→数百m先、磯崎川の中山橋近く。

撮影日(メディア)：① 2000.5.1 (R)；②⑤ 2000.5.1 (N)；③ 2004.11.5 (R)；④⑥⑦ 1999.5.28 (N)；⑧ 2004.11.5 (D).

4 02F	青森県西津軽郡	個番：登録なし

〒038-2503　　三次：なし

現：**深浦町大字関、一般地（公園横）、折曽のイチョウ**

① 2005.3.31：深浦町、岩崎村が合併・新設

著者：資料名（発行年）、頁等	調査年／月	幹周(cm)／性	図写真
（古資料）			
中村：折曽乃關(1922)No.6	1923	909	—
著者実測	1999/10	外周1377♂	写真
（2100年代）			
（2200年代）			

現況：ヒコバエ、乳を伴う多幹束生樹で（写真④⑥）、逆台形状の樹形。幹下位から斜めに伸びる幹から巨大な乳が垂下し、地中に達している（写真④⑤）。このような特異な乳は、全国的にも類例がない。

　本樹は、これまで書誌に記されたことがない。1796～1801年に深浦に滞在した菅江真澄もこの樹を記録していない。また「深浦の文化財」（深浦町教育委員会1997）にも収録されていない。

交通：東北道「浪岡IC」→国道101号〈五所川原市、鰺ヶ沢町経由〉深浦町へ→「北金ヶ沢のイチョウ」より数百m手前右側、101号沿い。

撮影(メディア)：① 2000.5.1 (R)；②⑤ 2000.11.5 (R)；③ 1999.5.28 (N)；④⑥ 2000.5.1 (N)；⑦ 1999.10.7 (N).

5 02R　青森県西津軽郡　個番：02-323-001
〒038-2324　　三次：6039-77-64

現：**深浦町大字深浦字浜町 276-1、円覚寺**

①本多(1913)：深浦村字深浦
②三浦ら(1962)：深浦町大字深浦
③2006.3.31：深浦町、岩崎村が合併・新設

著者：資料名（発行年）、頁等	調査年/月	幹周(cm)/性	図写真
（古資料）			
①本多：大日本老樹名木誌(1913)No.452	1912	909	―
島川：西津軽郡誌(1915)p.217	?	636	―
②三浦ら：日本老樹名木天然記念樹(1962)No.1127	1961	909	―
上原：樹木図説 2. イチョウ科(1970)p.113	?	720	―
環境庁：日本の巨樹・巨木林(1991)02-33	1988	740	
北野：巨木のカルテ(2000)p.35	(1988)	800	写真
著者実測	1999/10	主900♂+[3α]	写真
（2100年代）			
（2200年代）			

現況：写真②③⑥の右側半分は幹周900 cm、左半分は3本の並立幹群である。若いヒコバエ、垂下した乳、幹に融合した乳を伴う（写真①）。右株は幹が太い匍匐状構造に変化し（写真①）、露出根系が発達する（写真①）。菅江真澄はこの樹について何もふれない。

交通：東北道「浪岡IC」→国道101号〈五所川原市、鰺ヶ沢町経由〉深浦町→深浦港で県道192号→すぐ右手。
撮影(メディア)：①⑤ 1999.5.28 (N)；② 2000.5.1 (N)；③ 2000.11.5 (R)；④ 1999.10.7 (N)；⑥ 2000.5.1 (R)；⑦ 2000.1.5 (N).

6 02Y　青森県西津軽郡　個番：登録なし
〒038-2502　　三次：なし

現：**深浦町①-②大字岩坂字湯野、一般地、町天（1996.11.28）、石動の夫婦イチョウ（左株）**
（ユスルギ）

①三浦ら(1962)：深浦町岩坂字大童子、国有林内
②深浦の文化財(1997)：深浦町大字石動字湯野、藤田・岩谷氏所有
③2005.3.31：深浦町、岩崎村が合併・新設

著者：資料名（発行年）、頁等	調査年/月	幹周(cm)/性	図写真
（古資料）			
①三浦ら：日本老樹名木天然記念樹(1962)No.1173	1961	700	―
上原：樹木図説 2. イチョウ科(1970)p.115	?	700	―
深浦町教育委員会：説明板（設置日不明）	?	1120	
②深浦の文化財(1997)p.128	?	1120	写真
著者実測	2000/11	外周1200（10以上）♂	写真
（2100年代）			
（2200年代）			

現況：進行方向、道路の左側の株。若いヒコバエを伴う細太10本以上の幹が並立束生した樹（写真④）。最太のもので推定幹囲5 m程度（密着のため精確な測定不能）。乳は見られない。根元は地面から直柱状に立ち上がり、露出根系はない（写真④）。道路右側にも10数本の叢生樹がある。

交通：JR五能線「むつやなぎだ」駅を過ぎ→県道191号→大童子橋、大童子踏切を渡る→大童子川に沿い突き当たりまで数km進む。左折進行、山の陰。
撮影(メディア)：①②④ 1999.5.28 (N)；③ 2000.11.5 (R)；⑤ 2000.11.5 (N).

7
02D　**青森県**　個番：02-404-001
〒 034-0303　三次：6141-70-01

現：**十和田市**[2]**法量**
旧：上北郡十和田湖町[1][2]大字法量（通称銀杏木）
　　16-2、一般地（善正寺跡）、国天（1926.10.20）

[1]内務省(1926)、文部省(1928)：上北郡法奥沢村大字
　法量小字淵沢
[2]2005.1.1：十和田湖町、十和田市が合併・新設

現況：ヒコバエ、乳、幹化した乳を伴う巨大な多幹叢生・束生樹（写真④⑤）。低位の太い枝は雪による折損が顕著である。根元は錐盤状で、露出根系が発達している（写真④⑤）。現在の様態は約80年前の写真（内務省 1926）に見られるものと大差がないのは驚きである。

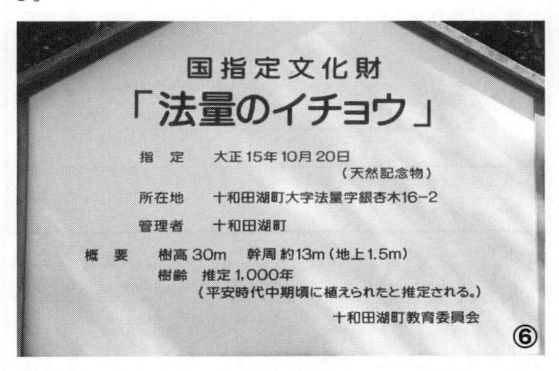

国指定文化財
「法量のイチョウ」
指定　大正15年10月20日
　　　　　　　　（天然記念物）
所在地　十和田湖町大字法量字銀杏木16-2
管理者　十和田湖町
概要　樹高 30m　幹周 約13m（地上1.5m）
　　　樹齢　推定 1,000年
　　　　（平安時代中期頃に植えられたと推定される。）
　　　　　　　　　　　十和田湖町教育委員会
⑥

交通：十和田市から十和田湖へ向かって国道102号→進行左手に「法量のイチョウ」の看板あり→右手の山麓高台上にある（駐車場からは直接見えない）。

撮影(メディア)：① 2001.4.29 (R)；② 1997.6.7 (R)；③ 2000.4.30 (R)；④ 2002.4.17 (N)；⑤ 2002.4.17 (D)；⑥ 2000.4.30 (N).

著者：資料名(発行年)、頁等	調査年/月	幹周(cm)/性	図写真
（古資料）			
[1]内務省：天然紀念物調査報告植物之部（第三輯）(1926)p.26	?	ca.1212	写真
[1]文部省：天然紀念物調査報告植物之部（第八輯）(1928)p.39	1927	♂	—
十和田湖町教育委員会：説明板（設置日不明）	?	ca.1300	
本田：植物文化財(1957)p.28	?	1200♂	写真
三浦ら：日本老樹名木天然記念樹(1962)No.1096	1961	1200♂	—
上原：樹木図説 2. イチョウ科(1970)p.113	?	1200♂	
沼田：日本の天然記念物 5.(1984)p.75	?	1430♂	写真
読売新聞編：新 日本名木100選(1990)p.18	?	1400	写真
環境庁：日本の巨樹・巨木林(1991)02-41	1988	1400	—
牧野：巨樹名木巡り〔北海道・東北地区〕(1991)p.62	?	1430♂	写真
樋口：イチョウ(1991)p.59, 75	?	1200♂	—
梅原ら：巨樹を見に行く(1994)p.38	?	1430	写真
平岡：巨樹探検(1999)p.269	(1988)	1400	—
渡辺：巨樹・巨木(1999)p.32	1991/6	1400♂	写真
藤元：全国大公孫樹調査(1999)p.16	1999/4	1300	
北野：巨樹のカルテ(2000)p.38	(1988)	(1400)	
須田：魅惑の巨樹巡り(2000)p.22	1996/9	1430	写真
著者実測	2000/4	外周1450♂	写真
高橋：日本の巨樹・巨木(2001)p.52, 84	?	1430	写真
（2100年代）			
（2200年代）			

8 02O 青森県 個番：02-206-024
〒034-0211 三次：6041-61-45

現：**十和田市大不動**(オオフドウ)(通称杉ノ木)、大不動館跡(八幡神社)、市天(1980.1.30)

[1] 1955.2.1：市制施行
[2] 2005.1.1：十和田市、十和田湖町が合併・新設

著者：資料名(発行年)、頁等	調査年/月	幹周(cm)/性	図写真
(古資料)			
環境庁：日本の巨樹・巨木林(1991)02-29	1988	1000	—
牧野：巨樹名木巡り〔北海道・東北地区〕(1991)p.46	?	1000	写真
平岡：巨樹探検(1999)p.269	(1988)	(1000)	—
北野：巨木のカルテ(2000)p.33	(1988)	(1000)	写真
十和田市教育委員会：説明板(2000)	?	1000	
著者実測	2000/4	外周1030 ♂	写真
(2100年代)			
(2200年代)			

現況：長短、大小無数の乳が垂下している。一部は本幹に融合して幹化し、生長したヒコバエで幹に融合するものもある、多幹束生樹であるが(写真①④)、全体としてまとまりのある樹。樹肌はイチョウ紋様を維持している。根元は力強い錐盤状で、緩い斜面地に生育するため露出根系が発達している(写真①)。

交通：十和田市内から国道4号南下→県道45号、10数km進んだ先のバス停「杉ノ木」の右手(イチョウの看板あり)。

撮影(メディア)：①④⑤ 2000.4.29 (N)；② 2000.4.29 (R)；③ 2001.10.26 (D)；⑥ 2003.7.9 (N)．

---

9 02Z 青森県 個番：02-206-001
〒034-0106 三次：6041-70-48

現：**十和田市大字深持**[2]、(熊の沢の)如来堂

[1] 1955.2.1：市制施行
[2] 当地では「大切川原」とも呼ぶ。ただし、環境庁報告書(1991)では、「大功川原」、三次メッシュコード番号は(6141-)と誤植、要注意
[3] 2005.1.1：十和田市と十和田湖町が合併・新設

著者：資料名(発行年)、頁等	調査年/月	幹周(cm)/性	図写真
(古資料)			
環境庁：日本の巨樹・巨木林(1991)02-27	1988	880	—
北野：巨木のカルテ(2000)p.33	(1988)	(880)	写真
著者実測	2000/4	主760♂+[350+250]	写真
(2100年代)			
(2200年代)			

現況：主幹部(幹周760 cm)は、若いヒコバエを伴う多幹束生樹(写真①④⑤)。乳はない。横に、同一根系から生長したと想われる、側生木が2本(幹周320、250 cm)生育している(写真⑤)。

交通：十和田市市街から十和田湖に向かって国道102号→県道40号を「田代平」へ→5〜7km進むと、右手から県道118号→その地点を過ぎて間もなく右側、山麓際林の中(目立つ指標物がないので要注意)。

撮影(メディア)：①④⑥ 2000.4.29 (N)；② 2001.10.26 (D)；③ 2000.4.29 (R)；⑤ 1999.5.29 (N)．

10 02B	青森県三戸郡	個番：02-446-024
	〒039-1201	三次：6041-55-22

現：**階上町大字道仏字銀杏木**、一般地
 (ハシカミ)

著者：資料名(発行年)、頁等	調査年/月	幹周(cm)/性	図写真
(古資料)			
環境庁：日本の巨樹・巨木林(1991)02-52	1988	1000	—
北野：巨木のカルテ(2000)p.43	(1988)	(1000)	写真
著者実測	1999/10	外周1583 ♂	写真
高橋：日本の巨樹・巨木(2001)p.91	?	1330	—
(2100年代)			
(2200年代)			

現況：若いヒコバエ、幹化した乳(写真⑥)、垂下する巨大乳(周長120cmほど、地面まであと34cm)を伴う多幹叢生樹(写真③)。根元は力強さを感じさせる錐盤状で、露出根系が発達している(写真①⑥)。横枝(現在はすでに消失している)が地面に接し、発根して新株が立ち上がっている(写真①右)。

⑦

交通：八戸道「八戸IC」→(途中省略)→国道45号南下→「道仏」の信号で右折、集落に入る(以後の詳細は現地で確認してほしい)。

撮影(メディア)：①③ 2000.4.29 (R)；②⑤⑥ 1999.10.9 (N)；④ 2000.4.29(N)；⑦ 2001.10.27(N).

---

11 02G	青森県上北郡	個番：02-402-001
	〒039-2561	三次：6141-00-67

現：**七戸町銀南木**1160、銀南木農村公園、
 (イチョウノキ)
県天(1956.5.14)

1 本多(1913)：七戸町字銀南木
2 2005.3.31：七戸町、天間林村が合併・新設

著者：資料名(発行年)、頁等	調査年/月	幹周(cm)/性	図写真
(古資料)			
1 本多：大日本老樹名木誌(1913)No.444	1912	1030	—
三浦ら：日本老樹名木天然記念樹(1962)No.1097	1961	1150	—
上原：樹木図説2.イチョウ科(1970)p.114	?	1180	—
七戸町：七戸史(1982)p.522	?	1200	—
環境庁：日本の巨樹・巨木林(1991)02-40	1988	1160	—
樋田：イチョウ(1991)p.75	?	1200 ♂	—
渡辺：巨樹・巨木(1999)p.28	1994/5	1160 ♂	写真
平岡：巨樹探検(1999)p.269	(1988)	(1160)	—
北野：巨木のカルテ(2000)p.37	(1988)	(1160)	写真
著者実測	2000/4	外周1300 ♂	写真
高橋：日本の巨樹・巨木(2001)p.84	?	1200	—
(2100年代)			
(2200年代)			

現況：ヒコバエはなく、多幹分岐した幹周りに長大な乳が多数垂下し、一部は幹化して本体と融合する(写真①⑤)。水平枝がよく発達して先端が地面に接し、発根して新個体を生じている(写真③右)。根元は錐盤状で、土壌流失のない平坦地に生育するにかかわらず露出根系が地を咬むように発達する(写真③)。

交通：十和田市方面から国道4号北上→道の駅「しちのへ」で左折→約5km先で右折(または国道4号→国道394号→5～6kmで「家族旅行村」看板、右折→)、約4～5km直進。

撮影(メディア)：①③⑤⑥ 2000.4.29 (N)；② 1997.6.6 (R)；④ 2003.7.1 (D).

⑥

12
02♀

青森県上北郡　個番：02-409-002
〒039-2826　三次：6141-01-83

現：**七戸町**[2]**字中野**
旧：天間林村[1][2]大字天間舘字中野、町有地内、地蔵様

[1] 本多(1913)：天間林村字中野
[2] 2005.3.31：七戸町、天間林村が合併・新設

著者：資料名(発行年)、頁等	調査年/月	幹周(cm)/性	図写真
(古資料)			
[1]本多：大日本老樹名木誌(1913)No.470	1912	758	—
三浦ら：日本老樹名木天然記念樹(1962)No.1141	1961	848	—
上原：樹木図説2. イチョウ科(1970)p.114	?	850	—
環境庁：日本の巨樹・巨木林(1991)02-45	1988	760	—
著者実測	2000/4	外周995 ♂	写真
(2100年代)			
(2200年代)			

現況：若いヒコバエ、多数の大小の垂下乳(写真①)、幹化した乳(写真④)を伴う多幹状束生樹(写真①)。根元は錐盤状で、力強く地を咬むような根系(写真⑤)が発達。幹上部は切除されたため、萌芽枝が叢生している(写真①②)。

交通：七戸町から野辺地に向けて国道4号北上、右側→県道173号が起点する地点の右側。

撮影(メディア)：①④⑤ 2000.4.30(N)；②⑥ 2000.4.30(R)；③ 2001.10.26(R).

コラム 2　イチョウの雌花

　イチョウはヒトと同じように、雌性（イチョウでは雌木または雌株という）と雄性（イチョウでは雄木または雄株という）の体が別々の個体です（これを専門用語で、動物では雌雄異体、植物では雌雄異株といいます）。一般的に誰にも分かりやすいことは、ギンナンのなる木が雌ということです。

　関東地方では、4月中旬〜下旬イチョウの芽が開いて10日くらい経つと、若葉の間から空に向かって2〜4cmくらいまで伸びる花梗様の茎（専門用語では大胞子嚢托という）が伸び出してきて、その先に直径1mmくらいの小さいギンナン様の構造物（これを大胞子嚢という）をつけます（写真1）。これが俗にいうイチョウの雌花（幼いギンナンと呼んでもよい）です。緑色で葉との区別が難しいので、気のつかない人が多いと思います。花粉を受け取る受粉期の雌花の先には小さい水滴が見えます（写真2）。この水滴が飛んでくる花粉をキャッチするのです。受粉した雌花はどんどん大きくなり、6月の始めには直径1cmくらいの緑色のサクランボ様になり、地面に向かって垂れ下がるようになります。受粉できなかった花は間もなく凋落してしまいます（**コラム4、5**参照）。8月下旬頃から今度は受精が行われます。花粉の中につくられる精子がギンナンの中につくられた水の充満した海の中を卵細胞に泳いでいき、受精が起こります。この受精した後のギンナンが狭い意味のギンナン（銀杏＝種子）です。

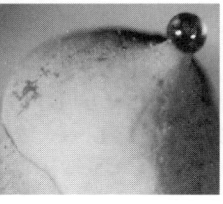

写真1　　写真2

13 02I 青森県

個番：02-364-001
〒 038-1325
三次：6140-04-59

現：**青森市**②**浪岡大字北中野**
旧：南津軽郡浪岡町②大字北中野（沢田）、源常林姥神社、源常のイチョウ

① 1898.4.1：市制施行
② 2005.4.1：青森市、浪岡町が合併・新設

著者：資料名（発行年）、頁等	調査年／月	幹周(cm)/性	図写真
（古資料）			
菅江：すみかのやま（1796年5月12日の条）	1796	存在の記録	図絵
環境庁：日本の巨樹・巨木林（1991）02-37	1988	670	—
佐藤：浪岡町史研究年報Ⅳ、研究3(2001)p.87	?	—	写真
著者実測	1999/10	1140 ♂	写真
(2100年代)			
(2200年代)			

現況：道路横に生育（写真②③）している。正面からは比較的整形な1本木状に見えるが（写真③④）、背側面では樹皮剥離し、2幹状に見える（写真⑤）。中形の乳が多数垂下している（写真①）。根元は地面から直柱状に立ち上がり、露出根系は見られない。

交通：東北道「浪岡IC」→国道7号→県道27号→「浪岡城址」から約1km。バス停「源常平」の前。
撮影（メディア）：①⑤ 1999.10.8（N）；② 1999.10.8（R）；③ 2000.5.1（R）；④⑥⑦ 2000.5.1（N）．

14 02W 青森県

個番：02-364-004
〒 038-1323
三次：6140-04-29

現：**青森市**②**浪岡大字本郷**
旧：南津軽郡浪岡町②大字本郷柳田、對馬氏敷地内

① 1898.4.1：市制施行
② 2005.4.1：浪岡町、青森市が合併・新設

著者：資料名（発行年）、頁等	調査年／月	幹周(cm)/性	図写真
（古資料）			
菅江：すみかのやま（1796年5月12日の条）		記載なし	—
環境庁：日本の巨樹・巨木林（1991）02-37	1988	660	—
著者実測	1999/5	740 ♀	写真
(2100年代)			
(2200年代)			

現況：外面は複数幹状を呈するが（写真①④）、単幹樹であろう。何本かの発達した垂下乳が見られるが（写真①④）、全体としては損傷の少ないきれいな樹体が特徴。青森県内には巨樹の雌イチョウはこの樹を入れて2本しか存在しない、その1本。根元は整った錐盤状で、露出根系が発達する（写真①）。1796年5月12～13日、浪岡本郷に至った菅江真澄の目にこの木は入らなかったようだ（「すみかのやま」参照）。

交通：東北道「浪岡IC」→国道7号（バイパス7号ではない）→交差点「浪岡」で左折→県道146号→本郷小学校を過ぎた所の右手。
撮影（メディア）：①1999.5.28（N）；②⑥ 2000.5.31（N）；③ 1999.10.8（N）；④⑤ 2000.4.30（R）．

| 15 02J | **青森県** 〒039-3505 | 個番：02-201-007 三次：6140-26-07 |

現：**青森市宮田**①**字山下**、一般地（山寺跡）、
　　市天（1962.10.26）

① 菅江真澄（1796）：宮田村
② 1898.4.1：市制施行
③ 2005.4.1：青森市、浪岡町が合併・新設

著者：資料名（発行年）、頁等	調査年／月	幹周(cm)／性	図写真
（古資料）			
①菅江：すみかのやま（1796年4月20日の条）	1796/4	存在の記録	絵図
青森市教育委員会：説明板（設置日不明）	?	800, 920	
環境庁：日本の巨樹・巨木林（1991）02-16	1988	800, 920	—
北野：巨木のカルテ（2000）p.31	(1988)	(800)	写真
著者実測	1999/5	外周1136 ♂	写真
(2100年代)			
(2200年代)			

交通：青森市内から国道4号を浅虫温泉方面へ→県道44号へ右折→1 km弱進行、「宮田の銀杏」の看板で左折。

現況：若いヒコバエ、生長して幹と融合したヒコバエ、垂下乳、幹化した乳を伴う多幹束生樹（写真①）。根元は錐盤状で、露出根系は地を咬むように発達している（写真①⑥）。主幹上部は折損（写真⑤）。次のNo.16と同じ説明板が立っているが、幹周値の点から考えても、この樹は2本のイチョウの1本ではないと解釈される。次と比較してほしい。

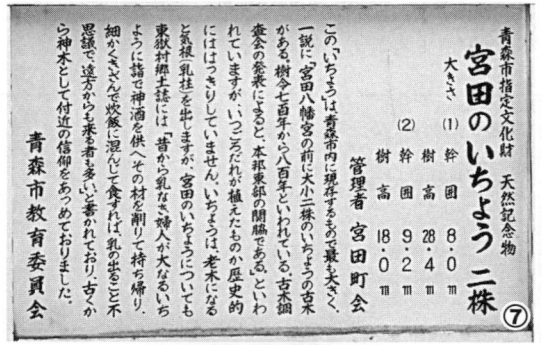

撮影（メディア）：①③⑦ 2000.5.1（N）；②⑥⑧ 1999.5.29（N）；④ 2003.7.10（D）；⑤ 2000.5.1（R）.

コラム 3　イチョウの雄花

　イチョウの雄花は、春に芽が開くと同時に見えてきます。雌花と違って、芽吹きがすなわち開花なのです。芽が開くと同時に短い花梗様の茎の先にミニバナナ様の花粉を入れた袋（＝葯）の房（これをここでは雄花と呼ぶことにします）が空に向かって伸びていきます。徐々に水平方向になり（写真1）、やがて垂れ下がります。風の吹かない日などは、花粉が黄色の塊となって自動車のフロントガラスの上や、タイル張りの路面に落ちているのをよく見かけます。風の吹く日は空中に飛散し、遠くまで飛んでいきます。精確な飛散距離は計られたことがないのですが、筆者らの経験からの推定では10 km以上は飛ぶようです。
　花粉が飛散しやすい日に風が一方向からのみ強く吹くと、もし雌木が風上に生えている場合には受粉率が極度に悪くなり、その年は、「今年は実の生りが悪い」とか「今年は（ギンナンが生らなくて）全然ダメだ」ということがしばしば起こります。

写真1

16 02M　**青森県**　個番：02-201-007
〒 039-3505　三次：6140-26-07

現：**青森市宮田①③④字山下**、一般地（八幡神社横）、市天（1962.10.26）

1. 菅江真澄（1796）：宮田村
2. 1898.4.1：市制施行
3. 本多（1913）：東津軽郡東岳村宮田
4. 三浦ら（1962）：青森市大字宮田
5. 2005.4.1：青森市、浪岡町が合併・新設

著者：資料名（発行年）、頁等	調査年／月	幹周(cm)/性	図写真
（古資料）			
①菅江：すみかのやま（1796年4月20日の条）	1796/4	存在の記録	絵図
③本多：大日本老樹名木誌（1913）No.427	1912	1273	—
④三浦ら：日本老樹名木天然記念樹（1962）No.1089	1961	1273	—
上原：樹木図説2. イチョウ科（1970）p.113		1300	—
設置者不明：説明板（設置日不明）		800, 920	
環境庁：日本の巨樹・巨木林（1991）02-16	1988	800, 920	
青森市教育委員会：青森市の文化財（1996）p.32	?	800♂ 920♂	写真
北野：巨木のカルテ（2000）p.30	(1988)	(920)	写真
著者実測	1999/10	外周 ca.1500♂	写真
高橋：日本の巨樹・巨木（2001）p.84, 91	?	1220	—
（2100年代）			
（2200年代）			

現状：二叉に分岐し、若いヒコバエ、少し生長したヒコバエ、枯死幹、乳を伴う多幹分岐樹である（写真①④⑤）。現在は下垂する乳は少ない。根元はほぼ直柱状に地面から立ち上がり、露出根系が発達（写真⑤⑥）。

現地説明板（写真⑦）、「環境庁調査報告書」では、幹周800と920cmの2株のイチョウが存在するとある。「青森市の文化財」（1996）にも、この説明板（写真⑦；説明文を参照のこと）と本樹の写真が示されている。したがって、これらはいずれも本樹が2株（800、920cm）が融合した樹であるという解釈である。筆者は、本樹を1株（本）の樹として扱った。

ところが、本樹から数十m離れた奥にあるNo.15の樹の前にも、ほぼ同じ説明板が立ててある。これは、2株とはNo.15と16であると受け取れる扱いである。この混乱の原因は不明である。

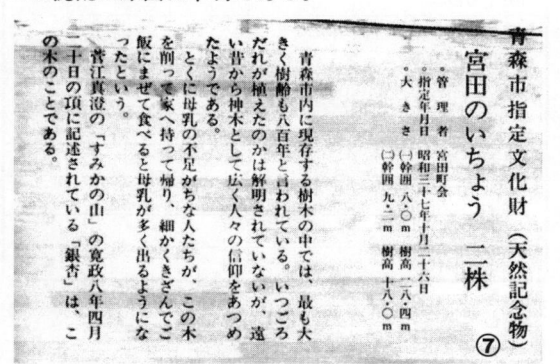

（説明板の内容）青森市指定文化財（天然記念物）　宮田のいちょう　二株　管理者：宮田町会　指定年月日：昭和三十七年十月二十六日　大きさ：（幹囲）八.〇m （樹高）一八.四〇m　菅江真澄の「すみかの山」の寛政八年四月二十日の項に記述されている「銀杏」は、この木のことである。　⑦

交通：青森市内から国道4号を浅虫温泉方面へ→県道44号へ右折→1km弱進行、「宮田の銀杏」の看板で左折。

撮影（メディア）：①⑦ 2000.5.1（N）；②③ 2000.5.1（R）；④ 2003.7.10（D）；⑤ 1999.5.29（N）；⑥ 1999.10.8（N）.

17 02K　青森県上北郡　　個番：02-407-001
〒 039-2403　　三次：6141-01-35

現：**東北町**③**新舘**

旧：上北町①・③新舘、新舘神社、町天

① 本多(1913)：浦野舘村字新舘
② 三浦ら(1962)：上北町大字新舘
③ 2005.3.31：上北町、東北町が合併・新設

著者：資料名(発行年)、頁等	調査年/月	幹周(cm)/性	図写真
(古資料)			
① 本多：大日本老樹名木誌(1913)No.463	1912	879	—
② 三浦：日本老樹名木天然記念樹(1962)No.1146	1961	818	—
上原：樹木図説 2．イチョウ科(1970)p.114	?	820	—
環境庁：日本の巨樹・巨木林(1991)02-44	1988	920	—
上北町教育委員会：説明板(1996.11.1設置)	?	920	—
北野：巨木のカルテ(2000)p.38	(1988)	(920)	写真
著者実測	2000/4	外周1105♂	写真
(2100年代)			
(2200年代)			

現況：無数のヒコバエ、小中形の乳、幹化乳を伴う多幹状束生樹だが(写真①)、1本木としてのまとまりをもつ樹(写真④)。根元は錐盤状と直柱状の部分とがあり、露出根系はない(写真①)。

⑥ 文化財（天然記念物）指定第四号　指定樹種及び本数　いちょう一本　幹周囲　九・二M　樹高　約三〇M　樹令　八〇〇年（推定）　所有者　新舘節郎　新舘神社の創建は、鎌倉時代初期正治元年（一一九九年）と伝えられる。このいちょうは、おそらく天狗杉と同時期に権請されたと思われるが、由来等については定かでない。以前は「子安いちょう」、「乳もらいの木」として母乳不足の婦人達から広く信仰された時代もあった。ところが、「町産の民俗資料集」保存とともに、気根が大きく垂れ下がり、「子安いちょう」、乳もらいの木」として寿命が長く繰起がよいところから、「町の木」として指定されている。　平成八年十一月一日　上北町教育委員会

交通：国道4号→交差点「笊田（ざるた）」で県道22号へ→約3km先、道路左側（ここで、県道22号と121号が分岐する）。

撮影(メディア)：①③-⑥ 2000.4.30 (N)；② 2001.10.26 (D)．

18 02S　青森県上北郡　　個番：02-407-005
〒 039-2402　　三次：6141-02-63

現：**東北町**①**大浦**

旧：上北町①大浦沼端（通称沼崎）、沼崎観音、町天(1991.10.1)

① 2005.3.31：上北町、東北町が合併・新設

著者：資料名(発行年)、頁等	調査年/月	幹周(cm)/性	図写真
(古資料)			
環境庁：日本の巨樹・巨木林(1991)02-45	1988	840	—
上北町教育委員会：説明板(1991.10.1設置)	?	860	—
北野：巨木のカルテ(2000)p.39	(1988)	(840)	写真
著者実測	2000/4	外周900♂	写真
(2100年代)			
(2200年代)			

現況：若いヒコバエを伴い、比較的低い位置から3本に分岐し、1本が折損・枯死している(写真①右)。根元にはさらにもう1本の枯死残幹がある(写真④)。乳がないのは珍しい。根元は錐盤状で、斜面地に生育のため根系の露出が顕著である(写真①⑤)。

⑥ 文化財（天然記念物）指定第三号　指定樹種及び本数　いちょう（いちょう科）一本　幹周囲　八・六m　樹高　約四〇・〇〇m　樹令　六五〇年（推定）　平成2年10月1日　上北町教育委員会

交通：前項の県道121号を進む→JR東北線「かみきたちょう」駅を通過→県道8号へ→南下約2km。急坂の途中。

撮影(メディア)：①④-⑥ 2000.4.30 (N)；② 2003.7.10 (D)；③ 2001.10.26 (D)．

19 02L	青森県三戸郡 〒039-0104	個番：02-445-001 三次：6041-42-91

現：**南部町大字小向字正寿寺**、三光寺、県天
（コムカイ）
（1974.7.22）

著者：資料名(発行年)、頁等	調査 年／月	幹周 (cm)／性	図 写真
(古資料)			
環境庁：日本の巨樹・巨木林 (1991) 02-50	1988	950 950	―
北野：巨木のカルテ(2000)p.42	(1988)	(950)	写真
著者実測	2000/4	外周1065♂	写真
(2100年代)			
(2200年代)			

現況：一方からは樽状に見える幹形で（写真①）、多数のヒコバエ、乳を伴う多幹状束生樹（写真①）。小形の乳が多い（写真①）。根元は錐盤状で（写真①②⑤）、露出根はわずかに発達している（写真④）。

環境庁調査報告書(1991)には、幹周950cmのものが2本あると記されている。現地の調査では、1本（1065cm）の存在しか確認できない。この樹は2本が並立融合した樹のように見えることから（写真⑤）、それぞれを独立樹として認識したのかもしれない。

交通：三戸町方面から国道4号北上→南部町「沖田面」で左折→「南部利康霊屋」への指示に従う（注：地名：小向正寿寺、所在地：三光寺）。

撮影(メディア)：① 2000.4.28 (R)；②⑤⑥ 2000.4.28 (N)；③ 1998.5.22 (R)；④⑦ 2003.7.9 (D)．

20 02U	青森県三戸郡 〒039-0611	個番：02-444-003 三次：6041-52-47

現：**名川町[1]大字斗賀**、斗賀霊現堂
（トガ）（トガ）
予：〔南部町[1]　　　　　〕

[1] 2006.1.1：名川町、南部町、福地村が合併・新設の予定

著者：資料名(発行年)、頁等	調査 年／月	幹周 (cm)／性	図 写真
(古資料)			
環境庁：日本の巨樹・巨木林 (1991) 02-48	1988	760	―
著者実測	2000/4	外周850♂	写真
(2100年代)			
(2200年代)			

現況：山麓の境内林、傾斜面に生育しているので（写真①）、根元の低位面は力強い錐盤状である（写真④）。多数のヒコバエ、乳、幹化した乳を伴う多幹状束生樹（写真①）。杉に囲まれるため樹高が高い（写真③）。

交通：八戸道「南郷IC」→県道42号北上→JR東北線「けんよし」駅近くで→国道104号→八戸方面へ約2km、進行左。

撮影(メディア)：①③④⑥ 2000.4.29(N)；②⑤ 2003.7.9 (D)．

21 02P	青森県三戸郡	個番：02-441-001
	〒039-0453	三次：6041-41-52

現：**三戸町大字貝守字林の下**、一般地（貝守館跡）、町天

[1] 本多(1913)：猿邊村字森ノ下
[2] 三浦ら(1962)：三戸町字森ノ下

著者：資料名（発行年）、頁等	調査年／月	幹周(cm)／性	図写真
（古資料）			
[1] 本多：大日本老樹名木誌(1913)No.462	1912	879	―
[2] 三浦ら：日本老樹名木天然記念樹(1962)No.1137	1961	879	―
上原：樹木図説2．イチョウ科(1970)p.114	?	880	―
環境庁：日本の巨樹・巨木林(1991)02-47	1988	1000	―
平岡：巨樹探検(1999)p.270	(1988)	(1000)	
北野：巨木のカルテ(2000)p.41	(1988)	(1000)	写真
著者実測	2000/4	外周1000♂	写真
（2100年代）			
（2200年代）			

現況：叢生する若いヒコバエに囲まれた単幹樹で（写真①）、幹上部は折損しているため樹全体が大量の細枝に覆われている（写真⑤）。根元は獣の足が大地を咬むような形状を呈し（写真①④）、露出根は発達していない（写真①④）。このサイズクラスの樹として、乳が見られないのは特異である。

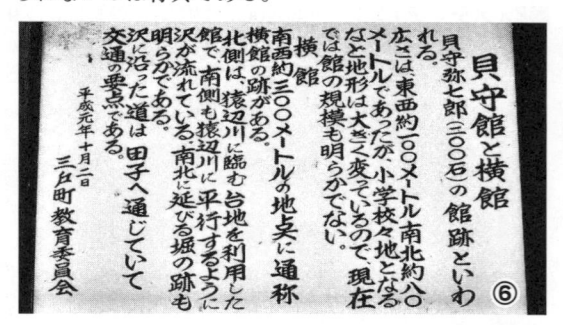

⑥

交通：三戸町から田子町方向へ国道104号→県道217号へ右折→県道143号へ突き当たったら、左折県道143号→県道216号の起点まで進む→起点地の右手、奥（ウッドロフトの横）。

22 02H	青森県三戸郡	個番：02-449-001
	〒039-1703	三次：6041-51-77

現：**五戸町**[1]**倉石又重**
旧：倉石村[1]大字又重、一般地（畑地の縁）、村天(1972.11)、天神様のイチョウ

[1] 2003.7.1：五戸町に編入

著者：資料名（発行年）、頁等	調査年／月	幹周(cm)／性	図写真
（古資料）			
環境庁：日本の巨樹・巨木林(1991)02-52	1988	1060	―
平岡：巨樹探検(1999)p.270	(1988)	(1060)	
北野：巨木のカルテ(2000)p.43	(1988)	(1060)	写真
著者実測	2000/4	外周1220♂	写真
高橋：日本の巨樹・巨木(2001)p.91	?	1160	―
（2100年代）			
（2200年代）			

現況：無数の若いヒコバエ、生長したヒコバエ、垂下乳、幹に融合した乳を伴う多幹状叢生樹（写真⑤）。小乳群に囲まれた垂下巨大乳の先端は地面まで70cmに迫っている（写真⑤）。この乳に枝葉が茂る（写真③）。

⑥

交通：十和田市から国道4号南下→国道454号へ右折→進行右手（道路から数十m山麓側にあるので見落としやすい。注意）。

撮影(メディア)：①②⑤⑥ 2000.4.29(N)；③ 2003.7.9(D)；④ 1997.6.7(R).

撮影(メディア)：①②④⑤ 2000.4.28(N)；③ 2001.10.27(D)；⑥ 2001.10.27(N).

23 02T	青森県西津軽郡	個番：02-321-006
	〒038-2732	三次：6140-01-95

現：**鰺ヶ沢町大字日照田町**[1][2]、高倉神社、
　　町天(1987.8.20)

[1] 本多(1913)、島川(1915)：赤石村日照田
[2] 三浦ら(1962)：鰺ヶ沢町大字日照田町

著者：資料名(発行年)、頁等	調査年/月	幹周(cm)/性	図写真
(古資料)			
[1]本多：大日本老樹名木誌(1913)No.484	1912	667	—
[1]島川：西津軽郡誌(1915)p.216	?	667	—
[2]三浦ら：日本老樹名木天然記念樹(1962)No.1163	1961	740	—
上原：樹木図説2. イチョウ科(1970)p.115	?	740	—
鰺ヶ沢町教育委員会：説明板(設置日不明)	?	800	—
環境庁：日本の巨樹・巨木林(1991)02-31	1988	800	—
北野：巨木のカルテ(2000)p.34	(1988)	(800)	写真
著者実測	2000/5	外周900♂	写真
(2100年代)			
(2200年代)			

現況：幹に沿って伸びる6本の長大な乳(3m以上のものもある)、幹化した乳を伴う多幹状に見える単幹樹(写真①⑤⑥)。すでに根元に達し、数十年以内に幹に融合してしまうであろう乳も見える(写真⑥)。このような長大な乳を垂下した樹は東日本では唯一この樹だけである。山麓急斜面に生育するため、低位面には網状露出根系が発達している(写真①⑥)。

24 02N	青森県	個番：02-421-003
	〒039-5201	三次：6140-67-89

現：**むつ市**[2]**川内町**
旧：下北郡川内町[2]大字川内銀杏木[1]、一般地
　　(金七五三(カナシメ)神社跡)

[1] 説明板：昔は「銀杏木村」と呼ばれたとある
[2] 2005.3.14：川内町、大畑町、脇野沢村が編入

著者：資料名(発行年)、頁等	調査年/月	幹周(cm)/性	図写真
(古資料)			
環境庁：日本の巨樹・巨木林(1991)02-46	1988	940	—
北野：巨木のカルテ(2000)p.40	(1988)	(940)	写真
銀杏木部落会：説明板(1989.7.1設置)	?	940	—
著者実測	2000/4	外周1040♂	写真
(2100年代)			
(2200年代)			

現況：巨樹の中で、わが国の最も北に生育するイチョウ。多数の若いヒコバエ、太くなったヒコバエを伴う多幹状束生樹(写真①⑥⑦)。地上数メートルの高さに乳群が見られるが(写真①)、このクラスの巨樹で幹低位に伸びる乳がないのは珍しい。根元は錐盤状で、露出根系はない(写真①)。

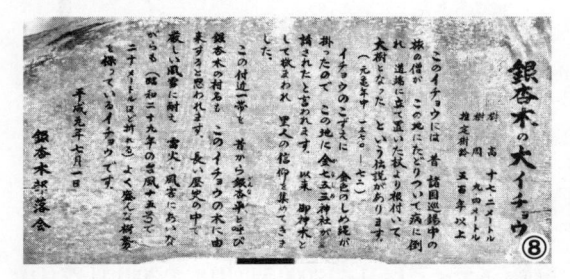

交通：下北半島、むつ市から陸奥湾沿いに国道338号→川内町内で県道46号へ→約5km先、左側。
撮影(メディア)：①③⑤⑦⑧ 2000.4.30(N); ②⑥ 1999.10.8(N); ④ 1998.6.6(R).

交通：青森市から深浦町へ国道101号→鰺ヶ沢町内「赤石」で県道190号へ→バス停「日照田」の左奥(田圃の奥、山麓)。　⇨
撮影(メディア)：①⑤ 2000.5.1 (N); ②⑦ 2000.5.1 (R); ③ 2004.11.5 (D); ④ 1998.6.20(R); ⑥ 2000.5.1 (R).

25 02V 青森県　〒036-8356　個番：02-202-033　三次：6040-73-27

現：**弘前市下白銀町、弘前公園・二の丸、弘前市古木名木**

①1899.4.1：市制施行

著者：資料名（発行年）、頁等	調査年/月	幹周(cm)/性	図写真
（古資料）			
弘前市（？）：説明板（設置日不明）		730 ♂	
環境庁：日本の巨樹・巨木林（1991）02-18	1988	750	—
著者実測	2000/5	740 ♂	写真
（2100年代）			
(2200年代)			

現況：弘前公園・東門、東内門左側の土手の上に生育。若いヒコバエ、太く生長して幹化したヒコバエを伴う多幹状単幹樹（写真①④⑤）。乳は小形ながら発達している（写真①⑤）。地面から直立し、露出根はない（写真①④⑤）。

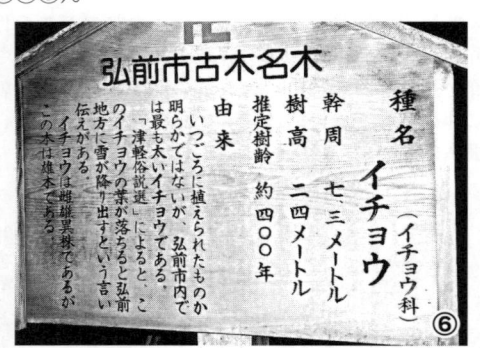

⑥

交通：詳細省略（弘前文化センター前の東門から入るのが便利）。

撮影(メディア)：①② 2000.5.1 (R)；③ 2001.11.27 (D)；④⑤ 2000.5.1 (N)；⑥ 1998.6.20 (N).

26 02X 青森県　〒038-3145　個番：02-322-010　三次：6140-13-61

現：**つがる市①木造千代町**

旧：西津軽郡木造町①字千代町、いちょうが岡公園、町天(1985.4.4)

①2005.2.11：市制施行（木造町、森田町、他3村が合併・新設）

著者：資料名（発行年）、頁等	調査年/月	幹周(cm)/性	図写真
（古資料）			
木造町教育委員会：説明板（1986.9 設置）	(1684/8)	植栽	
三浦ら：日本老樹名木天然記念樹(1962)No.1175	1961	697	—
上原：樹木図説2. イチョウ科(1970)p.115	?	700	
木造町教育委員会：説明板（1986.9 設置）	?	700	
環境庁：日本の巨樹・巨木林（1991）02-32	1988	700	—
著者実測	2000/5	715 ♀ +[α]	写真
（2100年代）			
（2200年代）			

現況：ヒコバエ、乳を伴わない多幹状単幹樹（写真①）。上部の太枝は伐採されている（写真①）。小枝の量、葉量が極端に少ないため、夏でも枝張りが見えやすい（写真③）のはこの樹の個性か？　根元は、地面から直柱状に立ち上がり、露出根系はない（写真④）。青森県内にある2本の巨樹雌株イチョウの1本。

⑤

交通：国道101号→県道114号、約1.5kmで「法務局」→「いちょうが岡公園」が隣接。
⇦

27 03A	岩手県 〒028-0021	個番：03-207-004 三次：6041-26-31

現：**久慈市門前 1-111**、長泉寺、国天（1931.2.20）

①本多(1913)：九戸郡久慈町
②文部省(1932)：九戸郡久慈町下大川目、上門前
③1954.11.3：市制施行
④2006.3.6：久慈市、山形村が合併・新設の予定

現況：無数のヒコバエ、生長したヒコバエに囲まれた多幹叢生樹で、中央に折れて枯死した幹がある（写真①⑥）。根元は錐盤状で、露出根系が発達（写真①）。この状況は1932年頃（文部省 1932）と大差ない。

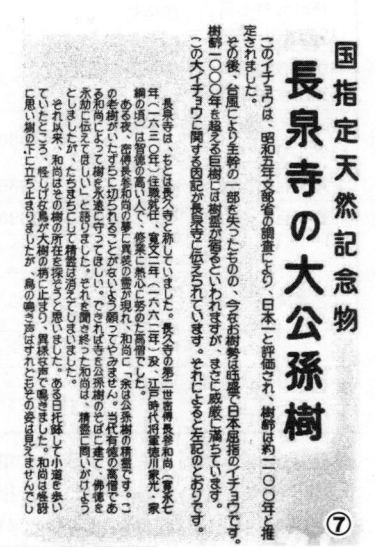

著者：資料名(発行年)、頁等	調査年/月	幹周(cm)/性	図写真
（古資料）			
①本多：大日本老樹名木誌(1913)No.424	1912	1440	写真
②文部省：天然紀念物調査報告 植物之部第十三輯(1932)p.41	1930/10	ca.1400	写真
本田：植物文化財(1957)p.29	?	ca.1400 ♂	—
三浦ら：日本老樹名木天然記念樹(1962)No.1087	1961	1400 ♂	写真
上原：樹木図説2．イチョウ科(1970)p.116	?	1400 ♂	—
沼田：日本の天然記念物5．(1984)p.74	?	1540	写真
牧野：巨樹名木巡り〔北海道・東北地区〕(1991)p.74	?	1450 ♂	写真
環境庁：日本の巨樹・巨木林(1991)03-33	1988	1470	写真
樋田：イチョウ(1991)p.59, 76	?	1450 ♂	—
久慈市教育委員会：説明板(1991.3.30設置)	?	1450	
梅原ら：巨樹を見に行く(1994)p.37	?	1470	写真
平岡：巨樹探検(1999)p.270	(1988)	(1470)	—
渡辺：巨樹・巨木(1999)p.39	1991/8	1470 ♂	写真
藤元：全国大公孫樹調査(1999)p.10	1999/4	1450	写真
北野：巨木のカルテ(2000)p.48	(1988)	(1470)	写真
著者実測	1997/6	未測定 ♂	写真
高橋：日本の巨樹・巨木(2001)p.42, 84	?	1480	写真
大貫：日本の巨樹100選(2002)p.14	?	1400	写真
(2100年代)			
(2200年代)			

⑦ 国指定天然記念物 長泉寺の大公孫樹

このイチョウは、昭和五年文部省の調査により、日本に冠たるイチョウと評価され、樹齢は約1200年と推定されています。その後、台風により主幹の一部を失ったものの、今もお樹勢は旺盛で、日本屈指のイチョウであり、樹齢1000年を超える巨樹であるといわれています。まだに威厳に満ちております。このイチョウに関する図説が長泉寺に伝えられています。

長泉寺は、もともと長久寺と称していました。天文二（1533）年、曹洞宗に改宗し、寛文二（1662）年、江戸期の将軍徳川家綱の頃、寺号を現在の長泉寺と改めました…（以下略）

指定年月日　昭和六年一月二十日
所在地　岩手県久慈市門前第四五号
文部省告示第四号
樹種　イチョウ科イチョウ（雌雄）
現況　根元周　15メートル
胸高周　13.5メートル
樹高　30メートル
枝張り　15メートル
推定樹齢　1200年

平成三年三月三十日　久慈市教育委員会

交通：詳細省略（県立病院から約1km）。
撮影（メディア）：①⑥ 2002.4.17 (D)；②⑤ 2001.4.28 (D)；③ 1998.5.21 (R)；④⑦ 2001.4.28 (N)．

28 03B 岩手県二戸郡　個番：03-524-026
〒028-5304　三次：6041-21-07

現：**一戸町出ル町字下出ル町**、個人敷地内、町天（1973.2.1）

著者：資料名（発行年）、頁等	調査年/月	幹周(cm)/性	図写真
（古資料）			
一戸町教育委員会：説明板（1993.1.30設置）	1973/2	ca.1000 ♀	
一戸町教育委員会：一戸町の指定天然記念物（原稿）	?	ca.1000 ♀	写真
環境庁：日本の巨樹・巨木林（1991）03-101	1988	1040(1)	―
平岡：巨樹探検（1999）p.270	(1988)	(1040)	―
北野：巨木のカルテ（2000）p.60	(1988)	(1040)	写真
著者実測	2000/4	外周1130 (♂>♀)	写真
（2100年代）			
（2200年代）			

現況：いくつかの乳を伴う多幹状単幹樹（写真①）。高台に生育するためか他の樹ほど折損被害は多くない。根元は錐盤状で、露出根はない（写真①④⑤）。説明板に雌株とあるように、ギンナンがなるようだ。ところが本樹は基本的には雄株（絨毯のように落ちた葯を確認）である。一部の枝にギンナンがなることで、この樹を雌株と判定したのであろう。

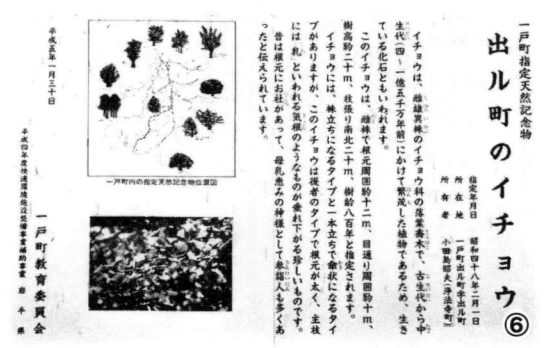

交通：八戸道「浄法寺IC」→県道28号→山を下った所で、「一戸（10 km）」の看板あり。その右手高台の上。
撮影(メディア)：①⑥ 2000.4.28 (N)；②④ 2000.4.28 (R)；③⑤ 1999.5.29 (N)．

29 03C 岩手県九戸郡　個番：03-506-003
〒028-6504　三次：6041-23-63

現：**九戸村大字長興寺**、長興寺、村天（1969.8.29）

著者：資料名（発行年）、頁等	調査年/月	幹周(cm)/性	図写真
（古資料）			
三浦ら：日本老樹名木天然記念樹（1962）No.1119	1961	942	写真
九戸村：説明板（設置日不明）	?	920 ♂	
上原：樹木図説2. イチョウ科（1970）p.117	?	940	―
牧野：巨樹名木巡り〔北海道・東北地区〕（1991）p.90	?	920	写真
環境庁：日本の巨樹・巨木林（1991）03-97	1988	950(1)	―
北野：巨木のカルテ（2000）p.58	(1988)	(950)	写真
著者実測	2000/4	外周1000 ♂	写真
（2100年代）			
（2200年代）			

現況：若いヒコバエ、生長した太いヒコバエに囲まれた多幹状単幹樹（写真①④）。大形乳の発達が見られない。平地に生育だが、根元錐盤状で、根系の露出が顕著で力強く大地を咬む（写真④⑥）。

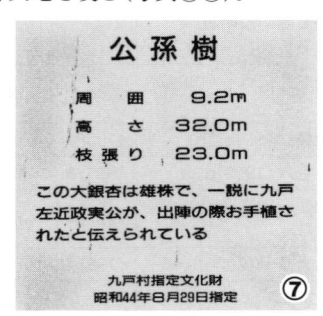

交通：八戸道「九戸IC」→国道340号、南下→県道24号の起点より少し先。
撮影(メディア)：①④-⑦ 2000.4.28 (N)；② 2000.4.28 (R)；③ 2003.7.9 (D)．

30 03D	岩手県和賀郡	個番：03-365-001
	〒029-5614	三次：5940-16-00

現：**沢内村**[1]**大字太田**、太田八幡宮神社
予：〔西和賀町〕[1]

[1] 2005.11.1：沢内村、湯田町が合併・新設の予定

著者：資料名（発行年）、頁等	調査年/月	幹周(cm)/性	図写真
（古資料）			
環境庁：日本の巨樹・巨木林(1991)**03**-72	1988	900(1)	—
北野：巨木のカルテ(2000)p.54	(1988)	(900)	写真
著者実測	2000/5	930 ♂	写真
(2100 年代)			
(2200 年代)			

現況：叢生状に生える若いヒコバエ(写真⑤)、乳、幹化した乳を伴う多幹状単幹樹(写真①)。主幹の一部が折損(写真①)。根元は錐盤状で、露出根系全体がコケで覆われているのも本樹の特徴(写真①④)。

交通：秋田道「湯田IC」→国道107号→県道1号北上→進行左側、「沢内第一小学校」を過ぎ、バス停「太田」の左手。
撮影(メディア)：①③④⑥ 2000.5.20(N)；② 2004.11.6(D)；⑤ 1998.7.28(N).

撮影(メディア)：①③⑤ 2000.4.28 (N)；② 1998.6.30 (N)；④ 2004.11.4(D)；⑥ 1998.7.27(N).

31 03E	岩手県岩手郡	個番：03-306-006
	〒028-7302	三次：5941-70-13

現：**八幡平市**[1]**松尾寄木**
旧：松尾村[1]寄木 24-97、畑地(藤根氏所有)、保存樹木(1975.10.11)

[1] 2005.9.1：市制施行(松尾村、西根町、安代町が合併・新設)

著者：資料名（発行年）、頁等	調査年/月	幹周(cm)/性	図写真
（古資料）			
環境庁：日本の巨樹・巨木林(1991)**03**-61	1988	790	—
牧野：巨樹名木巡り〔北海道・東北地区〕(1991)p.76	?	820 ♀	写真
松尾村教育委員会：説明板(1997.9 設置)	(1975/10)	760	
著者実測	2000/4	外周900 ♀	写真
(2100 年代)			
(2200 年代)			

現状：1本樹ながら、若いヒコバエ、生長して太くなったヒコバエ、幹に沿って伸びる中形の乳などを伴う多幹状樹(写真④)。根元は錐盤状で、根系の露出はない(写真④)。近接して生えるモクレンの枝とイチョウの枝の融合が見られる。

交通：東北道「松尾八幡平IC」→左折、県道45号、高速道のガードを抜け、右(松尾村役場方向)に進行(号線表示なし)→松尾中学を過ぎ、バス停「北寄木」近辺で、右手数百m前方に見える(写真⑥矢印)。

32	岩手県和賀郡	個番：03-361-003
03F	〒028-0113	三次：5941-02-40

現：**東和町**[1]-[4]**東晴山5区60**、畠山氏敷地内、町天（1931.2.20）

予：〔花巻市[4]　　　　　　　〕

[1] 本多(1913)：和賀郡十二鏑村大字晴山
[2] 文部省(1932)：和賀郡十二鏑村晴山、銀杏岡（個人有）
[3] 三浦ら(1962)：東和町東晴山　銀杏岡（私有地）
[4] 2006.1.1：花巻市、東和町、他2町が合併・新設の予定

著者：資料名(発行年)、頁等	調査年/月	幹周(cm)/性	図写真
（古資料）			
[1]本多：大日本老樹名木誌(1913)No.469	1912	758	—
[2]文部省：天然紀念物調査報告植物之部第十三輯(1932)p.44	1930/10	640(♂+♀)	写真
本田：植物文化財(1957)p.29	?	640(♂+♀)	—
[3]三浦：日本老樹名木天然記念樹(1962)No.1187	1961	640(♂+♀)	—
上原：樹木図説2. イチョウ科(1970)p.116	?	640(♂+♀)	—
東和町：東和町史　下巻(1978)p.1194		♂+♀	
環境庁：日本の巨樹・巨木林(1991)**03-70**	1988	780(1)	—
樋田：イチョウ(1991)p.59, 76	?	740(♂+♀)	
著者実測	2000/5	外周810♂	写真
（2100年代）			
（2200年代）			

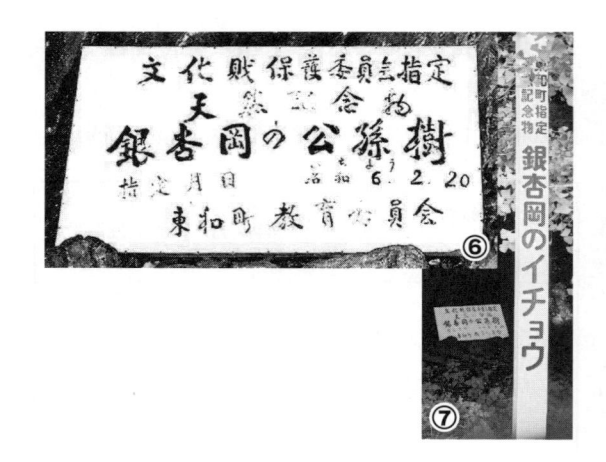

現況：若いヒコバエ、幹に密着して生長したヒコバエ、垂下した乳、幹化した乳を伴う多幹状単幹樹（写真④⑤）。根元は錐盤状で、片側が反対側より約1m高くなっているためか地をつかむように露出根系が発達している（写真④⑤）。この木は本来雄株でありながら枝の一部にギンナンを生ずることにより、昭和6(1931)年国の天然記念物に指定されたが、1972年9月17日の台風により、その枝を含む幹が折損消失した。腐食防止の防冠がつけられていて（写真①）、残痕と思われる幹の一部がまだ残っている（写真⑤右側）。

交通：東北道「花巻IC」→（途中、省略）→国道283号→東和町内で、JR「はるやま」駅通過、バス停「晴山」で左折→踏切を渡り、すぐの道を左折、その後2回左折して山手の高台にある（高台に上がるまで直接には見えない）。

撮影(メディア)：①② 2001.4.27(R)；③⑥⑦ 1998.8.23(N)；④⑤ 2000.5.21(N)．

33 03G	岩手県東磐井郡 〒029-3311	個番：03-422-001 三次：5841-12-80

現：**藤沢町黄海字小日形**65、個人敷地内、町天（1972）

著者：資料名（発行年）、頁等	調査年/月	幹周(cm)/性	図写真
（古資料）			
環境庁：日本の巨樹・巨木林（1991）03-76	1988	730(1)	―
著者実測	2000/9	外周810 ♀	写真
(2100年代)			
(2200年代)			

現況：多数の若いヒコバエ、生長して幹の一部になったヒコバエ、細身の長短無数の垂下乳等に囲まれた特異な長身形状の多幹状単幹樹（写真①⑤）。長大な乳も垂下している（写真④）。根元は微かな錐盤状で、根系の露出はない（写真⑤）。樹下には無数の発芽体が毎年見られる。

交通：東北道「若柳金成IC」→国道4号北上→県道48号→国道342号南下→県道21号→北上川の青色の橋を渡り、旋回してその橋下をくぐると県道189号→北上川に沿って進行、右側に左の看板あり。

撮影（メディア）：①③ 2001.4.27 (D)；②⑥ 1998.8.22 (N)；④⑤ 2001.4.27 (N).

34 03P	岩手県 〒028-6101	個番：登録なし 三次：なし

現：**二戸市福岡**①**字八幡平**、一般地（八幡大明神）

① 本多（1913）、三浦ら（1962）、上原（1970）：二戸郡福岡町字松ノ丸
② 1972.4.1：市制施行

著者：資料名（発行年）、頁等	調査年/月	幹周(cm)/性	図写真
（古資料）			
①本多：大日本老樹名木誌（1913）No.441	1912	1061	―
①三浦ら：日本老樹名木天然記念樹（1962）No.1103	1961	1061	―
①上原：樹木図説 2. イチョウ科（1970）p.117		1060	―
二戸市の名木・巨木（発刊準備最終版）（1999）		495	―
著者実測	2002/4	外輪郭周 1080 ♂	写真
(2100年代)			
(2200年代)			

現況：1913年以前に被雷した（本多 1913）巨大な枯死体が残るが（写真⑤⑥）、その周りに生育したヒコバエが伸びやかに生長し（写真①）、現在は多幹束生樹となっている（写真④⑤）。乳の発達が少ないのが特徴。根元は地面からほぼ直柱状に立ち上がり、露出根系はない（写真①④）。この樹の幹周は他の正常樹形のような測定はできないので、すべてを含む外輪郭周で表示した。

交通：八戸道「一戸IC」→国道4号北上→二戸市内で県道24号→まもなく右折、旧国道274号→左側、「呑香（とんこん）神社」を過ぎて、点滅信号で左折、登坂→数百m先、「小口商店」で右折→進行右。

撮影（メディア）：①⑤⑥⑦ 2002.4.17 (N)；② 1999.5.29 (N)；③ 2003.7.8 (D)；④ 2002.4.17 (D).

35 03H	岩手県 〒028-6102	個番：03-213-050 三次：6041-31-39

現：**二戸市下斗米字寺久保**、一般地（聖福院所有）、市天（1973.4.1）

① 1972.4.1：市制施行

著者：資料名（発行年）、頁等	調査年/月	幹周(cm)/性	図写真
（古資料）			
環境庁：日本の巨樹・巨木林（1991）03-57	1988	770(1)	―
二戸市の名木・巨木（発刊準備最終版）(1999)	?	751	
著者実測	2000/4	790 ♂	写真
（2100年代）			
（2200年代）			

現況：密着して垂下する大形の乳、幹化した乳を伴い、主幹全体はねじれが伴う単幹樹（写真①⑤）。不整形な太い枝が横に伸び下垂し、あるものは接地する。緩やかな斜面地に生育し、根元は力強い錐盤状で、根系が多少露出している（写真⑤）。

交通：八戸道「一戸IC」→国道4号北上→二戸市内「米沢」で県道32号へ→県道256号の起点を過ぎて間もなく道路右手（道路から4～50mの所の緩やかな斜面）。

撮影(メディア)：①④⑤ 2000.4.28 (R)；②⑥ 2000.4.28 (N)；③ 2001.10.27 (R)．

36 03I	岩手県 〒024-0321	個番：03-362-003 三次：5841-70-33

現：**北上市和賀町**②③**岩崎** 25-118、一般地（正雲寺跡）、市天（1982.2.25）

① 1954.4.1：市制施行
② 環境庁（1991）：和賀町岩崎
③ 1991.4.1：北上市、和賀町が合併

著者：資料名（発行年）、頁等	調査年/月	幹周(cm)/性	図写真
（古資料）			
②環境庁：日本の巨樹・巨木林（1991）03-71	1988	750(5)	―
著者実測	2000/5	780 ♂	写真
（2100年代）			
（2200年代）			

現況：周りに若いヒコバエを伴うが、幹に沿った乳の垂下はない単幹樹（写真④）。水平に伸びた特徴的な太い枝から短小な乳が垂下している（写真②）。露出根はない。本樹は全体的に折損・損傷が少ないのが特徴。

交通：東北道「北上江釣子IC」→国道107号→東北道ガードを抜け、間もなく県道122号→県道225号→「夏油川（げどがわ）」の橋を渡り、運動公園を過ぎ進行左手。

撮影(メディア)：① 2004.11.6 (D)；②④ 2000.5.21 (N)；③⑥ 1998.8.23 (N)；⑤ 2001.4.27 (D)；⑦ 2003.9.6 (N)．

37 03J	岩手県	個番：03-206-025
	〒024-0104	三次：5841-71-72

現：**北上市二子町下川端158**、高橋氏敷地内（正行寺跡）

① 1954.4.1：市制施行

著者：資料名（発行年）、頁等	調査年/月	幹周(cm)/性	図絵写真
（古資料）			
環境庁：日本の巨樹・巨木林(1991)**03**-32	1988	730(1)	—
著者実測	2000/5	775 ♂	写真
(2100年代)			
(2200年代)			

現況：若いヒコバエ、密着して生長したヒコバエ、いくつかの乳を伴う整円柱状単幹樹（写真①④⑤）。根元は錐盤状で、露出根系の発達は見られない（写真①）。主幹上部の折損以外は、樹全体の折損・損傷が極めて少ない。

交通：東北道「北上江釣子IC」→国道107号→（左折）国道4号→（右折）県道151号→北上川、「中央橋」際で右折、進行左側。

撮影(メディア)：① 2001.4.27(N)；② 2001.4.27(D)；③⑦ 1998.8.23(N)；④-⑥ 2000.5.21(N)．

38 03K	岩手県	個番：03-206-021
	〒024-0056	三次：5841-70-28

現：**北上市鬼柳町荒堰40-1**、八幡神社、市指定保護樹（1973.10.19）

① 1954.4.1：市制施行

著者：資料名（発行年）、頁等	調査年/月	幹周(cm)/性	図絵写真
（古資料）			
環境庁：日本の巨樹・巨木林(1991)**03**-32	1988	700(2)	—
北上市教育委員会：説明板（設置日不明）	?	730	
著者実測	2000/9	760 ♀	写真
(2100年代)			
(2200年代)			

現況：太く生長したヒコバエを伴う単幹樹（写真①）。幹に縦の割裂が見られる（写真⑤）。乳はない。根元は微かな錐盤状で、露出根系はない（写真④）。

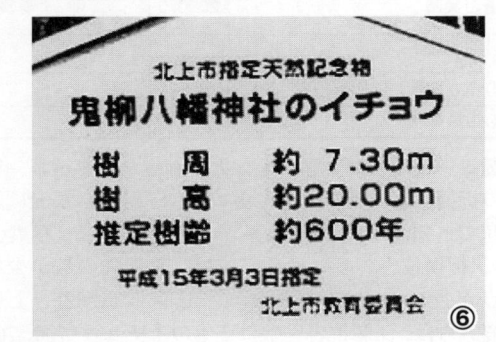

交通：東北道「北上江釣子IC」→国道4号→県道225号→北上川に至る前の左側。

撮影(メディア)：①③ 2001.4.27(R)；② 2004.11.6(D)；④ 2000.5.21(N)；⑤ 2001.4.27(D)；⑥ 2004.11.6(D)．

| **39** 03L | 岩手県 〒023-1101 | 個番：03-212-001 三次：5841-61-34 |

現：**江刺市**[2][3]**岩谷堂**[1]**字館下**、館山八幡神社
予：〔**奥州市**[3]　　　　　　　〕

[1] 本多(1913)：江刺郡岩谷堂町館下
[2] 1958.11.3：市制施行
[3] 2006.2.20：江刺市、前沢町、胆沢町、衣川町が合併・新設

著者：資料名(発行年)、頁等	調査年/月	幹周(cm)/性	図写真
(古資料)			
[1]本多：大日本老樹名木誌(1913)No.466	1912	818	—
三浦ら：日本老樹名木天然記念樹(1962)No.1156	下記参照		写真
上原：樹木図説2. イチョウ科(1970)p.117-118			—
環境庁：日本の巨樹・巨木林(1991)**03**-52	1988	726(1)	
著者実測	2000/5	外周760♂+[α]	写真
(2100年代)			
(2200年代)			

現況：無数の若いヒコバエ、太く育ったヒコバエ、複数の折損幹を伴う多幹束生樹(写真①④⑤)。根元は錐盤状で、錯綜した露出根系が発達している(写真①⑤)。折損被害の多い樹にしては、垂下乳の数が少ない点が目につく(写真③④)。三浦ら(1962)、上原(1970)らは、江刺市岩谷堂に2本のイチョウ(700、760cm)があると記録しているが、現地調査および聞き取り調査では1本しか確認できなかった。書面調査のため、同一イチョウの報告を誤認したのではないか？

⑥

⇨

| **40** 03M | 岩手県 〒023-1551 | 個番：03-212-013 三次：5841-62-85 |

現：**江刺市**[1][2]**米里字荒田表**(アラタオモテ)、自徳寺
予：〔**奥州市**[3]　　　　　　　〕

[1] 1958.11.3：市制施行
[2] 2006.2.20：江刺市、前沢町、胆沢町、衣川町が合併・新設

著者：資料名(発行年)、頁等	調査年/月	幹周(cm)/性	図写真
(古資料)			
環境庁：日本の巨樹・巨木林(1991)**03**-53	1988	715(1)	—
著者実測	2000/5	外周760♂	写真
(2100年代)			
(2200年代)			

現況：幹に沿って垂下した長い乳、幹化した乳を伴う多幹状単幹樹(写真①⑥)。数十cmほどの段差面に生育し(写真④⑤)、根元は力強い斜めの円錐台座状で、発達する露出根系はない(写真①⑥)。

⑦

交通：東北道「水沢IC」→国道4号→県道8号→県道27号の起点の左手後方坂の上(江刺公民館の近く)。
撮影(メディア)：①⑤ 2003.7.8 (D)；②④⑥ 2000.5.21 (N)；③ 2001.4.27 (R)；⑦ 1998.8.23 (N).

交通：東北道「水沢IC」→国道45号南下→県道8号→国道456号、「岩谷堂小，高校」の看板で登坂→岩谷堂高校のグラウンド裏。
撮影(メディア)：①④⑤ 2001.4.27(D)；② 2003.7.8(D)；③ 2001.4.27(N)；⑥ 2000.5.21(N)．

41 03N 岩手県東磐井郡　個番：03-425-014
〒029-1201　　　三次：5841-33-25

現：一関市[1]室根町折壁
旧：室根村折壁、龍雲寺墓地内

[1] 2005.9.20：室根村、一関市、花泉町、他4町村が合併・新設

著者：資料名(発行年)、頁等	調査年／月	幹周(cm)／性	図写真
（古資料）			
環境庁：日本の巨樹・巨木林(1991)03-81	1988	710	―
著者実測	2000/5	外周740♂	写真
（2100年代）			
（2200年代）			

現況：若いヒコバエ、生長したヒコバエ、乳、細い枯死幹を内方に抱え込む多幹状束生樹（写真①④）。微かな斜面に生育のため、根元は斜面に踏みとどまるように発達し、露出根系はない（写真①④）。樹全体として折損が少なく乳も少ない。

交通：一関市、千厩町方面から気仙沼市へ国道284号→JR大船渡線「やごし」駅と「おりかべ」駅の間、石標「竜雲寺」で左折、踏切を渡って右前方。
撮影（メディア）：①②④ 2003.9.6（D）；③⑤ 2001.4.27（R）；⑥ 1998.8.22（N）．

42 03O 岩手県気仙郡　個番：03-441-010
〒029-2311　　　三次：5841-54-75

現：住田町世田米、浄福寺（左側並木[1]の1本目）

[1] この並木の4本目が「日本の巨木イチョウ」(2003)のNo.11に収録されている

著者：資料名(発行年)、頁等	調査年／月	幹周(cm)／性	図写真
（古資料）			
住田町：説明板（設置日不明）	(1536)	植栽	
環境庁：日本の巨樹・巨木林(1991)03-83	1988	850(2)	―
著者実測	2000/9	共通730♂(475・420)	写真
（2100年代）			
（2200年代）			

現況：若いヒコバエを伴う2本の幹（476、420 cm）が、地上約1mの高さまで融合したようにも、反対に地際から二叉に分岐したようにも見え（写真⑤）、外部形状だけでは判断が難しい。乳は僅少。根本は錐盤状で、露出根はほとんどない（写真④⑤）。

交通：陸前高田市または大船渡市方面から住田町へ国道107号（340号＝バイパスと同道）→「世田米」の標識が見えたら、右方向に逆V字に曲がり、市街部へ進入する直前の左。
撮影（メディア）：①③ 2001.4.27（D）；② 2001.10.25（D）；④―⑥ 2000.9.15（N）．

43 03g	岩手県　　　　個番：03-202-002
	〒027-0052　　　三次：5941-37-65

現：**宮古市宮町**③**2丁目、いちょう公園、市天**
　　（1957）

① 1941.2.11：市制施行
② 三浦ら(1962)：宮古市、横山八幡神社
③ 上原(1970)：宮古市宮古町、横山八幡神社
④ 2005.6.6：宮古市、田老町、新里村が合併・新設

著者：資料名(発行年)、頁等	調査 年/月	幹周 年/月	図 写真
（古資料）			
②三浦ら：日本老樹名木天然記念樹(1962)No.1194	1961	627	写真
③上原：樹木図説2. イチョウ科(1970)p.118	?	630	—
環境庁：日本の巨樹・巨木林(1991)**03-20**	1988	1526(2)	—
北野：巨木のカルテ(2000)p.45	(1988)	(1526)	写真
著者実測	1999/10	外輪郭周 1452 ♂ （左800・ 右950）	写真
宮古市教育委員会：説明板(2001.12.25 設置)	?	根元1240 ♂	
（2100 年代）			
（2200 年代）			

現況：現在は人が通れる幅の貫通する空隙を挟んだ2つの多幹叢生樹群として生育(写真①④⑤)。かっての主幹部は枯れ(写真①④)、周りに生えたヒコバエが生長して現在の状態になったと考えられる。叢生したヒコバエと乳を伴う(写真④)。根元は地面から直柱状に立ち上がり、露出根系は見られないが(写真④)、根元周辺の地面からも葉が生えている(写真④⑤)。

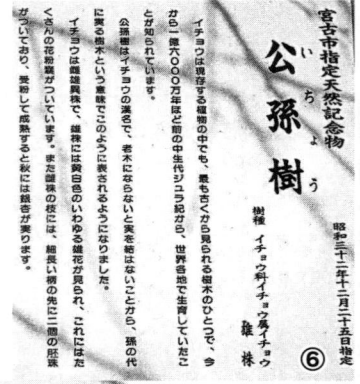

この公孫樹は、高さが十八・五メートル、根元は周囲十四メートルほどに広がっています。樹幹部の中心は空洞になっていますが、その回りには捩れ焦げのある古い根株が残っています。樹齢は明らかではありませんが、「さかさいちょう」とも呼ばれるこの公孫樹は、現存生育しているものと答えられる太いもので四本、細いものが四本、先代の株から萌芽して成長したものと考えられます。由来や伝聞を伝えながら長い年月の周囲を守り残されてきました。そして、その授乳のなかに物語を秘めながら今日事折々の姿を見せてくれます。

平成十三年十二月二十五日
宮古市教育委員会

イチョウは現存する植物群の中でも、最も古くから見られる樹木のひとつで、今から一億六〇〇〇万年ほど前の中生代ジュラ紀から、世界各地で生育していたことが知られています。
公孫樹はイチョウの漢名で、老木にならないと実を結ばないことから、孫の代に実るイチョウという意味でこのように表されるようになりました。雄株にはこのいわゆる雄花が見られ、これには黄白色のいわゆる雄花がつき、雌株には黄白色のいわゆる雌花がついています。また雌株の枝には、細長い柄の先に二個の胚珠がついており、受粉して成熟すると秋には銀杏が実ります。

宮古市指定天然記念物
公孫樹
（いちょう）
樹種　イチョウ科イチョウ
　　　　　　　　　　　雄株　⑥
昭和三十二年十二月二十五日指定

交通：宮古市内から盛岡市方面に国道106号→（左折)、県道277号→すぐ右に、宮古一中、閉伊川→橋際を川に沿って右に入る。

撮影(メディア)：①②⑥ 2002.4.17 (N)；③ 1998.6.21 (N)；④ 2003.7.8 (D)；⑤ 1999.10.9 (N)．

44 04A　宮城県伊具郡　個番：04-341-001
〒 981-2131　三次：5640-66-71

現：**丸森町**[1]**四反田**(シタンダ)**17**（通称山根）、個人敷地内（町有）、県天（1967.4.11）

[1] 丸森町（1984）：丸森町字銀杏

現況：折損株、群生する若いヒコバエ、生長したヒコバエ、垂下する乳を伴う多幹状束生樹（写真①④-⑥）。切除したヒコバエの残根部が幹を這い上がり瘤状に累積している（写真⑥）。根元は錐盤状で、露出根系が発達（写真①⑤⑥）。周りの地面から葉が伸びる（写真④）。

著者：資料名（発行年）、頁等	調査年/月	幹周(cm)/性	図写真
（古資料）			
[1]丸森町：丸森町史(1984)p.130	(1984)	1100	写真
丸森町教育委員会：説明板(1985.2 設置)	?	♂	—
環境庁：日本の巨樹・巨木林(1991)04-29	1988	1160(1)	—
牧野：巨樹名木巡り[北海道・東北地区](1991)p.112	?	1090 ♂	写真
樋田：イチョウ(1991)p.77	?	根回1700♂	写真
平岡：巨樹探検(1999)p.270	(1988)	(1160)	—
河北新報社：宮城の巨樹・古木(1999)p.68	?	直径390	—
北野：巨木のカルテ(2000)p.65	(1988)	(1160)	—
著者実測	2000/4	外周1275♂	写真
高橋：日本の巨樹・巨木(2001)p.84	?	1160	—
(2100年代)			
(2200年代)			

撮影(メディア)：① 2000.4.14 (R); ②④ 2001.9.6 (D); ③⑥⑦ 2000.4.14(N); ⑤ 2003.8.5(D).

交通：東北道「白石IC」→国道113号→白石市、角田市経由→丸森橋を渡り、県道45号→五福谷を過ぎて、進行右手。

コラム　4　雌花の花粉取り込み（受粉）と花粉の成熟

　1～2mmの大きさの雌花を切片にして顕微鏡で観察すると（写真1、2）、上方に向いて孔（p）が開いています（写真2）。この孔から液滴（受粉滴とも呼ばれます）が出たり入ったりしているわけです。先端に分泌された受粉滴（**コラム2**、写真2）に、飛んできた花粉が接触すると、受粉滴は花粉（g）を雌花の内部にある花粉室（k）に引き込んでしまいます。花粉はこの部屋で約3ヶ月過ごし、その間に成熟して花粉管を伸ばし、8月中旬～9月下旬（地方によって、少しずつずれる）、精子をつくります（**コラム6**参照）。
　たくさんの切片をつくってみると、内部に取り込まれている花粉はイチョウとは限らず、他の植物のものも多種類見られます。微小な石のこともあります。イチョウ以外の花粉を取り込んだ雌花も、多分それが刺激になってある大きさ（おおよそ1cm以内）まで生長しますが、5月下旬～6月上旬の強い風が吹く日などに、それらの多くは凋落します。

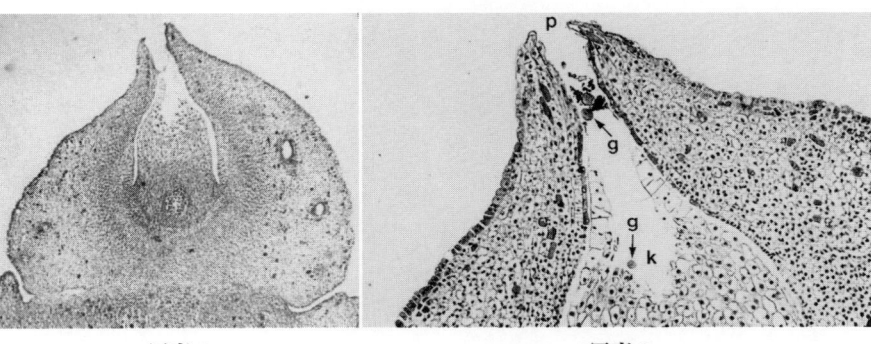

写真1　　写真2

45 04B　宮城県柴田郡　　個番：04-323-001
〒989-1745　　三次：5740-16-33

現：柴田町①大字入間田字雨乞30、加藤氏
　　敷地内、国天（1968.11.8）

①宮城県（1956）：柴田郡槻木町大字入間野（＝誤植？）
　字雨乞

著者：資料名(発行年)、頁等	調査年/月	幹周(cm)/性	図写真
（古資料）			
①宮城県：宮城県史15 博物(1956)p.159	(1956)	1100 ♂	―
柴田町教育委員会：説明板(1983.3 設置)	1968/11	1100 ♂	
沼田：日本の天然記念物5(1984)p.78	?	直径350 ♂	写真
牧野：巨樹名木巡り(北海道・東北地区)(1991)p.104	?	1100 ♂	写真
樋田：イチョウ(1991)p.60, 76	?	根回1137♂	
環境庁：日本の巨樹・巨木林(1991)04-28	1988	1150	―
平岡：巨樹探検(1999)p.270	(1988)	(1150)	―
渡辺：巨樹・巨木(1999)p.51	1990/4	1150 ♂	写真
河北新報社：宮城の巨樹・古木(1999)p.61	?	直径370 ♂	写真
藤元：全国大公孫樹調査(1999)p.11	1994/12	1100	写真
北野：巨木のカルテ(2000)p.64	(1988)	(1150)	写真
著者実測	1999/10	外周 ca. 1550 ♂	写真
高橋：日本の巨樹・巨木(2001)p.84	?	1380	
（2100年代）			
（2200年代）			

現況：急な崖縁に生育(写真①⑤⑥)。ヒコバエ、無数の巨大乳(あるものは萌芽枝を伸ばし、あるものは崖下の地面に接するまでに伸びる(写真⑤⑥)、幹化乳を伴う多幹束生樹(写真①)。幹上部には、乳が氷柱のように垂下している(写真①)。樹態は、他に類例を見ない、凄みを感ずる奇観を呈する。ギンナンをつける枝もあるとのこと。崖下に向かって力強い露出根系が発達している(写真①⑥)。

```
国 指 定 天 然 記 念 物
1 名　　　称　雨乞のイチョウ
2 所　在　地　柴田郡柴田町大字入間田字雨乞
3 指定年月日　昭和43年11月8日
4 指定理由　天然記念物植物の部第1(巨樹)による
5 説　　　明　樹高　31m　枝張り　東14m
　　　　　　　幹囲　11m　　　　　西12m
　　　　　　　樹齢　約600年　　　南11m
　　　　　　　雄株　　　　　　　　北13m
乳柱の発達が著しく、長さ4m 直径50cmに達するものをはじめ、16本の乳柱を数える。
樹勢が旺盛で樹容も美しく、イチョウの巨樹として全国屈指のものである。
　昭和58年3月　　　　　　　柴田町教育委員会　⑦
```

交通：東北道「村田IC」→県道14号→県道52号→左側の「柴田小」で左折、山麓へ→愛宕山中腹の加藤氏宅前へ。

撮影(メディア)：①③⑤ 2000.4.14 (R)；②⑥ 2003.7.12 (D)；④ 2000.4.14(N)；⑦ 1999.10.10(N).

46 04C　宮城県遠田郡　個番：04-502-003
〒989-4412　三次：5741-70-21

現：**田尻町**[1]-[5]**大嶺字薬師51**、薬師堂、町
天(1979.4.25)
予：〔**大崎市**[5]　　　　　　　　　〕

[1]宮城県史蹟名勝天然紀念物調査会(1930)：遠田郡田尻町大嶺字薬師堂
[2]宮城県(1955)：田尻町大嶺字薬師山
[3]三浦ら(1962)：田尻町大嶺字薬師堂、高橋氏他所有山林内
[4]説明板2(2000.9)：田尻町第9行政区大嶺3区
[5]2006.3.31：田尻町、古川市、他5町が合併・新設の予定

現況：若いヒコバエ、生長した多数のヒコバエ幹が囲み、垂下乳を伴う多幹束生樹(写真①⑤⑥)。多数のヒコバエ切断痕がある。根元はほぼ直柱状に立ち上がり、露出根系が僅かに発達している(写真①⑥)。およそ76年前に描かれた本樹の図絵(表中[1])と比べると、多幹分岐化が進み、当時枝から垂下していた乳の先端部が切り取られ、現在再生している状況が見てとれる(写真⑤)。

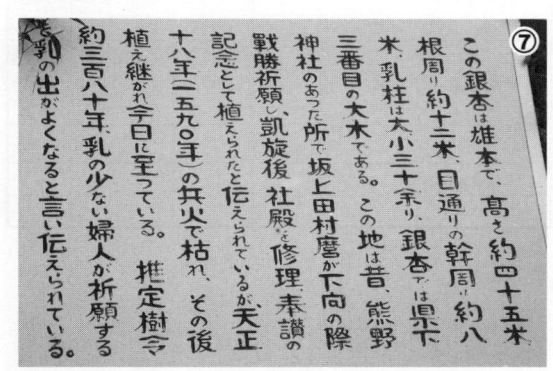

著者：資料名(発行年)、頁等	調査年/月	幹周(cm)/性	図写真
(古資料)			
[1]宮城県史蹟名勝天然紀念物調査会：宮城県史蹟名勝天然紀念物調査報告 第五輯(1930)p.41	?	630 ♂	図絵
[2]宮城県：宮城県史 15 博物(1956)p.198	(1956)	590 ♂	—
[3]三浦ら：日本老樹名木天然記念樹(1962)No.1192	1961	630	—
上原：樹木図説2. イチョウ科(1970)p.121	?	630	—
説明板1(設置日不明)(写真⑦)	?	800 ♂	
説明板2(設置日不明)(写真⑧)	?	620	
環境庁：日本の巨樹・巨木林(1991) 04-36	1988	840(1)	
河北新報社：宮城の巨樹・古木(1999)p.89	?	直径270	写真
北野：巨木のカルテ(2000)p.67	(1988)	(840)	写真
著者実測	2000/9	外周980 ♂ +[α]	写真
(2100年代)			
(2200年代)			

⑦ この銀杏は雄木で、高さ約四十五米、根周り約十二米、目通りの幹周り約八米、乳柱は大小三十余り、銀杏では県下三番目の大木である。この地は昔、熊野神社のあった所で坂上田村麿が下向の際戦勝祈願し、凱旋後社殿を修理奉讃の記念として植えられたと伝えられているが天正十八年(一五九〇年)の兵火で枯れ、その後植え継がれ今日に至っている。推定樹令約三百八十年乳の少ない婦人が祈願すると乳の出がよくなると言い伝えられている。

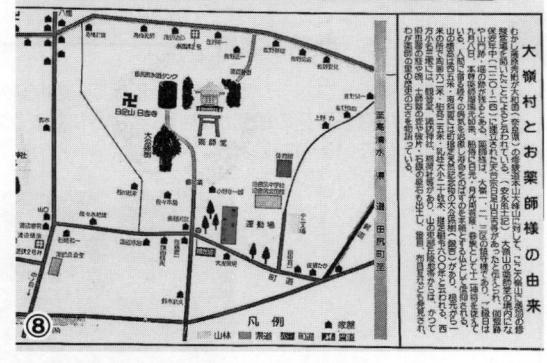

(田尻町第9行政区大嶺3区案内板)
⑧

交通：東北道「築館IC」→国道4号南下→県道19号南下→「田尻小入口」の1つ手前の信号で右折→さらに2度右折で現地。

撮影(メディア)：① 2001.4.21(R); ② 2001.4.21(N); ③ 2000.9.15(R); ④⑥⑦⑧ 2000.9.15(N); ⑤ 1998.7.26(N).

47 04D 宮城県 〒989-5185 個番：04-528-020 三次：5841-10-72

現：**栗原市金成大原木川畑**
旧：栗原郡金成町(カンナリチョウ)大堤字大原木川畑、八坂神社

① 2005.4.1：金成町、築舘町、他8町村が合併・新設

著者：資料名(発行年)、頁等	調査年/月	幹周(cm)/性	図写真
(古資料)			
環境庁：日本の巨樹・巨木林(1991) **04**-40	1988	1127(4)	—
北野：巨木のカルテ(2000)p.68	(1988)	(1127)	写真
著者実測	2000/9	共通932 ♂ (732・234) +[nα]	写真
(2100年代)			
(2200年代)			

現況：地上1mくらいで2つに分幹。斜伸する主幹に沿うように折損枯死した、かっての主幹が残っている(写真⑤)。スギに囲まれているため樹高が高い(写真②)。乳は僅少。生長したヒコバエが数本側立する(写真①)。根元は錐盤状で、露出根系となっている。2003年竜巻によって樹の上半部が折損消失した(写真⑥)。

交通：東北道「若柳金成IC」→県道4号(＝国道4号)→進行右側の「津久毛小」から1～200m先で左折→進行右側「上大原集会所」横。

撮影(メディア)：① 1998.7.1(N)；② 2001.4.21(N)；③⑤ 2000.9.15(N)；④ 2001.4.21(R)；⑥ 2005.4.12(D)．

コラム 5　雌花の凋落

　花粉を受粉できなかった雌花は、受粉期間(受粉滴の分泌が起こる数日間)が終わると、雌花(大胞子嚢)を高く持ち上げていた胞子嚢托の根元から折れるようにして、木の下に敷き詰めるほどに凋落します(写真1)。資源投資の無駄をなくしているのでしょう。

写真1　右下のマッチ棒と比べると雌花の大きさがよくわかる

　イチョウの雄木からの花粉を受粉したものはその後順調に生長し、サクランボのように垂れ下がり始め、生長を続けます。イチョウ以外の花粉や小石を取り込んだものも、しばらくは生長を続けることは**コラム4**でも述べましたが、秋にギンナン拾いをしていると、いわゆる"しいな"(未熟ギンナンのこと)と呼ばれる、成熟種子にはなれないものも見られます。

48 04E 宮城県柴田郡

〒989-1502　個番：04-324-002　三次：5740-24-28

現：**川崎町大字今宿字銀杏木**6、一般地（野上下愛林組合）、県天（1976.3.29）

① 本多(1913)：川崎村大字今宿字銀杏
② 宮城県(1956)：川崎町字今宿銀杏木
③ 三浦ら(1962)、上原(1970)：川崎町今宿字銀杏
④ 川崎町の文化財(1996)：川崎町大字今宿字銀杏木6

著者：資料名(発行年)、頁等	調査年/月	幹周(cm)/性	図写真
（古資料）			
①本多：大日本老樹名木誌(1913)No.461	1912	909	―
②宮城県：宮城県史 15 博物(1956)p.161	(1956)	840 ♂	
③三浦ら：日本老樹名木天然記念樹(1962) No.1131 No.1142	1961	909 (840)	―写真
③上原：樹木図説2. イチョウ科(1970)p.120	?	910 (840)	
川崎町教育委員会：説明板(1976年以降設置)	?	883	
環境庁：日本の巨樹・巨木林(1991)04-29	1988	885(1)	
樋田：イチョウ(1991)p.78	?	885	―
牧野：巨樹名木巡り〔北海道・東北地区〕(1991)p.110	?	885	写真
④川崎町の文化財・第9集(1996)No.2	?	900	写真
平岡：巨樹探検(1999)p.270	(1988)	(885)	―
宮城の巨樹・古木(1999)p.64	?	直径290 ♂	写真
北野：巨木のカルテ(2000)p.64	(1988)	(885)	
著者実測	1999/3	930 ♂	写真
（2100年代）			
（2200年代）			

現況：若いヒコバエ、小形の乳を伴い、幹全体が、何本かの木をよじり合わせたような外観を呈する多幹状単幹樹(写真①③④)。樹皮の剥離により樹体内部が剥き出ている部分がある(写真④)。根元は微かな錐盤状で、露出根はない(写真④)。

三浦ら(1962)、上原(1970)ともに、今宿に2本のイチョウ(両者とも同一数値)が存在するとしているが、これは同一イチョウが別個に報告され、個別の木として記載した誤りであろう。

⑤ 逆（さかさ）銀杏 天然記念物（植物）
昭和十九年十二月十六日町指定
昭和五十一年三月二十九日県指定
所在地 川崎町大字今宿字奥六番地

由来
康平五年(一〇六二)前九年の役の際八幡太郎義家は、父源頼義に従い安倍頼時・貞任父子と戦う、たまたま戦闘の疲れをいやすべく、この場に憩いし時、土中にさした箸が、枝（銀杏）を発したのが、成長したものであるといわれ、これを逆さ銀杏と呼称されつつ現在に至っている。

現況
樹齢　約九三〇年
目通り幹まわり　八・八三米
幹の高さ　二七米
枝張り　南東二〇・三〇米　南西三二・五〇米　北一〇・五〇米

川崎町教育委員会

交通：山形道「宮城川崎IC」→（左折）国道286号(=457号)→進行右側。

撮影（メディア）：①③④ 1999.3.27(N)；②⑤ 1998.8.27(N)．

49 04F	宮城県 〒987-0902	個番：04-543-010 三次：5841-02-44

現：**登米市**[2]**東和町米谷**(マイヤ)
旧：**登米郡東和町**[1][2]米谷字越路、東陽寺、町
　　天(1970.12.14)

[1]宮城県史蹟名勝天然紀念物調査会(1935)：登米郡米谷町字米谷越路83
[2]2005.4.1：市制施行(東和町、登米町、迫町、他6町が合併・新設)

著者：資料名(発行年)、頁等	調査年/月	幹周(cm)/性	図写真
(古資料)			
[1]宮城県史蹟名勝天然紀念物調査会：宮城県史蹟名勝天然紀念物調査報告 第十輯(1935)p.15	?	719♂	図絵
三浦ら：日本老樹名木天然記念樹(1962)No.1171	1961	718	写真
上原：樹木図説2. イチョウ科(1970)p.121	?	720	—
説明板(設置日不明)	?	ca.800	
環境庁：日本の巨樹・巨木林(1991)04-43	1988	800	
河北新報社：宮城の巨樹・古木(1999)p.142	?	直径230♂	写真
北野：巨木のカルテ(2000)p.69	(1988)	(800)	写真
著者実測	2000/9	730♂	写真
(2100年代)			
(2200年代)			

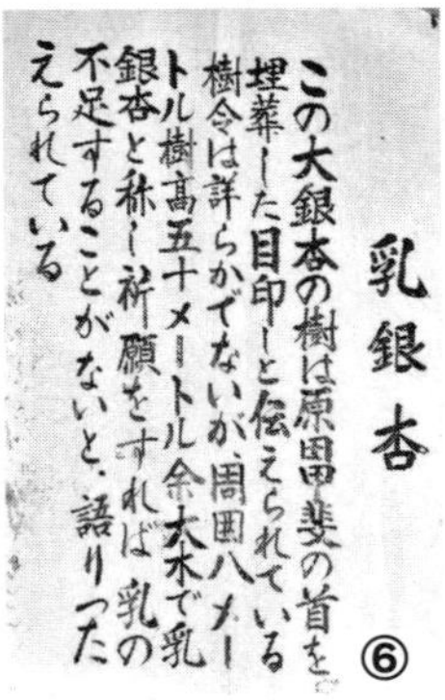

現況：本堂の裏山斜面に生育(写真④)。小中形の垂下乳、幹に融合しつつある長大乳を伴う単幹樹(写真①)。根元は錐盤状で、錯綜した露出根系を発達させ(写真①)斜面での生育を支えている。写真①の中央に写っている長大乳が約70年前に描かれた図絵(文献[1])では、まだ小さく描かれ、左側に少し離れて垂下している2本の乳も整形で描かれている。写真④に再生中の乳が写っていることから考えて、乳の切り取りの迷信が1950年頃までは信じられていたことを示している。

交通：東北道「築館IC」→国道4号→国道398号(迫町経由)→東和町内「米谷小」で左折、東陽寺入口。

撮影(メディア)：①⑤ 2001.4.21(D)；② 1998.7.20(N)；③④ 2001.4.21(R)；⑥ 2000.9.16(N).

コラム 6　イチョウの精子

　現生の高等陸上植物の中で、精子をつくって有性生殖を行うのは、裸子植物のイチョウとソテツ類だけです。最近、Nishida et al. (2003) により、化石植物である *Glossoptris homevalensis* の化石の中に保存されている精子が発見され、話題となっています。

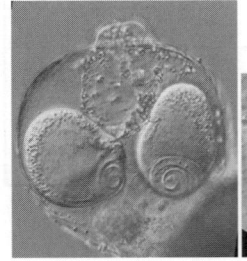

　イチョウの精子が形成される時期は、地方により違いはありますが、関東地方では平均的に8月中旬から9月中旬過ぎまでの間です。1本の木では、足掛け3日くらいの間にわたって、ほぼ一斉に形成・放出されます。隣り合った木でも、同じ日ということはないので、木ごとに注意深く形成経過を観察記録し、形成日程の違う木を3～4本も見つけておけば、翌年からは10日～2週間くらいの間精子の観察が可能になります。

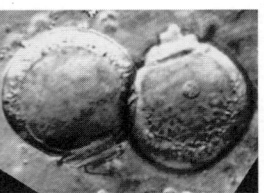

　1個の花粉管には、2個の精子が形成されます(写真1、2)。筆者の経験では1個の雌花には3～4個の花粉管が伸びるのが最も多く、記録では10個以上という場合も知られています。花粉管はほぼ一斉に精子を形成しますので、花粉管からの放出もほぼ一斉でしょう。対する卵細胞は、1個のギンナンの中には通常2個形成されることが最も多く、3個、4個は頻度が格段に低くなります。

　[注]　写真1の先端に見える突起の上方に卵細胞があります。**コラム2、5**で、雌花(ギンナン)は生長するにつれて地面の方に垂れ下がると書きました。多くの教科書で、精子が花粉管から流れ落ちるように描いてありますが、

写真1　　写真2

次頁へ→

50 04G　宮城県　　個番：04-201-011
〒983-0047　　三次：5740-37-12

現：**仙台市**①**宮城野区銀杏町**②-⑥ **1丁目、永野氏敷地内（姥神神社）、国天（1926.10.20）**

① 1889.4.1：市制施行 /1989.4.1：区制施行
② 本多(1913)：宮城郡原町
③ 内務省（1926）：宮城郡原町大字南ノ目字苦竹（私有地）
④ 宮城県史蹟名勝天然紀念物調査会(1937)：仙台市原町苦竹字原5番
⑤ 本田(1957)：仙台市原ノ町苦竹
⑥ 沼田(1984)：仙台市銀杏町

現況：つらら状に垂下する長大乳と幹に融合した乳を伴う単幹樹（写真②-⑤）。根元は微かな錐盤状で、露出根系はない（写真③④）。水平幹と巨大乳が生む樹態は偉容。約80年前の写真に写る姿（文献③）と現在の樹態との間に大差は見られないが、背景に写る環境は激変している。

> 国指定天然記念物　大正15年10月20日指定
> 所有者　永野氏
> 管理団体　仙台市
> **苦竹(にがたけ)のイチョウ**
> イチョウには雌株と雄株とがあり、この樹は雌株です。幹などからでた根の一種である気根が、乳房のように垂れている様子から「乳銀杏」とよばれ、市民に親しまれてきました。たくさんの気根の中で最も太いものは周囲が1.7mにも及び、下端が地中に入って支柱のようになっているものもあります。
> このイチョウは樹齢1,000年を越える巨木であり、奈良時代に植えられたという伝説が残っています。
> 国の天然記念物に指定された当時、この場所は「苦竹」という地名でしたが、現在はこの樹にちなみ「銀杏町」となっています。
> 樹種　イチョウ（イチョウ科）
> 樹高　32m
> 幹周　8m ⑥
> 仙台市教育委員会

交通：詳細省略（塩釜方面へ国道45号→JR仙石線「みやぎのはら」駅近く右手）。
撮影(メディア)：①④ 2001.9.16 (D)；②⑤⑥ 1999.4.17 (N)；③ 2001.9.6 (R)．

著者：資料名(発行年)、頁等	調査年/月	幹周(cm)/性	図写真
（古資料）			
②本多：大日本老樹名木誌(1913)No.487	1912	667	写真
③内務省：天然紀念物調査報告植物之部(第三輯)(1926)p.100	?	788 ♀	写真
④宮城県史蹟名勝天然紀念物調査会：指定史蹟名勝天然紀念国宝第十一輯(1937)p.65	?	根回788 ♀	写真
宮城県：宮城県史 16 観光(1955)p.86	?	ca.800 ♀	写真
宮城県：宮城県史 15 博物(1956)p.127, 口絵	?	850	写真
⑤本田：植物文化財(1957)p.31	?	790 ♀	―
三浦ら：日本老樹名木天然記念樹(1962)No.1150	1961	790 ♀	写真
上原：樹木図説2. イチョウ科(1970)p.119	?	800 ♀	
仙台市教育委員会：説明板(設置日不明)	?	800 ♀	
仙台市公園協会：杜の都の名木・古木(1979)p.43	?	780	
⑥沼田：日本の天然記念物 5.(1984)p.74	?	直径250 ♀	写真
八木下：巨樹(1986)p.23	?	800 ♀	写真
読売新聞社編：新 日本名木100選(1990)p.26	?	780 ♀	写真
樋田：イチョウ(1991)p.60, 76	?	770 ♀	写真
環境庁：日本の巨樹・巨木林(1991)04-14	1988	780(1)	―
牧野：巨樹名木巡り〔北海道・東北地区〕(1991)p.96	?	未記載	写真
平岡：巨樹探検(1999)p.280	(1988)	(780)	―
渡辺：巨樹・巨木(1999)p.46	1990/5	800 ♀	写真
藤元：全国大公孫樹調査(1999)p.14	1994/12	800	
河北新報社：宮城の巨樹・古木(1999)p.16	?	直径250 ♀	写真
著者実測	1999/4	未測定 ♀	写真
高橋：日本の巨樹・巨木(2001)p.84	?	780	―
(2100年代)			
(2200年代)			

---→前頁より---
　それは間違いです。このことは、ギンナンの位置の変化からも理解できることを示すために、写真1は他の本で見られるものとは反対向きに配置してあります。
　写真2は2個の精子の横面観です。右側の精子の先端の尖ったところから無数の鞭毛が後方に向けて螺旋状に配列しています。均質に見える大きな円は核です。

51 04H 宮城県加美郡　個番：04-443-002
〒981-4401　三次：5740-76-40

現：**加美町**[4]**宮崎字麓4**
旧：宮崎町[1]-[4]宮崎字麓4、宮崎氏敷地内（妙体寺跡）、町天（1998.7.1）

[1]宮城県史蹟名勝天然紀念物調査会（1931）：宮崎村字麓 3-9
[2]環境庁（1988）：宮崎町麓
[3]河北新報社（1999）：宮崎町宮崎字麓
[4]2003.4.1：宮崎町、小野田町、中新田町が合併・新設

著者：資料名（発行年）、頁等	調査年/月	幹周(cm)/性	図写真
（古資料）			
[1]宮城県史蹟名勝天然紀念物調査会：宮城県史蹟名勝天然紀念物調査報告 第六輯(1931)p.139	?	630♀	図絵写真
三浦ら：日本老樹名木天然記念樹(1962)No.1191	1961	630♀	—
上原：樹木図説2. イチョウ科(1970)p.121	?	630♀	—
[2]環境庁：日本の巨樹・巨木林(1991)04-32	1988	730(1)	—
[3]河北新報社：宮城の巨樹・古木(1999)p.77	?	直径230♀	写真
著者実測	2000/9	720♀	写真
(2100年代)			
(2200年代)			

現況：少数の若いヒコバエ、微小な乳を伴う単幹樹（写真①⑤）。根元は錐盤状で、露出根はない（写真①④）。
交通：東北道「古川IC」→国道347号を小野田町方面へ→県道267号→加美町役場前で左折→「大崎一の宮熊野神社入口」の看板で右折→橋を渡ると熊野神社→左横。
撮影(メディア)：①⑥ 2001.4.7(N); ② 2003.7.8(D); ③④ 2000.9.16(N); ⑤ 2000.9.16(R).

52 05B 秋田県山本郡　個番：05-346-003
〒018-3201　三次：6040-32-73

現：**藤里町藤琴字坊中**、佐藤氏敷地内（田中権現）、県天（1955.1.24）、権現のイチョウ

著者：資料名（発行年）、頁等	調査年/月	幹周(cm)/性	図写真
（古資料）			
秋田県教育委員会：説明板(1955.5.7設置)	?	848	—
樋田：イチョウ(1991)p.82	?	850	—
環境庁：日本の巨樹・巨木林(1991)05-34	1988	673(1)	—
著者実測	2000/5	外周1030♂	写真
(2100年代)			
(2200年代)			

現況：若いヒコバエ、生長したヒコバエ、枯死幹、幹に融合した乳などを伴う樹の横幅が広い多幹束生樹（写真①④⑤）。水平に伸びる太い枝からは巨大乳が垂下している（写真①④⑤）。根元が錐盤状で、微かな斜面に生育のため露出根系が発達している（写真④⑤）。1999年秋に、写真③の右側の太い枝（直径92 cmの部分で年輪が215年だった）が台風により折損した（写真⑥）。

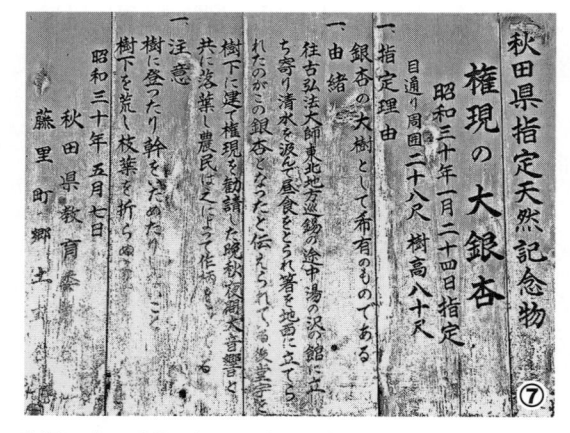

交通：東北道「十和田IC」→国道103号→大館市内で国道7号→二ツ井町内で県道317号、北上（10 km以上）→坊中（白神山地世界遺産センター手前）で左手山麓側に進む、高台の上。

撮影(メディア)：①⑤⑥ 2000.5.2 (N); ②⑦ 1998.7.27(N); ③ 2000.5.2(R); ④ 2004.11.5(D).

53 05A	**秋田県山本郡** 〒 018-3113	個番：05-342-001 三次：6040-21-39

現：**二ツ井町**[1]**仁鮒字坊中 146**、銀杏山神社（手前の株）、県天（1955.1.24）

予：〔能代市[1]　　　　　　　　　〕

[1] 2006.3.21：二ツ井町、能代市が合併・新設の予定

著者：資料名（発行年）、頁等	調査 年／月	幹周 (cm)／性	図 写真
（古資料）			
菅江：みかべのよろい（1805 年 8 月 5 日の条）	1805/8	ca.1200	図絵
三浦ら：日本老樹名木天然記念樹（1962）No.1286	1961	850	—
上原：樹木図説 2. イチョウ科（1970）p.119	?	根回 850	—
環境庁：日本の巨樹・巨木林（1991）**05**-33	1988	840（1）	—
樋田：イチョウ（1991）p.81	?	900 ♀	—
渡辺：巨樹・巨木（1999）p.58	1991/11	900 ♂	写真
北野：巨木のカルテ（2000）p.72	（1988）	（840）	写真
著者実測	2000/5	外周1038♂	写真
（2100 年代）			
（2200 年代）			

現況：若いヒコバエ、太く生長したヒコバエ、幹化中の乳、長さ 5 m、地面まで 60 cm に迫った長大な垂下乳（写真①）、割裂枯死した幹（写真⑤）などを伴う多幹束生樹（写真①④⑤）。根元は微かな凹形錐盤状で、露出根系は僅か（写真①④）。200 年前の菅江真澄の図絵には、2 本の大形の乳が描かれているが、その 1 本は現在の長大乳に相当すると思われる。

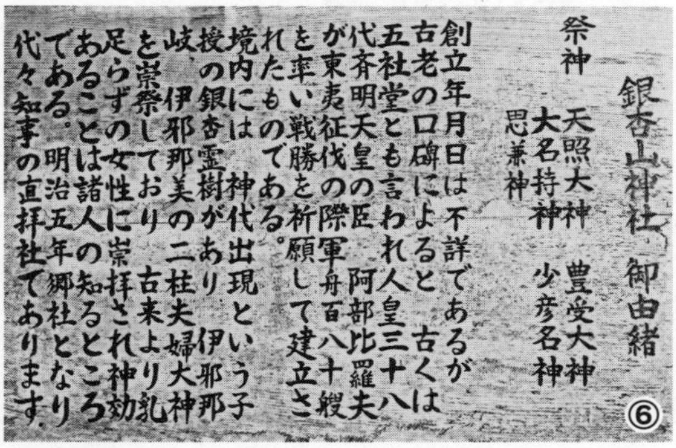
銀杏山神社 御由緒
祭神
天照大神
大名持神
思兼神
豊受大神
少彦名神
⑥

交通：東北道「十和田 IC」→国道 103 号、大館市内で国道 7 号→二ツ井町で左折、県道 203 号→「銀杏橋」を渡り左折→約 1 km 先右側。

撮影（メディア）：①④⑥ 2000.5.2（N）；②⑤ 2000.5.2（R）；③ 2003.7.11（D）.

54 05D

秋田県山本郡　　個番：05-342-001
〒 018-3113　　　三次：6040-21-39

現：**二ツ井町**[1]**仁鮒字坊中 146**、銀杏山神社
　　（連理・右株）[2]、県天（1955.1.24）

予：〔能代市[1]　　　　　　　　〕

[1] 2006.3.21：二ツ井町、能代市が合併・新設の予定
[2] 連理・左株は「日本の巨木イチョウ」(2003) の No.24 に収録

著者：資料名（発行年）、頁等	調査年/月	幹周(cm)/性	図写真
（古資料）			
菅江：みかべのよろい（1805年8月5日の条）	1805/8	ca.1050	図絵
三浦ら：日本老樹名木天然記念樹（1962)No.1286	1961	900	—
上原：樹木図説 2. イチョウ科（1970）p.119	?	根回 900	—
樋田：イチョウ（1991）p.81	?	900 ♂	—
環境庁：日本の巨樹・巨木林（1991）05-33	1988	550(1)	—
著者実測	2000/5	外周(主)930 ♂+[230+105+α]	写真
（2100年代）			
（2200年代）			

現況：若いヒコバエを伴いながら細い幹、太い幹数本以上が群立している多幹並立樹（写真①⑤）。その中で最も太い幹（幹周 930 cm）が連理枝を伸ばす（写真①⑤）。乳は見られない。根元は微かな錐盤状で、露出根は僅かに発達している。菅江真澄の図絵にも、連理枝と小さい石の祠が描かれている。

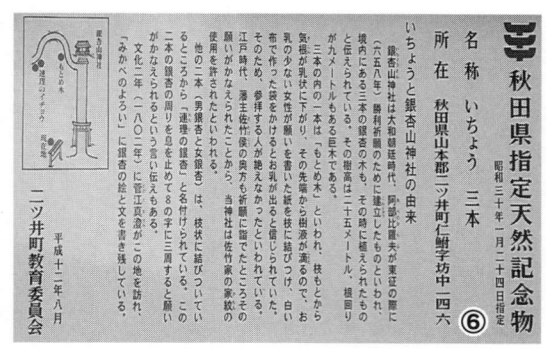

交通：前項に同じ。
撮影(メディア)：①③④ 1998.7.27 (N)；② 2000.5.2 (N)；⑤ 2000.5.2 (R)；⑥ 2001.10.25 (N).

55 05C

秋田県　　個番：登録なし
〒 015-0202　三次：なし

現：**由利本荘市**[1]**東由利蔵**
旧：由利郡東由利町[1]蔵字岩館 72、神明社、県天（1982.1.12）

[1] 2005.3.22：本荘市、東由利町、大内町、他3町が合併・新設

著者：資料名（発行年）、頁等	調査年/月	幹周(cm)/性	図写真
（古資料）			
東由利町教育委員会：説明板（設置日不明）	?	920	—
牧野：巨樹名木巡り〔北海道・東北地区〕(1991)p.138	?	920	写真
樋田：イチョウ（1991）p.81	?	920	—
渡辺：巨樹・巨木（1999）p.61	1991/11	920 ♂	写真
著者実測	2000/5	外周1025 ♂	写真
高橋：日本の巨樹・巨木（2001）p.84	?	900	—
（2100年代）			
（2200年代）			

現況：若いヒコバエ、生長したヒコバエ、折損枯死幹、乳、幹に融合した乳を伴う多幹状単幹樹（写真①④）。大枝の折損痕も見られる（写真⑤）。根元は凹形錐盤状で、錯綜した露出根系が発達している（写真④⑤）。

交通：秋田道「大曲 IC」→国道 105 号→県道 30 号南下→東由利町岩館で、進行右側、「岩館のイチョウ」看板あり。
撮影(メディア)：①④ 2000.5.20 (N)；② 2001.4.28 (D)；③⑤⑥ 1998.10.24 (N).

56 05O 秋田県　個番：05-205-016
〒 015-0045　三次：5940-00-04

現：**由利本荘市**[2]**葛法**
旧：本荘市[1][2]葛法、葛法共同墓地

[1] 1954.3.31：市制施行
[2] 2005.3.22：本荘市、東由利町、大内町、他3町が合併・新設

著者：資料名（発行年）、頁等	調査年/月	幹周(cm)/性	図写真
（古資料）			
環境庁：日本の巨樹・巨木林(1991)05-27	1988	734(1)	—
著者実測	2000/11	外周815(6)♂	写真
(2100年代)			
(2200年代)			

現況：若いヒコバエに囲まれた6本の幹集団（写真①）。乳は見あたらない。根元は地面からほぼ直柱状に立ち上がり、露出根系は見えない。

交通：本荘市街から国道107(=108)号→(右折)県道43号→信号「葛法」で左手に入り、時計回りの曲がった道を進むと至る。

撮影（メディア）：① 2001.4.29 (D); ②③ 2001.4.29 (R); ④ 2000.11.4 (R); ⑤⑦ 1998.7.28 (N); ⑥ 2003.7.12 (D).

57 05F 秋田県　個番：05-410-010
〒 018-0845　三次：5940-11-57

現：**由利本荘市**[1]**中俣**
旧：由利郡大内町[1]中俣字小金沢71、一般地（田圃の縁）、県天(1968.3.19)、堀切のイチョウ

[1] 2005.3.22：本荘市、東由利町、大内町、他3町が合併・新設

著者：資料名（発行年）、頁等	調査年/月	幹周(cm)/性	図写真
（古資料）			
設置者不明：説明板(設置日不明)	?	800	
環境庁：日本の巨樹・巨木林(1991)05-43	1988	800(1)	—
樋田：イチョウ(1991)p.83	?	800♂	—
北野：巨木のカルテ(2000)p.74	(1988)	(800)	写真
著者実測	2000/5	外周850♂+[6α]	写真
(2100年代)			
(2200年代)			

現況：急斜面のスギ林の中に生育している（写真③）。叢生した若いヒコバエ、生長したヒコバエに囲まれた多幹束生樹（写真①）。少数ながら中形の乳が垂下。根元はほぼ地面から直柱状に立ち上がり、露出根系が樹体を支えるために斜面下位を咬んでいる。

交通：秋田道「大曲IC」→国道105号、本荘市に向かう→(大内町内で)左に県道29号が起点する所を過ぎ、トンネル手前で右斜めに入る→「長坂公民館」に至る→[ここから先の道順の説明は難しいので、現地で聞く（目標は、2つの橋がある「二つ橋」）]。

撮影(メディア)：①②④ 2000.5.20 (N); ③ 2001.4.29 (D); ⑤ 1998.7.28 (N).

さかさイチョウ
幹廻り8m、樹高約30mでオスのイチョウとしては、東北では有数の大きさで、昭和43年、県の天然記念物に指定される
栽植の由来については不明であるが、約400年前弘法大師が東北を巡礼の折に、杖にしていたイチョウの枝をさかさに立てたものに根がついたという伝説がある
古来より、神木として乳不足の婦人の信仰を集めている　⑤

58 05E　秋田県雄勝郡　個番：05-463-044
〒012-1241　三次：5840-62-35

現：**羽後町田代天王**、斉藤氏敷地内

著者：資料名(発行年)、頁等	調査年/月	幹周(cm)/性	図写真
(古資料)			
環境庁：日本の巨樹・巨木林(1991)**05**-58	1988	740	―
著者実測	1999/5	外周897 ♂	写真
(2100年代)			
(2200年代)			

現況：叢生する若いヒコバエ、生長したヒコバエに囲まれた多幹束生樹(写真①②④⑤)。枝、幹が角張る性質は珍しい。樹肌は荒れていて折損、乳が多い。山麓斜面地に生育しているが(写真①)、顕著な露出根系が発達しない点が珍しい(写真②⑤)。

交通：湯沢横手道「湯沢IC」→(右折)国道398号→県道57号→県道275号(七曲峠経由)→峠を下り、進行右側(製材所の裏)。

撮影日(メディア)：①③⑤ 2000.5.20(N)；② 2001.4.28(D)；④⑥ 1999.5.30(N).

59 05H　秋田県南秋田郡　個番：05-361-002
〒018-1713　三次：5940-61-95

現：**五城目町馬場目**、一般地(墓地横)、町天

著者：資料名(発行年)、頁等	調査年/月	幹周(cm)/性	図写真
(古資料)			
環境庁：日本の巨樹・巨木林(1991)**05**-35	1988	700(1)	―
著者実測	1999/5	外周804 ♂	写真
(2100年代)			
(2200年代)			

現況：生長したヒコバエ、巨大乳、幹と融合した乳などを伴う多幹状単幹樹(写真①⑤⑥)。根元は発達した錐盤状で、露出根系は僅か(写真①⑥)。全体的に折損が少ないのが特徴。

交通：秋田市から国道7号北上→八郎潟町「五城目入口」で県道15号→「馬場目小」「馬場目局」を過ぎて、バス停「平の石」「中村1km」の標識で左折、突き当たりで右方向、細い道を登って進行左手の山林の中。登坂途中は樹は見えない。

撮影(メディア)：①② 2000.5.2(R)；③⑥-⑧ 2003.7.11(D)；④⑤ 2000.5.2(N).

| **60** 05I | 秋田県 〒014-0516 | 個番：登録なし 三次：なし |

現：**仙北市**[1]**西木町小山田**
旧：仙北郡西木村[1]小山田字石川原281、真山寺、県天(1984.3.19)

[1] 2005.9.20：西木村、角館町、田沢湖町が合併・新設の予定

著者：資料名(発行年)、頁等	調査年/月	幹周(cm)/性	図写真
(古資料)			
秋田県・西木村教育委員会：説明板(設置日不明)	?	760♂	
牧野：巨樹名木巡り[北海道・東北地区](1991)p.146	?	767♂	写真
渡辺：巨樹・巨木(1999)p.59	1998/4	770♂	写真
著者実測	1999/5	772♂	写真
(2100年代)			
(2200年代)			

現況：幹に密着して垂下した巨大な乳、幹に融合した乳を伴う多幹状単幹樹(写真①④⑤)。何百年後にはこれらの乳が幹に融合して幹周が増大、樹形は逆円錐状になると思われる。根元は微かな錐盤状か地面からほぼ直立していて、露出根系はない(写真①④)。

⑥ 真山寺の乳イチョウ　一本

秋田県指定天然記念物
所在地　仙北郡西木村小山田字石川原二八一番地
所有者　華光院真山寺
昭和五十九年三月十九日指定

このイチョウは、目通り幹周七・六メートル、樹高約四〇メートル、枝張りは東西約一二五メートル、南北約二〇メートルで、最大のものは長さ約二メートル、垂れ下がり、大枝の基部付近から大小十数本の乳柱をつくる。主幹は、地上四メートルで十数本の大枝に次々に分岐し、全体が直上して蓋状の樹形をつくる。大枝のうちでも、最大のものは長さ約二メートル、径三〇センチメートルに達する。小なりといえ継承しているが、「乳イチョウ」と呼んで母乳の不足する婦人の信仰を集めている。秋田県では稀にみるイチョウの巨樹として貴重である。

秋田県教育委員会
西木村教育委員会

樹令は約六〇〇年と推定される。

交通：秋田県角館町から国道105号北上→西木村役場を過ぎた辺りの左手(桧木内川を渡り、秋田内陸縦貫鉄道を越えた辺り。道路号線数が不明のため詳述が難しい)。

撮影(メディア)：①③ 1999.5.30(N); ② 2002.4.18(R); ④-⑥ 2002.4.18(N).

| **61** 05J | 秋田県仙北郡 〒019-1302 | 個番：05-433-001 三次：5940-04-56 |

現：**美郷町**[1]**金沢**
旧：仙南村[1]金沢(石神)、善巧寺、村天

[1] 2004.11.1：仙南村、千畑町、六郷町が合併・新設

著者：資料名(発行年)、頁等	調査年/月	幹周(cm)/性	図写真
(古資料)			
環境庁：日本の巨樹・巨木林(1991)05-50	1988	660(1)	—
著者実測	1999/5	740♂	写真
(2100年代)			
(2200年代)			

現況：幹下部は、若いヒコバエ、小形の垂下乳を伴う多幹状に見える樹であるが、まとまった単幹樹(写真①③⑤)。地上3mくらいから上は、10本以上に分幹する(写真①)。幹の片側は大きく樹皮が剥離し、部分的に枯死している(写真④)。根元は凹形錐盤状で、露出根はほとんどないが(写真④)、地際にも若葉が生えている。この木の横に、幹が斜めに伸びた細いイチョウがある(写真③の右側)。直立幹へ移行する部位から、中形の乳が垂下する希有な樹形の木である。

交通：秋田道「横手IC」→国道13号北上→「金沢」を指示する看板があり、右斜めに入る→「金沢小学校」で右折→進行、左手。

撮影(メディア)：①④ 2000.5.19(N); ②⑤ 2003.9.9(D); ③ 2001.4.28(N); ⑥ 1999.5.30(N).

62 05K	秋田県 〒013-0216	個番：05-443-024 02 三次：5840-73-03

現：**横手市**①**雄物川町西野**
旧：平鹿郡雄物川町①西野字下西野（樋向 12）、
　　西光寺（奥の株）②

① 2005.10.1：雄物川町、横手市、大森町、他 5 町村が
　合併・新設
② 手前株は「日本の巨木イチョウ」(2003)の No.20 とし
　て収録

著者：資料名（発行年）、頁等	調査年 / 月	幹周 (cm) / 性	図写真
(古資料)			
環境庁：日本の巨樹・巨木林 (1991) 05-53	1988	750(1)	—
著者実測	2000/5	740 ♀	写真
(2100 年代)			
(2200 年代)			

現況：若いヒコバエを伴う多幹状単幹樹（写真④⑤）。この樹は、見る方向によって様相がさまざまに変わる（写真①④⑤）。乳がないのも本樹の特徴。根元は微かな錐盤状で、露出根、折損痕はない（写真①）。2000年に、上部の太い幹が切削された（写真②⑥⑦）。
交通：秋田道「横手 IC」→国道 103 号経由で→国道 107 号南下→「福地小」（新雄物川橋の手前）で左折→進行、分岐路で左側に→進行右側（県道 57 号に至る前）。
撮影(メディア)：① 2000.5.20 (N)；②④ 2004.4.28 (R)；③⑤ 2003.7.12 (D)；⑥ 2001.4.28 (R)；⑦ 2001.4.28 (N).

交通：秋田道「大曲 IC」→左折、国道 105 号へ→県道 30 号→県道 265 号→右折、県道 29 号を本荘市方面へ→進行右側（道路右側の高い法面の上にあるので、見えにくい。目立つ標物はないが、看板「チェーン着脱所 200 m 先」の前）。
撮影(メディア)：① 2001.4.28 (D)；② 2001.4.28 (R)；③⑤⑥ 1998.10.24 (N)；④ 2000.5.20 (N).

63 05M	秋田県 〒013-0561	個番：05-444-005 三次：5940-02-47

現：**横手市**①**大森町八沢木**
旧：平鹿郡大森町①八沢木（通称銀杏の木台）、
　　一般地（曹渓寺跡）、町天（1976.3）

① 2005.10.1：大森町、雄物川町、横手市、他 5 町村が
　合併・新設

著者：資料名（発行年）、頁等	調査年 / 月	幹周 (cm) / 性	図写真
(古資料)			
大森町教育委員会：説明板 (1990.3 設置)	1394	植栽	
環境庁：日本の巨樹・巨木林 (1991) 05-54	1988	656(4)	—
著者実測	2000/5	外周(主)720 ♂ +[175+ 147+121 +78]	写真
(2100 年代)			
(2200 年代)			

現況：（互いに独立しているように見える）最少 5 本の多幹束生樹（写真①）。最も太い幹（幹周 720 cm）は若いヒコバエ、幹化乳、垂下乳を伴う。根元は微かな錐盤状で、露出根が発達（写真①④）。ヘビが巻きつくように、樹の上部から径 5～6 cm くらいの着生植物の茎（根？）が地上まで伸びている。

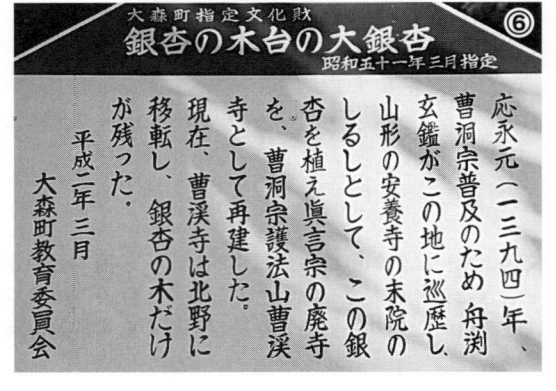

大森町指定文化財
銀杏の木台の大銀杏
昭和五十一年三月指定

応永元（一三九四）年、曹洞宗普及のため、舟渕玄鑑がこの地に巡歴し、山形の安養寺の末院のしるしとして、この銀杏を植え眞言宗の廃寺を曹洞宗護法山曹渓寺として再建した。現在、曹渓寺は北野に移転し、銀杏の木だけが残った。
平成二年三月
大森町教育委員会

64 05G	秋田県北秋田郡	個番：05-327-002
	〒 018-4401	三次：6040-02-52

現：**上小阿仁村沖田面野中**、加賀谷家墓地内
(カミコ アニ オキタ オモテ)

著者：資料名(発行年)、頁等	調査年/月	幹周(cm)/性	図写真
(古資料)			
環境庁：日本の巨樹・巨木林(1991)05-32	1988	750(1)	―
著者実測	1999/5	外周828♂	写真
(2100年代)			
(2200年代)			

現況：毎年叢生する若いヒコバエと、それを伐り払った瘤状のヒコバエ根部の塊に取り囲まれ、寸詰まりな樹姿となっている(写真①⑦)。根元は凹状錐盤状で、露出根はない(写真①)。樹全体に小枝が密生し(写真①)、かつ枝張りが偏向的な暴れ性である。小乳が多数見られる(写真⑥)。

交通：秋田県森吉町から五城目町方面へ、国道285号南下→道の駅「かみこあに」を過ぎて市街に入る→「沖田面小学校入口」またはバス停「沖田面」で右折、細い道に入る→進行左手。

撮影(メディア)：①②⑥⑦ 2000.5.2(N)；③⑤⑧ 1999.5.28(N)；④ 2000.5.2(R).

---

65 05N	秋田県	個番：05-204-002
	〒 017-0005	三次：6040-34-94

現：**大館市花岡町字七ツ館25**、信正寺、大館市指定保存樹

① 2005.6.20：比内町、田代町が編入

著者：資料名(発行年)、頁等	調査年/月	幹周(cm)/性	図写真
(古資料)			
環境庁：日本の巨樹・巨木林(1991)05-23	1988	620(1)	―
著者実測	2000/5	共通1250♂(700・635)	写真
(2100年代)			
(2200年代)			

現況：地面から2幹に分かれ、それぞれが多幹状単幹樹のように見える(写真①)。樹肌が荒れていて、過酷な過去を示している。左側は、若いヒコバエ、部分枯死幹、樹皮剥離、少数の垂下乳を伴う(写真①④)。右側は若いヒコバエと折損を伴う。根元は地面から直柱状に立ち上がり、露出根はない(写真③⑤)。地際に葉が生えている(写真⑤)。

信正寺由緒：当寺はもと岩木の男神女神の麓にあって、真言宗に属し「森昌寺」と号していた。天正の頃、七ツ館の現在地に移転したと言われている。天正二年(一五七四)十二月、花岡城浅利定頼公が、秋田実季と戦い戦死し、その後、子息の定安公が当寺を再興し、「曹洞宗」として宗福寺の末寺となった。大館宗福寺八世快巖廣大和尚を請して開山第一世とし、明確に「曹洞宗」に属していたようだ。徳川期には、今の「曹洞宗」を開基とする。その後慶応元年(一八六五)三月二十五日、大当寺が類焼し、秋田観音三十三番の札所である。本尊は「子手観音菩薩」であり、「信正寺」の名称は、秋田家の家士、川田治郎尚、「信正」の名によると言われている。年代等不詳であるが、この境内のイチョウの老木は樹齢約六百年である。⑥

交通：東北道「碇ケ関IC」→国道7号南下→「白沢」で右折、県道68号→「本郷」で右に入る。

撮影(メディア)：①② 2000.5.2(N)；③ 2003.7.11(D)；④ 2005.5.2(R)；⑤⑥ 1998.7.27(N).

66 05L　秋田県　個番：05-201-032
〒 010-0001　三次：5940-40-59

現：**秋田市中通5丁目1-14**、一般地（通称座頭小路）、市指定保存樹、座頭小路のいちょう

1 889.4.1：市制施行
2 2005.1.11：河辺町、雄和町が編入

著者：資料名（発行年）、頁等	調査年／月	幹周(cm)/性	図写真
（古資料）			
環境庁：日本の巨樹・巨木林（1991）05-16	1988	600(1)	—
著者実測	1999/10	735 ♀	写真
（2100年代）			
（2200年代）			

現況：現在は、木造の建物と塀の間の狭い地に生育（写真①-⑥）。乳、幹に融合してしまった乳を伴う多幹状単幹樹（写真④⑤）。根元は地面から直柱状に立ち上がり、露出根はない（写真④⑤）。

交通：詳細省略（県道28号沿い）。
撮影(メディア)：① 2000.5.3 (R); ②④⑤⑦ 1999.10.5 (N); ③ 2004.11.6 (D); ⑥ 2003.7.11 (D).

67 06A　山形県　個番：06-201-041
〒 999-3301　三次：5740-33-75

現：**山形市山寺字河原町**、立石寺／日枝神社、市天(1965.3.5)

1 1889.4.1：市制施行

著者：資料名（発行年）、頁等	調査年／月	幹周(cm)/性	図写真
（古資料）			
山形市教育委員会：説明板（1965.3.5設置）	1965以前	ca.720 ♂	
環境庁：日本の巨樹・巨木林（1991）06-16	1988	720	—
著者実測	2000/8	外周1100♂	写真
（2100年代）			
（2200年代）			

現況：多数の若ヒコバエ、生長したヒコバエに囲まれる多幹束生樹（写真①④）。根元は凹形錐盤状で、生育場所は平坦であるが錯綜した露出根系が発達している（写真④⑤）。乳は少ない。

交通：山形道「山形北IC」→県道19号→右折、県道24号、至山寺。
撮影(メディア)：① 2000.8.26(R); ② 1998.8.27(N); ③ 1999.3.30(N); ④ 2000.8.26(N); ⑤⑥ 2003.7.17(D).

68 06E	山形県	個番：06-201-009
	〒990-0041	三次：5740-22-98

現：**山形市緑町3丁目**、専称寺、市天（1972.9.17）、雪降銀杏

①1889.4.1：市制施行

著者：資料名（発行年）、頁等	調査年/月	幹周(cm)/性	図写真
（古資料）			
環境庁：日本の巨樹・巨木林（1991）06-14	1988	650	—
著者実測	1999/3	775 ♂	写真
（2100年代）			
（2200年代）			

現況：中形の乳を伴う、まとまりのある単幹樹（写真①）。根元は凹形錐盤状で、露出根系が発達している（写真⑤）。
交通：省略。
撮影（メディア）：①③⑤ 1999.3.30（N）；② 2001.6.24（D）；④ 2003.7.17（D）；⑥ 1998.8.27（N）．

69 06G	山形県東村山郡	個番：06-302-004
	〒990-0401	三次：5740-32-92

現：**中山町大字長崎419-1**（通称北小路）、一般地（柏倉氏管理）

①山形県（1928）：東村山郡長崎町大字長崎字古城

著者：資料名（発行年）、頁等	調査年/月	幹周(cm)/性	図写真
（古資料）			
①山形県：史蹟名勝天然紀念物調査報告 第三輯（1928）p.77	?	636 ♀	写真
中山町：説明板（1979.3 設置）	?	ca.700 ♂	
環境庁：日本の巨樹・巨木林（1991）06-39	1988	700(1)	—
牧野：巨樹名木巡り［北海道・東北地区］（1991）p.168	?	700	写真
著者実測	2000/8	外周760（♂>♀）	写真
（2100年代）			
（2200年代）			

現況：ヒコバエ、乳、幹と融合した乳、瘤状突起を伴い、2本の幹が融合したように見える樹（写真①④）。平坦地に生育しているが、根元は盛り上がった円錐盤状で、露出根系がよく発達している（写真①）。樹の下に大量の落ちた葯（=雄花）を確認したので、本樹は雄株（木）である。しかし、同時に古い（昨年秋の？）ギンナンを8粒ほど見つけた（2000年8月）。枝の一部が雌枝である可能性を示唆している。1928年（文献①）で雌株（♀）と記録したのは、このためであろう。ギンナンが少数でも見つかると、雌株と判定するのはよくある誤認である。同様の例は、本書のNo.28にも見られる。

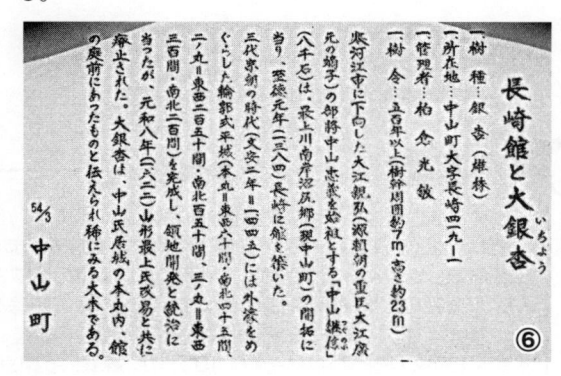

交通：山形道「寒河江IC」→国道112号南下→「長崎大橋」を渡って約1km先で左折、すぐ。
撮影（メディア）：①④ 2003.7.17（D）；② 2001.4.15（N）；③ 2000.8.26（R）；⑤ 2001.4.15（D）；⑥ 2000.8.26（N）．

70 06F 山形県　個番：06-203-018
〒 997-0752　　三次：5839-06-21

現：鶴岡市③湯田川①②④⑤、由豆佐売神社、県天（1952.4.1）

① 本多(1913)：西田川郡湯田川村大字田川湯、豊佐賣神社
② 内務省(1924)：西田川郡湯田川、由豆佐売神社
③ 1924.10.1：市制施行
④ 山形県(1928)：西田川郡湯田川村大字田川湯
⑤ 三浦ら(1962)、上原(1970)：鶴岡市大字湯田川、豊佐売神社
　①⑤どちらも「由豆」を「豊」と誤認
⑥ 2005.10.1：鶴岡市、藤島町、朝日村、他3町が合併・新設

現況：本殿前の石段横の急斜面縁に生育する。生長したヒコバエを伴い多幹状を呈する単幹樹（写真①④）。幹に密着して伸びる乳は小さいが、先端が折損した太い枝から垂下する長短2本の乳（長さが約25cm違う）のうち、長い方は斜面の地面まで約1mに近づいている。平坦地で生育していれば、先端はすでに地面に入り1本の幹としての生長を始めていたかもしれない。根元は地面から柱状に立ち上がり（写真④）、露出根がないのは稀有な例である。樹肌は荒れ性。約80年前の写真（山形県(1928)）でも、この2本の大形乳は目立っている。

交通：山形道「鶴岡IC」→国道7号を2kmほど南下→（左折）県道338号南下→湯田川温泉街を抜けて、進行右裏手。

撮影(メディア)：①③ 2001.6.25 (D)；②④⑤ 2002.1.5 (N)；⑥ 2000.11.3 (N)．

著者：資料名(発行年)、頁等	調査年/月	幹周(cm)/性	図写真
（古資料）			
① 本多：大日本老樹名木誌(1913)No.455	1912	909	—
② 内務省：史蹟名勝天然紀念物調査報告 第三十五号(1924)p.4	1922～23	1121	—
内務省：天然紀念物及名勝調査報告 植物之部第七輯(1927)p.50	?	高地面土際 727 ♂	
④ 山形県：史蹟名勝天然紀念物調査報告 第三輯(1928)p.92	?	727	写真
⑤ 三浦ら：日本老樹名木天然記念樹(1962)No.1125	1961	909	
⑤ 上原：樹木図説2. イチョウ科(1970)p.122	?	910	
由豆佐売神社：説明板(設置日不明)	?	730 ♂	
樋田：イチョウ(1991)p.84	?	730 ♂	
環境庁：日本の巨樹・巨木林(1991)06-21	1988	730 (1)	
著者実測	2000/11	760 ♂	写真
（2100年代）			
（2200年代）			

⑥ 山形県指定天然記念物　湯田川の乳イチョウ

山形県内有数のイチョウの巨樹である。崖際にあるために確かな根まわりや目通りの測定はできないが、地面での周囲七・三メートル。高さは約三七メートル。雄株であって実はならない。しかし、乳本数の多い大イチョウで、大枝からは大小数本の乳が垂れ下がっている。また、高地面土際での乳の根まわりは約一・三メートルのものがある。
昭和二十七年四月一日、山形県の天然記念物に指定された
所有者　由豆佐売神社

コラム 7　イチョウの卵細胞

　イチョウでは、通常1個の雌花（ギンナン）（写真1）に、2個の卵（卵を入れている所を造卵器といいます）が形成されます（写真2、矢印）。3個、4個のこともあります。2個とも受精はしますが、その後の発生の過程で、1個が消滅してしまいます。稀に、1個のギンナンの中に2個の胚がつくられていることもあります。
　写真2の二重矢頭印は造卵器に向いて伸びる花粉管を指していますが、ちょっと見にくいかもしれません。
　［注］　コラム2～7に書かれているイチョウの生殖に関する諸過程を、生きた状態で生き生きと記録した教育・研究用ビデオ「種子の中の海」（約45分）が、株式会社東京シネマ新社（〒112-0001　東京都文京区白山2丁目31-2-101、Tel.03-3811-4577）から発売されています。

———次頁へ———

71 06C 　山形県　　　個番：06-427-009
〒997-0415　　　三次：5739-66-96

現：鶴岡市[2]砂川
旧：東田川郡朝日村[1][2]大字砂川字村下、菅原
　　氏敷地内(八幡神社)、村天(1976.3.31)、砂川
　　の乳銀杏

[1]三浦ら(1962)：朝日村大字本郷字中砂川
[2]2005.10.1：朝日村、鶴岡市、藤島町、他3町が合併・新設

現況：垂下乳、幹に融合してしまった乳、融合したヒコバエと主幹とが渾然一体となって生育している巨大樹である(写真①③⑥)。ちょっと見ただけでは、どこが本体か、もと乳だったのかは区別が難しいくらいのまとまりを感じさせる。このサイズの樹として珍しく、地面から柱状に立ち上がる(写真①⑥)。緩やかな斜面地に生育し、露出根系が僅かに見られる。樹上部に着生ケヤキが生長している。子供の頃(65年以上前と思われる)に、「乳だった部分が、今は地面に刺さり幹になっている」と、現地の人から話を聞いた(2000/11)。

交通：山形道「庄内あさひIC」→県道49号南下→県道349号に入ってすぐ。

撮影(メディア)：① 2002.4.19(D); ② 2002.4.19(R); ③⑤⑥ 1998.10.23(N); ④ 2002.4.19(N); ⑦ 2000.11.3(N).

著者：資料名(発行年)、頁等	調査年/月	幹周(cm)/性	図写真
(古資料)			
朝日村教育委員会：説明板(設置日不明)	?	870	
[1]三浦ら：日本老樹名木天然記念樹(1962)No.1162	1961	740	—
上原：樹木図説2. イチョウ科(1970)p.122		740	
環境庁：日本の巨樹・巨木林(1991)06-62	1988	798	—
著者実測	2000/11	外周930♂	写真
(2100年代)			
(2200年代)			

乳銀杏⑦

この大銀杏は、高さ約27メートル、幹周り約8.7メートル、樹齢500年以上といわれる県下最大の銀杏の木です。根に近い幹から下った木根があることから乳銀杏といわれています。昔八幡太郎義家が前九年の役の時、安部貞任を追っこの地に来て陣を張り、銀杏の実を植え八幡様を祀ったという伝説がある。秋の落葉から根雪などの目安にしています。それが成長したものがこの乳銀杏であるという。昭和51年3月31日、村指定天然記念物となった。
朝日村教育委員会

→前頁より

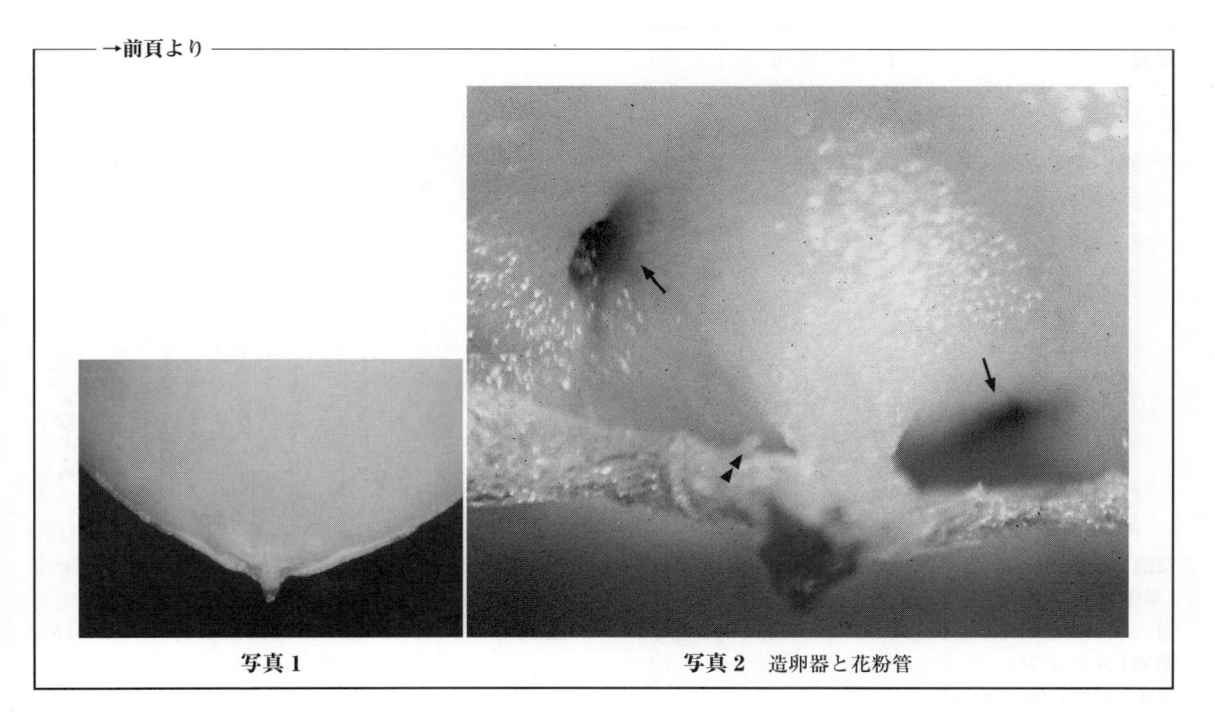

写真1　　　　写真2　造卵器と花粉管

72 06H　山形県
個番：06-213-003
〒992-0472
三次：5740-01-91

現：**南陽市宮内**①②**字坂町**、熊野神社、県天
（1956.11.24）

① 本多（1913）：東置賜郡宮内町
② 三浦ら（1962）：東置賜郡宮内町大字宮内坂町
③ 1967.4.1：市制施行

著者：資料名（発行年）、頁等	調査年/月	幹周(cm)/性	図写真
（古資料）			
①本多：大日本老樹名木誌（1913）No.449	1912	940	―
②三浦：日本老樹名木天然記念樹（1962）No.1120	1961	940	―
上原：樹木図説2. イチョウ科（1970）p.122	?	940	―
山形県・南陽市教育委員会：説明板（設置日不明）	?	根回770	
樋田：イチョウ（1991）p.84	?	750 ♂	写真
環境庁：日本の巨樹・巨木林（1991）06-38	1988	750	―
著者実測	2000/8	外周752 ♂	写真
（2100年代）			
（2200年代）			

現況：生長したヒコバエを伴う多幹状樹（写真①-⑤）。幹に乳はないが、枝には小形のものが見られる（写真①⑤）。根元は微かな凹形錐盤状で露出根はない。

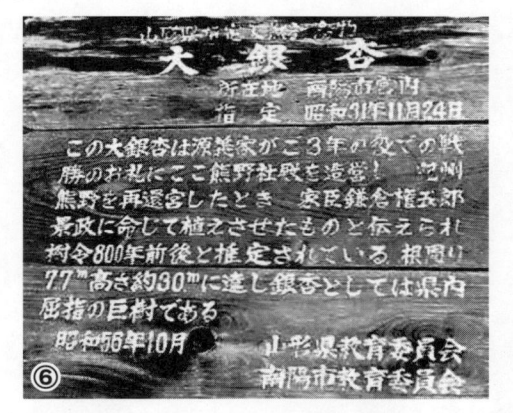

交通：山形道「山形蔵王IC」→国道13号南下、南陽市→「赤湯温泉」で国道113号、長井市へ→「宮内」で右折、県道3号→突き当たり右折、県道5号→1km進行左手。

撮影(メディア)：①③ 2001.4.15（R）；②⑤ 2003.7.17（D）；④⑥ 1998.8.26（N）．

---

73 06D　山形県東田川郡
個番：06-421-001
〒999-6602
三次：5839-17-07

現：**庄内町**①**三ヶ沢**（ミカザワ）
旧：**立川町**①**大字三ヶ沢**、霊輝院、県天（1952.4.1）

① 2005.7.1：立川町、余目町が合併・新設

著者：資料名（発行年）、頁等	調査年/月	幹周(cm)/性	図写真
（古資料）			
霊輝院：説明板（1970.3.1設置）	?	740 ♂	―
上原：樹木図説2. イチョウ科（1970）p.122	?	780	―
樋田：イチョウ（1991）p.84	?	740 ♂	―
環境庁：日本の巨樹・巨木林（1991）06-58	1988	740	―
著者実測	2000/11	外周930（♂>♀）	写真
（2100年代）			
（2200年代）			

現況：地際から3幹状を呈し（写真③）、若いヒコバエ、生長したヒコバエ、垂下乳、幹に融合した乳などを伴い、大きな空洞のある不整形な樹（写真①）。乳は幹のあちこちで、小さい皮膚突起のように、あるいは小形の垂下乳として不規則に伸びる（写真④⑤）。根元は凹形錐盤状で、露出根系は僅か（写真④）。一部の枝にギンナンがなっていることを1998年10月に確認した。

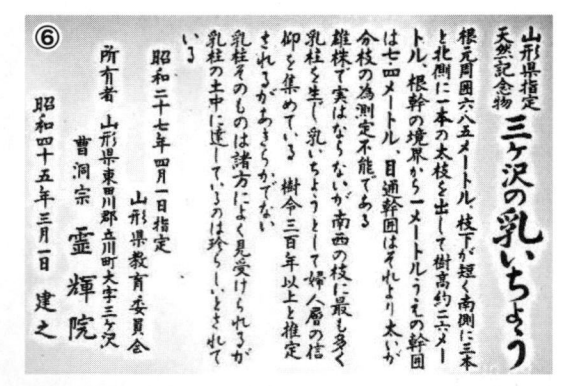

交通：鶴岡市街から国道345号→藤島町内で、（右折）県道339号→県道46号に突き当たる→（右折）1km位で、進行左手（「三ヶ沢の乳イチョウ」の看板あり）。

撮影(メディア)：① 2001.6.25（D）；②③ 2002.4.18（N）；④⑤ 2000.11.3（N）；⑥ 1998.10.23（N）．

74 06B 山形県西村山郡　個番：06-321-001
〒999-3511　三次：5740-52-05

現：**河北町谷地内楯**(カホク)(ウチダテ)、三社宮（谷地城本丸跡）

著者：資料名（発行年）、頁等	調査年／月	幹周(cm)/性	図写真
（古資料）			
環境庁：日本の巨樹・巨木林(1991)06-40	1988	875(1)	—
北野：巨木のカルテ(2000)p.86	(1988)	(875)	写真
著者実測	2000/8	外周980♂	写真
(2100年代)			
(2200年代)			

現況：斜面に生育。叢生するヒコバエ群とヒコバエの根塊が2本の枯死幹を含む幹群を包む（写真①③-⑤）。幹の頂端はすべて伐採されている（写真①）。乳は少ない。根元は凹凸のある錐盤状で、露出根は見えないが、地際に葉が生え、切れ込みの深い特大の葉をつける（本樹の特徴か？）。

交通：山形道「寒河江IC」→県道282号北上→国道287号を越えて「河北町役場」（進行左）で右折→T字路左折→間もなく右側。
撮影(メディア)：① 2003.7.17（D）；② 1999.3.30（N）；③⑥ 2000.8.26（N）；④ 2000.8.26（R）；⑤ 1998.8.26（N）．

75 07A 福島県相馬郡　個番：登録なし
〒979-2611　三次：なし

現：**新地町駒ヶ嶺字白幡**、畑地（白幡八幡神社）

著者：資料名（発行年）、頁等	調査年／月	幹周(cm)/性	図写真
（古資料）			
牧野：巨樹名木巡り〔北海道・東北地区〕(1991)p.222	?	1500	写真
須田：魅惑の巨樹巡り(2000)p.38	1989/11	1500	写真
著者実測	1999/3	外周1320♂	写真
(2100年代)			
(2200年代)			

現況：幹群の周りに叢生するヒコバエ、生長したヒコバエ、折損・枯死した幹、乳、幹に融合した乳などが一体となった巨大樹である（写真③-⑤）。中央の主幹は折損枯死し、一部は空洞化しているが（写真③⑤）、その上に若いヒコバエが生育している。樹の巨大さに比し、目立った太さ、長さの乳が見られないのが特色（写真④）。根元は微かな錐盤状で、露出根系もほとんどない（写真③-⑤）。

交通：福島県相馬市方面から、国道6号北上→（左折）国道113号→約1km先の道路右手、小高い畑地の中。
撮影(メディア)：①③-⑤ 1999.3.14（N）；② 2003.8.5（D）；⑥ 2000.6.3（N）．

76 07B 福島県南会津郡　個番：07-365-003
〒967-0501　三次：5539-64-12

現：**伊南村大字古町字居平 11-6**、伊南小学校校庭、県天（1953.10.1）

予：〔南会津町[1]　　　　　〕

[1] 2006.3.20：伊南村、田島町、南郷村、舘岩村が合併・新設の予定

著者：資料名（発行年）、頁等	調査年/月	幹周(cm)/性	図写真
（古資料）			
本多：大日本老樹名木誌(1913) No.431	1912	1212	写真
三浦ら：日本老樹名木天然記念樹(1962)No.1101	1961	1100	写真
上原：樹木図説2．イチョウ科(1970)p.124	?	1100	—
福島県教育委員会：説明板（設置日不明）	?	1100	
会津の巨樹と名木(1990)No.487	?	1080 ♂	写真
牧野：巨樹名木巡り〔北海道・東北地区〕(1991)p.208		1100	写真
樋田：イチョウ(1991)p.85	?	1100	—
環境庁：日本の巨樹・巨木林(1991)**07-25**	1988	1080	
平岡：巨樹探検(1999)p.272	(1988)	(1080)	
渡辺：巨樹・巨木(1999)p.84	1995/10	1080 ♂	
北野：巨木のカルテ(2000)p.101	(1988)	(1080)	写真
著者実測	2000/8	外周(主) 1050 ♂ +[181]	写真
高橋：日本の巨樹・巨木(2001) p.84	?	1150	—
（2100年代）			
（2200年代）			

現況：太く生長したヒコバエ、幹と融合した乳を伴う多幹束生樹（写真①④⑤）。根元は乳もある凹凸に富む錐盤状で、露出根系は僅かに見える（写真①④⑤）。

福島県指定天然記念物
古町の大イチョウ

昭和二十八年十月一日指定
所在地　南会津郡伊南村大字古町字居平一一の六
所有者　伊南村
福島県教育委員会

イチョウは一属一種の落葉高木である。中生代には古くから繁茂した植物群で、生きている化石といわれている。
このイチョウの大木は根周り一一六メートル、目通り幹周り一一メートルもあり、樹高は三五メートルにかつては四メートル以上から順次支幹を伸していた。地上四メートル以上から順次支幹を伸していたが、現在では落雷や剪定により樹枝が縮少した。しかし、樹勢はよく校庭を蔭にするほどの枝張りであって、天然記念物に指定された。大木となるだけでなく樹齢も長く保っているため、本県屈指の老樹である。 ⑥

交通：磐越道「会津若松IC」→国道121号（＝118号）南下→田島町市街で国道289号→（左折）国道401号→伊南村古町で右折、進行右。

撮影（メディア）：①③ 2001.4.13（R）；②⑥ 1998.8.17（N）；④ 2000.8.9（N）；⑤ 2000.8.9（R）．

77 07C　福島県　個番：07-202-001
〒965-0201　　　三次：5640-10-80

現：**会津若松市①湊町赤井②**、畑地（田中氏敷地内）、市天（1974.2.13）

① 1899.4.1：市制施行
② 三浦ら(1962)、上原(1970)：会津若松市赤井町字竹原道
③ 2005.11.1：河東町が編入の予定

著者：資料名(発行年)、頁等	調査年／月	幹周(cm)／性	図写真
（古資料）			
②三浦ら：日本老樹名木天然記念樹(1962)No.1094	1961	1212	—
②上原：樹木図説2．イチョウ科(1970)p.123	?	1210	—
会津若松市教育委員会：説明板(1985.12設置)	?	900	
会津の巨樹と名木(1990)No.4	?	916♀	写真
環境庁：日本の巨樹・巨木林(1991)07-14	1988	900	
平岡：巨樹探検(1999)p.272	(1988)	(900)	—
北野：巨木のカルテ(2000)p.93	(1988)	(900)	写真
著者実測	2000/11	外周1035♂	写真
(2100年代)			
(2200年代)			

現況：多数のヒコバエ、枯死幹、幹に沿って伸びる乳、幹に融合した乳を伴う、深い皺肌の多幹状単幹樹（写真①④）。根元は盛り上がった力強い円錐盤状で、露出根系はない（写真①④）。

市指定文化財第二八号
天然記念物
赤井の大イチョウ
会津若松市湊町大字赤井字
昭和四十九年二月十三日指定

樹齢六百年余と推定される古木である。樹高二十九米周囲九米、枝張三十米に及ぶ中国原産の落葉高木。下枝には数多くの乳房状のコブが垂れ下っており、植物生理学上貴重なものとされている。地域の人は通称「オッパイイチョウ」とよんでいる。イチョウは中国原産の落葉高木で、太古にわが国に渡来し親しまれているが、その中でも数多くのイチョウがあるが、その中でも貴重なものでもある。

福島県緑の文化財登録第三二五号でもある。

昭和六十年十二月
会津若松市教育委員会 ⑤

交通：磐越道「磐梯河東IC」→国道49号→国道294号→「赤井小学校」側へ右折、数百m先、進行左手、道路の奥（畑の中、道路からは直接見えない）。⇨

78 07D　福島県　個番：07-202-003
〒969-5141　　　三次：5639-07-64

現：**会津若松市大戸町小谷川端**（オヤ）、一般地（初瀬川氏所有地内）

① 2005.11.1：河東町が編入の予定

著者：資料名(発行年)、頁等	調査年／月	幹周(cm)／性	図写真
（古資料）			
環境庁：日本の巨樹・巨木林(1991)07-14	1988	900	—
会津の巨樹と名木(1990)No.63	?	955	写真
平岡：巨樹探検(1999)p.272	(1988)	(900)	—
北野：巨木のカルテ(2000)p.93	(1988)	(900)	写真
著者実測	2000/8	外周940♀	写真
(2100年代)			
(2200年代)			

現況：無数の若いヒコバエとそれから伸びた大量の小枝（写真①）、多数の小乳（写真⑤）を伴う多幹叢生樹（写真①③–⑤）。ヒコバエがあまりに多く、主幹に触ることすら難しい。また、これほど細枝の多い樹も珍しい。

⑥

交通：磐越道「会津若松IC」→国道121号（＝118号）南下（芦の牧温泉の方向へ）→会津鉄道を越えた所で右手。

撮影(メディア)：① 2000.8.1 (R)；②⑥ 1998.7.11 (N)；③ 2001.3.24(N)；④⑤ 2001.3.24(R)．

撮影(メディア)：①④⑤ 2000.11.2 (N)；② 2001.3.24 (N)；③ 1998.7.11(N)．

79 07E 福島県伊達郡　個番：07-307-002
〒960-0905　三次：5640-44-57

現：**月舘町**[1]**糠田**、一般地（堂の脇）、町天（1979.3）、糠田堂の脇乳銀杏

予：〔伊達市[1]　　　〕

[1] 2006.1.1：市制施行（月舘町、伊達町、梁川町、他2町が合併・新設の予定）

著者：資料名（発行年）、頁等	調査年/月	幹周(cm)/性	図写真
（古資料）			
月舘町教育委員会：説明板 (1979.3 設置)	?	800	
環境庁：日本の巨樹・巨木林 (1991) 07-20	1988	主800(5)	―
著者実測	2000/6	外周930♂ +［198＋3α］	写真
（2100年代）			
（2200年代）			

現況：樹下に広がる田圃からのそり上がり斜面に生育。多数の若いヒコバエ、太く生長したヒコバエを伴う多幹束生樹（写真①④–⑥）。枝のあちこちから乳が垂下する（写真①⑤）。根元は凹形錐盤状で、露出根系が僅かに見られる（写真①④）。

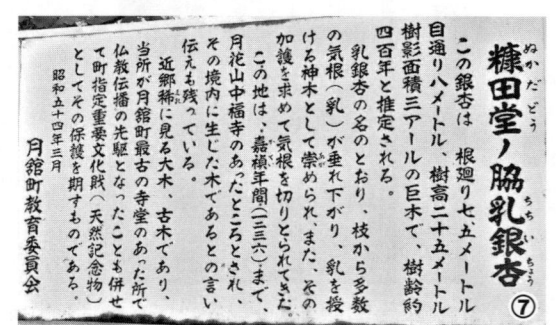

交通：東北道「福島西 IC」→国道 115 号（福島市内方面へ）→（右折）国道 349 号南下→県道 269 号→「小手小学校」で右折（イチョウの看板あり）。

撮影（メディア）：①②⑤ 2001.4.11（N）；③ 2000.6.3（R）；④ 2000.6.3（N）；⑥ 2003.8.5（D）；⑦ 1998.8.13（N）．

80 07F 福島県　個番：07-201-010
〒960-8064　三次：5640-43-97

現：**福島市御倉町（オグラチョウ）1丁目**、宝林寺

[1] 1907.4.1：市制施行

著者：資料名（発行年）、頁等	調査年/月	幹周(cm)/性	図写真
（古資料）			
環境庁：日本の巨樹・巨木林 (1991) 07-14	1988	840	―
北野：巨木のカルテ(2000)p.92	(1988)	(840)	写真
著者実測	2000/8	外周885♂	写真
（2100年代）			
（2200年代）			

現況：生長したヒコバエ、無数の若いヒコバエ（写真①②）とその根部が蓄積した根瘤塊を伴う単幹樹（写真①②⑤）。根元は、ヒコバエ根瘤塊で膨らみ、露出根系は見られない（写真①②⑤）。幹上部は伐採され、多数の萌芽枝が盛り花状に伸びている（写真③）。

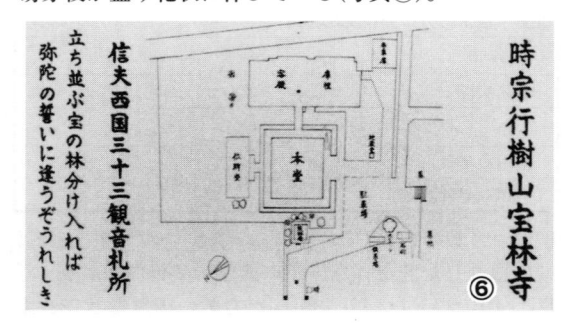

交通：詳細省略（市内中心部）。

撮影（メディア）：①⑤⑥ 2000.8.25（N）；② 2001.4.11（R）；③ 2001.4.11（N）；④ 2000.8.25（R）．

81 07G 福島県　個番：07-208-003
〒966-0923　三次：5639-36-36

現：**喜多方市慶徳町**①**新宮**、新宮熊野神社、市天（1968.7.12）

① 本多（1913）：耶麻郡慶徳村大字新宮
② 1954.3.31：市制施行
③ 2006.1.4：喜多方市、塩川町、熱塩加納村、他2町が合併・新設の予定

著者：資料名（発行年）、頁等	調査年／月	幹周(cm)／性	図写真
（古資料）			
①本多：大日本老樹名木誌(1913)No.471	1912	758	—
三浦ら：日本老樹名木天然記念樹(1962)No.1169	1961	720	写真
上原：樹木図説2．イチョウ科(1970)p.123	?	720	—
会津の巨樹と名木(1990)No.67A	?	756	写真
喜多方市教育委員会：説明板（設置日不明）	?	780	
樋田：イチョウ(1991)p.85	?	780	写真
環境庁：日本の巨樹・巨木林(1991)07-18	1988	800	—
北野：巨木のカルテ(2000)p.96	(1988)	(800)	写真
著者実測	2000/8	800 ♂	写真
(2100年代)			
(2200年代)			

現況：若いヒコバエ、少数だが幹に沿って垂下する小・中形の乳も見られるきれいな単幹樹（写真①④）。根元は微かな凹形錐盤状で（写真⑤）、露出根系はない。

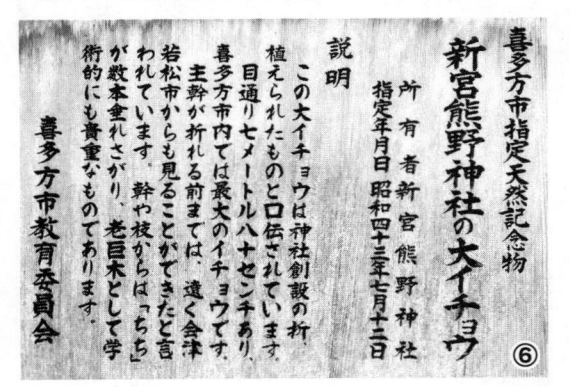

82 07H 福島県東白川郡　個番：07-481-007
〒963-6131　三次：5540-43-30

現：**棚倉町(タナグラマチ)大字棚倉**、大部屋稲荷神社、町天（1976.3）

著者：資料名（発行年）、頁等	調査年／月	幹周(cm)／性	図写真
（古資料）			
環境庁：日本の巨樹・巨木林(1991)07-31	1988	630	—
著者実測	2000/8	外周750 ♀	写真
(2100年代)			
(2200年代)			

現況：地上150cmくらいの高さで、かっては五叉に分岐（または、その高さまで癒合）していたと見えるが、現在は一部の幹が消失（写真①）。樹皮剥離した部分があり（写真①④）、そこに上から組織の中を下降してきた細い根状体が露見する（一つの可能性として、ギンナンが樹上で発芽・生長し、伸ばした根様組織とも考えられる）。根元は錐盤状で、地際に葉が出ているが露出根系はない（写真①④–⑤）。

交通：東北道「白河IC」→国道4号経由で→国道289号、至棚倉町→町内で（右折）、県道60号（細い道）→進行、数百m左。

撮影（メディア）：①②⑥⑦ 2001.2.17(N)；③ 2003.8.5(D)；④ 2000.8.12(N)；⑤ 2000.8.12(R)．

交通：磐越道「会津若松IC」→国道121号北上、至喜多方市→市街で県道21号南下→（右折）県道61号→右からの県道336号との合流点を直進。

撮影（メディア）：① 2001.3.24(R)；②④ 2003.7.17(D)；③ 2001.3.24(N)；⑤ 1998.7.11(N)；⑥ 2000.8.1(N)．

83 07I 福島県　個番：07-524-004
〒963-4112　三次：5640-04-89

現：**田村市**[1]**大越町下大越**
旧：田村郡大越町(オオゴエ)[1]大字下大越(中の目)、長源寺、町天(1970.11.20)

[1] 2005.3.1：市制施行(大越町、滝根町、船引町、他2町村が合併・新設)

著者：資料名(発行年)、頁等	調査年/月	幹周(cm)/性	図写真
(古資料)			
大越町教育委員会：説明板(1970.11.20設置)	?	800♂	
環境庁：日本の巨樹・巨木林(1991)07-37	1988	630	—
著者実測	2000/2	外周730♂	写真
(2100年代)			
(2200年代)			

現況：幹面は積み上がった瘤状突起、小乳、巨大乳の切断痕、ねじれを伴い、かつ地面から離れるに従い太くなり、不規則な粗面形状が特徴の単幹樹(写真①④⑥)。根元は直柱状に立ち上がり(写真⑥)。傾斜地に生育(写真③)してはいるが、根系の露出はない。

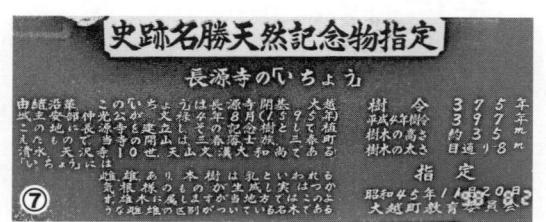

史跡名勝天然記念物指定
長源寺のいちょう

交通：磐越道「船引三春IC」→国道288号→県道19号→県道19号に平走する「船引大越小野線」より、さらに左側の道の左側。

撮影(メディア)：① 2002.4.22(R)；②⑤ 2000.2.5(N)；③④ 2003.8.5(D)；⑥ 2002.4.22(N)；⑦ 1998.8.26(N).

84 07J 福島県　個番：07-210-003
〒964-0896　三次：5640-33-34

現：**二本松市末広町**[1]**388**(通称銀杏ノ木)、個人敷地内、市天(1976.7.21)、塩沢のイチョウ

[1] 旧住所名：安達郡塩沢村字銀杏ノ木81
[2] 1958.10.1：市制施行
[3] 2005.12.1：二本松市、安達町、他2町が合併・新設の予定

著者：資料名(発行年)、頁等	調査年/月	幹周(cm)/性	図写真
(古資料)			
二本松市教育委員会：説明板(設置日不明)	?	750♂	
環境庁：日本の巨樹・巨木林(1991)07-19	1988	640	—
著者実測	2000/6	710♂	写真
(2100年代)			
(2200年代)			

現況：若いヒコバエ、多数の小乳を伴うが、現在は地上約2mの高さで二叉分岐しているが(写真①-③)、かっては少し低い位置から分岐したもう1本の太枝があったことを示す痕跡が残る(写真④)。根元は地面から直柱状に立ち、根系の露出はない(写真①④)。樹全体に葉量が少ないのは(写真③)、周囲土壌環境を通した何らかの影響が考えられる。

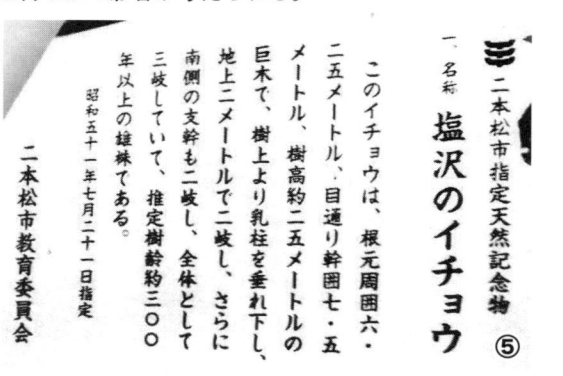

二本松市指定天然記念物
名称　塩沢のイチョウ
このイチョウは、根元周囲六・二五メートル、目通り幹周七・五メートル、樹高約二五メートルの巨木で、樹上より乳柱を垂れ下し、地上二メートルで二岐し、さらに南側の支幹も二岐し、全体として三岐していて、推定樹齢約三〇〇年以上の老樹である。
昭和五十一年七月二十一日指定
二本松市教育委員会

交通：東北道「二本松IC」→(途中省略)→県道354号を(塩原温泉)方面に進む→東北道を越えて進み、右側→「市神橋」際。

撮影(メディア)：① 2001.3.24(N)；② 2000.6.3(N)；③ 2003.8.5(D)；④⑤ 1998.8.13(N).

85 07K　福島県石川郡　個番：07-501-018
〒963-7803　　三次：5540-54-70

現：**石川町中田字迎高野**(ムカエコウヤ)**、薬師堂、町天**
　　（1986.4）

著者：資料名（発行年）、頁等	調査年/月	幹周(cm)/性	図写真
（古資料）			
環境庁：日本の巨樹・巨木林(1991)07-33	1988	650	—
著者実測	2000/8	730♀	写真
(2100年代)			
(2200年代)			

現況：道路面から約3m垂直的に高い所の辺縁に生育。したがって、大量の根が道路法面に露出している。若いヒコバエを伴う幹は地上約1.6mくらいの高さで放射状に分幹しているが、分岐点にはさらにもう1本の幹の切断痕がある（写真①⑤）。根元は地面から直柱状に立ち上がり、露出根系はない（写真①）。

石川町指定　薬師堂のいちょう　樹令約百五十年　高野組　昭和六十一年四月　⑥

交通：東北道「白河IC」→（国道4号経由）→県道11号、至石川町→市街を出て、県道14号を「いわき市」方面へ→（左折）県道140号→バス停「高野」で右側に約100mくらい登る。
撮影(メディア)：①③ 2001.2.17(N)；② 2001.2.17(R)；④⑤ 2003.8.5(D)；⑥ 2000.8.12(N).

86 08A　茨城県　個番：08-425-034
〒311-3514　　三次：5540-03-85

現：**行方市**(ナメカタ)**[1]西蓮寺**
旧：**行方郡玉造町[1]大字西蓮寺504、西蓮寺**
　　（2号株）[2]、県天（1964.7.31）

[1] 2005.9.2：市制施行（玉造町、麻生町、北浦町が合併・新設）
[2] 1号株は「日本の巨木イチョウ」のNo.47に収録

著者：資料名（発行年）、頁等	調査年/月	幹周(cm)/性	図写真
（古資料）			
樋田：イチョウ(1991)p.92.	?	810♂	—
環境庁：日本の巨樹・巨木林(1991)08-116	1988	830(1)	—
平岡：巨樹探検(1999)p.273	(1988)	(830)	—
北野：巨木のカルテ(2000)p.119	(1988)	(830)	写真
著者実測	2000/4	外周1150♂	写真
山崎：茨城の天然記念物(2002)p.168	?	ca.800	写真
玉造町教育委員会：説明板(2002.3設置)		ca.800♂	—
(2100年代)			
(2200年代)			

現況：ヒコバエが本幹に密着して生長し、地面から上部まで幹の芯部が空洞化している多幹束生樹（写真①）。幹、枝のあちこちに中形の乳が見られる。根元は発達した錐盤状で（写真④⑥）、根系およびひげ根の露出が顕著である（写真⑤）。常緑の着生植物がある（写真①）。

茨城県指定天然記念物　西蓮寺大イチョウ一号・二号　所在地　玉造町大字西蓮寺五〇四番地　指定年月日　昭和三十九年七月三十一日

二株あり、一号株・二号株と呼ぶ。相輪橖近くの一号株は幹囲約六メートル、樹高約二十五メートル。開山最仙上人の御杖銀杏と伝えられている。明治十六年（一八八三）の火災で幹が焼けて細くなった。二号株は幹囲約八メートル、樹齢三十七メートル。大正六年（一九一七）の台風で幹の中途が折れている。何れもイチョウとして優れた樹相をしている。粗大な気根が垂下し、俗に「チチ」と称するものが数多くついていて、イチョウの老樹の特徴を充分に現わしている。二株とも千年以上といわれ、樹齢は二株とも老大であるが、樹勢はますます旺盛である。雌木なので秋の黄葉も充つかない事なもの、広い境内を明るくしている。実はつかない。　平成十四年三月　玉造町教育委員会　⑦

交通：常磐道「桜土浦IC」→土浦市経由、国道354号を「霞ヶ浦大橋」へ→橋を渡って間もなく（右折）→国道355号→進行左側に「西蓮寺」の看板、そこで左折、直進→至西蓮寺。
撮影(メディア)：① 1998.12.23(N)；②④⑤ 2000.4.4(N)；③ 2001.6.16(D)；⑥ 1998.8.8(R)；⑦ 2002.5.11(D).

87 08B 茨城県

個番：08-361-001
〒313-0101
三次：5440-73-86

現：**常陸太田市**[2]**上宮河内町**
旧：久慈郡金砂郷町[1][2]大字上宮河内1915、西金砂神社、県天(1969.3.20)

[1] 三浦ら(1962)、環境庁(1991)：金砂郷村大字上宮河内
[2] 2004.12.1：常陸太田市、金砂郷町、他2村が合併・新設

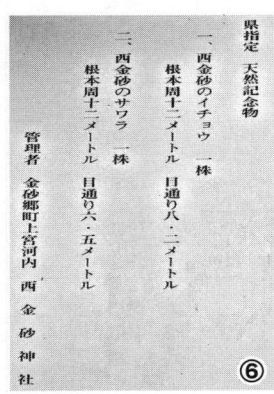

著者：資料名(発行年)、頁等	調査年/月	幹周(cm)/性	図写真
(古資料)			
[1]三浦ら：日本老樹名木天然記念樹(1962)No.1145	1961	827	—
上原：樹木図説 2. イチョウ科(1970)p.130	?	830	—
[1]環境庁：日本の巨樹・巨木林(1991)08-89	1988	823(1)	—
平岡：巨樹探検(1999)p.272	(1988)	(823)	—
西金砂神社：説明板(設置日不明)	?	820	
著者実測	1999/1	外周1040♂	写真
北野：巨木のカルテ(2000)p.114	(1988)	(823)	写真
須田：魅惑の巨樹巡り(2000)p.54	1999/7	820	写真
山崎：茨城の天然記念物(2002)p.98	?	ca.820 ♂	写真
(2100年代)			
(2200年代)			

現況：若いヒコバエ、生長したヒコバエ、幹に融合した乳を伴い、一部に地面から上部まで樹皮の剥落があり、幹芯が露出した多幹状の樹(写真①)。幹に密着して伸びる大形の乳や枝から垂下する乳はあるが(写真②)、このサイズの樹としては特徴的に少ない。根元は力強く地面から錐盤状に立ち上がり、根系の露出はない。折損の傷害が少ないのは、穏和な地域の山上で、他の木に囲まれて生育するためであろう。

県指定 天然記念物
一、西金砂のイチョウ 一株
　根本周十二メートル 目通り八・二メートル
二、西金砂のサワラ 一株
　根本周十二メートル 目通り六・五メートル
管理者 金砂郷町上宮河内 西金砂神社 ⑥

交通：常磐道「日立太田IC」→(国道6号経由)で、(左折)県道293号、至「常陸太田市」→県道29号→「金砂郷町/金砂郷小学校(下宮河内)」で県道36号が起点。そこから「赤土」方面へ。赤土川に沿って数km進行後、さらに山に登り現地に至る。

撮影(メディア)：① 2003.8.8(D)；②⑥ 2002.5.25(R)；③ 1999.1.16(N)；④ 2002.5.25(D)；⑤ 2000.10.14(N)．

コラム 8　イチョウ精子の発見者・平瀬作五郎

　19世紀の後半、世界の植物学者は、鞭毛をもって泳ぐ精子が裸子植物の中にもいるかもしれないと期待して、その発見にしのぎを削っていました。そして1896年、現在の東京大学附属小石川植物園にあった植物研究室に勤務していた助手の平瀬作五郎が(写真1)、世界で初めてイチョウの精子を発見したのです。その日本語論文(写真2)、および世界に発表した欧文論文(写真3)があります。
　この発見研究に使われたギンナンのなるイチョウの木は、現在も植物園の中で元気に生きています。同じ年、1ヶ月遅れて平瀬の師である池野誠一郎がソテツの精子を発見しました。平瀬、池野らの発見は、近代化をめざした明治新政府の出発から30年も経っていない、いわば未だ近代化の黎明期にあった日本の科学が世界に発信した初期の偉業の一つと評価されましょう。しかし、国内においては、平瀬の業績が広く一般に知られる機会は少なかったように思えます。最近、『「イチョウ精子発見」の検証 平瀬作五郎の生涯』(本間健彦著、新泉社 2004)が発刊されました。これは、社会情勢も含めて発見当時の平瀬の置かれていた状況を推理した、平瀬に関する唯一のまとまった書といえるでしょう。

→次頁へ

88 08E	茨城県　　　　　個番：08-361-008

〒 313-0104　　　　三次：5440-73-04

現：**常陸太田市**[1]**上利員町**
旧：久慈郡金砂郷町[1]大字上利員、鏡徳寺
　　　　　　　　　　(カミトシカズ)

[1] 2004.12.1：常陸太田市、金砂郷町、他2村が合併・新設

著者：資料名(発行年)、頁等	調査 年/月	幹周 (cm)/性	図 写真
(古資料)			
環境庁：日本の巨樹・巨木林 (1991)08-90	1988	701(1)	—
著者実測	2000/6	740♀	写真
(2100年代)			
(2200年代)			

現況：生長したヒコバエを伴う単幹樹(写真①-⑥)。石段横の斜面に生育。下位に面した幹の樹皮は腐食して剥げ落ちているがよく保護処置がなされている(写真①④)。乳はない。境内林の高い湿度のためか、荒れ肌様。根元は錐盤状で、斜面に沿って太い露出根系が発達する(写真①④)。

⑦

交通：常磐道「日立太田IC」→(国道6号経由)で、(左折)県道293号→(金砂郷町内)「久米」で→(右折)県道62号(常陸那珂湊山方線)→進行沿線、左手奥(道路脇入口に鏡徳寺の指示板あり。62号線上からは直接は見えない)。

撮影(メディア)：①④⑤⑦ 2000.6.24(N)；② 2003.8.28(D)；③⑥ 2001.2.17(N).

→前頁より

写真1　　　　　写真2　　　　　写真3

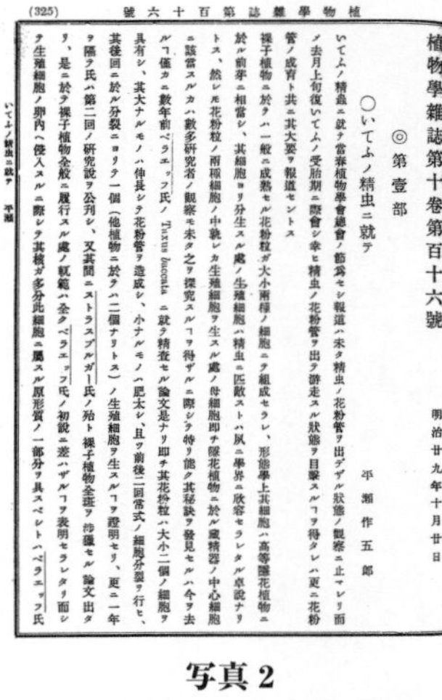

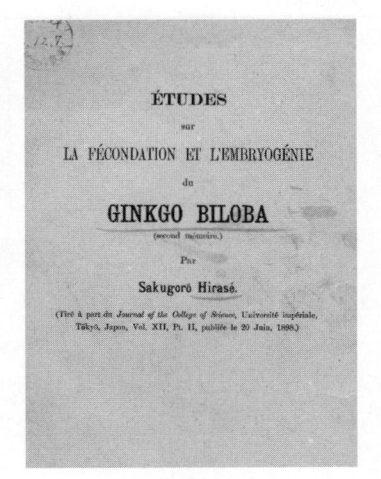

89
08C

茨城県久慈郡　　個番：08-364-007
〒 319-3535　　三次：5540-12-31

現：**大子町**①大字上金沢、法龍寺、町天（1997.3.28）
　　ダイゴマチ　　カミカネサワ

① 本多(1913)：依上村大字上金沢
② 三浦ら(1962)：大子町大字上金沢

著者：資料名(発行年)、頁等	調査年/月	幹周(cm)/性	図写真
(古資料)			
① 本多：大日本老樹名木誌(1913)No.445	1912	1015	写真
② 三浦ら：日本老樹名木天然記念樹(1962)No.1107	1961	1015	—
上原：樹木図説 2. イチョウ科(1970)p.130	?	1020	—
環境庁：日本の巨樹・巨木林(1991)08-92	1988	1126(1)	—
平岡：巨樹探検(1999)p.272	(1988)	(1126)	
渡辺：巨樹・巨木(1999)p.96	1999/4	1110	写真
法龍寺：説明板(1999.3 設置)	?	1110	
北野：巨木のカルテ(2000)p.115	(1988)	(1126)	写真
著者実測	2000/10	共通1253♂ (895・355・α)	写真
高橋：日本の巨樹・巨木(2001)p.85	?	1150	—
(2100 年代)			
(2200 年代)			

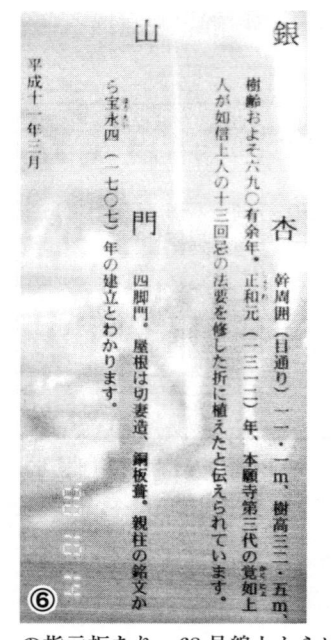

現況：数本の幹が互いに密着して生育したように見える、幹に密着垂下した乳も伴う多幹状束生樹(写真③④)。他に、枝から垂下する中形の乳が多数見られる(写真①④)。根元は錐盤状で、露出根系が発達している(写真③④)。

交通：常磐道「日立太田IC」→(国道6号経由)で、(左折)県道293号→(金砂郷町内)「久米」で→(右折)県道62号(常陸那珂湊山方線)→進行沿線、左手奥(道路脇入口に鏡徳寺の指示板あり、62号線上からは直接は見えない)。

撮影(メディア)：① 2003.7.23(D)；② 2001.2.17(N)；③ 2001.2.17(R)；④⑤ 1999.5.15(N)；⑥ 2000.10.14(N)。

90 08D 茨城県

個番：08-216-011
〒 309-1635
三次：5440-41-36

現：**笠間市稲田**、西念寺、県天、稲田禅房のお葉つきイチョウ

1 1958.8.1：市制施行

著者：資料名（発行年）、頁等	調査年／月	幹周(cm)／性	図写真
（古資料）			
環境庁：日本の巨樹・巨木林(1991) 08-49	1988	750(1)	—
著者実測	2000/12	770 ♀	写真
山崎：茨城の天然記念物(2002) p.129	?	750	写真
（2100年代）			
（2200年代）			

現況：突起状の乳を多数伴う単幹樹（写真①⑤）。幹の低い位置から、枝が放射状に接ぎ木されたように伸びた樹形は珍しい（写真①⑤）。そのため、地面から離れるにつれて幹周の値が高くなる逆三角錐状の特異な樹形でもある（写真①⑤）。根元は地面から柱状に立ち上がり（写真①）、露出根系はない。樹表面が下部から緑藻・コケに包まれるのは、生育環境が高湿度のためであろう。

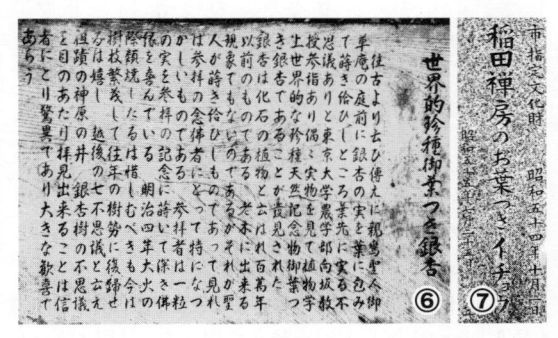

交通：常磐道「水戸IC」→国道50号→至「笠間市」→「稲田」近くで進行右側。

撮影(メディア)：①②⑥⑦ 2000.12.23(N)；③ 2003.7.25(D)；④ 1998.12.23(N)；⑤ 2001.5.13(N)．

91 08F 茨城県北相馬郡

個番：08-564-015
〒 300-1616
三次：5340-61-42

現：**利根町大字立木**（タツギ）、蛟蝄（ミツチノ）神社・門の宮（立木公民館横）

著者：資料名（発行年）、頁等	調査年／月	幹周(cm)／性	図写真
（古資料）			
環境庁：日本の巨樹・巨木林(1991) 08-147	1988	605(1)	—
著者実測	1999/1	外周785(7) ♂	写真
（2100年代）			
（2200年代）			

現況：若いヒコバエを伴い、枯死空洞化した主幹の周りを少なくとも6本の幹が叢生的に取り囲む多幹束生樹（写真①④）。乳は非常に少ない。根元は柱状に地面から立ち上がり、露出根系はない（写真①④）。

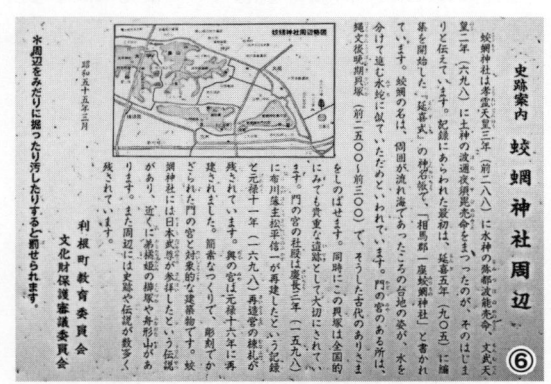

交通：常磐道「谷和原IC」→国道294号を取手市→国道6号経由、県道11号→栄橋で左折、県道4号→交叉点「横須賀」で右折、約2kmで「立木公民館」（蛟蝄神社横に）至る。

撮影(メディア)：①② 1999.1.2(N)；③⑤ 2001.8.5(D)；④ 2001.8.5(R)；⑥ 2001.8.5(N)．

92 08G	茨城県 〒306-0501	個番：08-544-006 三次：5439-16-68

現：**坂東市**[1]**逆井**
旧：猿島(サシマ)郡猿島町[1]大字逆井(サカサイ)(西坪)、香取神社

[1] 2005.3.22：岩井市と猿島町が合併・新設

著者：資料名（発行年）、頁等	調査年／月	幹周(cm)／性	図写真
（古資料）			
環境庁：日本の巨樹・巨木林(1991) 08-145	1988	900(4)	—
北野：巨木のカルテ(2000)p.120	(1988)	(900)	写真
著者実測	2000/8	外周990 (5)♂	写真
（2100年代）			
（2200年代）			

現況：中央の枯死幹を太幹4本（幹周365, 305, 300, 290 cm）が囲む5幹の束生樹（写真①）。若いヒコバエ、生長したヒコバエを伴うが、乳はない。根元は微かな凹形錐盤状で、露出根系がある（写真⑤）。

⑦

交通：常磐道「桜土浦IC」→国道354号（水海道市方面）→国道294号（下妻市方面）→県道24号→「紅葉橋」で左折、県道20号→約2kmで右折、県道135号→県道137号と会う交叉点「前原」の左手前方数百mの所（137号を数十m経由して右折）。

撮影（メディア）：①③ 2000.1.23 (R)；②⑤⑥ 2000.1.23 (N)；④ 2003.7.20 (D)；⑦ 1998.8.10 (N)．

93 09A	栃木県下都賀郡 〒329-0114	個番：09-364-003 三次：5439-25-56

現：**野木町大字野木**2404、野木神社、町天（1977.11.30）

著者：資料名（発行年）、頁等	調査年／月	幹周(cm)／性	図写真
（古資料）			
環境庁：日本の巨樹・巨木林(1991) 09-79	1988	967(主730) (5)	—
北野：巨木のカルテ(2000)p.126	(1988)	(967)	写真
著者実測	1998/7	未測定♂	写真
（2100年代）			
（2200年代）			

現況：無数の若いヒコバエ、生育し幹に融合したヒコバエと低位置に伸びる多数の乳に囲まれ、大形の折損痕を伴う巨体な多幹叢生樹（写真①③⑤⑥）。横に伸びる太い枝から大型の乳が垂下いる（写真①）。根元は地面から直柱状に立ち上がり、露出根系が発達している（写真⑥）。樹表面は荒れ肌様。

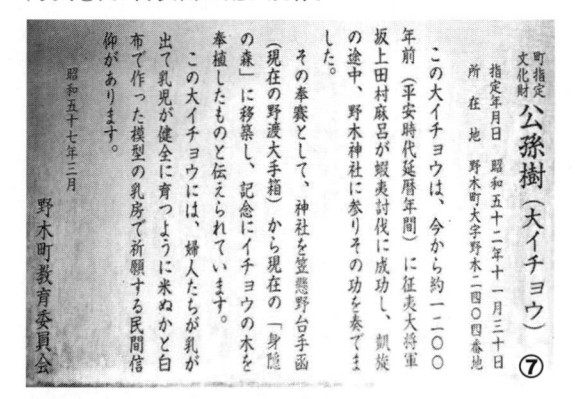

⑦

交通：東北道「館林IC」→国道354号→古河市内で国道4号北上→JR東北本線を越えて間もなく「野木」→左手（道路から少し離れるので見過ごす可能性あり、国道から直接樹は見えない）。

撮影（メディア）：① 2002.6.6 (N)；②③ 1999.1.31 (N)；④ 2003.7.20 (D)；⑤–⑦ 1998.7.31 (N)．

94 09B	栃木県	個番：09-202-018
	〒326-0803	三次：5439-43-06

現：**足利市家富町2220、鑁阿寺（バンナジ）、県天**
　　（1998.1.16）

1 1921.1.1：市制施行

著者：資料名（発行年）、頁等	調査年/月	幹周(cm)/性	図写真
（古資料）			
環境庁：日本の巨樹・巨木林 (1991) 09-24	1988	845	—
栃木県・足利市教育委員会：説明板（設置日不明）	?	830	
北野：巨木のカルテ(2000)p.123	(1988)	(845)	写真
著者実測	2000/7	900 ♂	写真
高橋：日本の巨樹・巨木(2001) p.85	?	850	—
（2100年代）			
（2200年代）			

撮影（メディア）：①③ 2003.7.25(D)；② 2001.1.26(R)；④⑤ 2001.1.26(N)；⑥ 1998.7.31(N)；⑦ 2000.7.30(N)．

現況：地上2mくらいの高さで二叉に分岐する（写真①④）。地上数m上には下降枝や下垂乳が多い（写真④）。各分幹はかって途中で伐採されたことがあるようで、その部位では分幹の直径より膨らんだ形になり、そこからさらに何本かの分幹を伸ばしている（写真④）。根元は典型的な錐盤状で、露出根系が発達している（写真①⑥）。

> 栃木県指定 天然記念物
> **鑁阿寺のイチョウ**
> 平成10年1月16日指定
>
> 鑁阿寺のイチョウは、樹高31.8メートル目通り周囲8.3メートルの大木で、地上3メートルのところから2本に分かれており、どちらも数本に分岐し、地上15メートル付近で枝が伸び壮大な樹形をなしている。
> 広い境内には、多くの樹木が植えられているが、この樹は最大のもので幹の太さ、全体の大きさから、樹齢は550年前後と推定される。
> 栃木県の指定天然記念物としては、すでに2本のイチョウが指定されているが、壬生寺のイチョウ（目通り周囲5.1メートル）と大野室のイチョウ（目通り周囲6.45メートル）で鑁阿寺のイチョウは目通り周囲8.3メートルあり、これまで指定されたイチョウを上回る大きさであり、鎌倉時代に足利義兼が建立した寺にふさわしいイチョウである。
> 栃木県教育委員会・足利市教育委員会　⑦

交通：詳細省略（東北道「佐野藤岡IC」→国道50号→県道38号または県道5号で足利市街へ（市内中心部）。

コラム9　お葉つきイチョウ（銀杏）

　イチョウの葉の縁にギンナン（雌花；正確には胚珠のこと）がついたもの（写真1）を「お葉つきイチョウ（銀杏）」と呼びます。日本中にある「お葉つきイチョウ」といわれる99.9％以上が、ギンナンをつけたものですから、なぜ「お葉つきギンナン」と呼ばないのか不思議です。1枚の葉に1～3個つくのが普通ですし、葉が大きいもの、縮小しているものなど、木によって、また枝によっていろいろな違いがあります。
　葉に雄花（＝葯）がつく木が、山梨県身延町にわが国ではただ1本知られています（写真2）。これも「お葉つき葯」とは呼ばないで、「お葉つきイチョウ」です。では、この最後の「イチョウ（銀杏）」は何を指しているのでしょうか？　「葉に生殖器官がつくイチョウ」という意味にとれば、いろいろな変異イチョウ（例えば、「逆さイチョウ」、「しだれイチョウ」などと呼ばれるイチョウのような例）のひとつと解釈できなくもないのですが、雄花についてはほとんど知られていないので、そのように解釈してよいかどうかちょっと問題がありそうです。

写真1　　写真2

| 95 09C | 栃木県 〒324-0246 | 個番：09-406-021 三次：5540-30-09 |

現：**大田原市**[1]**寒井**
旧：那須郡黒羽町[1]大字寒井、三嶋神社、県天
　　（1967.12.22）、大野室のイチョウ

[1] 2005.10.1：黒羽町、湯津上村が編入

著者：資料名（発行年）、頁等	調査年／月	幹周(cm)／性	図写真
（古資料）			
栃木県・黒羽町教育委員会：説明板（設置日不明）	?	645	
環境庁：日本の巨樹・巨木林（1991）09-98	1988	645(1)	―
樋田：イチョウ(1991)p.87	?	645	
著者実測	2000/8	共通760♂	写真
（2100年代）			
(2200年代)			

現況：主幹に密着して数本の生長したヒコバエが伸びている（写真①④⑤）。根元は錐盤状で、平坦地に生育しながら露出根系が発達している（写真①④）。横に伸びる枝から中形の乳が垂下している（写真①⑤）。

栃木県指定天然記念物 ⑥
大野室のイチョウ　１本
所有者　三島神社
昭和42年12月22日指定
樹高　30.0メートル　目通周囲6.45メートル
枝張り（東西）14.3メートル（南北）16.1メートル
主幹は地上約7メートルから分枝するが、西側をスギの大木にとり囲まれているので枝張りは巨木のわりには狭く、また高さもそれほど大きくは見えない。県内第１級のイチョウの巨木である。樹令は約400年と推定される。
栃木県教育委員会・黒羽町教育委員会

交通：東北道「那須IC」→県道34号→（黒磯市経由）→大野室（寒井に至る前）で左手（34号から5～60m入った所）。
撮影（メディア）：①②⑤ 2001.12.30(D)；③⑥ 2000.8.12(N)；④ 2000.8.12(R)．

| 96 09D | 栃木県塩谷郡 〒321-2802 | 個番：09-383-016 三次：5539-45-08 |

現：**藤原町大字上三依、上三依観音堂、町天**
　（1979.10.1）
予：〔日光市[1]　　　　　〕

[1] 2006.3.20：日光市、藤原町、他2町が合併・新設

著者：資料名（発行年）、頁等	調査年／月	幹周(cm)／性	図写真
（古資料）			
藤原町教育委員会：説明板（1979.10.1 設置）	?	根回880♂	
環境庁：日本の巨樹・巨木林（1991）09-86	1988	880	―
平岡：巨樹探検(1999)p.273	(1988)	(880)	―
渡辺：巨樹・巨木(1999)p.110	1995/5	880♂	写真
北野：巨木のカルテ(2000)p.128	(1988)	(880)	写真
著者実測	2000/8	外周1050♂	写真
（2100年代）			
(2200年代)			

現況：無数の叢生した若いヒコバエと生長したヒコバエに囲まれた状態で生育しているため、内側の本体幹の様子がよく分からない（写真①④⑤）。根元は地面から直柱状に立ち上がり、露出根系はない（写真①⑤）。乳は見られない。

天然記念物 ⑥
観音堂の大イチョウ
所有者（上三依共有）
根廻り八・八米
樹高約二十四米
枝張（東西約十七米　南北約二十米）
この所には、会津糸沢村龍福寺の末寺眞言宗神居山龍泉寺が在ったが、その後観音堂のみが残存して現在に至った。このイチョウはその境内にあり雄木で二本の茎がゆ着したものと推察される。根元の周囲から多数の細枝が下り樹令の古さを標示している。樹令約三百年と推定され由緒ある天然記念物である。
昭和五十四年十月一日
藤原町文化財指定
藤原町教育委員会

交通：東北道「西那須塩原IC」→（国道104号経由）→国道400号→上三依の三叉交差点でV字左折→国道352号（＝121号）→1km以内の右手（徒歩で「野岩鉄道会津鬼怒川線」のガードをくぐった向こう側）。
撮影（メディア）：①② 2001.4.13(N)；③ 2002.6.6(D)；④ 2000.8.9(R)；⑤ 1998.8.17(N)；⑥ 2000.8.9(N)．

97 10A　群馬県　個番：10-481-005
〒370-0414　三次：5439-32-06

現：**太田市**[1]**堀口町**
旧：新田郡尾島町[1]大字堀口223、浄蔵寺、町天（1978.3.10）、新田義貞駒つなぎのイチョウ

[1] 2005.3.28：尾島町、太田市、新田町、藪塚本町が合併・新設

著者：資料名(発行年)、頁等	調査 年/月	幹周 (cm)/性	図 写真
（古資料）			
尾島町教育委員会：説明板（1978.3 設置）	?	1200 ♂	
樋田：イチョウ(1991)p.89	?	1200	写真
環境庁：日本の巨樹・巨木林(1991)10-74	1988	1100	写真
平岡：巨樹探検(1999)p.274	(1988)	(1100)	—
渡辺：巨樹・巨木(1999)p.117	1993/4	1200 ♂	写真
上毛新聞社：ぐんまの巨樹巨木ガイド(1999)p.15, 205	?	1000	写真
著者実測	1999/1	外周1200♂	写真
北野：巨木のカルテ(2000)p.140	(1988)	(1100)	写真
高橋：日本の巨樹・巨木(2001)p.85	?	1100	—
(2100 年代)			
(2200 年代)			

現況：目通り高には、若いヒコバエ、生長して太くなったヒコバエ、その切削残痕、幹に融合した乳、垂下乳を伴い、樹表面の凹凸が激しい多幹束生樹（写真①④⑥）。ヒコバエ根塊が幹を這い上がっている。根元は錐盤状で、露出根系が僅かに発達（写真①⑥）。この樹は上部の形状が観察できないほどに小枝量が多い。

尾島町指定天然記念物
浄蔵寺の大イチョウ
指定年月日　昭和五十三年三月
所在地　尾島町大字堀口二二三

駒形山宝珠院浄蔵寺は古義眞言宗に属し、鎌倉時代の創建と伝えられる。
この大イチョウは雄株で、根元周囲十四メートル、目通り二メートル、樹高二十八メートル、枝張り十八メートルほどと推定される。
落雷により主幹が折れ傷められたため、樹令はきわめて早いが、枝にその形がうかがわれる。乳の出るようになると云うイチョウは、雌雄異株の世界中の植物で、中世代白亜紀には繁茂していた。今からおよそ一億五千万年の昔と云う。その後絶滅したと思われていたが、中国の浙江省に野生のものが発見され、日本にもたらされたもので、生きた化石といわれている。
⑦
昭和五十三年三月
尾島町教育委員会

交通：関越道「本庄児玉IC」→国道462号→国道400号→(右折)国道354号→尾島町内、「尾島1丁目」で右折→県道276号→利根川手前の左側。
撮影(メディア)：①④-⑥ 2003.3.28 (D)；② 1999.1.31 (N)；③⑦ 1998.7.5 (N)．

98 10B　群馬県

〒370-2454　　個番：10-210-016　　三次：5438-26-99

現：**富岡市田島**397-1、一般地（鏑川の和合橋際）、市天(2001.4.13)

1 1954.4.1：市制施行
2 2006.3.27：富岡市と妙義町が合併・新設の予定

現況：この樹は、断崖の縁（鏑川の水面が数十m下にあろうかという）に生育するため全周の実測は困難で、かつ多幹並立する幹群は叢生する若いヒコバエに囲まれている（写真①③）。したがって、幹周は片面のみの測定による推定値。乳は見られない。根元は切削痕が多く、ヒコバエの根塊もあるが、基本的には地面から直柱状に立ち上がり、露出根系は見られない（写真①）。

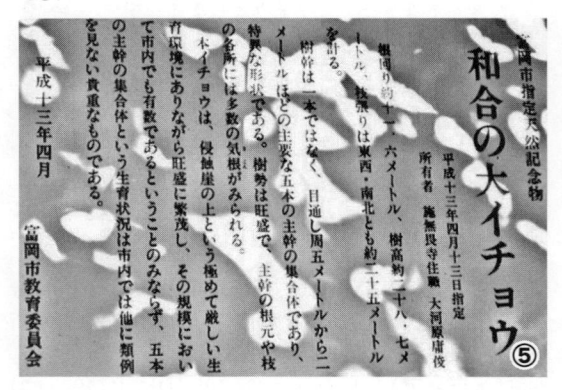

著者：資料名(発行年)、頁等	調査年／月	幹周(cm)／性	図写真
（古資料）			
環境庁：日本の巨樹・巨木林(1991)**10**-38	1988	1080(5)	
北野：巨木のカルテ(2000)p.133	(1988)	(1080)	写真
上毛新聞社：ぐんまの巨樹巨木ガイド(1999)p.10, 91	?	1100	写真
著者実測	1998/7	外周1360♂	写真
富岡市教育委員会：説明板(2001.4 設置)	?	根回1160	
(2100 年代)			
(2200 年代)			

交通：上信越道「富岡IC」→県道33号→富岡市内を出、県道130号→（右折）県道124号→「和合橋」を渡った右際。

撮影(メディア)：①④ 2000.3.19 (N) ［巨智部氏撮影］；② 2002.10.25 (D)；③ 2001.1.25 (R)；⑤ 2002.10.25 (D).

コラム 10　イチョウの葉の変わりもの(1)

　イチョウの葉の形が鴨の脚の水掻きに似ているところから、中国では古来イチョウを「鴨脚(樹、子)」と書いていました。現代中国語の標準語(北京語)では「ヤーチャオ」と発音されますが、当時(多分、宋代)中国の南の地方を訪れた日本人の耳には「イチョウ」のように聞こえたのでしょう。

　イチョウの葉の形には、縁辺部が婉曲な扇型のもの、中央に切れ込みが1ヶ所ある形のもの、深い切れ込みが何ヶ所もある形のものなど(写真1)があり、少し注意深く葉の形を見てみると、その多様さに新鮮な驚きを覚えることでしょう。大都会のイチョウ並木は、交通(自動車のスリップ事故)やその他の障害にならないよう枝払いを頻繁に行ってギンナンが生らないようにしていますので、決まった葉形しか見られないことに気がついている方も多いでしょう。

　写真2はラッパイチョウとかトランペットイチョウとかと呼ばれる、形が筒型になったイチョウの葉です。このような葉がたくさん生ずる木は、淡路島にあります。筆者の家のイチョウで1度だけ、このラッパが2個ほど現れましたが、翌年は再現しませんでした。

――次頁へ――

99 10C	**群馬県**　〒378-0035	個番：10-206-011　三次：5439-70-92

現：**沼田市井土上町字諏訪923、荘田神社**、
県天(1952.4.25)

① 1954.4.1：市制施行

著者：資料名(発行年)、頁等	調査年/月	幹周(cm)/性	図写真
(古資料)			
三浦ら：日本老樹名木天然記念樹(1962)No.1155	1961	760	—
上原：樹木図説2. イチョウ科(1970)p.131	?	760	
群馬県・沼田市教育委員会：説明板(1982.3 設置)	?	970	
樋田：イチョウ(1991)p.88	?	970	
環境庁：日本の巨樹・巨木林(1991)10-33	1988	970	
平岡：巨樹探検(1999)p.273	(1988)	(970)	
上毛新聞社：ぐんまの巨樹巨木ガイド(1999)p.21, 75	?	947	写真
北野：巨木のカルテ(2000)p.132	(1988)	(970)	写真
著者実測	2000/7	外周1038♂	写真
(2100年代)			
(2200年代)			

現況：少数の若いヒコバエ、生長したヒコバエ、幹面に密着して垂下する乳などを伴う多幹分岐／束生樹(写真①④)。地面から2mくらいの高さに、保護処置された太い枝の切削端がある(写真①⑤)。上部のころどころに乳の垂下が見られる。根元は錐盤状で、露出根系はない(写真④)。全体として、折損被害が多いが、樹態は剛壮である。

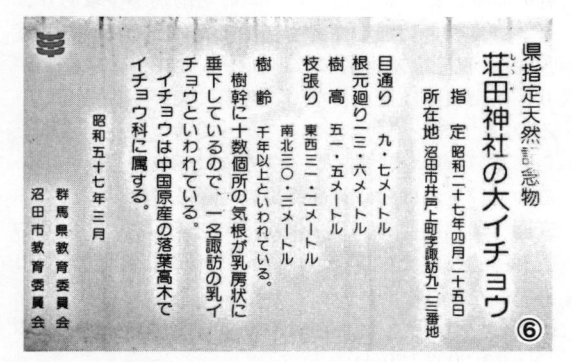

県指定天然記念物
荘田神社の大イチョウ
指定　昭和二十七年四月二十五日
所在地　沼田市井土上町字諏訪九二三番地
目通り　九・七メートル
根元廻り　一三・六メートル
樹高　五一・五メートル
枝張り　東西三二・二メートル
　　　　南北三〇・三メートル
樹齢　千年以上といわれている。
樹幹に十数個所の気根が乳房状に垂下しているので、一名諏訪の乳イチョウといわれている。
イチョウは中国原産の落葉高木でイチョウ科に属す。
昭和五十七年三月
群馬県教育委員会
沼田市教育委員会
⑥

交通：関越道「月夜野IC」→国道17号→「井土上町」で県道20号→「恩田」で右折→「園芸試験場」(の道路標識)で左折→T字路で右折→「イチョウ」の小さい看板あり。

撮影(メディア)：①②④⑤ 2000.3.30 (N)；③ 2000.7.2 (R)；⑥ 2000.7.2 (N)．

→前頁より

写真1 　　写真2

100 10D 群馬県

〒370-0004

個番：10-202-036
三次：5439-40-12

現：**高崎市井野町**1310、井野神社

① 1900.4.1：市制施行
② 2006.1.23：倉淵村、箕郷町、群馬町、新町が編入予定

現況：樹皮剝離や乳を伴う多幹状束生樹(写真①⑤)。幹の基部には生長したヒコバエの切削端が多数あり、ヒコバエ根の切削塊が幹を這い上がっているが(写真①⑤)、根元は基本的には地面から直柱状に立ち上がり、露出根系は見られない。地際に葉が多数生えている(写真①⑤)。主幹上部は、かって途中で切削されたらしく(写真②)、そこから全方位に細枝が放射しているので、夏には釣り鐘様の樹姿となる(写真③)。

交通：関越道「高崎IC」→県道35号→「上大類町」で右折→「見沢町」で右折→(前橋街道)→「井野町橋」際で川沿いに左折。

撮影(メディア)：①⑤⑥ 1999.5.2 (N)；②④ 2000.3.19 (N)；③ 2003.7.29 (D).

著者：資料名(発行年)、頁等	調査年/月	幹周(cm)/性	図写真
(古資料)			
環境庁：日本の巨樹・巨木林(1991)10-22	1988	850	—
上毛新聞社：ぐんまの巨樹巨木ガイド(1999)p.28, 53	?	830	写真
著者実測	1998/7	外周870♂	写真
(2100年代)			
(2200年代)			

⑥

コラム 11　イチョウの葉の変わりもの(2)

　イチョウの葉の根元から外縁に向けて扇子の骨のように伸びている細い筋(＝維管束：栄養分・水分の通路)があります。イチョウの葉は、日照り続きで水不足のときは葉の外縁が褐色に変わることがありますが、そうした環境条件ではない普段のときに、この緑の筋に沿って、あるいは多数の筋にまたがって、根元から先端まで白い斑(写真1)または金色の斑(写真2)が入った葉をつけた枝が現れることがあります。

　江戸時代には白斑と称して、園芸盆栽で珍重されたことが知られていますが、現在ではイチョウの盆栽そのものが珍しくなりました。

　筆者の経験では、金色の斑の枝は挿し木でも毎年金色の斑の入った葉をつけますが、白い斑は翌年も必ずしも再現するわけではないようです。木全体の葉が、金色になる木があったという話は聞いたことがありますが、実物は見たことがありません。木全体が白斑の葉になっている例は知りません。ただ、春先実生がたくさん発芽する木の下には、アルビノ(写真3)といって体全体から葉緑素がなくなっている個体が結構見られますが、それらは翌年までは生きられないようです。

次頁へ→

101 11A 埼玉県

個番：11-209-046
〒357-0202
三次：5339-71-27

現：**飯能市大字高山346**、常楽院／高山不動、県天（1947.3.25）

① 1954.1.11：市制施行
② 2005.1.1：名栗村が編入

現況：斜面の縁辺に生育。生長したヒコバエ、多数の幹切除痕、垂下した大小、長短いろいろな乳、幹に融合して幹化した乳を伴う多幹状束生樹（写真①④）。垂下した乳からは葉をつけた若枝が伸長している（写真⑤）。根元は高位面では錐盤状、低位面では急斜面に沿って根系が露出している。

埼玉県指定天然記念物（昭和二十二年三月二十五日指定）
高山不動の大イチョウ ⑥

この大イチョウは、県下に誇る巨木で、樹高約三十七メートル、幹回り十メートル、根回り十二メートル。樹齢は指定八百年といわれている。露出した根には乳と呼ばれる気根が垂れさがっている。
またの名を「子育てイチョウ」といい、昔から産婦、乳の出のわるいものが祈願すると、出がよくなることからこの名がつけられたといわれる。幹の一部には文政年間、高山一山が焼失した火炎の跡が残り、そのときの火災の激しさを物語っている。

昭和六十三年三月
埼玉県教育委員会
飯能市教育委員会
高貴山　常楽院

交通：関越道「川越IC」→国道16号→入間市で国道299号北上→飯能市「西川小学校」で右へ入る→県道61号→顔振峠→花立松ノ峠→関八州展望台→不動（小学校から高山不動までは他に2本の道があり、乗用車ならどれも可）。

撮影（メディア）：①②④⑥ 2002.4.14（N）；③ 1998.11.29（N）；⑤ 2003.8.19（D）．

著者：資料名（発行年）、頁等	調査年/月	幹周(cm)/性	図写真
（古資料）			
三浦ら：日本老樹名木天然記念樹（1962）No.1117	1961	942	—
上原：樹木図説2．イチョウ科（1970）p.134	?	940	—
埼玉県・飯能市教育委員会：説明板（1988.3 設置）	?	1000	
読売新聞社編：新 日本名木100選（1990）p.219	?	1000	写真
樋田：イチョウ(1991)p.93	?	1000♂	—
環境庁：日本の巨樹・巨木林（1991）11-36	1988	1000(1)	
牧野：巨樹名木巡り〔関東地区〕（1996）p.128	?	970	写真
平岡：巨樹探検(1999)p.274	(1988)	(1000)	—
北野：巨木のカルテ(2000)p.144	(1988)	(1000)	写真
渡辺：巨樹・巨木(1999)p.131	1989/11	1000♂	写真
須田：魅惑の巨樹巡り(2000)p.66	1993/5	1000	写真
著者実測	1998/11	測定不許可♂	写真
高橋：日本の巨樹・巨木(2001)p.85	?	970	—
（2100年代）			
（2200年代）			

→前頁より

写真1　　写真2　　写真3

102 11B 埼玉県北葛飾郡　個番：11-465-002
〒 343-0106　　三次：5339-76-34

現：**松伏町大字大川戸 2422**、大川戸八幡神社、県天（1989.3.31）

著者：資料名（発行年）、頁等	調査年/月	幹周(cm)/性	図写真
（古資料）			
埼玉県教育委員会：説明板（1990.3 設置）（看板写真示さず）	?	830	
樋田：イチョウ(1991)p.93	?	890 ♀	写真
環境庁：日本の巨樹・巨木林(1991) **11**-86	1988	870(1)	—
北野：巨木のカルテ(2000)p.149	(1988)	(890)	写真
著者実測	2000/3	外周1010♂	写真
(2100 年代)			
(2200 年代)			

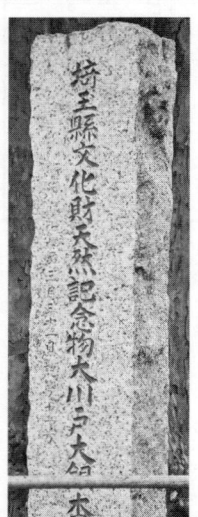

現況：多数の若いヒコバエ、生長して幹化したヒコバエ、垂下した乳を伴い、表面の凹凸が激しい多幹束生樹（写真①④〜⑥）。樹の上部は折損被害が顕著である。先端がシャボン玉様に膨らんだ乳は珍しい（写真④）。根元はヒコバエの根塊で包まれた微かな錐盤状で、露出根系はほとんどない（写真⑤⑥）。

交通：常磐道「流山IC」→松戸野田道路（有料道路）→県道46号（江戸川「野田橋」を渡る）→「堂面橋」でV字状に右折→県道10号を春日市方面へ進行→高圧線の鉄塔が見えたら、その少し手前で右に入る。

撮影(メディア)：①②⑤⑦ 2000.3.18(N); ③ 1998.9.6(N); ④⑥ 2002.10.23(N).

---

103 11C 埼玉県　個番：11-203-002
〒 334-0056　　三次：5339-56-91

現：**川口市峯 1304**、峯（ケ岡）八幡神社、市指定保存（2000.9.1）

1 本多(1913)、埼玉県(1926)：北足立郡新郷村大字峯
2 1933.4.1：市制施行
3 三浦ら(1962)、上原(1970)：川口市大字峰

著者：資料名（発行年）、頁等	調査年/月	幹周(cm)/性	図写真
（古資料）			
1 本多：大日本老樹名木誌(1913)No.475	1912	758	
1 埼玉県：自治資料 埼玉県史蹟名勝天然紀念物調査報告 史蹟之部 第三輯(1926)p.117	1923〜24	758	
3 三浦ら：日本老樹名木天然記念樹(1962)No.1159	1961	758	
3 上原：樹木図説 2. イチョウ科(1970)p.134	?	760	
川口市：川口市史 民俗編(1980)p.933	1980以前	—	写真
環境庁：日本の巨樹・巨木林(1991) **11**-18	1988	主800	—
平岡：巨樹探検(1999)p.274	(1988)	(800)	
北野：巨木のカルテ(2000)p.141	(1988)	(800)	写真
著者実測	2000/2	外周900(5)♂	写真
(2100 年代)			
(2200 年代)			

現況：若いヒコバエ、生長したヒコバエを伴い、斜めに伸びる折損を伴う古い主幹とともに、若い数本の直立した幹も伸びる多幹束生樹（写真①④⑤）。根元は錐盤状で、平地生育にもかかわらず露出根系が発達している（写真④⑤）。太い着生木あり。

交通：東京外環道「草加IC」→国道4号南下→約1.5kmで右折、県道34号→「峰八幡入口」で右折。

撮影(メディア)：①② 2000.2.26(N); ③ 2003.8.11(D); ④-⑥ 1998.12.5(N).

104 11D	埼玉県比企郡 〒355-0356	個番：11-344-006 三次：5339-72-92	

現：**都幾川村**①-③**大字関堀**1198、市川氏敷地内、村天

予：〔ときがわ町③　　　　　　　　〕

① 本多(1913)、埼玉県(1926)：比企郡明覚村大字関堀196
② 三浦ら(1962)：比企郡都幾川大字関堀
③ 2006.2.1：町制施行(都幾川村、玉川村が合併・新設の予定)

著者：資料名(発行年)、頁等	調査年/月	幹周(cm)/性	図写真
(古資料)			
都幾川村教育委員会：説明板 (1981.4.1 設置)	大同2年(807)	植栽の記録	
①本多：大日本老樹名木誌 (1913)No.458	1912	909	―
①埼玉県：自治資料　埼玉県史蹟名勝天然紀念物調査報告　史蹟之部　第三輯(1926)p.118	1923〜24	ca.1060♂	写真
②三浦ら：日本老樹名木天然記念樹(1962) No.1106	1961	1039	写真
上原：樹木図説 2. イチョウ科 (1970)p.133	?	1040	―
都幾川村教育委員会：説明板 (1981.4.1 設置)	?	根回900	
環境庁：日本の巨樹・巨木林 (1991)11-68	1988	850	―
樋田：イチョウ(1991)p.96	?	750♂	写真
平岡：巨樹探検(1999)p.274	(1988)	(850)	―
北野：巨木のカルテ(2000)p.147	(1988)	(850)	写真
著者実測	2000/3	外周850♂+[128+α]	写真
(2100年代)			
(2200年代)			

現況：生長したヒコバエ(122, α cm)、多数のヒコバエ切削痕跡、幹に融合した乳、小形の垂下乳、瘤状突起等によって、地際から中位まで樹全体が凍結した滝の氷面を想わせる、凹凸の激しい異形な多幹状樹(写真①④⑤)。根元は微かな錐盤状で、露出根系が僅かに見られる(写真①⑤)。

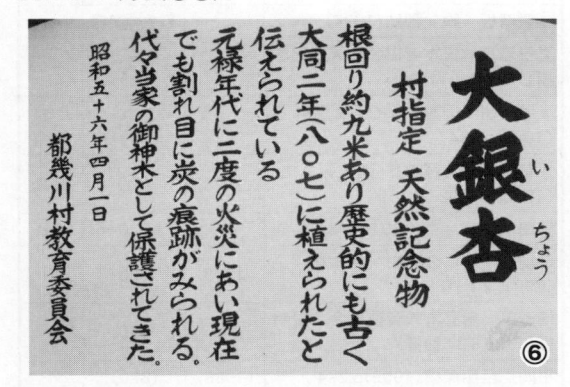

大銀杏
村指定　天然記念物
根回り約九米あり歴史的にも古く大同二年(八〇七)に植えられたと伝えられている　元禄年代に二度の火災にあい現在でも割れ目に炭の痕跡がみられる　代々当家の御神木として保護されてきた。
昭和五十六年四月一日
都幾川村教育委員会
⑥

交通：関越道「東松山IC」→国道254号、嵐山方面→県道172号→県道30号、越生方面→進行約1km、道路左側。

撮影(メディア)：①③⑤⑥ 1998.11.29 (N)；②④ 2000.3.20 (R)。

105 11E　埼玉県秩父郡　　個番：11-362-003
〒369-1622　　三次：5439-00-97

現：**皆野町大字国神字国神577**、一般地、県
　　天（1926.3.31）

①秩父郡誌(1924)：國神塚(村)大字金崎字國神
②三浦ら(1962)：皆野町大字国神

著者：資料名(発行年)、頁等	調査年/月	幹周(cm)/性	図写真
（古資料）			
①説明板：秩父郡誌(1924)		再生の記録	―
②三浦ら：日本老樹名木天然記念樹(1962)No.1144	1961	833	
上原：樹木図説2．イチョウ科(1970)p.134	?	830	
①皆野町：皆野町誌 通史編(1988)p.1102	(1988)	820	写真
樋田：イチョウ(1991)p.93	?	820♂	写真
環境庁：日本の巨樹・巨木林(1991)11-70	1988	820	―
埼玉県・皆野町教育委員会：説明板(1996.3.31 設置)	?	820	
平岡：巨樹探検(1999)p.274	(1988)	(820)	―
北野：巨木のカルテ(2000)p.147	(1988)	(820)	写真
著者実測	1998/12	測定せず♂	写真
(2100 年代)			
(2200 年代)			

国神の大イチョウ
大正15年3月31日指定
所在地　皆野町大字国神字国神577

イチョウの樹齢は約700年と推定され、幹周は8.2m、樹高22.7m、枝張り南北16.3m、東西12.7mです。環境庁の巨樹・巨木調査(1991年)によれば、埼玉県内の巨樹では第9位、樹種をイチョウに限れば第4位の大きさです。県内において老大木として優位の地位を占め、地方的に見て保存の価値あるものです。
　幹は大部分枯損しましたが、樹皮に原木の姿が見られます。中から多くの幹を出し、また根元から多くの枝条を伸ばし、一大株となっています。
　このイチョウの周囲には、数基の古墳があったと伝えられ、『秩父郡誌』にも「古き公孫樹の枯朽せし根より族生し数群繁茂し、宛として一森林の観をなす。此の所に両墓あり。墓の面積各々二十坪。知知父彦命、知知父姫命の墳墓と伝えらるれども今は墳形を認めず。」とあるように、もと知知父彦命の墓のほとりに植えられた木だといい伝えられています。
　また、知知父姫命の墓のほとりに植えられたというイチョウは、このイチョウの東南東約150mのところにあり、やはり大木です。ともに郷土の宝として、末永く保存しましょう。
平成8年3月31日
埼玉県教育委員会
皆野町教育委員会⑦

交通：関越道「花園IC」→国道140号→(「末野陸橋」で左折、有料道路を通るか、またはそのまま140号を進む)→皆野町内で国道140号から外れ、皆野町役場→「国神」→(以後の経路詳細は現地で確認)。

撮影(メディア)：①-③⑥⑦ 1998.12.12 (N)；④ 2001.7.28(N)；⑤ 2003.8.7(D).

現況：若いヒコバエ、生長したヒコバエ、枯死幹等を伴う多幹束生樹(写真①⑥)。主幹の地上2mくらい上は、萌芽枝が生長したもののようで、かってこの部位で主幹が折損したのであろう。乳は見られない。根元はヒコバエの根塊を伴う円錐盤状で、根系が周囲数m以上にわたって露出・発達している(写真①⑤)。

106 11F　埼玉県　〒351-0115　個番：11-229-004　三次：5339-55-40

現：**和光市新倉坂下1916**、長照寺、市天
　　（ニイクラ）
　　（1959.7.13）

□ 1970.10.31：市制施行

著者：資料名（発行年）、頁等	調査年／月	幹周(cm)／性	図写真
（古資料）			
和光市教育・文化財保護委員会：説明板（1979.1.15 設置）	?	753	
樋田：イチョウ(1991)p.94	?	753♀	―
環境庁：日本の巨樹・巨木林(1991)**11-55**	1988	753(1)	
著者実測	2000/2	766♀	写真
（2100年代）			
（2200年代）			

現況：1本の生長したヒコバエ幹の伐採痕が見られるが、きれいな単幹樹（写真①⑤）。中、上部の横枝からは小形、中形の乳が垂下している（写真①⑤）。根元は力強く発達した典型的な錐盤状で、露出根系はない（写真①⑤）。

交通：詳細省略（東京外環道「和光IC」→「和光高校」、「坂下公民館」近く）。
撮影（メディア）：①④ 2000.2.26（N）；② 2003.8.30（D）；③ 2000.2.26（R）；⑤⑥ 1998.12.5（N）．

107 11G　埼玉県　〒350-0056　個番：11-201-008　三次：5339-63-99

現：**川越市松江町1丁目**、出世稲荷社（左株）、市天

□ 1922.12.1：市制施行

著者：資料名（発行年）、頁等	調査年／月	幹周(cm)／性	図写真
（古資料）			
川越市教育委員会：説明板（1989.2 設置）	?	725	
樋田：イチョウ(1991)p.95	?	700	―
環境庁：日本の巨樹・巨木林(1991)**11-16**	1988	705(1)	―
著者実測	2000/2	750♂	写真
（2100年代）			
（2200年代）			

現況：ヒコバエ、その他を伴わないきれいな堂々たる単幹樹（写真①⑥）。広くはない道路に面して生育し、人家が接近するため、低・中位にある太枝が頻繁に払われている様子が窺われる。乳は見あたらない。根元はほぼ直柱状に地面から立ち上がり、露出根もない。この木と対に、右により細い木が生えているが、この木もきれいな幹である。

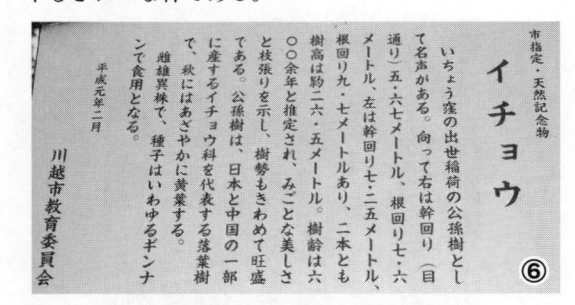

交通：関越道「川越IC」→国道16号→県道15号→至川越市内「松江町」（川越温泉の横）。
撮影（メディア）：① 1999.2.26（N）；② 1999.2.11（N）；③④⑦ 1998.12.5（N）；⑤ 2000.2.26（R）；⑥ 2000.2.26（N）．
［①白倉氏］

108 11H　埼玉県
〒360-0804　　個番：11-202-013　　三次：5439-32-09

現：**熊谷市大字代(ダイ)1343、八幡宮**

① 933.4.1：市制施行
② 2005.10.1：熊谷市、大里町、妻沼町が合併・新設

著者：資料名（発行年）、頁等	調査年/月	幹周(cm)/性	図写真
（古資料）			
埼玉県熊谷市：熊谷市史 後編（1964）p.298	(1964)	600	写真
環境庁：日本の巨樹・巨木林（1991）**11-18**	1988	660(5)	—
著者実測	1998/12	外周706♂	写真
（2100年代）			
（2200年代）			

現況：現在の幹下部は、かって主幹であった部分が1977年の台風により折損したため伐採された残幹とそのうろの底から生長した若い3本の新幹、折損せずに残った幹からなる多幹状束生樹（写真①④）。乳は全く見られない。ヒコバエ根塊に囲まれているが、根元は地面から直柱状に立ち上がり、露出根系はない（写真①④）。

⑦ ⇨

109 11I　埼玉県
〒355-0065　　個番：11-212-001　　三次：5339-72-99

現：**東松山市岩殿1221、正法寺／岩殿観音、市天**

① 1954.7.1：市制施行

著者：資料名（発行年）、頁等	調査年/月	幹周(cm)/性	図写真
（古資料）			
上原：樹木図説2 イチョウ科（1970）p.135	?	1000	—
樋田：イチョウ(1991)p.96	—	根回1000♂	—
環境庁：日本の巨樹・巨木林（1991）**11-38**	1988	1349(5)	—
北野：巨木のカルテ(2000)p.144	(1988)	(1349)	写真
著者実測	2000/3	根回1120♂ (414+330+380+α)	写真
（2100年代）			
（2200年代）			

現況：多数のヒコバエが太く生長して（414, 380, 330, αcm）幹群になった多幹叢生樹（写真①④）。したがって、どれが主幹か分からない。微小な乳がある程度。現在の状態は、岩塊の上に錯綜した根系を張り巡らせて樹体を支える円錐盤状で、露出根系が発達している（写真①④⑤）。

交通：関越道「東松山IC」→（国道254号経由）→国道407号南下→「高坂1丁目」で右折、県道212号→「大東文化大学」前を通過、間もなく右側。

撮影（メディア）：①⑥ 1998.10.31(N)；②④2003.8.7(D)；③⑤2000.3.20(R)。

交通：関越道「花園IC」→国道140号→直進すると国道17号と交差し、さらに約2km先にバイパス17号あり。両道の中間、バイパスに向かって左手（「市立女子校」の近く）。

撮影（メディア）：①②⑦ 2002.1.14 (R)；③ 2002.1.14(N)；④ 1998.12.12(N)；⑤ 2003.7.29(D)；⑥ 2000.12.12(R)。

110　埼玉県
11J　〒348-0037　個番：11-216-006　三次：5439-14-82

現：**羽生市大字小松317、小松神社**

① 本多(1913)、埼玉県(1923)：北埼玉郡岩瀬村大字小松
② 1954.9.1：市制施行

著者：資料名(発行年)、頁等	調査年/月	幹周(cm)/性	図写真
（古資料）			
① 本多：大日本老樹名木誌(1913)No.489	1912	667	—
① 埼玉県：自治資料 埼玉県史蹟名勝天然紀念物調査報告 第一輯(1923)p.170	?	667	写真
三浦ら：日本老樹名木天然記念樹(1962)No.1179	1961	667♂	
上原：樹木図説2. イチョウ科(1970)p.134	?	670	
環境庁：日本の巨樹・巨木林(1991)**11**-44	1988	610(1)	
著者実測	2000/3	外周1178♂	写真
（2100年代）			
（2200年代）			

現況：地際から無数の若いヒコバエが生え、かつ生長した太いヒコバエ幹、折損・枯死幹を伴う多幹叢生樹（写真①④⑥）。ヒコバエ量の多いことは、80余年前の記述（埼玉県 1923）にもあり、この樹の性質である。樹上位にはいくつかの小形の乳が見られる程度。幹は柱状に地面から立ち上がり、露出根系はない。切削端の瘤状の膨らみは折損、伐採が何度も行われてきたことを窺わせる樹態（写真①④）。

撮影(メディア)：①②④⑥ 2000.3.4 (N)；③ 1998.9.6 (N)；⑤ 2000.3.4 (R).　⇨

111　千葉県
12A　〒290-0556　個番：12-219-062　三次：5340-01-02

現：**市原市本郷410、三峰神社**

① 1963.5.1：市制施行

著者：資料名(発行年)、頁等	調査年/月	幹周(cm)/性	図写真
（古資料）			
環境庁：日本の巨樹・巨木林(1991)**12**-51	1988	1010(1)	—
平岡：巨樹探検(1999)p.275	(1988)	(1010)	—
北野：巨木のカルテ(2000)p.154	(1988)	(1010)	写真
著者実測	1999/1	外周(主)1210♀＋[250+207+α]	写真
（2100年代）			
（2200年代）			

現況：若いヒコバエ、幹に融合したヒコバエ、垂下乳、乳が融合して幹化したものなどを伴う巨大な多幹束生樹（写真①⑥）。平面では見えないが、幹の中央は人が4～5人は入る大形の深い空洞になっている。根元は地面から直柱状に立ち上がり、露出根系はない（写真①⑥）。樹全体が巨大な盛り花状（写真④）。

交通：館山道「市原IC」→県道297号バイパス南下→国道297号→市原市「米沢」で、県道81号→天津小湊町方面へ南下、小湊鉄道踏切を越えて1km先、左手（81号から左に人家の横の道を通り、田圃、畑の中を2～300m入る、高滝湖のふち）。

撮影(メディア)：① 1998.1010 (R)；②③⑥ 1999.1.23 (R)；④⑤⑦ 2001.6.2 (D).

交通：東北道「羽生IC」→県道84号→（右折）国道122号→間もなく左折、県道32号→バス停「小松神社入口」で右手。

112 千葉県
12C
〒290-0069

個番：12-219-012
三次：5340-20-49

現：**市原市八幡北町 1 丁目**、飯香岡八幡宮、県天(1935.7.12)、夫婦銀杏

①本多(1913)：市原郡八幡町八幡、陰陽抱合樹
②三浦ら(1962)：市原郡市原町八幡、八幡の夫婦公孫樹
③ 1963.5.1：市制施行
④上原(1970)：市原市八幡

著者：資料名(発行年)、頁等	調査年/月	幹周(cm)/性	図写真
(古資料)			
①本多：大日本老樹名木誌(1913)No.459	1912	909	—
②三浦ら：日本老樹名木天然記念樹(1962)No.1105	1961	1060	—
④上原：樹木図説2. イチョウ科(1970)p.132	?	1060	—
千葉県・市原市教育委員会：説明板(1981.3.1 設置)	?	1100	
環境庁：日本の巨樹・巨木林(1991)**12**-47	1988	370(1) 350(1)	
著者実測	2000/12	外周781♂	写真
(2100 年代)			
(2200 年代)			

現況：写真①④に見られるように、本樹は低位で二叉分岐(または2本の融合)している。若いヒコバエ、生長したヒコバエを伴う多幹状束生樹。このサイズの樹としては、垂下する乳は小形で、数も少ない。根元は錐盤状で、露出根系はほとんどない(写真①)。樹全体として、折損被害が多く(写真④)、着生植物もある。

千葉県指定天然記念物
飯香岡八幡宮の夫婦銀杏
昭和十年七月十二日指定 ⑤

イチョウは中国の原産で、古く日本に渡来し、神社・仏閣・街路樹・庭園等に植えられている落葉性の高木で、高さ三〇メートルにもなる。雌雄異株で花は四月に新葉が出ると共に開花する。種子の成熟は十月頃でギンナンと呼ばれ食用にすることができる。材は緻密で光沢があり、基盤・将棋盤・木魚等に用いられる。
本樹は八幡宮勧請の際、勅使接待町中納言季満御手植の記念樹と伝えられている。
飯香岡八幡宮は子育子育の神として崇敬され、このイチョウも二本の巨幹が分岐して夫婦銀杏と名付けられ、安産子育のシンボル(象徴)として信仰がある。
樹高各々一七メートル、一六メートル、目通幹囲約一一メートルである。

昭和五十六年三月一日
千葉県教育委員会
市原市教育委員会

交通：館山道「蘇我IC」または「千葉南IC」→国道16号→市原市内、JR内房線「やわたじゅく」駅近く。
撮影(メディア)：①②⑤ 2000.12.16 (N)；③ 2001.8.5 (D)；④ 1998.12.19 (N).

113 12E 千葉県　個番：12-219-021
〒290-0162　三次：5340-11-89

現：**市原市金剛地208**、熊野大神、市天(1968.4.25)

① 1963.5.1：市制施行

著者：資料名(発行年)、頁等	調査 年/月	幹周 (cm)/性	図 写真
(古資料)			
市原市教育委員会：説明板 (1983.3 設置)	?	880	
環境庁：日本の巨樹・巨木林 (1991)**12**-48	1988	880(1)	—
平岡：巨樹探検(1999)p.275	(1988)	(880)	—
北野：巨木のカルテ(2000)p.153	(1988)	(880)	写真
著者実測	2000/12	外周770♂	写真
(2100 年代)			
(2200 年代)			

現況：若いヒコバエ、生長したヒコバエ、乳、折損幹、空洞をも伴う数幹束生樹(写真③⑥)。最近、折損した幹と(写真⑤)、高く伸びている2本の幹の頂端が切りそろえられた(写真②④)。この木には、生長した椿が着生していて(写真①)、将来その根によるイチョウ本体の組織浸食が心配される。すでに本体幹の従裂開が始まっている。根元は微かな凹形錐盤状で、露出根系はない(写真⑥)。

⑦

交通：館山道「千葉南IC」→県道14号→「潤井戸」で、県道21号→「熊野神社」の看板。

撮影(メディア)：①② 2000.12.16 (R)；③⑥ 1998.11.1 (N)；④ 2003.7.31 (D)；⑤⑦ 2000.12.10 (N).

114 12G 千葉県　個番：12-219-006
〒290-0007　三次：5340-21-31

現：**市原市菊間**、若宮八幡社／菊間八幡神社、市保護樹(1981.1.1)

① 1963.5.1：市制施行

著者：資料名(発行年)、頁等	調査 年/月	幹周 (cm)/性	図 写真
(古資料)			
環境庁：日本の巨樹・巨木林 (1991)**12**-47	1988	720(1)	—
著者実測	2000/12	745♂ +[147]	写真
(2100 年代)			
(2200 年代)			

現況：若いヒコバエ、本幹に融合してしまった生長したヒコバエやその切削痕・部分枯死痕、樹皮剥離などを伴う複雑な表面形状の多幹状単幹樹(写真①③)。地際はヒコバエ根塊に囲まれた錐盤状で、露出根系は見られない(写真⑤)。中位以高には乳も見られる。樹上位から根元まで直径15cmくらいの根様体が下がっていて、地上50cmのところで二叉分岐している。実体は不明である。本樹の全体としての形状は、過去に折損、再生枝の生育、再度の折損が繰り返し起こったことを示しているように見受けられる。

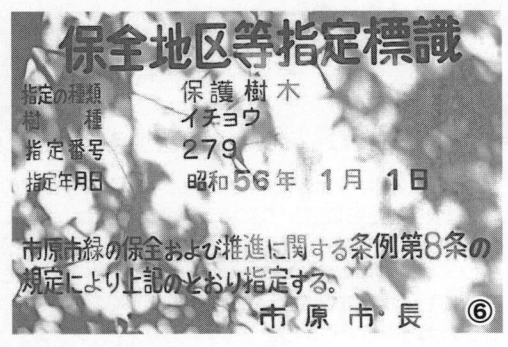

⑥

交通：館山道「千葉南IC」→県道14号→進行右手(「若宮公民館」を目指す)(経路複雑で詳しい説明不可、現地で聞く)。

撮影(メディア)：①④ 1998.10.17 (N)；② 2000.12.16 (R)；③⑤⑥ 2000.12.16 (N).

115 千葉県
12D 〒299-5234　個番：12-218-004　三次：5240-52-75

現：**勝浦市勝浦49**、高照寺、県天（1935.3.26）

1 内務省（1924）：夷隅郡勝浦町
2 1958.10.1：市制施行

現況：他に類例のない形状を呈し、本幹軸がどれであるか分からない奇観を呈す。這うように伸びる複数の横幹、斜めに伸びる幹があるが（写真①③）、いずれも中部で多分岐し、上部では波打つ不整な細枝となる（写真②）。幹、枝に列をなして垂下する小〜巨大乳、地面に刺さる乳が無数見られる（写真①③④）。このような特異な形状となる要因の1つは、以前は海風を直接受ける環境であったことによるであろう。現在でも、例年ならまだ葉が緑色である10月上旬に、海方向からの台風に見舞われ、すでに葉が褐色に変じていた（1998年）。

著者：資料名（発行年）、頁等	調査年/月	幹周(cm)/性	図写真
（古資料）			
1 内務省：史跡名勝天然記念物調査報告 第三十五号（1924）p.69	1922〜23	576	—
三浦ら：日本老樹名木天然記念樹（1962）No.1132	1961	909	—
上原：樹木図説2. イチョウ科（1970）p.132	1951/5	810	図絵
千葉県・勝浦市教育委員会：説明板（1988.7 設置）	?	根回1000	—
環境庁：日本の巨樹・巨木林（1991）12-46	1988	1000(1)	—
牧野：巨樹名木巡り〔関東地区〕（1996）p.84	?	—	写真
平岡：巨樹探検（1999）p.275	(1988)	(1000)	—
北野：巨木のカルテ（2000）p.153	(1988)	(1000)	写真
著者実測	1998/12	測定不能♀	写真
（2100年代）			
（2200年代）			

交通：千葉県御宿町方面から→国道128号→「勝浦市」内で国道297号への入口とは反対側に左折→ここから細い街路を数100m進み左折。

撮影（メディア）：① 2003.7.31（D）；② 1998.12.29（N）；③ 2001.6.2（D）；④ 2001.6.2（R）；⑤ 2001.6.2（N）；⑥ 1998.12.29（R）.

コラム 12　イチョウの芽生えはなぜ見られない？

　調理したギンナンでなく、生のギンナンを、庭の柔らかい土（できたら園芸用の腐植土を多めに入れ）の上におき、腐植土が薄く被さる程度にかけておけば、翌年大部分のギンナンは芽が出るはずです。蒔く前に水に浮かせてみて、沈むものだけを蒔くようにします。浮くのは"しいな"（コラム5参照）でしょう。

　写真1は、水を充分湿らせた柔らかい脱脂綿の上で発芽させた発芽体です。端が丸く太い根になる部分が下方に伸びています。写真2は簡単なポットで発芽させた芽生えです。家庭で、誰でも簡単に楽しめます。都市のイチョウ並木では、根元の周り40〜50cm四方くらいに土があるだけで、それ以外はコンクリートで覆われています。そのうえわずかに見える土面は堅く踏み固められていて、芽生えても根が土の中に入り込んでいく柔らかさがありません。すなわち、根元で運よく発芽できても、その後は生き続け

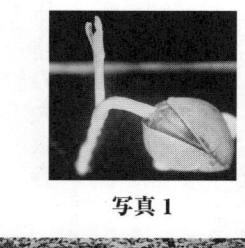

写真1　写真2　写真3

→次頁へ→

116 千葉県
12B

個番：12-203-017
〒272-0021
三次：5339-47-64

現：**市川市八幡(ヤワタ)4丁目2-1**、(葛飾)八幡神社、国天(1931.2.20)、千本公孫樹

1 千葉県(1927)：東葛飾郡八幡町大字八幡字下町
2 1934.11.3：市制施行
3 本田(1957)：市川市八幡町

現況：若いヒコバエ、多数の生長したヒコバエ、乳を伴う多幹叢生樹(写真①⑤)。母幹が何らかの原因で消失し、残痕から生じた萌芽が生長したのが現在の姿であろう。現在の樹の様相は、およそ80年目の記述と同じである(文献1)。根元は錐盤状で、錯綜した露出根系が発達(写真①⑤)

[説明板写真：千本公孫樹 昭和56年9月 市川市教育委員会]

交通：詳細省略(JR総武線「もとやわた」駅近く)。
撮影(メディア)：①② 1998.10.18(N)；③⑤ 2001.3.20(D)；④⑥ 2001.3.20(N)．

著者：資料名(発行年)、頁等	調査年/月	幹周(cm)/性	図写真
(古資料)			
斉藤：江戸名所圖會 巻之七(1834～1836)	?	—	図絵
1 千葉県：史蹟名勝天然紀念物調査 第三輯(1927)p.1	1925	根回970	写真
文部省：天然紀念物調査報告 植物之部 第十三輯(1932)p.4	1930/9	1100♂	写真
3 本田：植物文化財(1957)p.31	1950/1	1100♂	—
三浦ら：日本老樹名木天然記念樹(1962)No.1100	1961	1100♂	
上原：樹木図説2. イチョウ科(1970)p.131	?	1100♂	写真
市川市教育委員会：説明板(1981.8 設置)	?	1080	
沼田：日本の天然記念物5(1984)p.78	?	直径350	写真
八木下：巨樹(1986)p.48	?	1100	写真
牧野：巨樹名木巡り〔関東地区〕(1996)p.74	?	1000以上	写真
読売新聞社編：新 日本名木100選(1990)p.60	?	1080	写真
樋田：イチョウ(1991)p.61, 90	?	1100♂	—
環境庁：日本の巨樹・巨木林(1991)12-24	1988	1200(1)	
梅原ら：巨樹を見に行く(1994)p.42	?	1200	写真
永瀬：巨樹を歩く(1996)p.52	?	1100	
加瀬：巨樹の風景(1997)p.52	?	1200	写真
平岡：巨樹探検(1999)p.274	(1988)	(1200)	—
藤元：全国大公孫樹調査(1999)p.21	1995/3	1000	写真
渡辺：巨樹・巨木(1999)p.143	1991/1	1200♂	写真
北野：巨樹のカルテ(2000)p.151	(1988)	(1200)	
須田：魅惑の巨樹巡り(2000)p.72	1993/11	1000	
著者実測	1998/10	外周1100♂	写真
高橋：日本の巨樹・巨木(2001)p.85	?	1200	—
大貫：日本の巨樹100選(2002)p.66	?	1080	写真
(2100年代)			
(2200年代)			

---→前頁より---

られない環境になっています。木の根元やその周りを頻繁に清掃するような場所なら、都市に限らず寺社でも芽生えが生きられないことは同じです。しかし、イチョウの根元に落ち葉を掃き集めたり、手つかずのままにしておくような所では、毎春無数の芽生え群が見られます(写真3)。

117 千葉県
12F   〒 260-0844

個番：12-201-019
三次：5340-31-10

現：**千葉市中央区千葉寺町** 161、千葉寺、県天(1935)

① 本多(1913)：千葉郡千葉町
② 1921.1.1：市制施行 /1992.4.1：区制施行

現況：多数の垂下した大小の乳、幹と融合してしまった乳を伴う堂々とした単幹樹(写真①③)。関東地方に生育するイチョウの中では乳の発達程度が抜きんでている。根元は錐盤状で、平坦な地面に生育しているが力強い露出根系が発達している(写真①③⑤)。

交通：京葉道路「松が丘 IC」→県道 20 号を千葉市内方面へ→「千葉寺三差路」近く、進行右側。

著者：資料名(発行年)、頁等	調査年 / 月	幹周(cm)/性	図写真
(古資料)			
①本多：大日本老樹名木誌(1913)No.434	1912	1151	写真
内務省：史蹟名勝天然紀念物調査報告 第三十五号(1924)p.68	1922-3	818 ♀	—
三浦ら：日本老樹名木天然記念樹(1962)No.1147	1961	811	写真
上原：樹木図説 2. イチョウ科(1970)p.132	?	810	
千葉県・千葉市教育委員会：説明板(1980.3 設置)	?	800	
環境庁：日本の巨樹・巨木林(1991)12-17	1988	800(1)	—
加瀬：巨樹の風景(1997)p.216	?	800	写真
平岡：巨樹探検(1999)p.275	(1988)	(800)	—
北野：巨木のカルテ(2000)p.150	(1988)	(800)	写真
著者実測	1999/1	940 ♂	写真
(2100 年代)			
(2200 年代)			

撮影(メディア)：①②⑤ 1998.10.17(N)；③④ 1999.1.23(N)；⑥ 1998.10.17(R).

コラム 13 食用ギンナン

　一般に見かけるギンナンは葉の根元から長く伸びた托の先端にギンナンが通常は 1 個、木によっては対になって 2 個、あるいは 3、4 個生ります。しかし食用ギンナンの栽培用樹では、サイズの大きいもの、数がたくさん生るもの等の性質を有するものが選抜され、受け継がれていきます(写真2：栽培品種 "藤九郎"、韓国の栽培園で撮影)。

写真1　写真2　写真3

次頁へ→

118 12H 千葉県　個番：12-481-009
〒299-0201　三次：5340-00-96

現：袖ヶ浦市川原井(カワハライ)157、八幡神社、市保存樹(1975.3.1)

1 1955：平川町と合併、袖ヶ浦町を新設
2 1991.4.1：市制施行

著者：資料名(発行年)、頁等	調査年/月	幹周(cm)/性	図写真
(古資料)			
環境庁：日本の巨樹・巨木林(1991)12-101	1988	706(1)	—
著者実測	2000/9	756♂	写真
(2100年代)			
(2200年代)			

現況：本殿前の平坦地から傾斜面に移行するその縁に生育。若いヒコバエを伴い、幹に枯死した部分があり、芯部は腐食喪失し地面より深く(1m以上)空洞化している(写真①⑤)。根元は地面から直柱状に立ち上がり、露出根系は発達していない(写真①⑥)。

⑦

交通：館山自動車道「姉崎袖ヶ浦IC」→県道24号→県道143号→「根澄山(ねずみやま)」入口近辺、進行左側。
撮影(メディア)：①④ 2003.7.31(D)；②⑤ 1998.11.1(N)；③ 1999.1.23(N)；⑥⑦ 2000.9.23(N).

119 12I 千葉県　個番：12-481-012
〒299-0226　三次：5340-00-50

現：袖ヶ浦市滝ノ口449、小高神社、市天

1 1955：平川町と合併、袖ヶ浦町新設
2 1991.4.1：市制施行

著者：資料名(発行年)、頁等	調査年/月	幹周(cm)/性	図写真
(古資料)			
環境庁：日本の巨樹・巨木林(1991)12-101	1988	920(5)	—
北野：巨木のカルテ(2000)p.157	(1988)	(920)	写真
著者実測	2000/9	外周720(11)♀+[176+2α]	写真
(2100年代)			
(2200年代)			

現況：主幹(推定周長5mくらい)は11本の生長したヒコバエで囲まれる多幹束生樹(写真①⑤⑥)で、主幹だけを測ることは不可能。乳は見られない。根元は地面から直柱状に立ち上がり、一部はヒコバエ根塊で包まれ(写真⑤)、露出根系はない。

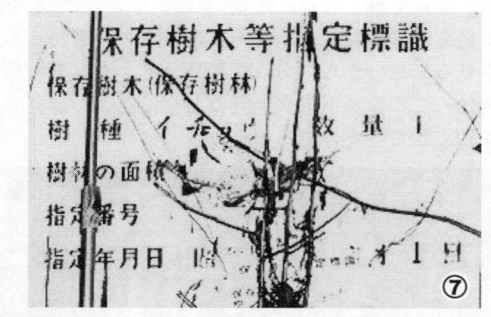

⑦

交通：館山自動車道「木更津北IC」→県道33号へ右折→1km弱以内で右側へV字進入(目印なし)、登って数百m以内。
撮影(メディア)：①④ 2003.7.31(D)；② 2001.12.23(N)；③ 2001.12.23(D)；⑤⑥ 1998.11.1(N)；⑦ 2000.9.23(N).

→前頁より

　写真1(熊本県小国町北里、北里神宮で撮影)はギンナンが枝の周りに競うように鈴なりに生っている、自然の？雌株イチョウです。
　韓国では、観光地や都会でもギンナン売りが見られます(写真3)。

120 13A 東京都　〒106-0046　個番：13-103-022　三次：5339-35-88

現：**港区元麻布1丁目6-12、善福寺、国天**
（1926.10.20）

1. 1889.5.1：市制施行（15区制）
2. 本多(1913)、東京府(1924)、内務省(1926)：東京市麻布区山元町
3. 1943.7.1：都制施行（23区制）
4. 本田(1957)：東京都港区麻布元町

現況：若いヒコバエ、幹と融合したヒコバエ、無数の乳、幹化した乳、枯死幹を伴う巨体の多幹束生樹（写真①④－⑥）。地面に達する直前の乳もある。根元は地面から直柱状に立ち上がり、覆土で露出根系は見られない（写真⑥）。

本樹の雌雄性については、興味ある問題が残る。本田(1959)は♀とし、三浦ら、上原(1970)らはそれに従ったのであろうが、この樹を♀と最初に記載したのは内務省報告(1926)である。現在、この樹は春に大量の葯（＝雄花）をつけるので、基本的には雄株である（雌花の確認はされていない）。過去に雌と記録された理由はいくつか考えられる。(1) この樹の一部にギンナンのなる性質があり、それを見て、「ギンナンがなるから雌株」とした。ところが、(2)実際には春に雄花が大量についているのに、それを見過して、少数なるギンナンを見て雌とした。雌花（＝ギンナン）は１年を通して見られるのに対し、雄花は春の２～３週間くらいしか見られないからである。多分、ギンナンをならせた枝は、この樹が東京大空襲のときに受けた被災で、消失してしまったのであろう。

交通：省略。

撮影(メディア)：①② 1999.4.11 (N)；③⑦ 1998.11.8 (N)；④－⑥ 2003.9.1 (D).

著者：資料名(発行年)、頁等	調査年/月	幹周(cm)/性	図写真
（古資料）			
斉藤：江戸名所圖會巻之三 (1834～1836)	—	—	図絵
2 本多：大日本老樹名木誌 (1913)No.460	1912	909	—
2 東京府：東京府史蹟名勝天然記念物調査報告書第二冊(1924)p.1	?	909	写真
2 内務省：天然紀念物調査報告植物之部(第六輯)(1926)p.21	(1926)	939 ♀	写真
4 本田：植物文化財(1957)p.32	?	940 ♀	—
三浦ら：日本老樹名木天然記念樹(1962)No.1121	1961	940 ♀	
上原：樹木図説2. イチョウ科(1970)p.137	?	1000 ♀	写真
沼田：日本の天然記念物5.(1984)p.79	?	1030 ♂	写真
読売新聞社編：新 日本名木100選(1990)p.220	?	1040	写真
東京都教育委員会：説明板(1990.12.27設置)	?	1040 ♂	
樋田：イチョウ(1991)p.61/85	—	940 ♂/1000以上♂	写真
環境庁：日本の巨樹・巨木林(1991) 13-20	1988	±1040(5)	写真
平松：東京 巨樹探訪(1994) p.143	?	1040	写真
牧野：巨樹名木巡り〔関東地区〕(1996)p.2	?	1000	写真
永瀬：巨樹を歩く(1996)p.45	?	—	写真
加瀬：巨樹の風景(1997)p.8	?	1040	写真
渡辺：巨樹・巨木(1999)p.150	1989/12	1040	写真
平岡：巨樹探検(1999)p.275	(1988)	(1040)	
藤元：全国大公孫樹調査(1999) p.22	1999/4	940	写真
著者実測	1999/4	測定せず♂	写真
北野：巨木のカルテ(2000)p.159	(1988)	(1040)	写真
須田：魅惑の巨樹巡り(2000) p.80	1993/12	1000	写真
高橋：日本の巨樹・巨木(2001) p.85	?	1080	—
大貫：日本の巨樹100選(2002) p.72	?	940	写真
(2100年代)			
(2200年代)			

121 13B	東京都 〒112-0002	個番：13-105-026 三次：5339-45-59

現：**文京区小石川**[2]**4丁目12、光円寺**

1 東京府(1924)、文部省(1932)：東京市小石川区久堅町
2 内務省(1926)：小石川区竹早町

著者：資料名(発行年)、頁等	調査年／月	幹周(cm)／性	図写真
(古資料)			
斉藤：江戸名所圖會 巻之四 (1834～1836)	―	―	図絵
本多：大日本老樹名木誌(1913) No.467	1912	818	―
1 東京府：東京府史蹟名勝天然記念物調査報告書 第二冊(1924)p.1	?	848	写真
2 内務省：天然紀念物調査報告 植物之部(第六輯)(1926)p.22	(1926)	800 (♂+♀)	
1 文部省：天然紀念物調査報告 植物之部第十三輯(1932)p.19	1929/1930	♂+♀	写真
上原：樹木図説2．イチョウ科 (1970)p.144	?	800 (♂+♀)	
環境庁：日本の巨樹・巨木林 (1991)**13**-31	1988	630	―
著者実測	1999/10	外周788 ?	写真
(2100年代)			
(2200年代)			

現況：東京大空襲により本来の幹は焼死し（写真⑥⑦）、現在は萌芽が生長して新しい幹となったと思われる（写真①③⑦）。新旧すべての枝幹の枝払いがなされている（写真①③）ため、花をつけるような枝がなく、現在の性の判定ができない。若いヒコバエが茂る多幹状束生樹（写真①③⑤-⑦）。根元は直柱状に地面から立ち上がり、露出根系はない（写真⑤⑥）。保護処理がなされているにもかかわらず再生力が弱いのは、横に建ったアパート建築の工事により根切りされたためではなかろうか。1920～30年代の写真と比べて、衰弱の様子がよく分かる。

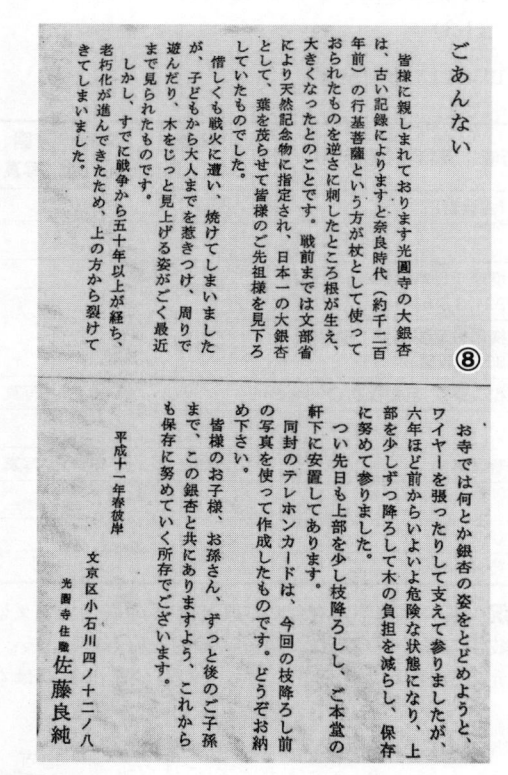

ごあんない

皆様に親しまれております光円寺の大銀杏は、古い記録によりますと奈良時代（約千二百年前）の行基菩薩という方が杖として使っておられたものを逆に刺したところ根が生え、大きくなったとのことです。戦前までは文部省により天然記念物に指定され、日本一の大銀杏として、葉を茂らせて皆様のご先祖様を見下していたものでした。

惜しくも戦火に遭い、焼けてしまいましたが、子どもから大人までを惹きつけ、周りで遊んだり、木をじっと見上げる姿がごく最近まで見られたのです。

しかし、すでに戦争から五十年以上が経ち、老朽化が進んできたため、上の方から裂けてきてしまいました。

お寺では何とか銀杏の姿をとどめようと、ワイヤーを張ったりして支えて参りましたが、六年ほど前からいよいよ危険な状態になり、上部を少しずつ降ろして木の負担を減らし、保存に努めて参りました。

つい先日も上部を少し枝降ろして、ご本堂の軒下に安置しております。

同封のテレホンカードは、今回の枝降ろし前の写真を使って作成したものです。どうぞお納め下さい。

皆様のお子様、お孫さん、ずっと後のご子孫まで、この銀杏と共にありますよう、これからも保存に努めていく所存でございます。

平成十一年春彼岸

文京区小石川四ノ十二ノ八
光圓寺住職　佐藤良純

⑧

交通：省略。
撮影(メディア)：①③⑥2001.4.6(N)；②④⑤⑦1999.10.16(N)．

122 　東京都
13C　〒198-0171　個番：13-205-004　三次：5339-51-58

現：**青梅市二俣尾1丁目**、石神社(イシガミシャ)、市天（1957.11.3）

① 1954.4.1：市制施行

著者：資料名(発行年)、頁等	調査年/月	幹周(cm)/性	図写真
（古資料）			
環境庁：日本の巨樹・巨木林(1991) **13**-61	1988	660	—
青梅市教育委員会：説明板（1992.3 設置）	?	640	
平松：東京 巨樹探訪(1994)p.48	?	660	写真
著者実測	20002/2	718 ♀	写真
（2100年代）			
（2200年代）			

現況：若いヒコバエを伴い、地上数mの高さで二叉に分岐する単幹樹（写真①⑤）。直線的な樹形は珍しい。根元は直柱状に地面から立ち上がり、露出根系はない。分岐点にナンテンが着生している（写真④）。

市天然記念物　**石神(いしがみ)の大イチョウ**

　「新編武蔵風土記稿」に、この石神社が鎮座の年代詳ならず、とあるように、境内にそびえるこの大イチョウも樹齢のほどは確かでないが、大きさにおいては市内随一のものであって、古くから二俣尾の氏神として崇敬されるとともに、このイチョウもまた母乳の神として信仰の氏神を集めたものであろう。木のまたの所に垂れさがる大きなイチョウの乳に、母の願いをこめてきたものである。ナンテンは自然生である。

植物名　イチョウ科　イチョウ
幹の太さ　六四〇センチメートル
昭和三十二年十一月三日　指定
平成四年三月建替
青梅市教育委員会
⑦

交通：中央道「八王子IC」→国道411号を青梅市へ→JR中央線「いしがみまえ」駅の横、411号沿い。
撮影(メディア)：① 2000.2.19(R)；② 2003.8.19(D)；③⑥ 2001.7.28(N)；④⑤⑦ 2000.2.19(N).

123 　東京都
13D　〒140-0014　個番：13-109-015　三次：5339-35-18

現：**品川区大井6丁目9-17**、光福寺、区天（1978.2.14）

著者：資料名(発行年)、頁等	調査年/月	幹周(cm)/性	図写真
（古資料）			
上原：樹木図説2. イチョウ科(1970)p.148, 149	?	630	写真
環境庁：日本の巨樹・巨木林(1991) **13**-34	1988	640	—
平松：東京 巨樹探訪(1994)p.145	?	640	写真
品川区教育委員会：説明板（1996.3.31 設置）	?	640 ♂	
著者実測	1999/1	700 ♂	写真
（2100年代）			
（2200年代）			

現況：若いヒコバエ、小形の乳を伴う単幹樹（写真①）。上方の太い枝や支幹などいたる部位から、つらら様に無数の小・中形の乳が垂下している樹姿は、関東地域では唯一である（写真①⑥⑦）。根元は鍾盤状で、露出根系あり（写真④）。善福寺のイチョウとは兄弟と書かれているが、遺伝子解析の結果はそれを支持しない（未発表データ）。

品川区指定天然記念物　**光福寺(こうふくじ)のイチョウ**
所在　大井六丁目九番十七号　光福寺
指定　昭和五十三年二月十四日（第一号）

　イチョウはイチョウ科に属する落葉の高木で、高さは三十四メートルにもなり、葉は扇形で秋に黄葉する。区内の最大樹齢は約八百年である。幹と大枝から古木であることを示す乳根をたらしている、整った木の姿は壮観である。雌雄(めすとおす)それぞれ別の木となる。本樹は雄樹で、幹の囲りは六・四メートル、高さは約四十メートルにもなり、指定の樹である。光福寺の「さかさイチョウ」と兄弟といわれ、麻布善福寺のイチョウと兄弟といわれ、明治時代まで、沖合の漁師たちは、航行の目標にしたといわれている。
平成八年三月三十一日
品川区教育委員会
⑧

交通：省略。
撮影(メディア)：①⑦⑧ 2001.1.13 (N)；② 2001.1.13 (R)；③⑤⑥ 2001.7.29(D)；④ 1999.1.8(N).

124 13E 東京都　〒183-0023

個番：登録なし
三次：なし

現：**府中市宮町3丁目**、大国魂神社、市天
　　（1961.12.15）

1 本多(1913)、東京府(1924)：東京府北多摩郡府中町
2 1954.4.1：市制施行
3 三浦ら(1962)：東京都府中市9179

著者：資料名(発行年)、頁等	調査年/月	幹周(cm)/性	図写真
(古資料)			
1 本多：大日本老樹名木誌(1913)No.473	1912	758	—
1 東京府：東京府史蹟名勝天然記念物調査報告書 第二冊(1924)p.2	?	864	写真
3 三浦ら：日本老樹名木天然記念樹(1962)No.1090	1961	1236	—
上原：樹木図説2. イチョウ科(1970)p.140	?	1240	—
府中市教育委員会：説明板(1986.1設置)	?	860	
平松：東京 巨樹探訪(1994)p.97	?	910	写真
北野：巨木のカルテ(2000)p.162	(1988)	910	写真
著者実測	1999/12	外周971 (6)♂	写真
(2100年代)			
(2200年代)			

現況：現在は、若いヒコバエ、ヒコバエから生長した幹、かっての(現在は枯死している)主幹を伴う多幹束生樹(写真①③-⑤)。根元は錐盤状で露出根系が発達している(写真①③④)。中位には乳も少数見られる。1924(大正13)年頃の樹態(文献1)と比べ、衰凋の度合いは激しい。

府中市指定文化財
市天然記念物
大国魂神社境内樹木の一部
昭和三十六年十二月十五日指定

大国魂神社境内の樹木群のうちには、特に大木や巨木が多く、その長い歴史の流れの中にあって、ここを訪れる人々を見守り続けている。中でも本殿の裏手にある大銀杏は、幹の周囲(目通り)八・六メートル、樹高二〇・三メートルの巨木で、東照宮西裏のケヤキの七不思議の一つに数えられている。また、樹高三四・六メートルもあり、幹の周囲五メートル、ケヤキの中でも群を抜く巨木である。長く風雪に耐えたこうした巨木は、優れた遺伝子を保持していることも知られており、学術的な意義も高い。

昭和六十一年一月
府中市教育委員会

⑥

交通：詳細省略(JR武蔵野線「府中本町」駅から徒歩15分)。

撮影(メディア)：① 2001.4.20 (D)；②-⑥ 1999.12.18 (N)。

125 14A　神奈川県　〒243-0201　個番：14-212-010　三次：5339-12-85

現：**厚木市上荻野** 1-イ、荻野神社、市天
　　（1988.9.26）

① 本多（1913）：愛甲郡荻野村
② 1955.2.1：市制施行
③ 三浦ら（1962）：厚木市荻野

著者：資料名（発行年）、頁等	調査年/月	幹周(cm)/性	図写真
（古資料）			
①本多：大日本老樹名木誌（1913）No.500	1912	606	—
③三浦：日本老樹名木天然記念樹（1962）No.1203	1961	606	—
上原：樹木図説2．イチョウ科（1970）p.155	?	600	—
厚木市教育委員会：説明板（1990.3 設置）	?	619♂	—
環境庁：日本の巨樹・巨木林（1991）**14-38**	1988	620(1)	—
樋田：イチョウ（1991）p.98 *　*「中荻野神社」を指すと解して	?	1205	—
文化財ガイド"あつぎ"p.42	?	1000以上	写真
著者実測	2002/1	外周1232♂	写真
（2100年代）			
（2200年代）			

現況：叢生する大量のヒコバエに囲まれ（写真①⑤）、主幹に接触できない。周囲の土が何かの原因で削りとられ、多少の傾斜面になったところに生育するので、いわゆる根上り状態となっている。したがって、根元は盛り上がった円錐盤状で、露出根系となっている（写真①④⑤）。中部の折損した横枝から小形乳が垂下している（写真①）。1988年以降サイズの大幅な増大をみるのはヒコバエの生じるままにしたからではないか。

市指定天然記念物
荻野神社のイチョウ ⑥

このイチョウは、神社の神木として氏子の敬愛をうけてきました。この木は、県内でも数少ないヒコバエの成育した樹勢の美しさで知られています。
樹高二八メートル、主幹回り目通し六・一九メートル、旗株で樹齢は六〇〇年と推定されています。
主幹は地上一三メートルのところで折れていて、幹の中央部は空洞になっています。主幹外周のヒコバエは、勢いがよく成育していて、主なもので二十五本が認められています。

平成二年三月
厚木市教育委員会

交通：東名道「厚木IC」→国道129号→国道412号→「荻野小学校」（進行左側）「荻野神社」の看板あり。国道からはずれて左手に入る（412号と平行に走る裏道沿い）。

撮影（メディア）：①② 2002.1.12（N）；③④⑥ 1999.5.21（N）；⑤ 2004.9.11（D）．

126 14F 神奈川県　〒243-0801　個番：14-212-001　三次：5339-22-19

現：**厚木市上依知（溝野）2765-1**、依知神社（右株）、市天（1968.11.30）

☐ 1955.2.1：市制施行

著者：資料名（発行年）、頁等	調査年/月	幹周(cm)/性	図写真
（古資料）			
氏子：説明板（1977.5 設置）		700	
神奈川県：かながわの名木100選（1987）No.52	?	680 ♂	写真
樋田：イチョウ（1991）p.98	?	680	—
環境庁：日本の巨樹・巨木林（1991）**14-38**	1988	675	
北野：巨木のカルテ（2000）p.168	(1988)	902	写真
著者実測	1999/5	740 ♂	写真
（2100年代）			
(2200年代)			

現況：数m離れて2本のイチョウが並立していて、神社側から道路越しに見たときの右側の株（写真④）。若いヒコバエや、幹に融合してしまった乳、少数ながら涙滴が幹からにじみ出てきたような乳などを伴う単幹樹（写真⑤）。中部の太枝の多くは折損、または伐採され小枝量も少ない。根元は直柱状に立ち上がり、根系は露出していない（写真⑤）。左株は幹周が545cmである。

交通：厚木市内から東名道「厚木IC」→国道129号北上→相模川の新昭和橋に至る前で、下当麻、昭和橋に行く道に入る。橋手前の交差点右側。神社は道路の左側。

撮影（メディア）：①④ 2002.1.12（N）；②⑥⑦ 1999.5.21（N）；③⑤ 2004.9.11（D）.

127 14I 神奈川県　〒243-0014　個番：14-212-039　三次：5339-12-29

現：**厚木市旭町 3-14**、熊野神社、市天（1977.4.13）

☐ 1955.2.1：市制施行

著者：資料名（発行年）、頁等	調査年/月	幹周(cm)/性	図写真
（古資料）			
文化財ガイド"あつぎ"p.12	?	597+305	写真
厚木市教育委員会：説明板（1990.3 設置）	?	619 ♂	
環境庁：日本の巨樹・巨木林（1991）14-40	1988	902(2)	
著者実測	1999/5	共通864 ♂ (672・308)	写真
（2100年代）			
(2200年代)			

現況：若いヒコバエ、垂下した乳、本幹に融合・幹化中の乳を伴う多幹様樹（写真⑤⑥）。地上数十cmの高さで大きく2幹に分岐する（写真⑤）。根元は地面から片面では直柱状に立ち上がっているが（写真⑥）、他面では顕著な錐盤状で、露出根系が発達する（写真④⑤）のは珍しい例である。

交通：東名道「厚木IC」→厚木市街中心部。小田急線「ほんあつぎ」駅近く。

撮影（メディア）：① 2002.1.12（N）；②④⑤⑦ 1999.5.21（N）；③⑥ 2004.9.16（D）.

| 128 14B | 神奈川県 〒253-0086 | | 個番：14-207-013 三次：5339-03-01 |

現：**茅ヶ崎市浜之郷** 462、鶴嶺八幡宮、県天 （1962.10.2）

① 1947.10.1：市制施行

著者：資料名（発行年）、頁等	調査年／月	幹周(cm)／性	図写真
（古資料）			
茅ヶ崎市教育委員会：説明板（設置日不明）	？	900	
神奈川県：かながわの名木100選(1987)No.37	？	900♂	写真
樋田：イチョウ(1991)p.97	？	900♂	—
環境庁：日本の巨樹・巨木林(1991)**14**-31	1988	900(1)	
平岡：巨樹探検(1999)p.276	(1988)	(900)	—
北野：巨木のカルテ(2000)p.166	(1988)	(900)	写真
著者実測	2000/2	外周1121♂	写真
(2100年代)			
(2200年代)			

現況：若いヒコバエ、生長したヒコバエ、幹の途中に生じたヒコバエ根塊、無数の乳、幹化乳を伴う多幹叢生樹（写真①⑤）。樹全体に、中形のつらら状乳の垂下が見られる（写真①④）。根元は地面から柱状に立ち上がるが、所々にヒコバエ根塊が挟在する（写真①⑤）。根系の露出はない（写真⑤）。

⑥

交通：JR東海道線「茅ヶ崎」駅前から市内循環バス。
撮影(メディア)：①② 2001.12.29 (R)；③④ 1999.5.21 (N)；⑤⑥ 2003.6.14 (D)．

| 129 14C | 神奈川県足柄下郡 〒259-0304 | | 個番：14-384-004 三次：5239-50-67 |

現：**湯河原町宮下** 356、五所神社、町天 （1997.5.1）

著者：資料名（発行年）、頁等	調査年／月	幹周(cm)／性	図写真
（古資料）			
湯河原町教育委員会：説明板（設置日不明）	？	880	
樋田：イチョウ(1991)p.98	？	880	—
環境庁：日本の巨樹・巨木林(1991)**14**-50	1988	900(1)	
平岡：巨樹探検(1999)p.276	(1988)	(800)	—
北野：巨木のカルテ(2000)p.170	(1988)	(800)	写真
著者実測	1999/5	外周981♂	写真
(2100年代)			
(2200年代)			

現況：無数の若いヒコバエ、部分的枯死幹、乳、切削乳の残痕に囲まれ、空洞をもつ多幹状樹（写真④⑤）。かっては巨大な乳の垂下があったことを示す残痕も見られる。根元は直柱状に地面から立ち上がり、露出根系はほとんどない（写真④⑤）。上部は電線等により周囲の自由空間が少ないことから、枝・幹がすべて払われる状況にある（写真①）。新幹線高架橋の直下での生育は全国でも唯一。

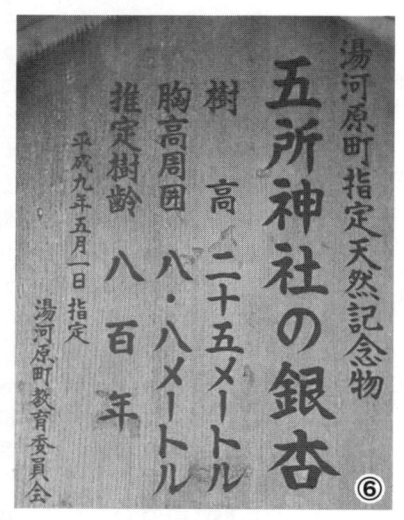

⑥

交通：西湘バイパス「早川IC」→国道135号南下→湯河原町内で県道75号→新幹線ガードをくぐった右側。
←

130 14D 神奈川県　〒250-0863　個番：14-206-018　三次：5239-71-33

現：**小田原市飯泉1161**、勝福寺／飯泉観音、県天(1984.12)、かながわの名木

① 本多(1913)：足柄郡豊川村飯泉
② 194012.20：市制施行

著者：資料名(発行年)、頁等	調査年/月	幹周(cm)/性	図写真
(古資料)			
①本多：大日本老樹名木誌(1913)No.443	1912	1061	写真
三浦ら：日本老樹名木天然記念樹(1962)No.1104	1961	1061	—
上原：樹木図説2．イチョウ科(1970)p.155	?	1060 ♂	写真
神奈川県：説明板(設置日不明)	?	750	
神奈川県：かながわの名木100選(1987)No.86	?	750 ♂	写真
樋田：イチョウ(1991)p.96	?	750 ♂	—
環境庁：日本の巨樹・巨木林(1991)**14**-24	1988	750(1)	
著者実測	1999/5	944 ♂	写真
(2100年代)			
(2200年代)			

現況：若いヒコバエ、生長したヒコバエ、幹に密着して伸びる中形の乳、幹と融合してしまった乳などを伴う単幹樹(写真②④⑤)。垂下する小・中形の乳はあちこちに見られる(写真②⑤)。根元は円錐盤状で、地際にも乳が伸び、露出根系はない(写真④⑤)。

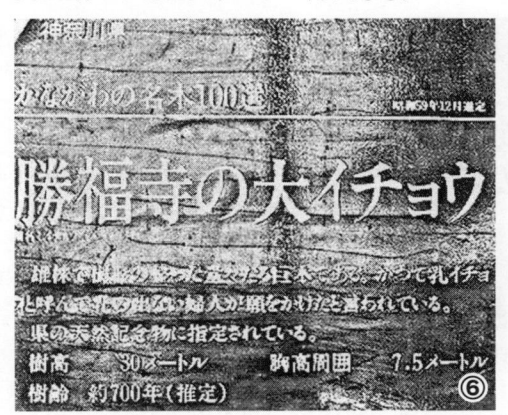

交通：小田原厚木道路「小田原東IC」→県道711号(または国道255号南下)→「飯泉」交差点右折で至る。⇨

---

131 14E 神奈川県　〒216-0001　個番：14-130-004　三次：5339-24-99

現：**川崎市宮前区野川419**、影向寺、かながわの名木

① 1924.7.1：市制施行／1972.4.1：区制施行

著者：資料名(発行年)、頁等	調査年/月	幹周(cm)/性	図写真
(古資料)			
神奈川県：かながわの名木100選(1987)No.5	?	800	写真
樋田：イチョウ(1991)p.97	?	800	—
環境庁：日本の巨樹・巨木林(1991)**14**-15	1988	800(1)	
平岡：巨樹探検(1999)p.275	(1988)	(800)	
北野：巨木のカルテ(2000)p.166	(1988)	(800)	写真
著者実測	2000/12	775 ♂ + [114+α]	写真
(2100年代)			
(2200年代)			

現況：生長したヒコバエ(114, αcm)が側に伸びる単幹樹(写真①③⑤)。上部には中形の乳が垂下している(写真①)。また中～上部は、主幹の輪郭が見えないほどに細枝が多い(写真①)。根元は力強い錐盤状で、露出根系が発達している(写真⑤)。

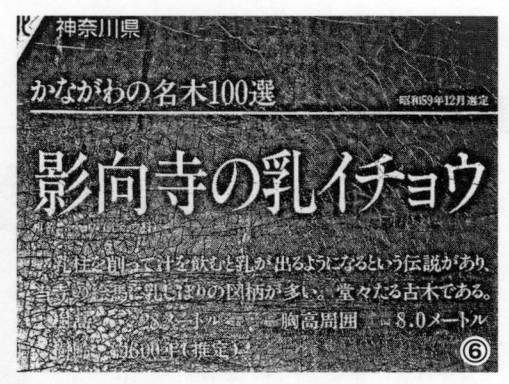

交通：横浜方面から第三京浜道「都筑IC」→県道13号→「勝田橋」で県道45号(東京方面)→第三京浜道くぐる→「野川」交差点→「影向寺」で左V字に坂を登る。

撮影(メディア)：①③ 2002.1.20 (N)；②⑤ 1998.11.14 (N)；④⑥ 2000.12.9 (N)．

撮影(メディア)：①④⑥ 1999.5.21 (N)；② 2001.12.29 (D)；③⑤ 2001.12.29 (R)．

132 14J 神奈川県

〒224-0057　　個番：14-100-002　　三次：5339-24-24

現：**横浜市都筑区川和町**2311、八幡東明寺廃寺跡／稲荷社（カサ会館前）、横浜市名木古木

① 1889.4.1：市制施行／1927.10.1：区制施行
② 本多(1913)：神奈川県都筑郡都田村川和、神明社

著者：資料名(発行年)、頁等	調査年／月	幹周(cm)／性	図写真
（古資料）			
②本多：大日本老樹名木誌(1913) No.464	1912	848	—
横浜市緑政局：説明板 (1979.3 設置)	?	727 ♂	
環境庁：日本の巨樹・巨木林 (1991) 14-14	1988	850(1)	—
北野：巨木のカルテ(2000)p.165	(1988)	(850)	写真
著者実測	2000/12	外輪郭周 858 ♂	写真
(2100 年代)			
(2200 年代)			

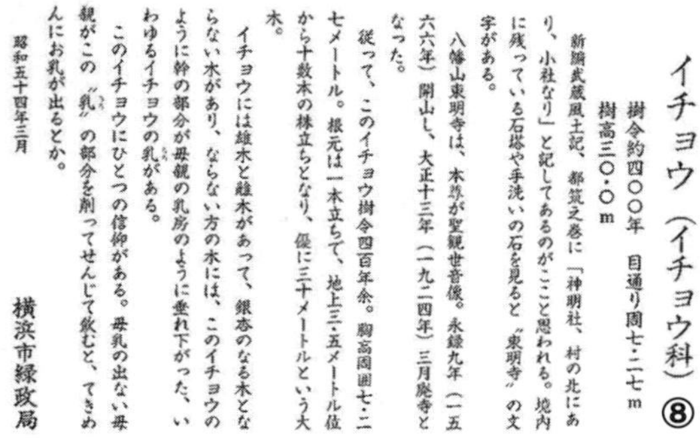

現況：写真①に見られる通り、この樹の冬季の姿はイチョウの一般像からは大きく外れた異形で、"樹皮一枚"で生きるモデルのような樹（写真④）。若いヒコバエ、生長したヒコバエ、枯死幹、うろ等を伴う多幹状樹（写真⑤–⑦）。乳は少ない。もし冬季にのみこの樹を見れば、完全に枯死していると見られるような部位からも夏には葉が生える（写真④）。枯死した本体が輪郭状に残り、表層部が生き続ける。根元は錐盤状で、露出根はない（写真④⑥）。枝払いが繰り返されてきたらしく、通常なら根元周りにできるヒコバエ根塊や不定形な小形の乳が地上数 m の所に形成されている（写真①）。全国的に見ても、イチョウの持つ"生きる意志"を感じさせる、貴重な樹の1本である。

交通：詳細省略（県道12号沿い「川和高校入口」から100 m 以内）。

撮影（メディア）：①⑦ 2002.1.20 (N)；② 2002.1.20 (R)；③⑧ 2000.12.9 (N)；④⑥⑨ 1998.11.14 (N)；⑤ 2000.12.9 (R).

横浜市緑政局　昭和五十四年三月

イチョウ（イチョウ科）⑧

樹令約四〇〇年　目通り周七・二七m　樹高三〇．〇m

新編武蔵風土記、都筑之巻に「神明社、村の北にあり、小社なり」と記してあることと思われる。境内に残っている石塔や手洗いの石を見ると"東明寺"の文字がある。

八幡山東明寺、本尊が聖観世音像。永録九年（一五六六年）開山し、大正十三年（一九二四年）三月廃寺となった。

従って、このイチョウ樹令四百年余。根元周囲七・二七メートル。地上三・五メートル位から十数本の株立ちとなり、優に三十メートル位の大木。

このイチョウには雄木と雌木があって、銀杏のなる木となるらしい木の方には、このイチョウのように幹の部分が母親の乳房のように垂れ下がったいわゆるイチョウの乳がある。

母乳の出ない母親がこの"乳"の部分を削ってせんじて飲むと、できもすめんにお乳が出るとか。

コラム 14　ギンナンを食べる動物

現世では、イチョウは人間が完全に管理コントロールした植物となり、人間の関わらない分布の移動ということは考えられない植物となりました。しかし、中生代にはイチョウは恐竜と似た運命をたどりました。恐竜は完全に絶滅に至りましたが、イチョウは辛うじて現種の祖先が新生代まで中国で生き残ったとされています。では、そうした時代にイチョウの種としての拡大戦略はどのようなものだったのでしょうか。興味のある方は文献140を参照してください。

日本の中国地方では、杉林の中にイチョウが生えていることがよくあり、良質なイチョウ材がとれるという話を聞きました。「なぜ杉林の中なのか？」という疑問が湧いてきました。いろいろ探っていくうちに、ホンドダヌキがギンナンを食べるということをタヌキの生態研究者から教わりました。秋にタヌキの溜糞

写真1　　　　　写真2

→次頁へ→

133　14G　神奈川県　〒251-0001　個番：14-205-006　三次：5339-03-19

現：**藤沢市西富 1-8-1**、遊行寺(ユギョウジ)、市天（1971.7.5）

1　1940.10.1：市制施行

著者：資料名(発行年)、頁等	調査年/月	幹周(cm)/性	図写真
（古資料）			
藤沢市教育委員会：説明板（設置日不明）	？	683 ♂	
樋田：イチョウ(1991)p.99	？	683	—
環境庁：日本の巨樹・巨木林(1991)14-20	1988	683	—
著者実測	2000/1	700 ♂	写真
（2100年代）			
（2200年代）			

現況：幹に密着して垂下する乳を数本伴うが、非常に均整のとれた形状の単幹樹(写真③⑤)。乳の中には、幹と融合中のものもあり、何十年か経過するとわからなくなるであろう(写真④)。根元はどっしりした凹形錐盤状で、露出根系は僅かである(写真⑤)。

交通：横浜方面から国道1号→国道467号に至る手前で県道30号、藤沢市内方面へ約1km進行、右側。
撮影（メディア）：① 2001.7.30(D)；②-⑥ 2000.1.29(N).

134　14H　神奈川県　〒248-0002　個番：14-204-018　三次：5239-74-85

現：**鎌倉市二階堂 72**、荏柄天神社、市天（1963.7.1）

1　1939.11.3：市制施行

著者：資料名(発行年)、頁等	調査年/月	幹周(cm)/性	図写真
（古資料）			
江戸幕府編：新編相模風土記稿（年代不明）	？	囲5尺許	—
樋田：イチョウ(1991)p.98	？	651	—
環境庁：日本の巨樹・巨木林(1991)14-19	1988	651(1)	—
著者実測	2000/10	700 ♀	写真
（2100年代）			
（2200年代）			

現況：樹表面は大小いろいろなお椀や杯を伏せてつけたような突起で飾られ、いわゆる銀杏文様（火焔模様）の樹肌ではないが、整形的な単幹樹(写真①③)。このような肌の樹は東、中部日本ではほとんど見られない。上部には中形の乳の垂下が見られる(写真①)。根元は笹に覆われているが錐盤状で(写真③)、露出根系は見られない。
交通：省略。
撮影（メディア）：① 1998.11.14(N)；②-④ 2001.2.2(N).

→前頁より

場に案内してもらうと、柿の種と、ギンナンを包む未消化のあの臭い外皮と無傷のギンナンとが混ざり合った、一抱えほどの糞が前の晩に排出されていました(写真1)。そこから数メートルも離れていない所には、去年排出された糞から発芽生長した、イチョウの若い芽生えが何十本か群をなして生えていたのです(写真2)。実際にどのくらいの確率で起こっているかは分かりませんが、自然におけるイチョウ種子の分布拡大にホンドダヌキが関わることが分かりました。外国の研究でも、タヌキの類が食べることが確認されています。わが国では、もうひとつ、ツキノワグマも可能性があるようです。熊の糞にギンナンが混ざっているのを見たという話を広島県で聞いたことがあります。

135 14L 神奈川県　〒247-0056　個番：登録なし　三次：なし

現：**鎌倉市大船5丁目、常楽寺**

① 1939.11.3：市制施行
② 上原(1970)：鎌倉市大船山

著者：資料名(発行年)、頁等	調査年/月	幹周(cm)/性	図写真
(古資料)			
1923年地震ため傾斜拡大(碑文より)	1923		
1938年8月暴風雨のため倒壊(碑文より)	1938/8		
②上原：樹木図説2．イチョウ科(1970)p.154	?	1500	写真
著者実測	2000/1	叢生(n)♂	写真
(2100年代)			
(2200年代)			

現況：折損・枯死した主幹(推定幹周5～6m)(写真④)の周りに生えた多数の萌芽(約20本)が生長して、それぞれ幹に育ちつつある多幹叢生樹(写真①③-⑤)。幹は地面から直柱状に立ち上がり、露出根はない(写真①)。

交通：横浜方面から県道21号→交差点「鎌倉女子大前」で右折、間もなく右側。
撮影(メディア)：①④⑥ 2000.1.29 (N)；② 2001.7.30 (R)；③ 2000.1.29(R)；⑤ 2001.7.30(N).

136 14K 神奈川県　〒243-0425　個番：14-215-009　三次：5339-03-90

現：**海老名市中野1番地、中野八幡宮**

① 1971.11.1：市制施行

著者：資料名(発行年)、頁等	調査年/月	幹周(cm)/性	図写真
(古資料)			
鈴木：新編相模風土記稿(1658-1660)(説明板より)	1660頃	ca. 576	
伊勢湾台風により倒壊(碑文より)	1965		
環境庁：日本の巨樹・巨木林(1991)**14**-43	1988	780(1)	—
樋田：イチョウ(1991)p.99	?	570	—
著者実測	1999/5	測定できず/性不明	写真
(2100年代)			
(2200年代)			

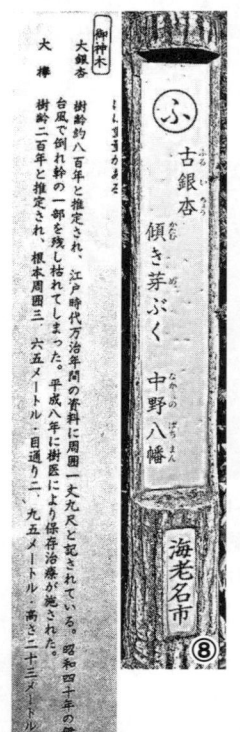

現況：本体の幹は傾斜し、枯死寸前に見えるが(写真①④)、そこから生えた萌芽枝が生長中である(写真②③)。イチョウの生命維持力が強烈であることを示す例。根元は地面から直柱状に立ち上がり、根系は柵で保護されている(写真③⑥)。

交通：東名道「厚木IC」→国道129号を南下→「戸田」で左折、県道22号→戸沢橋を渡り左折、県道46号→進行左手(相模川沿いの地域)。

撮影(メディア)：①④ 2002.1.12 (N)；② 2004.9.11 (D)；③⑤-⑧ 1999.5.21(N).

137	新潟県	個番：15-218-021
15F	〒959-1604	三次：5639-41-87

現：**五泉市大字論瀬上郷屋**、諏訪神社、市天
　（1977.4.19）

1 1954.11.3：市制施行

著者：資料名（発行年）、頁等	調査 年/月	幹周 (cm)/性	図 写真
（古資料）			
樋田：イチョウ(1991)p.111	?	750♀	—
環境庁：日本の巨樹・巨木林 (1991)15-41	1988	750(1)	
著者実測	2000/7	803♀	写真
(2100年代)			
(2200年代)			

現況：幹に密着して垂下する長大な乳、若いヒコバエ、幹の縦裂を伴う単幹樹（写真①④⑥）。裏側には、大きな空洞の口が開いている（写真④）。幹に密着した乳は、何十何百年か後に幹と融合し、乳であったことなどわからなくなるであろう。根元は錐盤状で、露出根系はない（写真①）。樹中部には乳が多数垂下している（写真⑥）。オハツキイチョウといわれている。

交通：磐越道「安田IC」→五泉方面へ県道41号→右側に巣本小学校が見えたら左折。2kmくらい先の右手。

撮影（メディア）：①⑦ 1998.10.16(N)；② 2003.7.18(D)；③ 2001.4.14(R)；④ 2000.7.4(R)；⑤ 2000.7.4(N)；⑥ 2001.4.14(N).

コラム 15　2稜と3稜のギンナン

　ギンナンをよく見ると、稜が2つあるもの、3つあるもの、4つ以上あるもの（写真1：左から右に2、3、4稜）等があることに気づかれることでしょう。

写真1

　中国の本草書（例えば「本草綱目」）、日本の「和漢三才図絵」に、2稜のものは雌（の種）で3稜のものは雄（の種）だと書かれています。でも、手のひら1杯分のギンナンを見ても、3稜は精々10個足らず見つかるくらいで、残りはほとんど2稜です。これは比率の上でおかしなことだと思いますが、今まで実験して確認した人は誰もいません。結果が出る（花がつく）まで育つには10年以上かかるからでしょう。4稜、5稜は非常に珍しいのですが、それらはどうなるのでしょうか？　などと余計な心配をしてしまいます。

138 15A　新潟県

〒 959-1625
個番：15-218-011
三次：5639-41-69

現：**五泉市切畑前田、馬頭観音堂脇、県天**
　　（1958.35）

1 本多(1913)、文部省(1929)：中蒲原郡川東村大字切畑字前田
2 新潟県(1934)：中蒲原郡川東村大字切畑字前田 10 番地
3 1954.11.3：市制施行
4 三浦ら(1962)：五泉市大字切畑字前田
5 2006.1.1：五泉市、村松町が合併・新設の予定

現況：多数の若いヒコバエ幹、生長したヒコバエ、幹を這い上がるヒコバエ根塊、垂下乳、幹に融合した乳などを伴う単幹樹(写真①④⑤)。太い枝はほとんどが折損し(写真①)、樹全体のあらゆる所から大小の乳が垂れ下がっている(写真①)。根元は微かな凹形錐盤状で、露出根はない(写真③)。

著者：資料名(発行年)、頁等	調査年/月	幹周(cm)/性	図写真
（古資料）			
1 本多：大日本老樹名木誌(1913)No.439	1912	1061	―
1 文部省：天然紀念物調査報告 植物之部 第九輯(1929)p.6	(1929)	879♂	―
2 新潟県：新潟県史蹟名勝天然紀念物調査報告 第四輯(1934)p.64	1928/5	879♂	写真
4 三浦ら：日本老樹名木天然記念樹(1962)No.1136	1961	879	
上原：樹木図説 2. イチョウ科(1970)p.124	?	880	
新潟県・五泉市教育委員会：説明板（設置日不明）	?	1500♂	
樋田：イチョウ(1991)p.110	?	1500♂	―
環境庁：日本の巨樹・巨木林(1991)15-40	1988	1200(1)	
平岡：巨樹探検(1999)p.276	(1988)	(1200)	
渡辺：巨樹・巨木(1999)p.216	1991/9	1200♂	写真
北野：巨木のカルテ(2000)p.183	(1988)	(1200)	写真
著者実測	2000/7	外周1210♂	写真
高橋：日本の巨樹・巨木(2001)p.85	?	980	
（2100 年代）			
（2200 年代）			

交通：磐越道「安田IC」→右折、国道49号→国道290号、磐越西線の踏切を渡って1kmくらいで290号は右折。反対側に左折して直進すると1kmくらいで、道路左側。

撮影(メディア)：①⑥ 2001.4.14 (R)；②③ 2000.7.14 (R)；④ 2001.4.14 (N)；⑤ 1998.10.16 (N)；⑦ 2000.7.14 (N).

139 15P 新潟県中蒲原郡　個番：登録なし
〒959-1735　三次：なし

現：**村松町**1-3**蛭野字滝谷**、一般地（慈光寺門前）

予：〔五泉市3　　　　　　〕

1 本多(1913)：中蒲原郡十全村瀧谷
2 三浦ら(1962)：中蒲原郡村松町大字蛭野
3 2006.1.1：村松町、五泉市が合併・新設の予定

著者：資料名(発行年)、頁等	調査年/月	幹周(cm)/性	図写真
（古資料）			
1 本多：大日本老樹名木誌(1913)No.453	1912	909以上	—
2 三浦ら：日本老樹名木天然記念樹(1962)No.1130	1961	909	—
上原：樹木図説2. イチョウ科(1970)p.124	?	910	—
著者実測	2000/7	外輪郭周1510♂	写真
（2100年代）			
（2200年代）			

現況：現存する樹態の大きさから推定して、かつてはものすごい巨樹であったと想像されるこの樹は、現在地上3mくらいのところから上が失われた枯死残幹、無数の若いヒコバエ、ヒコバエが育った太幹が混じり合う多幹叢生樹である（写真①⑤⑥）。枝が地上について新株が生育、いわゆる連理となっている（写真④）。根元は直柱状に地面から立ち上がり、露出根系は見られない（写真①）。

⑤

140 15N 新潟県　個番：15-202-018
〒940-0821　三次：5638-17-00

現：**長岡市栖吉町**640、一般地（栖吉神社所有）、市天(1990.2.1)、三貫梨の乳イチョウ

1 1906.4.1：市制施行
2 2005.4.1：山古志村、中之島町、他3町が編入
3 2006.1.1：長岡市、栃尾市、寺泊町、他2町村が合併・新設の予定

著者：資料名(発行年)、頁等	調査年/月	幹周(cm)/性	図写真
（古資料）			
環境庁：日本の巨樹・巨木林(1991)15-20	1988	900(5)	—
長岡市教育委員会：長岡の文化財(1993)p.55	(1993)	900	写真
北野：巨木のカルテ(2000)p.174	(1988)	(900(5))	写真
著者実測	2000/7	外周1030(n)♂	写真
（2100年代）			
（2200年代）			

現況：若いヒコバエ、生長したヒコバエを伴う多幹叢生樹（写真①④⑤）。根元はほぼ直柱状に地面から立ち上がり、露出根はない（写真④⑤）。

交通：関越道「長岡IC」→国道8号→国道17号「長倉IC」→国道352号、「悠久山公園」近くで進行方向左側。

撮影(メディア)：① 2002.2.23(D)；② 2002.2.23(N)；③ 2000.7.3(R)；④-⑥ 1998.10.3(N).

⑥

交通：盤越道「安田IC」→（途中省略）→村松町市街で県道571号、慈光寺→蛭野で進行右手、山際に見える。
撮影(メディア)：①② 2001.4.14(D)；③⑤⑦ 1999.6.5(N)；④⑥ 2000.7.4(R).

141 15B 新潟県　個番：15-202-025
〒940-1133　三次：5638-06-27

現：**長岡市六日市町**、佐藤氏敷地内

1 906.4.1：市制施行
2 2005.4.1：山古志村、中之島町、他3町が編入
3 2006.1.1：長岡市、栃尾市、寺泊町、他2町村が合併・新設の予定

著者：資料名（発行年）、頁等	調査年／月	幹周(cm)/性	図写真
（古資料）			
環境庁：日本の巨樹・巨木林(1991) **15-20**	1988	1030(5)	—
北野：巨木のカルテ(2000)p.175	(1988)	(1030)	写真
著者実測	2000/7	外周1150(5) ♂	写真
(2100年代)			
(2200年代)			

現況：若いヒコバエ、生長したヒコバエが6～7本の幹群を囲む多幹束生樹（写真①⑤⑥）。樹全体の折損被害がきわめて少ない（写真②）。根元は錐盤状で、露出根系が発達（写真⑤⑥）。

交通：関越道「小千谷IC」→国道17号北上→国道403号→「越の大橋」を渡り、国道17号へ入る→間もなく17号から右手に入る→進行方向右手奥、JR上越線の「中割踏切」を徒歩で横断した左手。
撮影(メディア)：① 2003.9.28(D)；② 2002.2.23(D)；③⑦ 2002.2.23(N)；④⑤ 2000.7.3(N)；⑥ 1998.10.3(N).

142 15J 新潟県三島郡　個番：15-406-017
〒940-2523　三次：5638-36-11

現：**寺泊町**1**大字田頭**、福道神社、町天
予：〔長岡市1　　　　　〕

1 2006.1.1：寺泊町、長岡市、他3市町村が合併・新設の予定

著者：資料名（発行年）、頁等	調査年／月	幹周(cm)/性	図写真
（古資料）			
寺泊町教育委員会：説明板（設置日不明）	1982	740	
環境庁：日本の巨樹・巨木林(1991) **15-64**	1988	740(1)	—
著者実測	2000/7	725 ♀	写真
(2100年代)			
(2200年代)			

現況：生長したヒコバエ（少なくても9本）が本幹に合着融合したかに見える多幹状樹（写真①④⑤）。根元は円錐盤状で地面から直接立ち上がり、露出根系はない（写真⑤）。主軸幹の中部には乳が見られる。

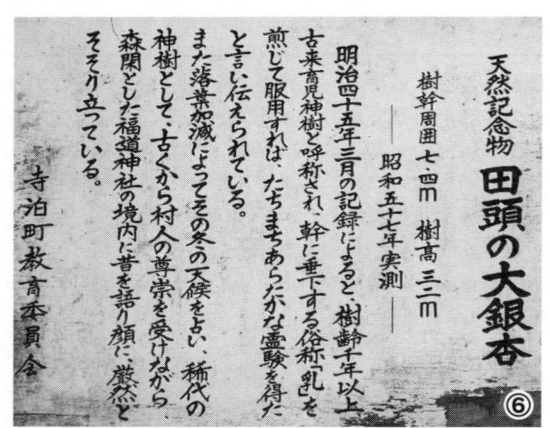

交通：北陸道「中之島見附IC」→（途中省略）→信濃川を渡り国道116号→県道169号「田頭」で折れ、突き当たりまで。
撮影(メディア)：① 2001.4.30(D)；②⑤ 1998.10.3(N)；③④⑥ 2000.7.3(N).

143　新潟県三島郡
15I
〒940-2501
個番：15-406-001
三次：5638-46-33

現：寺泊町[1]大字野積字大野積、西生寺、町天（1985）
予：〔長岡市[1]　　　　　　　　〕

[1] 2006.1.1：寺泊町、長岡市、他3市町村が合併・新設の予定

著者：資料名(発行年)、頁等	調査年/月	幹周(cm)/性	図写真
（古資料）			
寺泊町教育委員会：説明板（設置日不明）	1984	1150	
環境庁：日本の巨樹・巨木林(1991) **15**-63	1988	1150(1)	—
北野：巨木のカルテ(2000)p.191	(1988)	(1150)	写真
著者実測	2000/7	外周750 ♂	写真
（2100年代）			
（2200年代）			

現況：斜面の縁に生育し、3本の幹が融合したように見える樹。無数の若いヒコバエ、本幹に密着して育つ生長したヒコバエ、長短多数の乳、幹に融合した乳を伴い、さらにヒコバエ根塊が発達した多幹状束生樹（写真①④-⑥）。樹表面は凹凸に富み、太い幹の切削痕、樹皮剝離もある。根元は微かな錐盤状で、露出根系が発達（写真⑤⑥）。

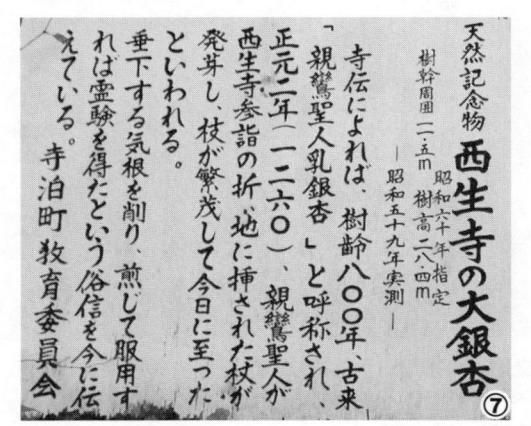

天然記念物　西生寺の大銀杏⑦
樹幹周囲一二.五m　昭和六年指定
樹高二八.四m　昭和五十九年実測
寺伝によれば、樹齢八〇〇年、古来「親鸞聖人乳銀杏」と呼称され、正元二年(一二六〇)、親鸞聖人が西生寺参詣の折、此処に挿された杖が発芽し、枝が繁茂して今日に至ったといわれる。垂下する気根を削り、煎じて服用すれば霊験を得たという俗信を今に伝えている。
寺泊町教育委員会

交通：北陸道「三条燕IC」→（途中省略）→日本海に沿って走る国道402号→「弥彦山スカイライン」の看板で左へ入る。西生寺まで3km登る。

撮影(メディア)：① 2001.4.30(D)；② 2001.4.30(R)；③④⑥⑦ 2000.7.3(N)；⑤ 1998.10.3(R)．

144　新潟県東蒲原郡
15L
〒959-4618
個番：15-384-004
三次：5639-43-60

現：阿賀町[1]川口
旧：三川村[1]大字白川（通称川口）、一般地（杉崎氏敷地隣）

[1] 2005.4.1：三川村、上川村、津川町、鹿瀬町が合併・新設

著者：資料名(発行年)、頁等	調査年/月	幹周(cm)/性	図写真
（古資料）			
環境庁：日本の巨樹・巨木林(1991) **15**-58	1988	940(1)	—
北野：巨木のカルテ(2000)p.188	(1988)	(940(1))	写真
著者実測	2000/7	700 ♀	写真
（2100年代）			
（2200年代）			

現況：道路面より2～3m高い所の斜面に生育（写真①）。若いヒコバエ、生長したヒコバエ、乳、伐採痕瘤などを伴う単幹樹（写真①④）。斜面地のため、根元の低位面は斜面に沿い伸び、高位面にはヒコバエ根塊が幹を這い上っている。道路に面する側の枝はしばしば伐採されるため、その残痕から萌芽や乳が生え、樹の表面形状を凹凸の激しいものにしている（写真①）。

交通：磐越道「三川IC」→国道49号→JR磐越西線「三川」駅で県道14号→バス停「川口」（五頭山、中ノ沢渓谷森林公園入口）で左折、道なり右側。

撮影(メディア)：①⑤⑦ 2001.4.14(N)；② 1998.10.16(N)；③ 2001.4.14(R)；④⑥ 2000.7.4(N)．

145 15C 新潟県東蒲原郡　個番：15-384-009
〒959-4636　三次：5639-42-84

現：**阿賀町**①**石間**

旧：三川村大字小石取字石間、石川氏敷地内

① 2005.4.1：三川村、上川村、津川町、鹿瀬町が合併・新設

著者：資料名（発行年）、頁等	調査年／月	幹周(cm)／性	図写真
（古資料）			
環境庁：日本の巨樹・巨木林(1991)**15**-58	1988	1050(1)	—
平岡：巨樹探検(1999)p.276	(1988)	(1050)	—
北野：巨木のカルテ(2000)p.189	(1988)	(1050)	写真
著者実測	2000/7	外周1054♂	写真
(2100年代)			
(2200年代)			

現況：若いヒコバエ、生長して幹に融合したヒコバエ、乳などを伴う多幹状束生樹（写真①⑤）。地面近くから3方向に分幹（写真⑤）。小高い丘陵状地に生育しており、根元のすぐ横が建物を建てるために垂直的に削られているため、地中に発達した根系がその法面に露出している（写真⑥）。錯綜した根系から乳が垂下している（写真⑥）。根元は錐盤状で、露出根系が見られる（写真①⑤）。

交通：磐越道「安田IC」→国道49号を三川村方面へ→進行方向の左側。

撮影(メディア)：①⑤ 2001.4.14 (R)；② 2002.4.22 (N)；③④ 2001.4.14 (N)；⑥ 2000.7.4(N)；⑦ 2002.4.22(D)．

146 15G 新潟県　個番：15-604-005
〒952-0109　三次：5638-73-94

現：**佐渡市**①**新穂大野**

旧：佐渡郡新穂村①大字大野字上大野、中河氏敷地内、村天(1971.10.1)

① 2004.1.1：新穂村、両津市、相川町、他7町村が合併・新設

著者：資料名（発行年）、頁等	調査年／月	幹周(cm)／性	図写真
（古資料）			
新穂村教育委員会：説明板(1971.10 設置)	?	770♂	
新潟県佐渡郡新穂村：新穂村史(1976)p.876	(1976)	770♂	写真
環境庁：日本の巨樹・巨木林(1991)**15**-117	1988	800(1)	—
北野：巨木のカルテ(2000)p.201	(1988)	(800)	写真
著者実測	2000/12	804♂	写真
(2100年代)			
(2200年代)			

現況：若いヒコバエ、成長したヒコバエ、垂下乳を伴う堂々たる単幹樹（写真①④⑤）。根元は力強い錐盤状で、平地に生育するにもかかわらず露出根系が発達している（写真①④⑤）。

この庭先にある銀杏の大樹は幹囲七．七メートル、樹高二六〇メートル、樹下にたゝずめば巨木のもつ神韻といったものに包まれる感じが深い。銀杏は雌雄異株であり、この銀杏は雄樹である。幹や枝から乳柱が垂れ下っているというめずらしいものである。

昭和四十六年十月
新穂村教育委員会

大銀杏
所在地　新穂村大字大野一八〇番地
所有者　新穂村大字大野　中河喜三郎
⑥

交通：両津市から県道65号→「日吉神社前」で左折、「大野川ダム」へ向かう途中道路左側、清水寺前。

撮影(メディア)：①④ 2002.4.20 (D)；②⑤⑥ 2002.4.20 (N)；③ 2002.7.2(N)．[③山下氏]

147 15H 新潟県　個番：15-523-002
〒942-1526　三次：5538-54-59

現：**十日町市松代**
旧：東頸城郡松代町①大字松代、長命寺
（ヒガシクビキ　マツダイマチ）

① 2005.4.1：松代町、十日町市、川西町、中里村が合併・新設

著者：資料名(発行年)、頁等	調査年/月	幹周(cm)/性	図写真
（古資料）			
新潟県教育委員会：新潟県文化財調査年報第14：松代・松之山(1976)p.81	(1976)	800 ♀	写真
環境庁：日本の巨樹・巨木林(1991) **15**-88	1988	800(1)	—
北野：巨木のカルテ(2000)p.197	(1988)	(800(1))	写真
著者実測	2000/7	760 ♀ +[200]	写真
(2100年代)			
(2200年代)			

現況：生長したヒコバエ（幹周200 cm）が本体幹に根元で合着、幹軸が傾斜している樹（写真①）。幹の途中から出る多数のヒコバエを何度も切削したために生じた不規則な形の突起、その下に伸びる乳、その切削残痕、萌芽枝根部の集団などにより、幹表面は不整形となっている（写真④⑤）。根元は錐盤状で、根系は僅かながら露出している（写真①③④）。

交通：関越道「六日町IC」→国道253号→第三セクター「松代」駅裏（線路の向こう側）。

撮影(メディア)：① 2000.7.2 (R)；②④ 2001.5.2 (D)；③ 2000.7.2 (N)；⑤ 2001.5.2 (N)；⑥ 1998.10.10 (R).［⑥巨智部氏］

148 15O 新潟県　個番：15-216-016
〒941-0041　三次：5537-47-22

現：**糸魚川市真光寺（西海地区）**、一般地（阿弥陀堂）、県天（1960.12.28）

① 1954.6.1：市制施行
② 2005.3.19：糸魚川市、能生町、青海町が合併・新設

著者：資料名(発行年)、頁等	調査年/月	幹周(cm)/性	図写真
（古資料）			
新潟県糸魚川市教育委員会：説明板（設置日不詳）	?	1000	
樋田：イチョウ(1991)p.110	?	600 ♂	写真
環境庁：日本の巨樹・巨木林(1991) **15**-34	1988	890(1)	—
北野：巨木のカルテ(2000)p.181	1988	(890)	
著者実測	1999/4	共通953(4) ♂	写真
(2100年代)			
(2200年代)			

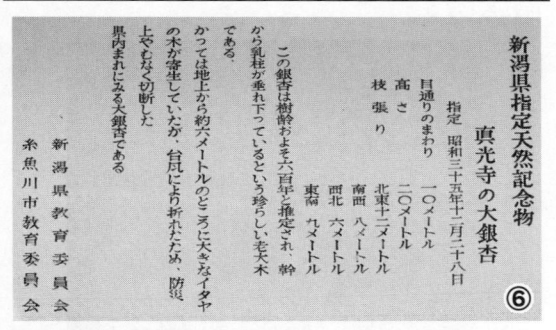

新潟県指定天然記念物　真光寺の大銀杏
指定　昭和三十五年十二月二十八日
目通りのまわり　一〇メートル
高さ　北東十二メートル
枝張り　南西　八メートル
　　　　北西　六メートル
　　　　東南　九メートル
この銀杏は樹齢およそ六百年と推定され、幹から乳柱が垂れ下っているという珍しい老大木である。かつては地上から約六メートルのどころに大きなイタヤの木が寄生していたが、台風により折れたため、防虫上やむなく切断した。県内まれにみる大銀杏である。
新潟県教育委員会
糸魚川市教育委員会

現況：伐採撤去された太幹の残痕（写真⑤）を含めて、4本幹の多幹状樹であったように見える（写真①④⑤）。生長したヒコバエを伴う。高湿度の環境であろうか、幹全体がシダ、コケ、その他の巻き付き植物の着生が多い（写真①⑤）。根元は錐盤状で、露出根はない（写真⑤）。

交通：北陸道「糸魚川IC」→国道148号→国道8号→県道221号→「北西海小学校」前、食料品店の横を左折、「上羽生バス・真光寺」の看板あり。上り坂を行くと至る。

撮影(メディア)：①⑤-⑦ 1999.4.29 (N)；② 2002.3.17 (N)；③ 2003.9.26 (D)；④ 2002.3.17 (D).

149 15M 新潟県　〒949-6545　個番：15-462-007　三次：5538-47-00

現：**南魚沼市**[1]**長崎**

旧：南魚沼郡塩沢町[1]大字長崎811、大福寺

[1] 2005.10.1：塩沢町が編入

著者：資料名(発行年)、頁等	調査年／月	幹周(cm)／性	図写真
(古資料)			
環境庁：日本の巨樹・巨木林(1991)**15**-72	1988	640(1)	—
著者実測	2000/7	700 ♀	写真
(2100年代)			
(2200年代)			

現況：均整のとれた単幹樹だが(写真①)、一側面では地面から上部にかけて樹皮が剥離し、樹芯が剥け出んばかりの枯死部分と空洞化が見られる(写真⑤)。焼け痕がないので落雷による被害とも考えられない。根元は錐盤状で、根系の露出は僅かである。地際に葉が見られる(写真⑤)。

交通：関越道「六日町IC」→六日町市街から国道291号南下→県道28号を過ぎて進行方向右に関越道「六日町IC」→(大福寺の石柱あり)右折、道なり左側。

撮影(メディア)：①⑥ 2000.7.2(N)；②⑤ 2000.7.2(R)；③ 2002.2.23(N)；④ 1998.10.10(R).

150 15K 新潟県　〒958-0023　個番：15-212-008　三次：5739-23-76

現：**村上市瀬波上町6-37**、大龍寺、市天

[1] 1954.3.31：市制施行

著者：資料名(発行年)、頁等	調査年／月	幹周(cm)／性	図写真
(古資料)			
三浦ら：日本老樹名木天然記念樹(1962)No.1220	1961	570	—
上原：樹木図説2. イチョウ科(1970)p.125	?	570	—
環境庁：日本の巨樹・巨木林(1991)**15**-29	1988	630(1)	—
著者実測	2000/11	709 ♂	写真
(2100年代)			
(2200年代)			

現況：若いヒコバエ、小さい乳を伴うが、整った単幹樹(写真①③)。幹の縦裂が見られる(写真④)。内部に伸長した根様体が多量に見られるので、この割れ目は着生植物から伸びた根(？)によって幹芯が浸食されていることに起因する可能性がある。根元は錐盤状で、露出根系はない(写真⑤)。

交通：新潟方面から(国道7号または)国道345号北上→村上市内の交差点「瀬波上町」で、345号から外れ直進、右側(電柱に「大龍寺」の指示あり)。

撮影(メディア)：①⑥ 2000.11.3(N)；② 1998.10.23(N)；③ 2002.4.19(D)；④⑤ 1998.10.23(R).

151 15D　新潟県岩船郡　個番：15-584-033
〒958-0215　三次：5739-34-43

現：**朝日村大字檜原** 799、太子堂（太田氏敷地内）、村天

著者：資料名(発行年)、頁等	調査年/月	幹周(cm)/性	図写真
（古資料）			
朝日村教育委員会：説明板(1978.3 設置)	？	820	
環境庁：日本の巨樹・巨木林(1991)**15**-111	1988	890(1)	—
北野：巨木のカルテ(2000)p.200	(1988)	(890)	写真
著者実測	1999/11	914 ♀	写真
(2100 年代)			
(2200 年代)			

現況：若いヒコバエ、乳を伴う単幹樹（写真①）。根元は凹形の鍾盤状で、露出根なし。1998年9月の台風7号で、幹の半分が割裂した（写真①⑤）。上記の幹周サイズはこの時点での値である。裂け目から大量の紐状根様体が露出している（写真⑥：根元に横たわる折損片）。それらは、樹上でギンナンが発芽して伸ばした根か、着生植物の根であったかもしれない。それらが外面には見えない、幹の内部の浸食を進行させ、折損の一要因となったと考えられる。イチョウ巨木・巨樹の折損の現場では必ず見られる。根元は微かな錐盤状で、露出根はない（写真④⑥）。

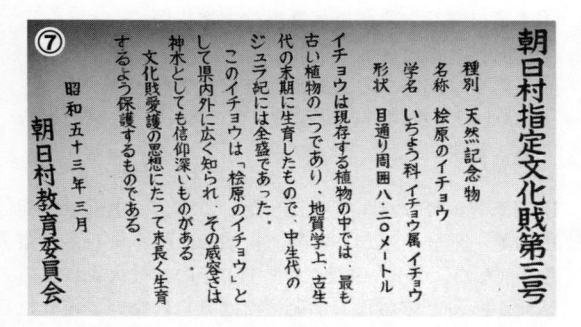

⑦
朝日村指定文化財第三号
種別　天然記念物
名称　桧原のイチョウ
学名　いちょう科イチョウ属イチョウ
形状　目通り周囲八・二〇メートル
　イチョウは現存する植物の中では、最も古い植物の一つであり、地質学上、古生代の末期に生育したもので、中生代のジュラ紀には全盛であった。
　このイチョウは「桧原のイチョウ」として県内外に広く知られ、その威容さは神木としても信仰深いものがある。文化財愛護の思想にたって永長く生育するよう保護するものである。
昭和五十三年三月
朝日村教育委員会

交通：新潟県村上市方面から国道7号→道の駅「朝日」を過ぎ、「桧原」で右折、まもなく左折（または道路左側少し先の「保健センター」、「ゴミ焼却所」で右折、道なりで、道路右側。

撮影(メディア)：①⑦ 1999.11.23(R)；② 2002.4.19(N)；③⑤ 1998.10.23(N)；④⑥ 2002.4.19(D)。

152　新潟県
15E　〒959-1921　　個番：登録なし　　三次：なし

現：**阿賀野市**④**折居**
旧：**北蒲原郡笹神村**③④(ササカミムラ)**大字折居**①、**八所神社**

① 本多(1913)：北蒲原郡笹岡村大字折居
② 笹岡村と神山村の合併
③ 三浦ら(1962)：北蒲原郡笹神村大字折居
④ 2004.4.1：笹神村、安田町、京ケ瀬村、水原町が合併・新設

現況：若いヒコバエ、生長したヒコバエ、上部まで樹皮剥離・部分枯死がある幹、折損した幹を含む多幹束生樹（写真①④）。1922（大正11）年の神社火災による枯死があると思われるが炭化痕は見られない。根元は直柱状に地面から立ち上がり、露出根系が僅かに見られる程度である（写真④）。

著者：資料名(発行年)、頁等	調査年/月	幹周(cm)/性	図写真
（古資料）			
①本多：大日本老樹名木誌(1913)No.465	1912	848	—
神社火災で焼ける	1922		
③三浦ら：日本老樹名木天然記念樹(1962)No.1140	1961	848	
上原：樹木図説2. イチョウ科(1970)p.125	?	850	—
著者実測	1999/6	外周850〜900♂	写真
(2100年代)			
(2200年代)			

交通：磐越道「安田IC」→国道290号を北上→道路を直交する変圧線の手前、「折居」で右手に入る。集落の中、290号からは直接見えない。

撮影（メディア）：①③⑥ 2003.7.8(D)；② 2001.4.14(N)；④ 1999.6.5(N)；⑤ 2003.7.18(D).

コラム 16　イチョウの雄木と雌木の違い(1)

「イチョウの雄木と雌木はどうやって見分けるのですか？」という質問をよく受けます。花を見れば誰でも区別できることは分かりますが、それ以外の方法を筆者自身は知らないのでいつも困り果ててしまいます。全国を調査してまわっていると「葉の縁に切れ込みがないのは雌木（スカートと同じ）で、深い切れ込みがあるのは雄木の葉（＝ズボン）」（全く反対のことをいう人もいます）だということを、まじめに話してくれる老人に出会うことがよくあります。そのようなことを書いてある本草書もあります。

写真1　　写真2

優れたプロの庭師は、枝振りで見分けるものだということを聞いたことがあります。雄木の枝は鋭角に伸び、雌木の枝は鈍角だといいます。確かにこの見分け方は、そこそこの樹齢の木までは適合する一般的なことのように思えます。しかし、この本で扱われるような樹齢が3桁代で、幹周7〜8m以上の巨樹には、この一般性は難しい

→次頁へ→

153 富山県
16A

個番：16-205-001
〒935-0022
三次：5536-27-28

現：**氷見市朝日本町 16-8**、上日寺、国天
（1926.10.20）

1 本多(1913)：氷見郡氷見町大字朝日町朝日山
2 富山県(1923)：氷見郡氷見町朝日 1063 番地
3 内務省(1924)：氷見郡氷見町朝日山
4 1952.8.1：市制施行
5 本田(1957)：氷見市朝日字庚申塚

現況：若いヒコバエ、生長したヒコバエ、幹に融合したヒコバエ、幹に密着して垂下する長短の乳、幹に融合した乳等を伴う単幹樹（写真①③④）。写真④は、約80年前（内務省 1924）に撮影された写真の像と基本的に同じである。同時に、この樹の根元周りの状況は1924年とは大きくは変わっていず、貴重な事例を提供している。根元は巨大な錐盤状で、根上り的に露出根系を発達させている（写真③）。

国指定天然記念物
上日寺のイチョウ
大正十五年十月二十日指定

上日寺は、銀杏精舎ともよばれている。これは白鳳十年、当寺創建の際観音菩薩を安置し、その霊木としてこの樹が植えられたと伝えられるのに由来する。
樹高三六メートル、幹回り一二メートル、大きさでは日本でも屈指のものである。四月下旬雌花を開き、秋には一〇〇〇リットルにもおよぶ実を結ぶ。大小無数の気根が垂れている。その先端が削られるように乳の出ない母親が乳の出るようにと祈り、煎用するという民間信仰のためである。

富山県教育委員会
氷見市教育委員会

⑤

交通：北陸道「小杉IC」→国道8号→国道160号→氷見市内「市民会館前」で左折、会館前を通過直進、至る。
撮影(メディア)：①② 2001.4.30(R)；③④⑤ 2001.4.30(N)。

著者：資料名(発行年)、頁等	調査年/月	幹周(cm)/性	図写真
（古資料）			
1 本多：大日本老樹名木誌(1913)No.421	1912	1515	写真
2 富山県：富山県史蹟名勝天然紀念物調査会報告 第四号(1923)p.11	?	1097 ♀	写真
3 内務省：天然紀念物調査報告第三十五号(1924)p.10	1922～23	1091 ♀	写真
富山県・氷見市教育委員会：説明板(設置日不明)	?	1200 ♀	
5 本田：植物文化財(1957)p.33	?	1230 ♀	—
三浦：日本老樹名木天然記念樹(1962)No.1102	1961	1090 ♀	写真
上原：樹木図説2. イチョウ科(1970)p.160	?	1090 ♀	写真
沼田：日本の天然記念物5.(1984)p.79	?	1200 ♀	写真
八木下：巨樹(1986)p.65	?	1100	写真
読売新聞社編：新 日本名木100選(1990)p.220	?	1200	写真
樋田：イチョウ(1991)p.62/111	?	1100 ♀ / 1050 ♀	
環境庁：日本の巨樹・巨木林(1991)16-19	1988	1200	
牧野：巨樹名木巡り〔北陸・近畿地区〕(1995)p.6	?	1200	写真
平岡：巨樹探検(1999)p.277	(1988)	(1200)	
渡辺：巨樹・巨木(1999)p.225	1993/3	1200 ♀	写真
氷見の巨樹名木(1999)p.28	?	1115 ♀	
藤元：全国大公孫樹調査(1999)p.5	1994/10	1100	
北野：巨木のカルテ(2000)p.205	(1988)	(1200)	写真
著者実測	1992/8	測定せず♀	写真
高橋：日本の巨樹・巨木(2001)p.86	?	1110	
（2100年代）			
（2200年代）			

→前頁より

ようです。反対の事例さえ出てくるのです。
　他に外見から雌雄を見分ける簡便な方法、しかも花をつけるまでに育っていない、いわゆる若木の段階で（若ければ若いほどよい）見分ける方法はないかと、いろいろ試してみましたが、見つかりませんでした。ただ、それを見いだすためのヒントになるような事実が、3～7年にわたる全国3ヶ所での成木（花をつけるまでに育った木）の継続調査でわかってきました。いまのところ、年変動があるため50～80%台の確率ですが、一定の条件のもとではほぼ100%の雄木の選別ができます。結論だけ述べますと（詳しくは文献34を見て下さい）、雄木の芽が雌木の芽より約1週間早く開芽する（写真1：左側が芽が開いた雄木、右側が芽の開いていない雌木；写真2：雄木の拡大像、1999.4.12撮影）という一般性があることです。この特性を利用すれば、芽生え後2～3年生くらいの木でも将来区別できるようになるかもしれません。

154 (17A) 石川県　〒926-0365

個番：17-202-016
三次：5537-40-63

現：**七尾市庵町(百海町)ケの部6-2、伊影山神社、県天(1990.9.26)**

① 1939.7.20：市制施行

著者：資料名(発行年)、頁等	調査年/月	幹周(cm)/性	図写真
(古資料)			
読売新聞社編：新 日本名木100選(1990)p.221	?	700	写真
環境庁：日本の巨樹・巨木林(1991)**17**-25	1988	1087(1)	—
石川県・七尾市教育委員会：説明板(設置日不明)	?	1087♀	
梅原ら：巨樹を見に行く(1994)p.41	?	1090	
平岡：巨樹探検(1999)p.277	(1988)	(1087)	
北野：巨木のカルテ(2000)p.221	(1988)	(1087)	写真
著者実測	1999/4	測定できず♀	写真
高橋：日本の巨樹・巨木(2001)p.86	?	1090	
(2100年代)			
(2200年代)			

現況：無数の細い若いヒコバエ、生長したヒコバエ、小形の乳に囲まれた単幹樹(写真①④⑤)。山頂近くの斜面にかかる縁辺に生育するため、精確な測定は難しい。定期的に人の手の入る様子はない。根元は錐盤状で(写真①)、斜面に沿って根系が発達し、露出している。海風、多湿気のためか樹全体として折損被害が多く、樹肌が荒れ性。

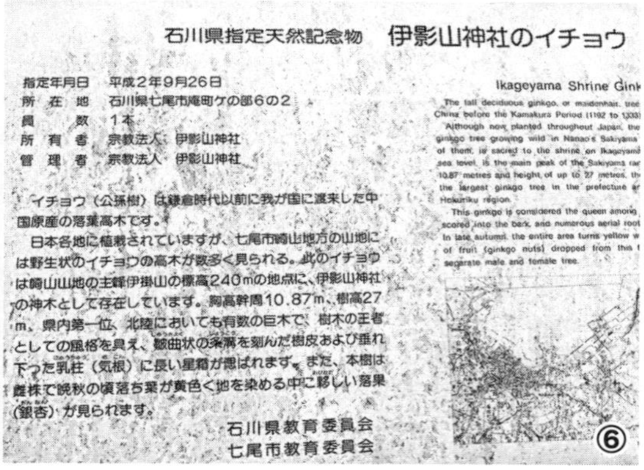

交通：能都道路「徳田大津IC」→七尾市→国道160号を氷見市方面→「百海」で県道246号→間もなく「伊掛山遊歩道」の看板あり。そこから徒歩約20分登り至る。
撮影(メディア)：① 2001.4.30(D)；② 2001.4.30(R)；③ 2001.4.30(N)；④-⑥ 1999.4.29(N)．

---

155 (17B) 石川県河北(カホク)郡　〒929-0402

個番：17-361-010
三次：5536-06-24

現：**津幡町(ツバタ)大字笠池ケ原、一般地(祐関寺跡)、町天(1989.8.1)**

著者：資料名(発行年)、頁等	調査年/月	幹周(cm)/性	図写真
(古資料)			
環境庁：日本の巨樹・巨木林(1991)**17**-60	1988	867(4)	—
津幡町教育委員会：説明板(1989以降設置)	?	720	
著者実測	1999/4	785♂	写真
(2100年代)			
(2200年代)			

現況：若いヒコバエ、生長して幹に密着しているヒコバエ、小数の乳を伴う複数幹状樹(写真①④⑤)。地上2mくらいの高さで2幹に分岐するが、それより低位で融合したようにも見える樹形(写真①⑤)。根元は微かな凹形錐盤状で露出根系が発達している(写真⑤)。

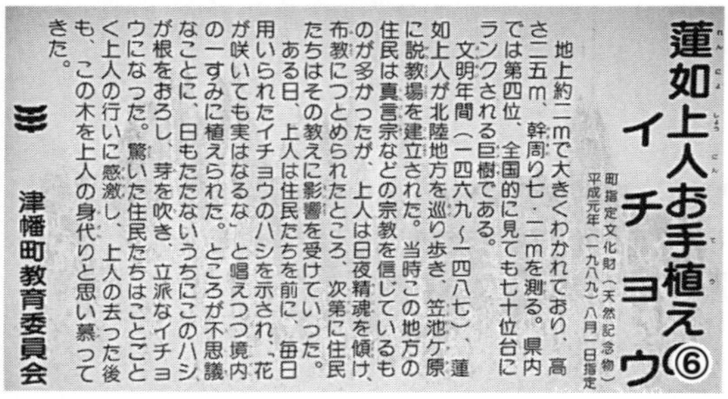

交通：能登道路「白庵IC」→国道159号→国道8号→国道471号、高松町方面へ→「谷坪野」で県道324号→県道218号→バス停「鳥屋尾」で右折→二叉で右へ進行(笠池ヶ原方面)→二叉で右へ進行(「蓮如上人お手植のイチョウ」の看板あり)で至る。道路左手。
撮影(メディア)：①④ 2002.3.18(N)；②⑥ 2002.3.18(D)；③⑤ 1999.4.30(N)．

156 17C	石川県鳳珠郡 (ホウス) 〒 927-0311	個番：17-423-020 三次：5537-70-33	

現：**能登町**32**瑞穂** (フゲシ)
旧：**鳳至郡能都町**1-3**大字瑞穂7字11-1、大峰神社、町天**

1 本多(1913)：鳳至郡鵜川村字瑞穂
2 三浦ら(1962)：鳳至郡能都町字瑞穂
3 2005.3.1：能都町、柳田村、内浦町が合併・新設

著者：資料名(発行年)、頁等	調査年/月	幹周(cm)/性	図写真
（古資料）			
1 本多：大日本老樹名木誌(1913)No.430	1912	1212	―
2 三浦ら：日本老樹名木天然記念樹(1962)No.1093	1961	1212	―
上原：樹木図説2. イチョウ科(1970)p.159	?	1210	
石川県能都町役場：能都町史 第一巻資料編(1980)p.210	?	720	写真
環境庁：日本の巨樹・巨木林(1991)**17**-84	1988	720(1)	
著者実測	1999/4	763 ♂	写真
(2100年代)			
(2200年代)			

現況：若いヒコバエ、生長して幹化したヒコバエ、垂下する乳、幹に融合した乳を伴う多幹状単幹樹（写真①④）。地上近くまで垂下した巨大な乳（写真①）、樹表面のコケ、東日本では珍しい角張った枝振りや樹形のいでたちは他とは違った強い印象を与える。根元は地面から直柱状に立ち上がり露出根系はない（写真①④）。樹全体として折損被害が多く、イチョウにとっては厳しい環境か。

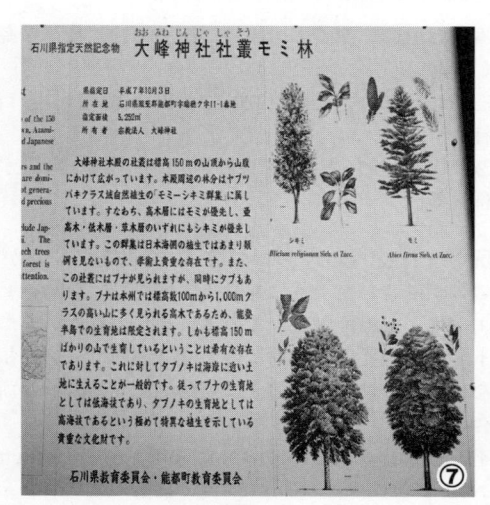

⑦

交通：能登道路、穴水終点で国道249号→能登町内で「瑞穂郵便局」（進行右側）で右折、至る。
撮影(メディア)：①④⑤⑦ 1999.4.29 (N)；② 2002.3.18 (D)；③⑥ 2003.9.26 (D)．

157 石川県
17D 〒920-2331　個番：17-348-003　三次：なし

現：**白山市③瀬戸**
旧：石川郡尾口村[1]-[3]大字瀬戸、瀬戸神社、村天（1972.8.2）、夜泣き公孫樹

[1]本多(1913)：能美郡尾口村、瀬谷神社、夜泣公孫樹（下記参照）
[2]三浦ら(1962)、上原(1970)：石川郡尾口村、瀬戸神社
[3]2005.2.1：松任市、尾口村、鶴来町、他5町村が合併・新設

現況：地上180 cmくらいで二叉に分岐しているが、2本の幹が融合したようにも見える樹で（写真①）、ヒコバエはほとんど削除されている。小形の乳がいくつか垂下する。根元は部分的に微かな錐盤状で、露出根系はない。一方は建物、他方は道路に面する狭い場所に生育。

本多(1913)は、尾口村にNo.451瀬戸神社（909 cm）とNo.481瀬谷神社（727 cm）の2個所のイチョウを記している。前者は「数百個の乳が垂下し、…」、後者は「地上五尺の処より二幹二分れ、…欅一本を生ず」とある。樹の様態の記述から判断して現存のイチョウは後者に相当すると考えられる。しかし、サイズの点では前者に近い。三浦ら(1962)、上原(1970)は後者としている。

交通：北陸道「小松IC」→（市内省略）→国道360号→尾口村内、進行右側。

撮影(メディア)：①④ 1999.4.30 (N); ② 2001.5.1 (R); ③ 2003.9.27 (D); ⑤⑥ 2001.5.1 (D); ⑦ 2001.5.1 (N).

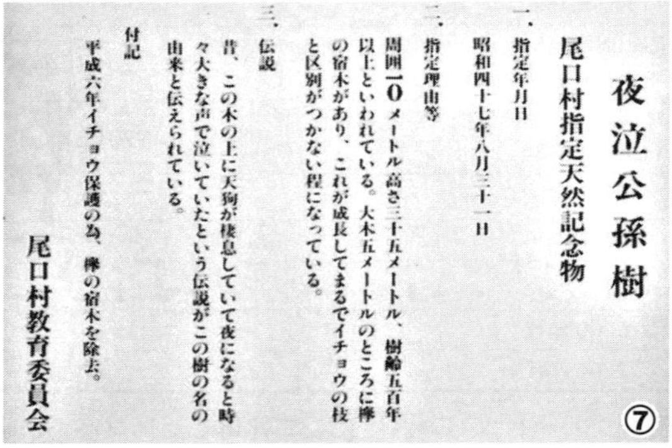

著者：資料名(発行年)、頁等	調査年/月	幹周(cm)/性	図写真
（古資料）			
[1]本多：大日本老樹名木誌(1913) No.481	1912	727	—
[2]三浦ら：日本老樹名木天然記念樹(1962) No.1126	1961	909	—
[2]上原：樹木図説 2. イチョウ科(1970) p.160	?	910	—
環境庁：日本の巨樹・巨木林(1991) **17**-59	1988	980 (1)	—
北野：巨木のカルテ(2000) p.225	1988	(980)	写真
平岡：巨樹探検(1999) p.277	1988	(980)	
著者実測	1999/4	共通1010♂(612・597)	写真
(2100年代)			
(2200年代)			

夜泣公孫樹

一、指定年月日　昭和四十七年八月三十一日
二、指定理由等　周囲10メートル、高さ三十五メートル、樹齢五百年以上といわれている。大木五十メートルのところに欅の宿木がはえ、これが成長してまるでイチョウの枝と区別がつかない程になっている。
三、伝説　昔、この木の上に天狗が棲息していて夜になると時々大きな声で泣いていたという伝説がこの樹の名の由来と伝えられている。
付記　平成六年イチョウ保護の為、欅の宿木を除去。

尾口村教育委員会

尾口村指定天然記念物

⑦

コラム 17　イチョウの雄木と雌木の違い(2)

あるとき、「どこそこでイチョウを切り倒している」というニュースを友人が教えてくれました。早速現地に行き、残った切り株(地面からせいぜい30 cmくらい残っているだけでした)の残りを試料として切らせてほしいと頼みました。直径で約1.5 mはある木でしたので、これは太い木を扱える伐採業者でないとできる仕事ではないといわれ、親戚に頼んで見つけてもらいました。いよいよ、業者と現場に切りに行ったところ、業者は切り株を見

写真1 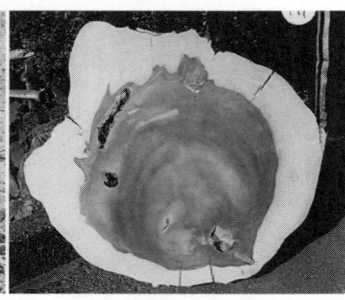　　　写真2

次頁へ→

158 18A 福井県　〒914-0146　個番：18-202-014　三次：5336-30-42

現：**敦賀市金山** 58、金山彦神社、市天（1956.12.18）

① 1937.4.1：市制施行

著者：資料名（発行年）、頁等	調査年/月	幹周(cm)/性	図写真
（古資料）			
環境庁：日本の巨樹・巨木林(1991)**18**-20	1988	770(1)	—
福井県自然保護センター：ふくいの巨木(1992)p.84	?	770 ♂	写真
著者実測	1999/9	外周(主)808 ♂ + [136+116]	写真
（2100年代）			
（2200年代）			

現況：若いヒコバエ、生長した多数のヒコバエ、垂下乳、内側の木部が腐食喪失し表層だけになっている部分、樹皮が剝離・離脱して内部が露出している部分などを伴う多幹叢生樹（写真①③-⑥）。中～上部にかけて、幹はすべて途中で伐採切削されている（写真①）。根元は地面から直柱状に立ち上がり、露出根系はない（写真①③④）。

交通：北陸道「敦賀IC」→国道27号を舞鶴方面→県道225号→「国立敦賀病院」前。

撮影(メディア)：①② 2002.3.20(D)；③-⑤⑦ 1999.9.24(N)；⑥ 2002.3.20(N).

159 18B 福井県　〒911-0012　個番：18-206-025　三次：5436-14-01

現：**勝山市野向町薬師神谷**、薬師神社／白山神社、市天

① 1954.9.1：市制施行

著者：資料名（発行年）、頁等	調査年/月	幹周(cm)/性	図写真
（古資料）			
環境庁：日本の巨樹・巨木林(1991)**18**-32	1988	730(1)	—
福井県自然保護センター：ふくいの巨木(1992)p.16	?	770 ♂	写真
著者実測	2001/5	外周 800 ♂	写真
（2100年代）			
（2200年代）			

現況：境内林の中、社殿前の斜面地に生育（写真④）。多数の若いヒコバエ、生長したヒコバエに囲まれた単幹樹（写真①③④）。根元は錐柱状で、これまで削除されたヒコバエ根塊に囲まれ、露出根系が発達している（写真③④）。樹肌が荒れているのは、湿気分の多い環境によるものであろう。

交通：北陸道「福井北IC」→国道416号→勝山市内で国道157号を金沢方面へ→「栃神谷」で左折、県道112号→下って滝波川を渡った右側。

撮影(メディア)：①③ 1999.4.30(N)；②⑤ 2001.5.1(N)； ④ 2001.5.1(R).

──→前頁より──

るなり「これは雌の木だ」と簡単に言ってのけたのです。「切り口を見ただけで、イチョウの雄、雌を見分けるなんて！」と、素人の私はただびっくりするだけでした。写真1（雄木の太枝の断面）と写真2（雌木の太枝の断面）を比べると、切り口のパターンの違いが明瞭に分かることと思います。カラー写真だとより明確に分かるのですが、写真2の色の濃い部分が、実際は赤身といわれる朱色の部分で、周囲の白い部分に対する割合が多いのが雌の特徴とのことです。

160 18C 福井県

個番：18-207-034
〒 916-1111
三次：5336-72-61

現：**鯖江市上戸口町**(カミトノクチチョウ)(通称三峯)、三峯城跡、県天(1973)、乳授けの大銀杏

① 1955.1.15：市制施行

現況：この樹は日本の巨樹イチョウの中でも例外中の例外の存在である。一度は死んだ（折損し、細断された）樹である。1981年の豪雪で倒壊した親木が輪切り細断され、その1つが地中に埋められた。そこから萌芽が伸び、生長して今日の姿になったのである（写真②③）。断片から萌芽した枝が20本以上直立している（写真③－⑤）。断片表面は腐りつつあり、コケや着生植物におおわれているが（写真⑤）、未だ形骸を残している。萌芽枝のなかには、この残痕部の上からではなく、外側面から伸長するものもあるので、地中にある断片の底面からは確実に新たな根系が発達していると考えられる。

著者：資料名(発行年)、頁等	調査年/月	幹周(cm)/性	図写真
（古資料）			
三浦ら：日本老樹名木天然記念樹(1962)No.1186	1961	650	写真
上原：樹木図説2．イチョウ科(1970)p.161	？	650	―
説明板：1981(昭和56)年の豪雪で根元近くで折損		根回800	
環境庁：日本の巨樹・巨木林(1991)**18**-36	1988	960(1)*	―
平岡：巨樹探検(1999)p.278	(1988)	(960)	―
北野：巨木のカルテ(2000)p.238	(1988)	(960)	写真
著者実測	2002/3	断片外周 990♂	写真
(2100年代)			
(2200年代)			

* 現在の樹は、倒壊した主幹の一部を土に埋めておいたものから出た萌芽枝が生長したもの（著者注）

大いちょう

「乳授けの大銀杏」と尊ばれ、三峯村人の誇りであった。昭和48年には、天然記念物として県の指定を受けており、当時の記録では「主幹の根廻り八メートル」の巨木であった。昭和56年の豪雪の際、根元近くで折れてしまったが、関係者の努力により再生した。古くは泰澄大師(たいちょうだいし)の母親がこの大銀杏の樹皮から乳をいただいたという伝説がある。⑦

交通：北陸道「鯖江IC」→県道18号→（左折）県道25号→戸口トンネル手前右側「三峯城跡入口」の看板→約3.5km登ると城跡に至る（普通自動車で行くことが可能）。

撮影(メディア)：①⑤ 1999.12.20 (N)；②⑥ 2002.3.19 (N)；③④ 1999.11.7(N)．［①③－⑤矢部氏］

161 19A　山梨県南巨摩郡　個番：19-367-005
〒409-2102　　三次：5238-63-77

現：**南部町**[3]**福士**、金山神社、県天（1958.6.19）
旧：富沢町[1]-[3]福士字小久保

[1] 上原(1970)：南巨摩郡富沢町
[2] 環境庁(1991)：富沢町福士小久保
[3] 2003.3.1：南部町、富沢町が合併・新設

著者：資料名（発行年）、頁等	調査年/月	幹周(cm)/性	図写真
（古資料）			
[1]上原：樹木図説2.イチョウ科(1970)p.129	?	885	―
山梨県教育委員会：説明板(1971.12 設置)	?	885 ♀	―
樋田：イチョウ(1991)p.100	?	885 ♀	―
[2]環境庁：日本の巨樹・巨木林(1991)**19**-38	1988	885	―
北野：巨木のカルテ(2000)p.250	1988	(885)	写真
著者実測	1999/5	外周1040♀	写真
（2100年代）			
（2200年代）			

現況：叢生する若いヒコバエ群に囲まれた、斜傾した単幹樹（写真①）。ヒコバエ根塊が幹を這い上がる（写真④⑤）。湿度が高いのか、樹肌はコケむし、一面は荒れ肌、他面は小頭突起を多数つける（九州のイチョウに見られる形状）（写真④）。刃物で幹表面を縦に切ったような縦裂が見える（写真①）。上位の枝から乳が垂下している（写真①③）。根元は力強い錐盤状で、露出根系はない（写真①④）。

> 県指定天然記念物
> 福士金山神社のイチョウ
> 南巨摩郡富沢町福士字小久保
> 昭和三十三年六月十九日指定
>
> この木は、イチョウの雌木で県下でも注目すべき巨木である。
> 根囲り一二、七メートル、目通り幹囲八、六メートル、枝張りは東西二六メートル、南北二五メートル、樹高約三〇メートルである。
> 主幹は南へ約七度ばかり傾斜している。下方の枝からは、イチョウ特有の乳房を垂らし樹勢はきわめて旺盛である。
> 地元民は、昔からこのイチョウの葉が黄色に色づくのを見て季節の移りかわりを知り、秋の田畑の仕事をしたといわれる。
> 昭和四十六年十二月　日
> 山梨県教育委員会
> ⑥

撮影(メディア)：①②④2001.3.3(N)；③2003.10.7(D)；⑤⑥1999.5.22(N)．

---

162 19B　山梨県南巨摩郡　個番：19-365-003
〒409-2538　　三次：5338-03-12

現：**身延町門野**、本妙寺、町天（1966.5.30）

著者：資料名（発行年）、頁等	調査年/月	幹周(cm)/性	図写真
（古資料）			
説明版による		1372頃植栽の記録	
身延町：説明板(1980.11 設置)	?	675 ♂	―
牧野：巨樹名木巡り〔甲信越・中部地区〕(1996)p.16	?	675	写真
樋田：イチョウ(1991)p.101	?	675	―
環境庁：日本の巨樹・巨木林(1991)**19**-35	1988	675	―
著者実測	1999/5	外周804 ♂	写真
（2100年代）			
（2200年代）			

現況：本幹に密着して生長したヒコバエ、垂下乳、ヒコバエ根塊が這い上がった単幹樹（写真①④）。根元は錐盤状で、露出根系が発達。

> **本妙寺のイチョウ**（天然記念物）
> 昭和41年5月30日県指定
>
> 本樹は稀に見る巨木で、根回り周囲10.45m 目通り幹囲6.75m、樹高約27.0m、枝張り東13.5m、西11.5m、南16.0m、北15.3mで地上より約3mで数本の枝が分岐していて、樹勢極めて旺盛な巨樹で、名木たるに値する。
> 当寺の建立は応安5年(1372)2月8日で、「開山正行房日如上人、身延山第六世日院上人御代也」と過去帳に記されているのでこのイチョウもその頃の植樹と推定される。従って樹齢は600年を経過したものと考えられる。
> ◆ このイチョウは、雄木のため結実しない。
> 昭和55年11月
> ⑥　　身延町

交通：東名道「清水IC」→国道52号北上／中央道「甲府南IC」→国道140号→国道52号を身延町から南部町方面→「大城入口」で左折、県道308号→「本妙寺」の小さい看板が見えたら、右手、坂上。

撮影(メディア)：①②⑤ 2001.3.3 (R)；③⑥ 1999.5.22 (N)；④ 2001.3.3(N)．

交通：東名道「清水IC」→国道52号北上→中央道「甲府南IC」→国道140号→国道52号を身延町へ→道の駅「とみざわ」で右折、県道801号→「火打石トンネル」を抜けてすぐ右折。橋を渡る→バス停「小久保」の左手。

163
20A

長野県　　個番：20-213-004
〒389-2322　　三次：5538-23-53

現：**飯山市大字瑞穂①②字神戸(ゴウド)、銀杏三寶大荒神、県天**（1962.9.27）

① 本多(1913)：下高井郡瑞穂村
② 長野県(1925)：下高井郡瑞穂村大字神戸字銀杏木
③ 1954.8.1：市制施行

著者：資料名(発行年)、頁等	調査年/月	幹周(cm)/性	図写真
（古資料）			
①本多：大日本老樹名木誌(1913)No.422	1912	1454	写真
②長野県：史蹟名勝天然紀念物調査報告 第参輯(1925)p.145	?	ca.1121♂	—
三浦ら：日本老樹名木天然記念樹(1962)No.1086	1961	1455	—
上原：樹木図説2.イチョウ科(1970)p.126	?	1460	—
牧野：巨樹名木巡り〔甲信越・中部地区〕(1996)p.54	?	1120♂	写真
樋田：イチョウ(1991)p.103	?	1120♂	—
環境庁：日本の巨樹・巨木林(1991)**20-35**	1988	1100(5)	—
長野県・飯山市教育委員会：説明板(1997.3 設置)	?	1300♂	—
渡辺：巨樹・巨木(1999)p.205	1992/11	1300♂	写真
北野：巨木のカルテ(2000)p.266	1988	(1100)	写真
著者実測	2000/6	外周1690♂	写真
(2100年代)			
(2200年代)			

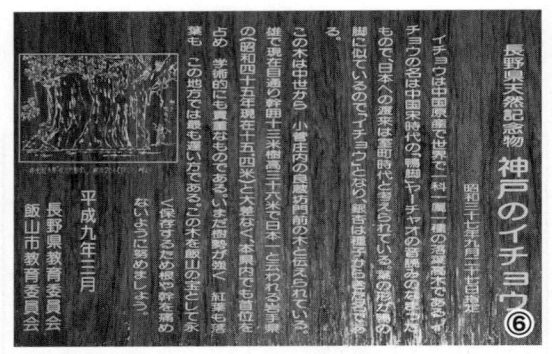

現況：多数の若いヒコバエ、生長して幹化したヒコバエ、折損・枯死した幹、乳、幹に融合した乳などが渾然一体となった多幹叢生樹(写真①④⑤)。根元は錐盤状および直柱状に立ち上がり、露出根系が発達している(写真①④⑤)。

交通：長野道(上信越道)「豊田飯山IC」→県道96号→県道38号→飯山市内で→長野市方面から国道117号(403号と同道)→「新町」で県道38号→「菜の花公園神戸入口」で右折→至る。

撮影日(メディア)：① 2001.5.2 (R); ②④⑤ 2001.5.2 (N); ③ 1998.8.1(N); ⑥⑦ 2000.6.17(N).

164 20B 長野県下高井郡　個番：20-562-001
〒389-2301　三次：5538-23-43

現：**木島平村大字穂高字和栗、長光寺**

著者：資料名(発行年)、頁等	調査年/月	幹周(cm)/性	図写真
(古資料)			
樋田：イチョウ(1991)p.103	?	900♂	—
環境庁：日本の巨樹・巨木林(1991)**20**-91	1988	718(1)	
著者実測	2000/6	900♂	写真
(2100年代)			
(2200年代)			

現況：多数の若いヒコバエを伸ばすが（写真③）、力強く発達した輪盤状の根元にはヒコバエ根塊はない（写真④⑤）単幹樹（写真①）。乳の垂下は見られる（写真①）。樹全体として、細い枝の伸展が顕著である。露出根系の発達は見られない。

交通：長野道「豊田飯山IC」→県道96号→県道38号→飯山市内で→長野市方面からの国道117号（403号と同道）→「新町」で県道38号→「みずほ建材」で右折→至る。

撮影(メディア)：① 2001.5.2 (D); ② 2001.5.2 (R); ③ 2001.5.2(N); ④-⑦ 1998.8.1(N).

165 20C 長野県　個番 20-201-012
〒381-0043　三次 5438-71-97

現：**長野市吉田3丁目**、一般地（吉田大（御）神宮跡）、市天（1967.11）

1 1897.4.1：市制施行
2 三浦ら(1962)：長野市大字吉田字古屋敷

著者：資料名(発行年)、頁	調査年/月	幹周(cm)/性	図写真
(古資料)			
2 三浦ら：日本老樹名木天然記念樹(1962)No.1167	1961	727	
上原：樹木図説2.イチョウ科(1970)p.127	?	730	—
銀杏樹保存会：説明板（1990.7設置）	?	860♂	
環境庁：日本の巨樹・巨木林(1991)**20**-18	1988	860(1)	
長野市：長野市誌 第1巻自然編(1997)p.396	(1997)	860♂	写真
北野：巨木のカルテ(2000)p.260	(1988)	(860)	写真
著者実測	2000/6	885♂	写真
(2100年代)			
(2200年代)			

現況：小形の乳、ヒコバエ根塊の這い上がりを伴う堂々とした多幹状単幹樹（写真①③④）。根元は輪盤状で、平地生育だが露出根系が発達している（写真①④）。樹全体の折損が少ない。

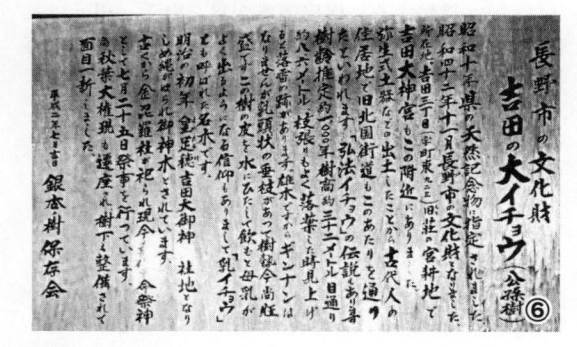

交通：省略。

撮影(メディア)：①②④ 2001.5.2 (N); ③ 2000.6.17 (R); ⑤ 1995頃(R); ⑥ 2000.6.17 (N).

166 20D　長野県下伊那郡　個番：20-417-002
〒399-3501　三次：5338-30-06

現：**大鹿村(オオシカ)大字鹿塩**、園通殿、村天（1986.2.1）

①長野県(1923)：下伊那郡大鹿村大字鹿塩入沢井、園通殿

著者：資料名(発行年)、頁等	調査年/月	幹周(cm)/性	図写真
（古資料）			
①長野県：史蹟名勝天然紀念物調査報告 第一輯(1923)p.102	1922	788	—
三浦ら：日本老樹名木天然記念樹(1962)No.1245	1961	476	—
上原：樹木図説 2.イチョウ科(1970)p.128	?	480 根回800	—
大鹿村教育委員会：説明板(1986.2.1.設置)	?	830	—
環境庁：日本の巨樹・巨木林(1991)**20**-70	1988	830	—
平岡：巨樹探検(1999)p.279	(1988)	(830)	—
著者実測	1999/5	805 ♂	写真
(2100年代)			
(2200年代)			

現況：おそらく、日本の巨樹・巨木イチョウの中で最も高い所（海抜1080 m）に生育する樹であろう。若いヒコバエ、生長して幹に融合したヒコバエ、乳などを伴う単幹樹(写真①④)。樹は一段高い平地に生育し、枝は弧を描いて地面より低い方に先端を伸ばし（写真①④⑤）、錯綜する。樹皮剥離が見られる。根元は錐盤状または直柱状に立ち上がり、露出根系はない（写真①④）。

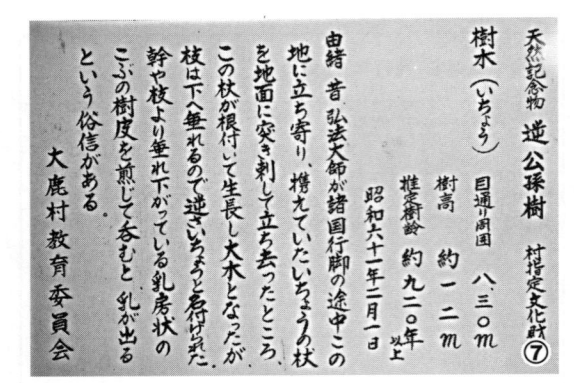

天然記念物　逆公孫樹　村指定文化財⑦

樹木（いちょう）
目通り周囲　八・三〇m
樹高　約一二m
推定樹齢　約九二〇年以上

昭和六十一年二月一日

由緒　昔弘法大師が諸国行脚の途中この地に立ち寄り、携えていたいちょうの杖を地面に突き刺して立ち去ったが、この杖が根付いて生長し大木となったが、枝は下へ垂れるので逆さいちょうと名付けられた。幹や枝より垂れ下がっている乳房状のこぶの樹皮を煎じて呑むと、乳が出るという俗信がある。

大鹿村教育委員会

交通：中央道「松川IC」→県道59号→県道20号→国道152号→「高遠」方面→約3 km先にある大鹿中学校に至る手前（「鹿塩温泉入口」）で右折（ここからイチョウまで約4.8 km）→途中にある道路標識（入沢井／三伏登山口）で、入沢井へ（「松川IC」から「入沢井」まで約27 km）。

撮影(メディア)：①-⑤⑦ 1999.5.1 (N)；⑥ 1998.8.2 (N).

167 20E 長野県上高井郡　個番：20-543-006
〒382-0805　三次：5538-02-29

現：**高山村三郷**、一般地、村天

著者：資料名(発行年)、頁等	調査年/月	幹周(cm)/性	図写真
(古資料)			
環境庁：日本の巨樹・巨木林(1991)**20**-88	1988	693(1)	—
著者実測	2000/6	730 ♂	写真
(2100年代)			
(2200年代)			

現況：凹凸はあるが整ったきれい単幹樹（写真①②⑤）。下から中部にかけて横に伸びる太枝がすべて切り払われているため、その伐採端から伸びる萌芽細枝が多い（写真①②⑤）。根元は力強い錐盤状で、露出根系はない（写真④）。

交通：須坂市方面から県道54号。
撮影(メディア)：①②⑤2001.5.2(D)；③2000.6.17(N)；④⑥1998.8.1(N)．

168 20F 長野県東筑摩郡　個番：20-488-001
〒399-7200　三次：5437-47-74

現：**生坂村小立野**(イクサカ オタツノ)、乳房観音、県天(1965.4.30)

①長野県(1932)：生坂村小立野字乳房906番、乳房観世音

著者：資料名(発行年)、頁等	調査年/月	幹周(cm)/性	図写真
(古資料)			
①長野県：史蹟名勝天然紀念物調査報告、第拾参輯(1932)p.255	1930以前	685 ♀	写真
三浦ら：日本老樹名木天然記念樹(1962)No.1170	1961	720	—
上原：樹木図説2.イチョウ科(1970)p.127	?	720	
樋田：イチョウ(1991)p.102	?	932 ♂	写真
環境庁：日本の巨樹・巨木林(1991)**20**-81	1988	700(5)	
牧野：巨樹名木巡り〔甲信越・中部地区〕(1996)p.66	?	830 ♂	写真
渡辺：巨樹・巨木(1999)p.207	1998/3	830 ♂	写真
著者実測	2000/7	外周985 ♂	写真
(2100年代)			
(2200年代)			

現況：若いヒコバエ、生長して幹に融合したヒコバエ、幹に融合して幹化した乳、巨大な垂下乳を伴う多幹状単幹樹（写真①⑤）。70余年前(1932)の記述には、3mを越える長大な乳を含む25本もの棒状乳が垂下していたとある(長野県(1932))が、現在もその何本かは健在である（写真①⑤）。根元は錐盤状で、露出根が見える。

交通：長野道「豊科IC」→国道19号北上→「木戸」(国道403号の起点)で19号からそれ、直進→県道276号→犀川沿い、道なりに直進、小立野に至る。
撮影(メディア)：①④ 2001.5.2 (D)；② 2003.9.25 (D)；③ 2001.5.2(N)；⑤ 1998.8.1(N)；⑥ 2000.7.16(N)．

169 21A	岐阜県 〒506-0007	個番：21-203-018 三次：5437-12-60

現：**高山市総和町1丁目、国分寺、国天**
　（1953.3.31）

1 本多(1913)：大野郡名田村大字七日町
2 岐阜県(1928)：大野郡大名田村大字七日町
3 1936.11.1：市制施行

現況：幹に密着して伸びる乳を伴う多幹状単幹樹（写真①⑤）。中・上部にも乳が垂下。根元は円錐盤状で、地を咬むような力強さ（写真①④）。根系はほとんど露出していない（写真①）。

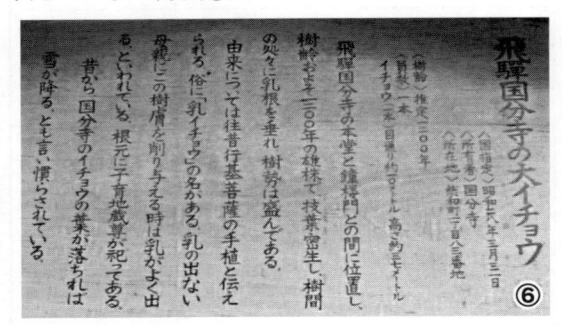

交通：詳細省略（JR「高山」駅から徒歩20分、国道15号沿い）。

撮影(メディア)：①②⑥ 1999.7.3 (N)；③⑤ 2002.11.22 (N)；④ 2002.11.22 (D)．

著者：資料名(発行年)、頁等	調査年/月	幹周(cm)/性	図写真
(古資料)			
1 本多：大日本老樹名木誌 (1913) No.478	1912	758	―
2 岐阜県：岐阜県史蹟名勝天然紀念物調査報告書第三回(1928) p.143	?	792 ♂	
高山市：高山市史 上巻(1952の復刻版)(1981)p.403	(1952)	791 ♂	
本田：植物文化財(1957)p.34	1951/10	1000 ♂	
三浦ら：日本老樹名木天然記念樹(1962)No.1108	1961	1000	
上原：樹木図説 2. イチョウ科(1970)p.159	?	1000 ♂	
沼田：日本の天然記念物 5.(1984)p.83	?	1000 ♂	写真
読売新聞社編：新 日本名木100選(1990)p.221	?	1000	写真
樋田：イチョウ(1991)p.65,107	?	1000 ♂	写真
環境庁：日本の巨樹・巨木林(1991) 21-24	1988	1000(1)	―
梅原ら：巨樹を見に行く(1994) No.19	?	1000	写真
平岡：巨樹探検(1999)p.279	1988	(1000)	―
渡辺：巨樹・巨木(1999)p.248	1992/10	1000 ♂	写真
藤元：全国大公孫樹調査(1999) p.2	1997/12	1000	
北野：巨木のカルテ(2000)p.278	1988	(1000)	写真
須田：魅惑の巨樹巡り(2000) p.114	1997/10	1000	
高橋：日本の巨樹・巨木(2001) p.86	?	890	―
大貫：日本の巨樹100選(2002) p.128	?	1000	写真
著者実測	2002/11	820 ♂	写真
(2100年代)			
(2200年代)			

コラム 18　イチョウのちち(乳)は何か？

　他の樹種には見られない、イチョウに特有な構造としてちち（＝乳。気根、乳柱、乳瘤等とも呼びます）があります。巷間では「老木（古木）になるとちちができる」、「雌の木にちちはできる（→ちちは雌を意味する）」等と、よくいわれます。これらのどれもが正しくありません。若い木にもできるし（写真1）、雄の木にもできます。では、どうして、何のためにできるのでしょうか。
　ちちのできている木を注意深く観察すると、かって大規模な太い枝の折損が頻繁にあった樹（その後の生長によって、その痕跡が分からなくなっている場合もあります）、太枝や小枝を頻繁に丸ごと刈り込む都市の並木イチョウなどでは、拳状に丸まった切断枝の下側に小さいちちが下がり始めているのをよく見かけます（写真1）。枝が伐採されたり、台風等で折損してなくなったりすると、栄養分の行き所がなくなり下垂構造物として突起したのがちちなのでしょう。

――次頁へ――

		170	静岡県	個番：22-201-094
		22A	〒421-1308	三次：5238-41-26

現：**静岡市葵区黒俣字田島沢、一般地、県天**
　　（1965.3.19）

1 1889.4.1：市制施行 /2005.4.1 区制施行

現況：若いヒコバエ、太く生長したヒコバエ、這い上がるヒコバエ根塊、乳様突起等を伴いながら、複雑な凹凸形状をとる多幹束生樹(写真①⑥)。丘陵状台地の上に生育する。根元は台地を咬むような錐盤状で、複雑に錯綜する露出根系が発達(写真①⑥)。生長したヒコバエ幹2本(119, α cm)が側立する。根元の様態は巨樹のかもし出すある種の鬼気を感じさせる。雌雄について違いのある原因は不明である。

著者：資料名(発行年)、頁等	調査年／月	幹周(cm)／性	図写真
(古資料)			
静岡県・静岡市教育委員会：説明板(1988.3.31 設置)	？	830♂	
樋田：イチョウ(1991)p.104	？	830♀	―
環境庁：日本の巨樹・巨木林(1991)**22-26**	1988	870(1)	―
北野：巨木のカルテ(2000)p.294	1988	(870)	写真
静岡新聞社：静岡の巨樹・名木(2001)p.92	(1988)	(870)♂	写真
著者実測	2000/12	885♂ +[119]	写真
(2100 年代)			
(2200 年代)			

交通：東名高速道「静岡IC」→県道48→静岡市内から藁科川に沿って国道362号→「久能尾」で県道63号(藤枝・黒俣線)→約3.8 kmで「坂野」、道路登り曲折する所で左手背後の高みの所に見える(「黒俣の大イチョウ」の看板あり)。

撮影(メディア)：①－③ 2002.2.3 (D)；④⑤⑦ 2000.12.2 (N)；⑥ 2000.12.2(R)．

（写真⑦：静岡県指定天然記念物 黒俣の大イチョウ 説明看板）

→前頁より

　この構造物には、常に地面に向かって垂下する性質が備わっていて、枝も伸ばし(写真2)、花(写真3)もつけ得るのは、いざというときには枝として、幹としての役割をはたし、生き延びるための潜在能力を内在させているからと考えられます。

写真1　　写真2　　写真3

171 22B　静岡県駿東郡　　個番：22-342-005
〒411-0943　　三次：5238-57-52

現：**長泉町下土狩**（シモトガリ）**605**、渡辺氏敷地内、県天（1936）

①文部省(1934)：駿東郡長泉村大字下土狩字西

著者：資料名(発行年)、頁等	調査年/月	幹周(cm)/性	図写真
（古資料）			
①文部省：天然紀念物調査報告 植物之部 第十四輯(1934)p.64	1932/12	830♂	—
上原：樹木図説2.イチョウ科(1970)p.158	?	1000	—
牧野：巨樹名木巡り〔甲信越・中部地区〕(1996)p.142	?	ca.900♀	写真
環境庁：日本の巨樹・巨木林(1991)**22**-116	1988	865(1)	—
樋田：イチョウ(1991)p.105	?	830♀	—
北野：巨木のカルテ(2000)p.314	1988	(865)	写真
静岡新聞社：静岡の巨樹・名木(2001)p.58	(1988)	(865)	写真
著者実測	1998/29	未測定♀	写真
（2100年代）			
（2200年代）			

現況：若いヒコバエ、生長した幹状ヒコバエ、垂下した乳、大規模な樹皮剥離を伴う多幹束生樹（写真③⑤）。現在、この樹は、蘇生処置が施されていて、幹の一部（写真①④）や根系部が被覆保護されている。周囲の状況から考えて、衰弱の要因の一つはこの樹が生育している付近の道路舗装工事等によって、大がかりな根切りが行われたのではないかと想像される。根元は直柱状に地面から立ち上がり、根系は被覆保護されている。中～上部の、幹、枝の先端は切削され（写真①）、樹の体力を維持しようとしているようだ。垂下乳もある。

⑥

⇨

172 22C　静岡県　　個番：22-202-005
〒430-0852　　三次：5237-06-30

現：**浜松市領家2丁目**、栄秀寺、市天（1962.10.1）

①1911.7.1：市制施行

著者：資料名(発行年)、頁等	調査年/月	幹周(cm)/性	図写真
（古資料）			
浜松市教育委員会：説明板（設置日不明）	?	610(n)♀	—
環境庁：日本の巨樹・巨木林(1991)**22**-34	1988	610(1)	—
著者実測	2000/10	外周790(n)♀	写真
（2100年代）			
（2200年代）			

現況：若いヒコバエ、幹状に生長したヒコバエ、乳、樹皮剥落を伴う多幹束生樹（写真①④-⑥）。説明板にもある通り、何本もの萌芽が生長して現在の姿となったもので単幹巨樹ではない。根元は、直柱状に地面から立ち上がり、露出根系はない（写真①④）。一部にヒコバエ根塊が見える（写真④）。

栄秀寺の公孫樹　昭和37年10月1日市指定天然記念物　浜松市教育委員会
この公孫樹は高さ23m、幹の目通り6.10m、樹齢約300年と推定される雌木である。樹勢は盛んで、四方約6mにおよぶ豊かな濃緑色の枝葉を保ち、地上約2mまで数本の幹が癒合し一見独立木に見られる。原木は約100年前の強風で倒れ、その後発芽成長したものである。この植物は癒合しやすい性質が特徴で、地上から数本発芽し、癒合して大樹となったものは県内ではまれに見るものである。　⑦

交通：東名道「浜松IC」→県道65号→国道1号→「石原」で右折、県道150号→「芳川（ほうがわ）大橋西」の二叉で直進（150号は右方に）→進行右側、「領家郵便局」で右に入る（栄秀寺への細い道）。
撮影(メディア)：①④⑥⑦ 2000.10.1 (N); ② 2000.10.1 (R); ③ 2002.2.3 (D); ⑤ 2002.23 (R).

交通：JR御殿場線「しもとがり」駅から徒歩約10分、タクシー。
撮影(メディア)：①③ 2000.2.12 (N); ②④⑥ 2003.6.14 (D); ⑤ 1998.11.22 (N).

173 静岡県 22D
個番：22-215-035
〒412-0038
三次：5238-77-03

現：**御殿場市駒門**453、駒門浅間神社、市天
（コマカドセンゲン）
（1980.5.27）

① 1955.2.11：市制施行

著者：資料名（発行年）、頁等	調査年/月	幹周(cm)/性	図写真
（古資料）			
環境庁：日本の巨樹・巨木林(1991)**22**-87	1988	636(1)	—
御殿場市教育委員会：説明板(1996.9 設置)	?	636	
著者実測	1998/11	730♂	写真
（2100 年代）			
（2200 年代）			

現況：幹下位半面には約120年前の被雷による部分枯死と空洞があり、内芯が剝き出ている（写真④⑥）。根元は錐盤状で、露出根系はない（写真⑤）。現在この樹の直近に第二東名道の橋脚が建設中で、反対側にはすでに第一東名道が走っている。この樹は近い将来2つの高速道路に挟まれた環境におかれることになる。着生植物（サカキ？）が生えている。

交通：第一東名道「御殿場IC」または「裾野IC」→国道138号→国道246号→「駒門」近辺（国道246号と東名道の間）（JR御殿場線「ふじおか」駅から徒歩で約1時間）。

撮影（メディア）：①②⑦ 2000.2.12 (N)；③−⑥ 1998.11.21 (N)．

174 静岡県賀茂郡 22G
個番：22-305-012
〒410-3611
三次：5238-06-92

現：**松崎町松崎**、伊那下神社、県天、親子イチョウ
（イナシモ）

著者：資料名（発行年）、頁等	調査年/月	幹周(cm)/性	図写真
（古資料）			
環境庁：日本の巨樹・巨木林(1991)**22**-104	1988	800(1)	—
樋田：イチョウ(1991)p.104	?	800♀	写真
北野：巨木のカルテ(2000)p.309	1988	(800)	写真
静岡新聞社：静岡県の巨樹・名木(2001)p.28	(1988)	(800)	
著者実測	1999/9	外輪郭周770♀	写真
（2100 年代）			
（2200 年代）			

現況：主幹芯部が空洞化し、表層部のみが残って外輪郭を形成している（写真②）。芯の底から萌芽枝が生長して幹が3本直立し、若いヒコバエを伴う多幹束生樹である（写真①）。不定形な乳が垂下している（写真③）。幹の割裂が目立つが、勢いよく生きている。根元は、直柱状に地面から立ち上がり、露出根系はない（写真①②）。

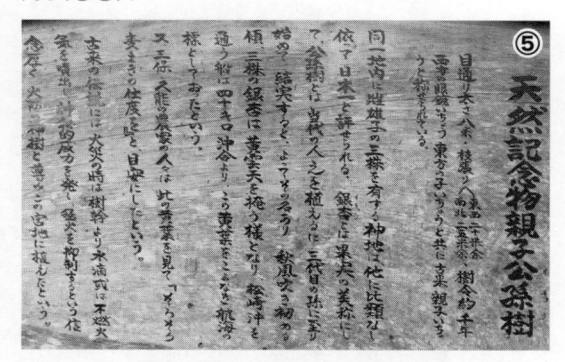

交通：伊豆半島・静岡県土肥・西伊豆町方面から国道136号南下→松崎町内で左側（「伊那上神社」もあるので注意）。

撮影（メディア）：①④ 2001.12.27 (D)；②③⑤ 1999.9.14 (N)．

175 (22E) 静岡県　〒417-0841　個番：登録なし　三次：なし

現：**富士市富士岡(フジオカ)東川原81、富士岡地蔵堂、県天(1971)**

① 1966.11.1：市制施行

著者：資料名(発行年)、頁等	調査年/月	幹周(cm)/性	図写真
（古資料）			
樋田：イチョウ(1991)p.104	?	620 ♂	―
静岡新聞社：静岡県の巨樹・名木(2001)p.70	(1988)	(620) ♂	写真
牧野：巨樹名木巡り〔甲信越・中部地区〕(1996)p.123	?	620	写真
著者実測	1998/11	723 ♂	写真
（2100年代）			
（2200年代）			

現況：長大な乳や大小多数の乳を垂下させる、樹表面が凹凸の激しい単幹樹(写真①④)。根元は、地面からほぼ直柱状に立ち上がり(写真⑤)、露出根系はない。

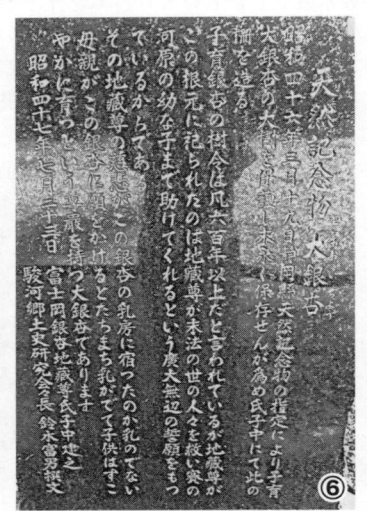

⑥

交通：(第一)東名道「富士IC」→国道139号で、富士市内へ(途中省略)(岳南鉄道「ふじおか」駅付近)。

撮影(メディア)：① 2002.1.12 (N)；②④⑤ 1998.11.22 (N)；③ 2002.1.12 (R)；⑥ 2004.9.12 (D)．

176 (22F) 静岡県　〒418-0012　個番：22-207-011　三次：5238-75-03

現：**富士宮市村山、村山浅間(センゲン)神社、県天(1968.7.2)**

① 1947.6.1：市制施行

著者：資料名(発行年)、頁等	調査年/月	幹周(cm)/性	図写真
（古資料）			
静岡県・富士宮市教育委員会：説明板(設置日不明)	?	920	―
上原：樹木図説 2.イチョウ科(1970)p.158	?	900	写真
環境庁：日本の巨樹・巨木林(1991)22-63	1988	920(1)	―
樋田：イチョウ(1991)p.104	?	920 ♀	写真
牧野：巨樹名木巡り〔甲信越・中部地区〕(1996)p.117	?	920	写真
北野：巨木カルテ(2000)p.298	1988	(920)	写真
著者実測	2000/2	外周777 ♂	写真
（2100年代）			
（2200年代）			

現況：若いヒコバエ、垂下する乳、幹と融合してしまった乳などを伴う多幹状束生樹(写真③-⑥)。根元は直柱状に地面から立ち上がり、露出根系はない(写真⑤)。中位より上は、折損によって本来の形をとどめず、折損した枝の端から不規則に伸びる萌芽枝、乳があり、異形を呈する。

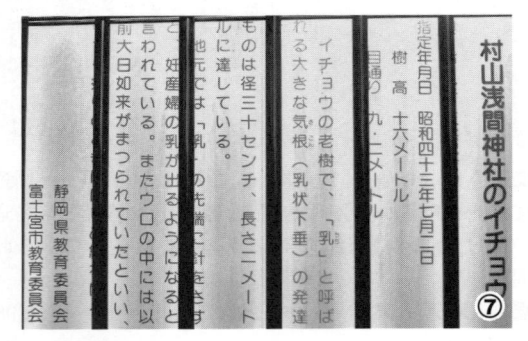

⑦

交通：西富士道・終点→(途中省略)→国道469号線→県道72号(白糸滝公園線)が起点する「元村山」から約1km「十里木高原」に至る(市内中心部にある浅間神社ではないので注意)。

撮影(メディア)：①②⑤ 1998.11.22 (N)；③④⑥ 2000.2.12 (N)；⑦ 2005.7.15 (N)．

177 24A 三重県　個番：24-210-007
〒519-0156　三次：5236-23-25

現：**亀山市南野町**、宗英寺、県天（1937）

①三重県（1936/37）：鈴鹿郡亀山町
②1954.10.1：市制施行

著者：資料名（発行年）、頁等	調査年/月	幹周(cm)/性	図写真
（古資料）			
①三重県：名勝舊蹟天然紀念物調査報告,鈴鹿・河藝二郡之部（1936または1937）p.2	1922/8	561 ♂	写真
亀山市教育委員会：説明板（設置日不明）	—	ca.800 ♀	
牧野：巨樹名木巡り〔北陸・近畿地区〕（1995）p.160	?	800 ♀	写真
樋田：イチョウ（1991）p.118	?	1000 ♀	—
環境庁：日本の巨樹・巨木林（1991）**24**-32	1988	763(4) 主 695	
著者実測	2001/7	外周 745 ♀	写真
（2100年代）			
（2200年代）			

現況：若いヒコバエ、幹に密着して垂下する乳を伴う均整のとれた形の幹の単幹樹（写真①④-⑥）。根元はどっしりとした錐盤状で、露出根系は僅か（写真⑤⑥）。中〜上部は傾上枝が密生、小形な乳が多数垂下。目立った折損は少ない。

⑦ 三重県指定天然記念物　宗英寺のイチョウ　イチョウ科

宗英寺を通称「イチョウ寺」と呼ぶほど古くから著名な巨樹である。樹齢は約六〇〇年と推定され、樹高約四〇m、幹周約八mの雌株で、その枝は東西約一五m、南北一八mに広がり、幹から乳状の柱瘤が垂れている。樹勢は今も旺盛で、秋には多数の銀杏をつける。昭和十二年、県天然記念物に指定された。
亀山市教育委員会

交通：東名阪道「亀山 IC」→国道1号→「布気」で県道565号→「南野」進行、左手高台の上。または、JR関西本線「かめやま」駅から県道565号沿いに徒歩20分、道路右手の高台の上。

撮影（メディア）：①②④ 2002.2.28（D）; ③⑤⑥ 2001.7.25（D）; ⑦ 2000.10.1（N）.

178 26A 京都府与謝郡　個番：26-463-003
〒626-0433　三次：5335-41-66

現：**伊根町野村**（通称寺領）、寺領観音堂

著者：資料名（発行年）、頁等	調査年/月	幹周(cm)/性	図写真
（古資料）			
伊根町：伊根町誌 下巻（1984）p.707	?	外周 845	写真
環境庁：日本の巨樹・巨木林（1991）**26**-45	1988	830(1)	—
著者実測	2000/7	外周 866 (n)♂+ [322+α]	写真
（2100年代）			
（2200年代）			

現況：杉林に囲まれた境内に生育。若いヒコバエや生長して幹化したヒコバエなどを伴う多幹束生樹（写真①③④）。根元は直柱状に地面から立ち上がり、露出根はない。主幹に近接して、独立株と見える周長322、50 cm の幹が並立している。

交通：伊根町市街から国道178号北上→県道57号（弥栄本庄線）→5〜6 km で「知足院」、さらに約2 km 進むと「碇高原牧場方面」の看板、それを過ぎて→県道652号へ右折、細い山道（小型乗用車可）の左手、杉林の中。または、碇高原牧場→笹山展望台経由で県道652号→「パラグライダー」の看板を見て右折［いずれにしても、地元教育委員会等で道筋を聞いて行く必要あり］。

撮影（メディア）：①②⑤ 2000.7.17（R）; ③ 2002.11.18（N）; ④ 2002.11.18（D）; ⑥ 2000.7.17（N）.

179 27A　大阪府豊能郡　個番：27-322-003
〒 563-0113　　三次：5235-33-67

現：能勢町(ノセチョウ)大字倉垣989、倉垣天満宮、府天

著者：資料名(発行年)、頁等	調査年/月	幹周(cm)/性	図写真
(古資料)			
(説明板)(写真⑦)	1584	存在の記録	
三浦ら：日本老樹名木天然記念樹(1962)No.1134	1961	900	—
上原：樹木図説2.イチョウ科(1970)p.164	?	900	—
牧野：巨樹名木巡り〔北陸・近畿地区〕(1995)p.126	?	ca.1000	写真
大阪府・能勢町教育委員会：説明板(1990.3設置)	?	900	
樋田：イチョウ(1991)p.115	?	830 ♀	
環境庁：日本の巨樹・巨木林(1991)27-34	1988	822(1)	
平岡：巨樹探検(1999)p.281	(1988)	(822)	
渡辺：巨樹・巨木(1999)p.284	1993/11	900 ♀	写真
北野：巨木のカルテ(2000)p.356	(1988)	(822)	写真
著者実測	1999/8	830 ♀	写真
高橋：日本の巨樹・巨木(2001)p.87	?	820	
(2100年代)			
(2200年代)			

現況：ある方向からは1本に、他方向からは2本の融合樹のように見える、樹肌が特徴ある象肌様の樹（写真①④⑤）。2幹それぞれが地面から上部に向かっての樹皮の剥がれ落ちがあり、芯組織が浅く失われている（写真①）。根元は直柱状か、微かな錐盤状で、露出根系はない（写真①⑤）。樹全体の葉量は極端に少ない点が目立つ。

⑦ 天満天神社のイチョウ

当社が歌垣山からこの地に遷営なつた天正十二年（一五八四）三月、既に「翠枝千歳なりき」といわれるこのイチョウは、植物学上からは中国渡来説により樹齢四百年といわれている。幹の空洞のハチの巣焼きから火災を生じるなどあったが、御神木として大切に保存せられ、今なお樹勢は旺盛で、秋の黄葉は美しく、樹下には銀杏が一面落下する。高さは周りが九メートル、高さは二十二メートルあって数少い巨木として、昭和十三年（一九三八）五月十一日に大阪府天然記念物に指定された。

平成二年三月
大阪府　能勢町教育委員会

⇨

180 27B　大阪府豊能郡　個番：27-322-005
〒 563-0353　　三次：5235-33-77

現：能勢町柏原(カシハラ)、安穏寺

著者：資料名(発行年)、頁等	調査年/月	幹周(cm)/性	図写真
(古資料)			
環境庁：日本の巨樹・巨木林(1991)27-34	1988	890(5)	—
著者実測	1999/8	外周850(5) ♀	写真
(2100年代)			
(2200年代)			

現況：現在の地面から1mの高さで5幹に分幹し、分岐面に小さい祠が置いてある（写真①⑤）。しかし、本来のこの樹の根元はもっと下（3mくらいか？）にあり、現在の高さまで土で埋められ、表面がコンクリートで固められたものではないか。現在の幹下位には小乳が見られ、分岐点にコンクリートの台がつくられ、祠が置かれている。幹周は、5幹の外側を測定した値である。

交通：前の倉垣天満宮への国道477号→県道106号へ、道路右手（田圃を挟んで、倉垣天満宮の向かい）。
撮影（メディア）：①③④⑥ 2001.2.5（R）; ②⑤ 1999.8.28（N）. [①④⑥田上氏]

交通：中国道「中国豊中IC」または「中野池田IC」→大阪府池田市→国道477号北上→歌垣小学校近くで左手。
撮影（メディア）：①③⑤ 1999.8.28（N）; ②④⑥ 2001.2.5（R）; ⑦ 1999.8.28（R）. [②④⑥田上氏]

181 28B　兵庫県　　　個番：28-542-001
〒669-6353　　　三次：5334-25-74

現：**豊岡市**[2]**竹野町桑野本**
旧：城崎郡竹野町[1][2]桑野本、桑原神社、町天
　（1993.1.19）

[1] 城崎郡奥竹野村桑野本字苗原
[2] 2005.4.1：豊岡市、竹野町、他4町が合併・新設

現況：幹本体の大部は本殿前の狭い平地に立っている（写真⑤）。幹の一部は10段の石段の上から下までの斜面に沿って展開し（写真①③）、その先は根系となって地に潜る（写真①）。僅かに若いヒコバエが生える程度で、稀にみる付随物の少ない、均整のとれた単幹樹である（写真①）。この様子は、66年以前の写真（兵庫県 1939）に写る状況と、大きな違いはない。

交通：豊岡市方面から国道178号→「河内」で左折、県道135号→大来小学校（進行、左折）を過ぎると「桑野本大銀杏」の看板あり。

撮影(メディア)：①④⑤ 1999.8.27(N)；② 2002.3.1(R)；③ 2002.3.1(D)；⑥ 1999.8.27(R). ［⑥田上氏］

著者：資料名(発行年)、頁等	調査年/月	幹周(cm)/性	図写真
(古資料)			
[1]兵庫県：兵庫県史蹟名勝天然紀念物調査報告書 第十四輯(1939)	1938以前	850	写真
環境庁：日本の巨樹・巨木林(1991)**28**-46	1988	770(1)	—
著者実測	1999/8	850♂	写真
(2100年代)			
(2200年代)			

郷土記念物　**桑原神社の大イチョウ**
指定対象　　イチョウ　1本
指定年月日　　平成5年1月19日
秋に葉が全部落ちると翌日には雪が降るという言い伝えがあり、地域の人々から神木として崇められている。イチョウとしては県内第3位の巨木である。　⑥
兵　庫　県

コラム　19　イチョウのしたたかな生き方(1)

　多くの場合、幹から伸びるちちは幹に密着して垂下するか、または少し間隔をおいて伸びます（写真1）。また横枝から伸びる場合は列をなし（写真2）、あるものは地面に達し、地中に入り込むものもあります（写真3、4）。地面に達したものはやがて地中に根を伸ばし、状況によっては1本の木に独立することもあります。幹に沿って垂下したちちは幹元の根茎部や地中に刺さり込み、やがて幹本体と融合合体し、幹周の肥大に貢献します。**コラム18**でも述べましたように、ちちからは枝も花も出ますので、生きている間の環境変化に即して、幹に転化することも、また新個体になることもできる能力をもっています。

写真1　　写真2　　写真3　　写真4

182 28A 兵庫県

〒 669-3822

個番：28-634-007
三次：5234-67-86

現：**丹波市**[2]**青垣町大名草**（オナザ）
旧：氷上郡青垣町[2][3]大名草[1]、常滝寺、町天

[1] 1794年頃：大名草村
[2] 兵庫県(1927)：氷上郡神楽村（シグラ）大名草
[3] 2003.11.1：青垣町、柏原町、他4町が合併・新設

著者：資料名（発行年）、頁等	調査年/月	幹周(cm)/性	図写真
（古資料）			
[1]丹波志(1794)	—	存在の記録	—
[2]兵庫県：兵庫県史蹟名勝天然紀念物調査報告 第四輯(1927)p.95	1926	1000	写真
丹波氷上郡志(1927)p.234	?	ca.970	
環境庁：日本の巨樹・巨木林(1991)**28**-62	1988	1000(1)	
平岡：巨樹探検(1999)p.282	1988	(1000)	—
北野：巨木のカルテ(2000)p.370	1988	(1000)	写真
著者実測	2000/7	外周1150以上♂	写真
高橋：日本の巨樹・巨木(2001)p.87	?	1010	写真
(2100年代)			
(2200年代)			

現況：多数の若い、また生長したヒコバエ、小～巨大まで、いろいろなサイズの垂下した乳を伴う多幹束生樹（写真①-⑥）である。巨大な乳をいくつも垂下させた横に伸びる太い側幹が斜面の下方に伸びて接地し、新株（315+4αcm）を生育させている（写真①②⑥）。根元は錐盤状で、露出根系が発達している（写真①②）。

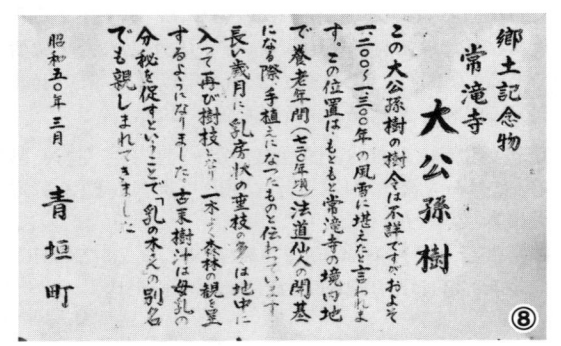

交通：青垣町内（市街）で国道427（=429号）→進行左手「大名草」の看板で左方向に入る。「常滝寺乳の木さん」の看板あり。愛宕山の中腹。小型車で途中まで登坂可。籠近くから徒歩で30分、約600m登る（ヒルに注意）。

撮影（メディア）：①④ 2002.3.1(D)；②⑦ 2000.7.18(N)；③⑤⑧ 1999.8.27(N)；⑥ 2002.3.1(N)．

183 28C 兵庫県佐用郡　個番：28-501-007
〒 679-5301　　三次：5234-42-09

現：**佐用町佐用 3171**（上の山）、一般地（保健所裏）、県天（1973.3.9）

1 兵庫県（1926）：佐用郡佐用村、満願寺跡／佐用尋常高等小学校校庭
2 2005.10.1：佐用町、上月町、南光町、三日月町が合併・新設

著者：資料名（発行年）、頁等	調査年／月	幹周(cm)／性	図写真
（古資料）			
岡田：播磨古跡考（1755）	1755	ca.606	
佐用郡誌（1926）[復刻1972]p.668	?	1030	—
1 兵庫県：兵庫県史蹟名勝天然紀念物調査報告 第三輯（1926）p.72	1926以前	1090	写真
浜：増補改訂佐用の史跡と伝説（1973）p.10	?	根回 900	写真
樋田：イチョウ（1991）p.115	?	根回 900	—
環境庁：日本の巨樹・巨木林（1991）**28-42**	1988	861	写真
佐用郡教育委員会：佐用郡の文化財（1994）p.29	?	861 ♂	写真
北野：巨木のカルテ（2000）p.361	1988	(861)	写真
佐用町町制50周年記念誌：佐用偉産（2004）p.11	1926	—	写真
著者実測	2000/7	共通は未測定 ♂（775・353・385）	写真
（2100年代）			
(2200年代)			

現況：根元から直立方向に2本（周長775, 353 cm）の幹、斜め上方向に1本（385 cm）の3幹に分岐する（写真④⑤）。根元からこのように太い横幹が伸びる樹は他に例がない。したがって、本樹の幹周長を、標準的な測定法で計測することも、表記することも当てはまらない。異形の巨大突起に似た乳（写真④⑤）や大きな円錐突起をもつ（写真④）。根元は、ほぼ直柱状に地面から立ち上がるが、露出根系はない（写真③⑤）。樹態はさながら陸に上がった軍艦のように見える。
交通：JR姫新線「さよう」駅前通り保健所裏。⇨

⑦

184 28D 兵庫県神崎郡　個番：28-441-012
〒 679-2432　　三次：5234-56-33

現：**神崎町** 1 **大山**、荒田神社
予：〔神河町 1 　　　　　　〕

1 2005.11.7：神崎町、大河内町が合併・新設の予定

著者：資料名（発行年）、頁等	調査年／月	幹周(cm)／性	図写真
（古資料）			
環境庁：日本の巨樹・巨木林（1991）**28-37**	1988	670(1)	—
著者実測	2000/7	700 ♂	写真
（2100年代）			
（2200年代）			

現況：石垣の斜面に沿って生育するためヒコバエ根塊が這い上がり、若いヒコバエ、生長したヒコバエを伴う多幹状樹（写真①④）。根元は錐盤状で、露出根系が発達していて（写真①）、何個かのヒコバエ幹の切削痕が残る。

⑦

交通：国道312号北上→播但連絡道路「神埼北IC」→国道312号を（右折）2km弱南下→進行左側、「中所橋」で左折、猪篠川を渡ると至る。
撮影（メディア）：①④ 2000.7.18（N）；② 2002.3.1（R）；③⑦ 2000.7.18（R）；⑤⑥ 2002.3.1（D）．

撮影（メディア）：①-③⑤ 2002.3.2（N）；④ 2002.3.2（D）；⑥⑦ 2000.7.22（N）．

185 29A 奈良県　〒633-0112　個番：登録なし　三次：なし

現：**桜井市大字初瀬字川上、素盞雄(スサノオ)神社**、県天（1974.3.26）

1 1956.9.1：市制施行

著者：資料名（発行年）、頁等	調査年/月	幹周(cm)/性	図写真
（古資料）			
牧野：巨樹名木巡り〔北陸・近畿地区〕(1995)p.138	?	715♂	写真
奈良県教育委員会：説明板（1990.3 設置）	?	715♂	
奈良県史編集委員会：奈良県史第二巻(1990)p.477	?	715♂	—
樋田：イチョウ(1991)p.112	?	715♂	
著者実測	2000/10	800♂	写真
(2100年代)			
(2200年代)			

現況：樹表面がコケ植物、緑藻類等に覆われる湿潤な生育環境（写真①）。石垣に面した側の、人目につかないところに1本の長い乳（30cmくらいで先端が地面に達する）を垂下させ（写真⑤の左端にその一部が見える）、ヒコバエのない多幹状単幹樹（写真①）。直柱状に地面から立ち上がり、露出根系はない（写真①⑤）。中位には、最近（1998年8月の台風）被災した太枝の折損痕の他に、いくつかの切削痕が見られる。葉量が少なく、枝間も透けて見えるのは（写真④）、この樹の個性か？ 樹勢がおとろえているサイン？

（天然記念物 初瀬のイチョウの巨樹⑥ 昭和四十九年三月二十六日指定

イチョウは落葉性の高木で葉は長枝では互生し、短枝ではむらがっている。形は扇形で秋の落葉前に美しい黄色となる。種子は核果式で、熟すると黄色くなり異臭を放つ。これをギンナン（銀杏）という。雌雄異株である。

初瀬のイチョウは雄株で樹高約四〇ｍ、枝張り南北約一三ｍ、東西約二一ｍ、目通り周囲七・一五ｍであり、イチョウの巨樹としては県下最大のものである。

平成二年三月　奈良県教育委員会）

交通：西名阪道「天理IC」→国道169号南下→左折、国道165号。

撮影（メディア）：①④-⑦ 2000.10.2（N）； ② 2001.3.6（R）； ③ 1999.8.28（N）．［②田上氏］

186 29B 奈良県宇陀郡　〒633-0422　個番：29-384-027　三次：5136-60-23

現：**室生村大字下田口 1077、田口水分(ミクマリ)神社**
予：〔宇陀市1〕

1 2006.1.1：市制施行（室生村、宇陀町、榛原町、菟田野町の合併・新設の予定）

著者：資料名（発行年）、頁等	調査年/月	幹周(cm)/性	図写真
（古資料）			
環境庁：日本の巨樹・巨木林(1991)29-41	1988	780(5)	—
著者実測	2000/10	外周(主)760(4)♀+[142+140+3α]	写真
(2100年代)			
(2200年代)			

現況：主幹に密着する3本の生長したヒコバエ幹（これらを含めた幹周が760cm）とさらに2本の生長したヒコバエ幹（周長142, 140cm）、主幹から離れて側立する3幹（これら3本の外周230cm）、若いヒコバエを伴う、樹肌のきれいな多幹束生樹（写真③④）。地面から微かな錐盤状に立ち上がり、露出根が発達（写真③④）。葉量、枝量ともに粗。

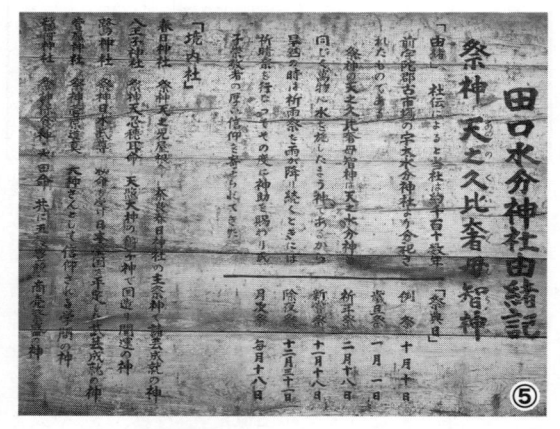

⑤

交通：名阪国道25号「針IC」→国道369号南下→県道28号（吉野室生寺針線）。

撮影（メディア）：① 2001.3.10（R）； ②③⑤ 2000.10.2（N）； ④ 2000.10.2（R）．［①田上氏］

187 31A	鳥取県 〒680-1131

個番：登録なし　三次：なし

現：**鳥取市**[2][3]**馬場**[1]、倉田八幡宮

[1]本多(1913)：岩美郡倉田村大字馬場
[2]1889.10.1：市制施行
[3]2004.11.1：鹿野町、青谷町、他6町村が編入

現況：細〜太6本の幹と3本の生長したヒコバエ幹が多幹束生する（写真①⑤）。この樹形は、かって生えていた母樹の地上部が消失し、その後に芽生えた萌芽が生長して今日の姿になったものと思われる。根元は錐盤状で、平坦地にもかかわらず露出根系がよく発達している（写真①⑤）。

著者：資料名(発行年)、頁等	調査年/月	幹周(cm)/性	図写真
（古資料）			
[1]本多：大日本老樹名木誌(1913)No.450	1912	940	—
説明板(設置日不明)	?	1000	
三浦ら：日本老樹名木天然記念樹(1962)No.1109	1961	1000 ♀	
上原：樹木図説 2. イチョウ科(1970)p.165	?	1000 ♀	
著者実測	1999/8	共通1005 (9)♀+[3α]	写真
高橋：日本の巨樹・巨木(2001) p.87	?	970	—
（2100年代）			
（2200年代）			

交通：鳥取市内から国道53号南下→進行左側に「倉田八幡宮大イチョウ」が見えたら、左折→600〜700m進むと至る。

撮影（メディア）：①②⑤ 1999.8.27(N)；③④ 2002.11.19(N)；⑥ 2002.11.19(D)．

天然記念物社叢（宮の森）
昭和九年五月一日 文部省指定

この森は戦国時代まで数万坪にわたる大森であったが、現在約三十坪（一ヘクタール）平地に多種の大木群生は全国的にめずらしく森全体一木一草まで貴重な記念物として保護されている。群生するおもなものはたぶ、むく、もちのれん、いぬまき、さかき、しい、つばき、白もくれん、大黒竹林等。大黒竹は全国二か所（他は茨木県）といわれる。特殊な木は大公孫樹（高四十九、廻十一）樹齢一千年以上の大公孫樹が全国的に知られ、社前の大銀もくせいは珍らしい。

⑥

🍂 **コラム　20　イチョウのしたたかな生き方(2)**

　イチョウのもっとミラクルな生命維持機構を見てみましょう。写真1（2002.11.15切断）は、新しい道路をつくるためにイチョウが切り倒されているところです。筆者は、工事の関係者に頼み込んで、写真1で切っている下の部分を伐ってもらい、畑に移動して、根の側を直接地面に5cmほど埋め、周りを少し土で包み込みました。上面は応急処置で、水分の蒸発を抑えるためにビニールをかけて紐で縛っただけでした（代わりに、土を全面に被せておいても応急処置としては充分）。以降、今日までの状況を示しました（写真2：2003.7.21の状況、写真3：2004.7.21の状況）。2005年の春に、注意深く周りの土の一部を除いてみたら、根が伸びていました。完全な根無し丸太切り断片からの再生に成功したわけです。本書カバーに、筆者らといっしょに写っているイチョウ（2005.10.20撮影）がこのイチョウです。超大型の挿し木と解釈できます。

写真1　　　　写真2　　　　写真3

| 188 31B | 鳥取県八頭郡 〒680-0441 | 個番：31-321-018 三次：5334-02-72 |

現：**八頭町①西御門**
旧：郡家町①大字西御門字山手屋敷、仁王堂、
　　県天(1970.2.20)

① 2005.3.31：郡家町、船岡町、八東町が合併・新設

現況：石段横の平坦地から斜面にかけての場所に生育（写真①⑤）。本幹に密着して伸びる2本の生長して幹となったヒコバエがあり（写真⑥）、これを除外した幹周の測定は不能。小乳を伴う。手前側の根元には生長したヒコバエ幹の切削痕跡が多数見られる（写真①）。斜面側は、踏ん張るような力強い錐盤状で、露出根系はない（写真⑤）。

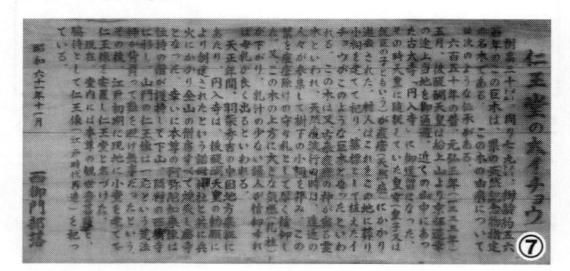

著者：資料名（発行年）、頁等	調査年/月	幹周(cm)/性	図写真
（古資料）			
三浦ら：日本老樹名木天然記念樹(1962)No.1153	1961	776♀	―
上原：樹木図説2. イチョウ科(1970)p.165	?	780	
西御門部落：説明板(1986.11 設置)	?	790	
読売新聞社編：新 日本名木100選(1990)p.222	?	810	写真
樋田：イチョウ(1991)p.124	?	779♀	写真
環境庁：日本の巨樹・巨木林(1991)31-25	1988	790	
渡辺：巨樹・巨木(1999)p.304	1997/6	790♀	写真
著者実測	2000/7	共通845(3)♀	写真
高橋：日本の巨樹・巨木(2001)p.87	?	810	―
（2100年代）			
（2200年代）			

交通：中国道「佐用IC」→国道373号→国道482号→郡家町内で→鳥取市方面からの国道29号沿い→西御門で「西御門の大イチョウ」の看板あり、左に入る。

撮影(メディア)：①②⑥⑦ 2000.7.18(N)；③⑤ 2002.11.19(D)；④ 2002.11.19(N)．

コラム 21　巨木イチョウの移植

　かっては、○○工事のためとか、ダム建設のためとか、大型工事の場所に樹木がある場合は、簡単に伐採処理で済ましていたことが数多くありました。しかし近年、「自然保護」という大きな旗印のもと、伐採ではなく移植、特に年齢の経た古木（名木は対象になることが少ない）の移植が行われるようになってきているのは歓迎すべきことです。

　ここでは、話題をイチョウの巨樹・巨木に限って紹介してみましょう。東京の日比谷公園内に1899年頃移植された「首かけイチョウ」がありますが、これがイチョウ巨木の移植の、日本における最も古い例でしょう（写真1）。現在幹周が約7mですから、当時は多分幹周5m台後半の木であったのでしょう。

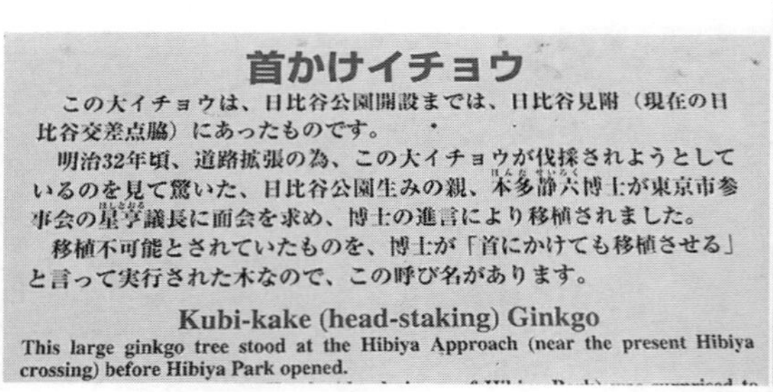

写真1 　　　　写真2 　　　　写真3

次頁へ→

189　鳥取県
31C
〒 682-0634
個番：31-203-018
三次：5333-15-06

現：**倉吉市桜**（通称円地坊）、大日寺、県天
　　（1956）

① 本多（1913）：東伯郡西志村
② 1953.10.1：市制施行
③ 2005.3.22：関金町が編入

現況：幹状に生長したヒコバエを含む10数本の多幹叢生樹（写真①④）で、最も太い幹が620 cm。その他 475、350、188 (n) αcm が林立する。これは、かってあった母樹の残幹に芽生えた萌芽が生長したものと思われる。根元はほぼ直柱状に地面から立ち上がるが、錐盤状の部分もある（写真④）。根系は露出しない。本樹はオハツキイチョウ［一般には葉にギンナン（＝雌花）がつく♀株の場合をいうが、雄花（＝葯）をつける株もある］であるが、1枚の小さい葉に小さいギンナンが2～4個ついたものが高頻度で見られる（写真⑥）。5個のものもあって、非常に珍しい例である。

交通：米子道「蒜山IC」→国道482号→国道313号→倉吉市内で→県道34号→道路右手に「大日寺」、それより河親方面に約500 m 進んだ右手。

撮影(メディア)：①②④～⑥ 2002.11.19(D); ③⑦ 2002.11.19(N).

著者：資料名(発行年)、頁等	調査年/月	幹周(cm)/性	図写真
（古資料）			
①本多：大日本老樹名木誌(1913) No.437	1912	1091	―
鳥取県教育委員会：説明板(1982.11 設置)	?	1130((主)) 600♀・nα)	
牧野：巨樹名木巡り〔中国・四国地区〕(1991)p.4	?	1120(18)♀	写真
環境庁：日本の巨樹・巨木林(1991) 31-20	1988	1120(5)	―
北野：巨木のカルテ(2000)p.394	1988	(1120(5))	写真
著者実測	2002/11	多幹叢生♀	写真
（2100年代）			
（2200年代）			

県指定天然記念物
大日寺の大イチョウ
（昭和三十一年三月六日指定）

目通り周囲十一・二メートル、樹高三十メートルの離木で、枝張は東西二十メートル、南北二十五メートルに及ぶ。分けつが多く、主幹は目通り周囲六メートルあり、イチョウの巨樹として有数である。

大日寺は、承和八年（八四一）慈覚大師の創建と伝える寺で「嘉録二年（一二二六）卯月」の銘をもつ阿弥陀如来坐像（重要文化財）を安置している。また、本寺の梵鐘が出雲の鰐淵寺にあり、重要文化財に指定されている。大イチョウの周囲の五輪塔群は鎌倉時代にさかのぼるものであり、近くからは多くの瓦経が出土している。

昭和五十七年十一月
鳥取県教育委員会

⑦

→前頁より

　2005 年 8 月現在、国内で 3 本の巨樹・巨木イチョウの移植が計画中です。北から順に紹介しますと、青森八戸市内（写真 5：幹周 728 cm、区画整理のため、本巻、補 2）、山形県小国町（写真 3：幹周 600 cm、横川ダム建設のため、日本の巨木イチョウ、No.27）、熊本県五木村（写真 4：幹周 800 cm、川辺川ダム建設のため、本巻、No.245）の 3 本です。

　小国町のイチョウは 2001 年から移植の準備作業（徐々に根切りをする等の処理）を開始し（写真 2）、2006 年に移植完了の予定とされています。

写真 4　　　写真 5

190	島根県	個番：32-205-011
32B	〒694-0223	三次：5232-54-77

現：**大田市三瓶町池田**、浄善寺
<u>オオダ</u> <u>サンベチョウ</u>

1 1954.1.1：市制施行
2 2005.10.1：大田市、温泉津町、仁摩町が合併・新設

著者：資料名(発行年)、頁等	調査 年/月	幹周 (cm)/性	図 写真
（古資料）			
1 環境庁：日本の巨樹・巨木林 (1991)**32**-25	1988	730	—
著者実測	2000/7	共通700♂	写真
(2100年代)			
(2200年代)			

現況：地上30cmくらいから放射状に分幹し（写真①③-⑥）、かつ逆三角形的に広くなる樹形（写真③）なので、標準的な幹周測定法は適用できない。本樹については、地上30cmの高さにおける幹周値である。根元は地面からほぼ直柱状に立ち上がり、根系がわずかに露出する（写真③）。各幹が互いによく似た太さで生育しているので、主軸幹というものを認めがたい。このような特異な樹型の巨樹イチョウは全国でもこの樹以外にない。各幹の上方では、枝はほうき状に多数分枝している。これほどの巨樹になっても樹肌が上部まできれいな点も特異である。

交通：浜田道「浜田IC」→国道9号、太田市へ→市内で県道30号→「新池田」バス停／JAで左折、右手（池田駐在所の近く）。

撮影(メディア)：①④⑥ 2002.11.20 (N)；② 2002.11.20 (D)；③⑤⑦ 2000.7.20 (N).

⑦

コラム 22　イチョウのロゴマーク

　イチョウの葉形は世界の人々を魅了するようで、東洋から受け入れた欧米諸国でも種々のアクセサリーのモチーフとして使われています。有名なゲーテの詩をご存知の方も多いでしょう。フランスに留学した島崎藤村がパリのルクセンブルグ公園で見たイチョウから、「銀杏の樹」（『幼きものに』）という、児童向けの小文を書いたのも、外国で日本人がイチョウに出会ったときの、あの何ともいえぬ安堵感から出たものでしょう。

　わが国では、寺社以外でも、大学から幼稚園までいろいろな教育関係施設や公園、道路にイチョウが植えられています。ですからイチョウ（の葉）は、校章を始めいろいろなロゴマークとして使われます。

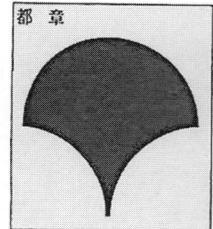

写真1 　　　　写真2

次頁へ→

191 32A 島根県

〒695-0156

個番：32-207-001
三次：5232-31-36

現：**江津市有福温泉町** 256、有福八幡宮、市天（1975.12.1）

1 島根県（1929）：那賀郡有福村
2 1954.4.1：市制施行
3 三浦ら（1962）：江津市大字上有福
4 2004.10.1：桜江町が編入

現況：主幹2本が併立し、基部で融合しているように見える（写真①）。若いヒコバエ、這い上がったヒコバエ根塊を伴う多幹状束生樹（写真④）。根元は力強く発達した鍔盤状で、露出根系も発達している（写真④⑤）。頂冠の一方向に靡いた枝張りが特徴的（写真③）。

（説明板テキスト：江津市指定天然記念物 上有福のイチョウ⑥）

著者：資料名（発行年）、頁等	調査年/月	幹周(cm)/性	図写真
（古資料）			
1 島根県：島根県史蹟名勝天然紀念物調査報告 第三輯（1929）p.90	1921～28	818	写真
3 三浦ら：日本老樹名木天然記念樹（1962）No.1118	1961	942♂	写真
上原：樹木図説2. イチョウ科（1970）p.166	?	940♂	—
環境庁：日本の巨樹・巨木林（1991）32-27	1988	1400(2)	—
江津市教育委員会：説明板（1993.3 設置）		[1000+500+100]♂	
平岡：巨樹探検（1999）p.283	?	1000	—
北野：巨木のカルテ（2000）p.401	(1988)	(1400(2))	写真
著者実測	2000/7	主865♂＋[370+113]	写真
高橋：日本の巨樹・巨木（2001）p.88	?	880	
（2100年代）			
（2200年代）			

交通：浜田道「浜田IC」→国道9号→江津市都野津町で右折、県道297号→県道300号→右折、県道300号（旭ICグリーンライン）→進行右側に公民館、その裏手の高台。

撮影（メディア）：①③ 2000.7.20（R）; ② 2002.11.20（D）; ④⑤ 2002.11.20（N）; ⑥ 2000.7.20（N）．

→前頁より

　代表的なもののひとつとして、東京大学の校章がイチョウの葉であることはよく知られています。東京都の都木がイチョウであることから、東京都の都章（写真1）も、首都大学東京（旧東京都立大学）の校章もイチョウの葉をモチーフにしたものです。東京都では歩道と車道をわける鉄柵にもイチョウの葉がついています（写真2）。さらに隣の神奈川県の県木、大阪府の府木もイチョウです。

　家紋にイチョウを使ったものが、150種類以上あります。例えばすべての墓石に家紋が刻まれている墓所があります（写真3）。そこでイチョウ紋を探すと、少なくとも3～4種類は見つかるはずです。

写真3

192
33A

岡山県勝田郡　　　個番：33-623-006
〒708-1307　　　三次：5234-51-86

現：**奈義町高円**(コウエン)**532**、菩提寺、国天（1928.1）

1 本多(1913)：勝田郡豊並村大字高円
2 文部省(1928)：勝田郡豊並村大字高円字杉乢(スギガトウ)
3 本田(1957)、三浦ら(1962)：勝田郡奈義町大字高円字杉乢

現況：若いヒコバエ、生長して幹化したヒコバエ、巨大な垂下乳、幹と融合した乳などを伴う多幹束生樹（写真①⑤）。根元はほぼ直柱状に地面から立ち上がり、根系は露出しない（写真①）。大小多数の乳を垂下させている。

天然記念物　大イチョウ

浄土宗の開祖、法然上人が学問成就を祈願してさした杖が芽吹いたといわれる。この天を覆う銀杏の巨樹は、国定公園那岐山の古刹、菩提寺の境内で歴史の重みをかさねながら静かに息をひそめつつ立っている。目通り周囲約12メートル、高さ約45メートル、樹齢推定900年といわれ県下一の巨木である。昭和3年、国の天然記念物に指定され、また全国名木百選にも選ばれている。町では、イチョウを町木に指定し、その保護に力を注いでおり、町民一人ひとりの心の中に大銀杏が息づいている。
⑥　　　　　　　　　　　奈義町教育委員会

交通：中国道「津山IC」→国道53号を鳥取市方面→奈義町・高田で「菩提寺の大イチョウ」の看板左折4.8 kmで至る。

撮影（メディア）：①③⑤ 2002.3.2(N); ②④⑥ 1999.8.26(N).

著者：資料名(発行年)、頁等	調査年/月	幹周(cm)/性	図写真
（古資料）			
寺坂：美作高円史「吟味覚書」(1958)	1720	ca.676	—
皆木：白玉拾(1804〜1830)	—	—	図絵
1 本多：大日本老樹名木誌(1913)No.435	1912	1127	写真
2 文部省：天然紀念物調査報告 植物之部(第八輯)(1928)p.13	?	1006♂	写真
3 本田：植物文化財(1957)p.34	?	根回1091♂	—
3 三浦ら：日本老樹名木天然記念樹(1962)No.1284	1961	根回1091♂	写真
上原：樹木図説2. イチョウ科(1970)p.169	?	根回1100♂	—
八木下：巨樹(1986)p.125	1978/10	1100	写真
沼田：日本の天然記念物5.(1984)p.83	?	1100♂	写真
牧野：巨樹名木巡り〔中国・四国地区〕(1991)p.58	?	根回 1180	写真
読売新聞社編：新 日本名木100選(1990)p.152	?	1150	写真
樋田：イチョウ(1991)　p.66　p.127	?　?	1190♂　1100♂	—　—
環境庁：日本の巨樹・巨木林(1991)**33**-26	1988	1348	写真
梅原ら：巨樹を見に行く(1994)p.40	?	1350	写真
芦田：巨樹紀行(1997)p.62	?	1340♂	写真
平岡：巨樹探検(1999)p.284	(1988)	(1348)	—
渡辺：巨樹・巨木(1999)p.300	1999/4	1350♂	写真
藤元：全国大公孫樹調査(1999)p.1	1991/4	1570	写真
北野：巨木のカルテ(2000)p.414	(1988)	(1348)	写真
著者実測	1998/8	外周1400♂	写真
須田：魅惑の巨樹巡り(2000)p.160	1997/9	1150	写真
高橋：日本の巨樹・巨木(2001)p.88	?	1250	—
（2100年代）			
（2200年代）			

| 193 33B | 岡山県 〒717-0742 | 個番：33-581-001 三次：5233-45-70 |

現：**真庭市**[1]**後谷**
旧：真庭郡勝山町[1]大字後谷、観音堂、町天
　　（1952.10.3）

[1] 2005.3.31：勝山町、八束村、他7町村が合併・新設

著者：資料名（発行年）、頁等	調査年/月	幹周(cm)/性	図写真
（古資料）			
勝山町教育委員会：説明板（設置日不明）	?	880	
環境庁：日本の巨樹・巨木林(1991)33-22	1988	1418(3)	―
北野：巨木のカルテ(2000)p.412	(1988)	(1418)	写真
著者実測	1999/8	未測定♀	写真
（2100年代）			
（2200年代）			

現況：傾斜地上に生育（写真⑥）。太い幹、後から生長したヒコバエ、若いヒコバエ等、世代が違う多数の幹が集合する多幹束生樹（写真①③-⑤）。珍しく、この樹には乳は見られない。根元は全体として錐盤状であるが、斜面のため力強い露出根系が発達している（写真①③④⑥）。この樹の花粉親を捜したが、付近には見つからなかった。どこから飛来するか？

交通：米子道「久世IC」→国道181号→県道32号→バス停「合の坪」で右折→看板「観音堂の大銀杏」の所の二叉で左方向へ進行左手。
撮影(メディア)：① 2002.3.2(R)；② 1999.8.26(N)；③-⑥ 2002.3.2(D)；⑦ 2002.3.2(N).

| 194 33C | 岡山県勝田郡 〒709-4302 | 個番：33-623-004 三次：5234-51-02 |

現：**勝央町河原**（ショウオウ）（カワラ）、銀杏広場、町天（1972.6.15）

著者：資料名（発行年）、頁等	調査年/月	幹周(cm)/性	図写真
（古資料）			
説明板：川原村名物(1689)	(1689)	存在を記す	
環境庁：日本の巨樹・巨木林(1991)33-26	1988	1810(5)	―
勝央町河原地区：説明板(1992.4 設置)	?	970♂	
北野：巨木のカルテ(2000)p.414	1988	(1810(5))	写真
著者実測	1999/8	叢生(n)♂	写真
（2100年代）			
（2200年代）			

現況：主幹と思われる幹を中心に、その周りを囲むように10本あまりの幹状ヒコバエが叢生した樹（写真①-③）。地上1mあまりの所に折損した側軸幹の端がある（写真①）。根元はほぼ直柱状に地面から立ち上がる部分と、錐盤状になる部位とがある（写真①）。露出根はない。中～上部にかけて小形の乳の垂下が見られる（写真①）。

交通：中国道「津山IC」→津山市内で国道429号→左折県道353号（奈義町方面へ）→「河原」で左折、橋を渡ると至る。
撮影(メディア)：①②⑤ 2002.3.2(N)；③④ 1999.8.26(N).

195 34A 広島県山県郡　個番：34-362-019
〒731-3701　三次：5132-61-69

現：**安芸太田町**②**上筒賀**
旧：**筒賀村**②大字**上筒賀**②94、大歳神社／筒賀神社、県天(1939)

① 本多(1913)、三浦ら(1962)：山県郡筒賀村大字筒賀字神田、筒賀神社
② 広島県文化財協会(1982)：山県郡筒賀村上筒賀
③ 2003.10.1：筒賀村、加計町、戸河内町が合併・新設

著者：資料名(発行年)、頁等	調査年/月	幹周(cm)/性	図写真
(古資料)			
①本多：大日本老樹名木誌(1913)No.486	1912	667	—
①三浦ら：日本老樹名木天然記念樹(1962)No.1161	1961	755	写真
上原：樹木図説2.イチョウ科(1970)p.176	?	760	—
②広島県文化財協会：広島の巨樹調査(1982)p.18	?	800	—
環境庁：日本の巨樹・巨木林(1991)34-35	1988	780	—
牧野：巨樹名木巡り〔中国・四国地区〕(1991)p.92	?	985	写真
河本：わが愛するふるさとの巨樹・古木・滝紀行(1992)p.84-89	?	800	写真
著者実測	2000/7	940(♂>♀)	写真
須田：魅惑の巨樹巡り(2000)p.164	?	780	写真
高橋：日本の巨樹・巨木(2001)p.88	?	850	
(2100年代)			
(2200年代)			

現況：巨大な垂下乳を伴う単幹樹（写真④）。すでに幹本体に融合してしまった乳もある。目通り高より上は、腫瘍状に組織が増殖し（写真①~③）、樹形は逆三角形の形状で、その上に萌芽枝が密生している。これは、長年にわたり何度も枝払いしたためではなかろうか。塊から乳も垂下する。根元は錐盤状で、（現在は）根系は露出していない（写真④⑤）。現在の国道が通る以前は露出していたとのこと（神主さんの話）。河本(1992)には、1900年代初め頃のイチョウ古写真が収録されている。　⇨

196 34B 広島県　個番：34-583-008
〒728-0131　三次：5232-15-89

現：**三次市**①**作木町香淀**
旧：**双三郡作木村**①大字**香淀**字神田460、迦具神社、県天(1990.12.25)

① 広島県文化財協会(1982)：双三郡作木村香淀
② 2003.4.1：市制施行(三次市、作木村、他6町村が合併・新設)

著者：資料名(発行年)、頁等	調査年/月	幹周(cm)/性	図写真
(古資料)			
①広島県文化財協会：広島県の巨樹調査(1982)p.18	?	730	—
環境庁：日本の巨樹・巨木林(1991)34-62	1988	730(1)	—
広島県・作木村教育委員会：説明板(1992.8.3設置)	?	728	
著者実測	2000/7	810♂	写真
(2100年代)			
(2200年代)			

現況：コケ、緑藻に覆われる以外付属物を伴わない単幹樹（写真①）。6mくらいの高さで二叉分岐する。根元は微かな錐盤状で、露出根系はない（写真①③④）。

交通：中国道「三次IC」→三次市内で国道54号北上→県道62号→国道375号南下→「香淀」の郵便局で左折→JAガソリンスタンドを過ぎ直進、道路右側（国道375号で直接行くこともできるが、54号経由が楽）。
撮影(メディア)：① 2001.12.22 (D)；②⑥ 2001.12.22 (N)；③④⑦ 2000.7.19(N)；⑤ 1998.9.24(N).

交通：中国道「戸河内IC」→国道186号を吉和村方面→本郷、進行右側。
撮影(メディア)：①②⑤ 2001.12.20(D)；③④⑥ 1998.9.23(N).

197 34C 広島県　〒727-0402　個番：34-604-004　三次：5232-47-34

現：**庄原市①高野町新市**
旧：**比婆郡高野町①大字新市字上市、天満神社、県天（1937.5.28）**

① 2005.3.31：庄原市、高野町、東城町、他4町が合併・新設

著者：資料名（発行年）、頁等	調査年／月	幹周(cm)／性	図写真
（古資料）			
三浦ら：日本老樹名木天然記念樹(1962)No.1116	1961	960	写真
上原：樹木図説2.イチョウ科(1970)p.166	?	960	－
広島県文化財協会：広島県巨樹調査(1982)p.18	?	960	－
環境庁：日本の巨樹・巨木林(1991)**34**-69	1988	960(1)	－
平岡：巨樹探検(1999)p.284	1988	(960)	
藤元：全国大公孫樹調査(1999)p.26	?	960♀	写真
北野：巨木のカルテ(2000)p.418	1988	(960)	写真
著者実測	2000/7	外周980♀	写真
高橋：日本の巨樹・巨木(2001)p.88	?	750	－
（2100年代）			
（2200年代）			

現況：若いヒコバエ、幹状ヒコバエ、長短、大小多数の乳を伴い、さらに100年またはそれ以前に乳が本体に融合したと見える多幹状束生樹（写真①⑥）。現在、地中にもぐり込み途中の乳（周長125 cm）もある（写真①）。ほぼ直柱状に立ち上がる部分（写真①）と錐盤状の部分があるが（写真⑤）、露出根はほとんどない（写真①⑤）。中部は大小、長短無数の乳で装飾され、不整的な水平・下向枝が多い。

交通：中国道「庄原IC」→庄原市から国道432号北上→高野町上市で進行方向右手。

撮影(メディア)：①③⑤⑦ 1998.9.24(N)；② 2001.12.22(N)；④ 2000.7.21(N)；⑥ 2000.7.21(R)．

198 34D 広島県　〒739-1301　個番：34-201-019　三次：5132-75-04

現：**広島市①③安佐北区白木町②井原、新宮神社、市天（1979.3.12）**

① 1889.4.1：市制施行／1980.4.1：区制施行
② 三浦ら(1962)：高田郡白木町大字井原（その後広島市に合併）
③ 2005.4.25：湯来町が編入

著者：資料名（発行年）、頁等	調査年／月	幹周(cm)／性	図写真
（古資料）			
三浦ら(1962)による：社地現境内反別取扱帳(1875)	(1875)	500	
②三浦ら：日本老樹名木天然記念樹(1962)No.1177	1961	680	写真
上原：樹木図説2.イチョウ科(1970)p.167	?	680♀	－
広島県文化財協会：広島県巨樹調査(1982)p.18	?	690	－
環境庁：日本の巨樹・巨木林(1991)**34**-17	1988	720(1)	－
著者実測	2003/10	684♀	写真
（2100年代）			
（2200年代）			

現況：若いヒコバエを伴うきれいな単幹樹（写真①）。根元は円錐盤状、露出根系が僅かに見られる（写真①④⑤）。地上4 mくらいで2本に分幹（写真①④）。

交通：山陽道「広島IC」→広島市内から国道54号北上→「上大林」で県道68号→県道37号北上、約1 km進行方向左側。

撮影(メディア)：①③-⑥ 1998.9.20(N)；② 2001.12.19(D)．

199 35A 山口県　〒747-0344　個番：登録なし　三次：なし

現：**山口市**①徳地八坂(サバ)(トクヂ)
旧：佐波郡徳地町大字八坂字上寺前、妙見社、県天(1966.6.10)

① 2005.10.1：山口市、徳地町、小郡町、他2町が合併・新設

著者：資料名(発行年)、頁等	調査年/月	幹周(cm)/性	図写真
(古資料)			
山口県文化財要録 第2集(1975) p.133	1953	830	写真
三浦ら：日本老樹名木天然記念樹(1962)No.1143	1961	840	—
上原：樹木図説2．イチョウ科(1970)p.170	?	840	—
樋田：イチョウ(1991)p.126	?	830 ♂	
岡：山口県の巨樹資料(2000) p.12	1984/9	850 ♂	写真
山口県・徳地町教育委員会：説明板(2001.2.1 設置)	?	850 ♂	
著者実測	2000/7	935 ♂	写真
(2100 年代)			
(2200 年代)			

現況：瘤状突起、乳、乳が幹化した部分も伴う整った単幹樹(写真①⑥)。地面から数mの高さには、何度かの枝の伐採、折損のためか、不規則な瘤状突起や乳の突出が多く見られる(写真⑥)。根元は力強い錐盤状で地面を咬み、露出根系は見られない(写真⑥)。樹肌は象肌様(写真①⑤⑥)。着生植物の種類が多い。

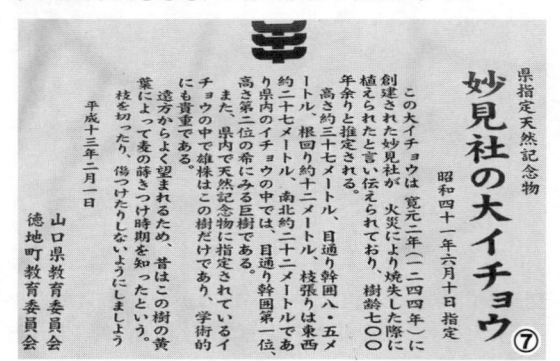

撮影(メディア)：① 2002.3.3 (D)；②⑤⑦ 2002.3.3 (N)；③ 2000.7.20 (R)；④ 2000.7.20 (N)；⑥ 2001.3 (R). [⑥三宅氏] ⇨

200 35C 山口県　〒747-0063　個番：登録なし　三次：なし

現：**防府市下右田**668、天徳寺、市天(1996.4.26)

① 1936.8.25：市制施行
② 山口県の巨樹資料(2000)：防府市右田

著者：資料名(発行年)、頁等	調査年/月	幹周(cm)/性	図写真
(古資料)			
防府市：防府市史 資料I(1994) p.157	(1994)	730 ♀	—
防府市教育委員会：説明板(1996.7 設置)	?	715 ♀	
②岡：山口県の巨樹資料(2000) p.12	?	715 ♀	
著者実測	2000/11	760 ♀	写真
(2100 年代)			
(2200 年代)			

現況：幹軸に沿い樹皮剥落と裂開が走り、芯部が見える(写真①③)。夏期に若いヒコバエが生えるが(写真①)、新枝は上部まで切られるようで、円柱状を呈する(写真⑥)。根元は典型的な錐盤状で、露出根系も見られる(写真①③)。上部に小さい乳が見られる。

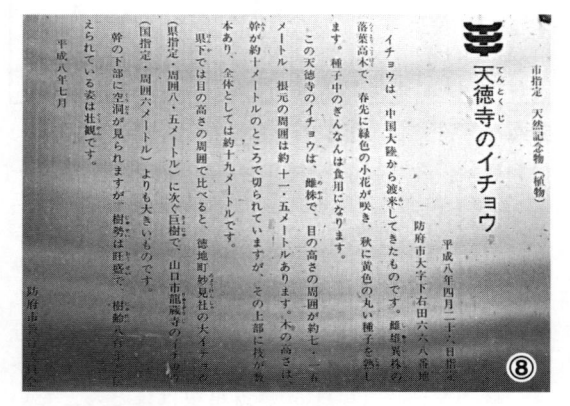

交通：山陽道「防府東IC」(下り線)または「防府西IC」(上り線)→防府市内から国道262号北上約1km→右手にコンビニエンス・ストアが見えたら右折、進行方向左手(右田小学校横)。

撮影(メディア)：①②④⑦⑧ 2000.11.22 (N)；③ 2002.3.3 (D)；⑤⑥ 2002.3.3 (N).

交通：中国道「徳地IC」→国道489号で「阿東」方向→バス停「下八坂」の近く、前進行方向右手。

201 35B　山口県　個番：35-201-012
〒752-0973　三次：5030-77-99

現：**下関市長府中之町 6-6**、正円寺、県天
　　（1969.2.4）

① 山口県の巨樹資料(2000)：下関市長府
② 2005.2.13：下関市、菊川町、豊田町、豊浦町、豊北町が合併・新設

著者：資料名(発行年)、頁等	調査年/月	幹周(cm)/性	図写真
（古資料）			
パンフレット（下関市長府中之町正円寺入口）	1766	萌芽	
山口県・下関市教育委員会：説明板（設置日不明）	?	785♀	
山口県文化財要録 第2集(1975) p.148	?	785♀	写真
樋田：イチョウ(1991)p.127	?	780♀	—
環境庁：日本の巨樹・巨木林(1991)35-16	1988	800(1)	—
①岡：山口県の巨樹資料(2000) p.11	1984/10	660	—
著者実測	2000/11	785♀	写真
（2100年代）			
（2200年代）			

現況：根元の形状は、草花にかくれていて詳しくは分からないが、円錐状に地面から立ち上がっているように見える。樹の周囲が狭いので、根系が露出する余地はなさそう（写真②④）。お寺の前の店でもらったパンフレットによると、「1766年、本堂建立の際、すでにあったイチョウの地上部が伐採され、残った根から生えた萌芽が現在伸びている幹、枝」とのことである。現在の樹形、枝張り、樹肌の様相の点でも、いわゆるイチョウのイメージとは全く違う！　地上2.5～3mの高さで4方向に分幹している（写真①）。樹表面は、シダ、コケ、藻類に覆われ、突起様の膨らみが多い（写真①）。巨大な垂下乳を含めて、幹のあちこちに多数の乳がある。

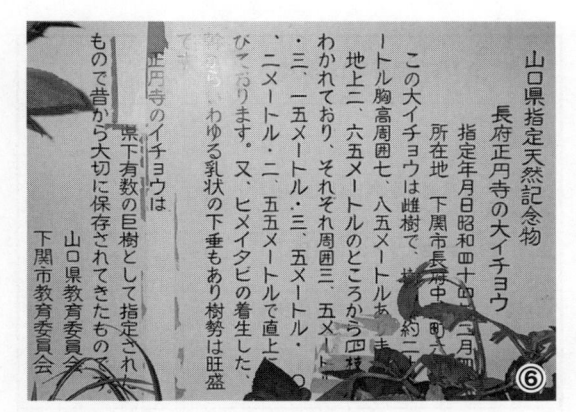

山口県指定天然記念物
長府正円寺の大イチョウ
指定年月日　昭和四十三年二月
所在地　下関市長府中之町
この大イチョウは雌樹で、樹高約二〇メートル胸高周囲七・八五メートル、地上二・六五メートルのところから四本にわかれており、それぞれ周囲三・五メートル、三・一五メートル、二・五五メートル、二・五五メートルで直上にのびています。又、ヒメイタビの着生した、いわゆる乳状の下垂もあり樹勢は旺盛である。
正円寺のイチョウは県下有数の巨樹として指定されたもので昔から大切に保存されてきたものである。
山口県教育委員会
下関市教育委員会　⑥

交通：中国道「下関IC」→国道9号→国道2号に達する前、進行方向右側「神戸製鋼」の所で入る（忌宮神社、乃木神社の看板がある）→T字路の突き当たりまで行き右折、進行左側→忌宮、乃木、正円寺の順。

撮影(メディア)：①③ 2001.3.9（N）；②⑤⑥ 2000.11.22（N）；④ 2000.11.22（R）.

202 35D　山口県熊毛郡　　個番：353-41-004
〒742-1403　　三次：5032-50-99

現：**上関町大字室津** 956、常満寺、県天
　　（1966.6.10）

著者：資料名(発行年)、頁等	調査年/月	幹周(cm)/性	図写真
（古資料）			
三浦ら：日本老樹名木天然記念樹(1962)No.1287	1961	根回830	―
上原：樹木図説2. イチョウ科(1970)p.170	?	根回830	―
山口県・上関町教育委員会：説明板（設置日不明）	?	820♀	―
山口県文化財要録 第2集(1975)p.129	?	820	―
牧野：巨樹名木巡り〔中国・四国地区〕(1991)p.128	?	820♀	写真
樋田：イチョウ(1991)p.126	?	820♀	写真
環境庁：日本の巨樹・巨木林(1991)35-37	1988	820(1)	―
平岡：巨樹探検(1999)p.284	(1988)	(820)	―
岡：山口県の巨樹資料(2000)p.13	―	690	
著者実測	2000/7	外周750♀	写真
（2100年代）			
（2200年代）			

現況：現在の地面は、1739年（元文4）に寺堂が当地に移転した際、約5.5mの盛土をした最上面と考えられ（説明板より）。したがって、この樹も、5.5m埋土されたことになる。現在の地上部は、その影響でダルマ様に膨らんだ形となったと思われる。樹肌は象肌様である。根元の状況は、ヒコバエが多数生えていることと、植栽植物が多くあるため詳しくは分からないが、新たに発達した根系の露出は見られないようである。

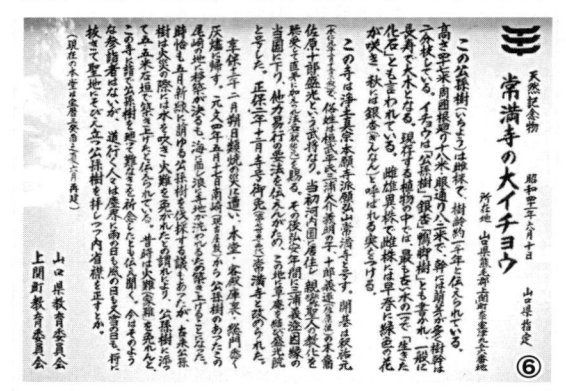

交通：山陽道「玖珂IC」→県道70号、柳井市へ→国道188号→県道23号南下→上関町の湊を通り直進左手（「上関大橋」までは行かない）。

撮影(メディア)：① 2002.3.3 (D)；②⑤ 2000.7.20 (R)；③ 2002.3.3 (N)；④⑥ 2000.7.20 (N).

203 36A 徳島県板野郡　個番：36-405-016
〒 771-1350　三次：なし

現：**上板町瀬部字西井内**、乳保神社、国天
　　（1944.11.7）

① 本田(1913)、徳島県(1929)：名西郡高志村大字瀬部
② 徳島県山林会(1914)、高知営林局(1928)：高志村大字瀬部(村)
③ 三浦ら(1957)：板野郡上板町瀬部字西井内

現況：若いヒコバエ、幹に生長したヒコバエ、主幹に融合した乳、垂下乳、両方から伸びるヒコバエ、部分的な枯死を伴う多幹束生樹(写真①③④)。根元は柱状に地面から立ち上がり、露出根系は見られない。地面に刺さる朽ちかかった乳、先端が切り取られた乳などが見られるが、1924年(文部省)頃の写真と比べて、地面の高さが上がっているように見える。2003年6月には台風による太枝折損の被害があった。

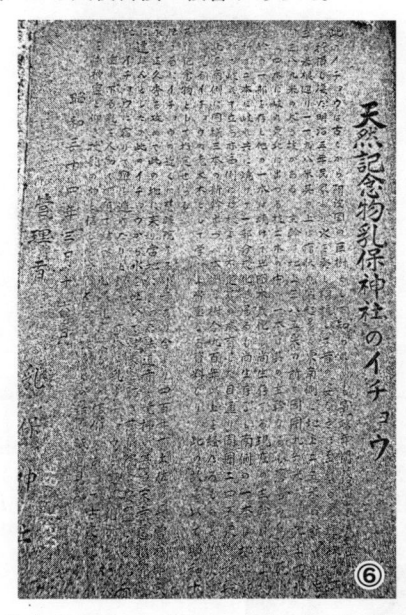

著者：資料名(発行年)、頁等	調査年／月	幹周(cm)／性	図写真
(古資料)			
元木：灯下録(1804-1817)	?	1400	?
①本多：大日本老樹名木誌(1913)No.418	1912	1697	―
②徳島県山林会：徳島県老樹名木誌(1914)p.1	?	1151	
②高知営林局：四国老樹名木誌・上巻(1928)p.78	?	1360	
①徳島県：徳島県史蹟名勝天然紀念物調査報告 第一輯(1929)p.85	?	1121	写真
文部省：天然記念物調査報告 植物之部第十九輯(1942)p.46	?	根回1198♂	写真
本田：植物文化財(1957)p.35	1954/8	根回1200♂	―
横山：阿波名木物語(1960)p.155	?	1150	写真
③三浦ら：日本老樹名木天然記念樹(1962)No.1083	1961	1697	―
上原：樹木図説2.イチョウ科(1970)p.176	?	700♂	
上板町史編纂委員会：上板町史上巻(1983)p.90 / 下巻(1985)p.1244	1980/11 / ?	ca.1250♂ / ca.1200♂	写真 / 写真
沼田：日本の天然記念物5.(1984)p.87	?	根回1200♂	写真
樋田：イチョウ(1991)p.120	?	1250♂	
環境庁：日本の巨樹・巨木林(1991)36-64	1988	1723(5) (主1342)	写真
徳島県教育委員会：徳島の文化財(1992)p.302	?	ca.1250♂	写真
渡辺：巨樹・巨木(1999)p.352	1992/3	1340♀	写真
平岡：巨樹探検(1999)p.285	(1988)	(1342)	―
藤元：全国大公孫樹調査(1999)p.15	1995/7	1250	写真
北野：巨木のカルテ(2000)p.434	1988	(1723)	写真
著者実測	1998/7	測定できず(n)♂	写真
高橋：日本の巨樹・巨木(2001)p.88	?	1270	
徳島新聞：2003.6.23号／その他数紙	2003/6	大枝折損	写真
(2100年代)			
(2200年代)			

交通：徳島市方面から県道30号(または国道192号、どこかで右折して県道30号へ)→県道34号(右折)→吉野川・六条大橋を渡る。左折して堤防上を約3.5km進行、右折約500mで至る。

撮影(メディア)：①②④ 2002.10.13(N); ③⑤ 2000.3.8(R); ⑥ 1999.7.20(N).［①②佐藤氏］

204 36N 徳島県板野郡　個番：36-405-011
〒771-1302　三次：なし

現：**上板町七條字山ノ神、山ノ神公園**

①徳島県山林会(1914)、高知営林局(1928)：板野郡松島村大字七條村

現況：上方に向かって逆台形的に太くなり、小さい乳を伴うずんぐり型の単幹樹（写真①④）。これは地上数mくらいの高さで上部が折損喪失し、その後生長した萌芽枝が生長して今日の姿を取り戻しているためと考えられる。両者の樹齢の違いが、樹肌模様の違いとなって表れている（写真①）。根元は力強い錐盤状で、露出根系が僅かに発達（写真①④）。全体的に、乳が少なくかつ微小であることが特徴的である。

交通：徳島市方面から県道12号→上板町内、泉谷川を渡って2つ目の信号の左手上板役場近く。

撮影(メディア)：① 2001.2.10（R）；②④-⑥ 2001.2.10（N）；③ 1998.7.20（N）；⑦ 2002.10（N）．［⑦佐藤氏］

著者：資料名(発行年)、頁等	調査年/月	幹周(cm)/性	図写真
（古資料）			
①徳島県山林会：徳島県老樹名木誌(1914)p.4	？	515	—
①高知営林局：四国老樹名木誌・上巻(1928)p.86	？	510	—
環境庁：日本の巨樹・巨木林(1991)**36**-63	1988	595	—
著者実測	2001/2	710 ♀	写真
（2100年代）			
（2200年代）			

⑦

コラム 23　イチョウ材でできた仏様

　イチョウ材の特徴として、湿潤、乾燥を繰り返しても、板が反らないということがあります。この特性を利用して、和紙の乾燥板、着物生地の洗い張りに使う張り板、裁断板などに使われます。最も広く一般的に使われるのはまな板ですが、専門店も全国にいくつかあります（写真1）。その他、碁盤、仏壇などもイチョウ材でつくられますが、仏像の例を紹介しましょう。

写真1

　ひとつは、本巻の図版No.246の写真⑤に示してある仁王像です。もうひとつの例は、青森県浅虫にある通称「浅虫銀杏観音」です（写真2、3）。現在は、青森市内にある昭和大仏の体内仏としてまつられています（写真4）。

次頁へ→

205 36C 徳島県名西郡(ミョウザイ)

〒 771-3310　　個番：36-342-056　　三次：なし

現：**神山町神領**(ジンリョウ)（字西大久保）、大久保地区多目的研修集会所横（往時には、銀杏庵とも地蔵庵とも呼ばれた）、町天、大久保の乳イチョウ

1 酒井：大久保名神領村
2 徳島県山林会(1914)、高知営林局(1928)：名西郡神領村(字)大久保、地蔵庵
3 三浦ら(1962)：神山町字西大久保
4 環境庁報告書(1991)：神山町、地蔵庵

現況：斜面地の縁から斜面にかけて生育。若いヒコバエ、生長したヒコバエ、垂下乳を伴う単幹樹（写真①⑤）だが、斜面側の形状が入り組むため、厳密な幹周測定は不能。かつて太い側軸幹があり、それが折損した残痕部と思われる部分が斜面に突き出し、多数の乳を垂下させる（写真④）。幹は平面部分で力強い錐盤状（写真①⑤）、斜面側で直柱状に立ち上がる。露出根は見えない。

交通：徳島市方面から国道438号→神山町内で県道20号が起点する近辺で左折、登る。

撮影(メディア)：①②⑤ 2002.8.7(N)；③ 2000.3.8(R)；④⑥ 1999.7.15(N)．［③佐藤氏］

著者：資料名(発行年)、頁等	調査年/月	幹周(cm)/性	図写真
（古資料）			
神山古文書を読む会：大粟雑誌稿(1819 原本/1998 解読)	?	10 囲	―
1 酒井：阿波國漫遊記(1800年代中葉)p.59	?	5 抱	―
2 徳島県山林会：徳島県老樹名木誌(1914)p.2	?	885	
2 高知営林局：四国老樹名木誌・上巻(1928)p.80	?	910	
名西郡神領村誌編集委員会：神領村誌(1960)p.640	?	―	写真
3 三浦ら：日本老樹名木天然記念樹(1962)No.1138	1961	879	
横山：阿波名木物語(1960)p.158	?	900	
上原：樹木図説 2. イチョウ科(1970)p.177	?	880	
4 環境庁：日本の巨樹・巨木林(1991) 36-43	1988	1330 (主 991)	
神山町教育委員会：説明板(1991以降設置)	(1988)	(1300) (主 990)	
平岡：巨樹探検(1999)p.285	(1988)	991	
北野：巨木のカルテ(2000)p.431	(1988)	(1330)	写真
著者実測	1999/7	外周1137♂	写真
高橋：日本の巨樹・巨木(2001)p.88	?	1200	―
(2100年代)			
(2200年代)			

神山町指定 天然記念物
大久保の乳いちょう
このいちょうは、県下にあるいちょうのうち第4位の巨樹（環境庁調査）で
樹周 13m（主幹9.9m）
樹高 38m
推定樹齢 約500年
樹勢も良好で、町内でも貴重な樹木である。かつて、乳の出の少ない女性がよく出るようにねがって、この木に願をかけたと言われている。
神山町教育委員会
神山町文化財保護審議会
⑥

→前頁より

写真2　　写真3　　写真4

206 36B 徳島県三好郡　個番：登録なし
〒779-5452　三次：なし

現：**山城町上名**(カミミョウ)、藤川氏敷地内
予：〔三好市[2]　　　　　〕

[1] 徳島県山林会(1914)、高知営林局(1928)：三好郡三名村大字上名(村)
[2] 2006.3.1：市制施行(山城町、東祖谷山村、西祖谷山村、他3町が合併・新設の予定)

著者：資料名(発行年)、頁等	調査年/月	幹周(cm)/性	図写真
(古資料)			
[1]徳島県山林会：徳島県老樹名木誌(1914)p.1	?	1214	—
[1]高知営林局：四国老樹名木誌・上巻(1928)p.78	?	1370	—
三浦ら：日本老樹名木天然記念樹(1962)No.1095	1961	1212	写真
著者実測	1999/3	外周1150♀	写真
(2100年代)			
(2200年代)			

現況：ラピス大歩危の山地急斜面にある茶畑の中で生育(写真①③)。若いヒコバエ、生長して幹化したヒコバエ、部分的な樹皮剥離、乳を伴う多幹状単幹樹(写真②④⑤)。斜面に沿って錐盤状に立ち上がり、根系の露出は僅かにある程度(写真①②⑤)。上部は同じような太さの6幹に分岐している(写真①)。着生植物が多いため、樹表面のいたみがかなり進行しているように見える(写真④⑤)。このような山上に、このような巨樹イチョウが存在することに驚きを感じる。

⑥

交通：徳島道「井川池田IC」→国道32号南下→両祖谷山村→大歩危で→県道272号(上各西字線)→イチョウまで約2kmの登り坂。
撮影(メディア)：①② 2000.3.5(R)；③ 2001.7.20(N)；④⑤ 1999.3.4(N)；⑥ 2001.7.20(D).　[②佐藤氏]

207 36I 徳島県三好郡　個番：36-487-003
〒778-0206　三次：5033-66-39

現：**東祖谷山村釣井**(ヒガシイヤヤマソンツルイ)、木村家住宅(重文)
予：〔三好市[1]　　　　　〕

[1] 2006.3.1：市制施行(東祖谷山村、西祖谷山村、山城町、他3町が合併・新設の予定)

著者：資料名(発行年)、頁等	調査年/月	幹周(cm)/性	図写真
(古資料)			
環境庁：日本の巨樹・巨木林(1991)36-79	1988	750	—
著者実測	1999/3	外周803♀	写真
(2100年代)			
(2200年代)			

現況：幹に融合してしまった乳を伴い、若いヒコバエはないが、肌模様が違う(樹齢が違うことを示す)2本の幹が融合しているように見える樹(写真①)。乳は低位では不規則な形をしている。3～4m以上の高さからは、乳は氷柱のように垂下している(写真①④⑤)。根元は、古い方はどっしりした錐盤状に、新しい方は直柱状に地面から立ち上がり、露出根系はない(写真①)。

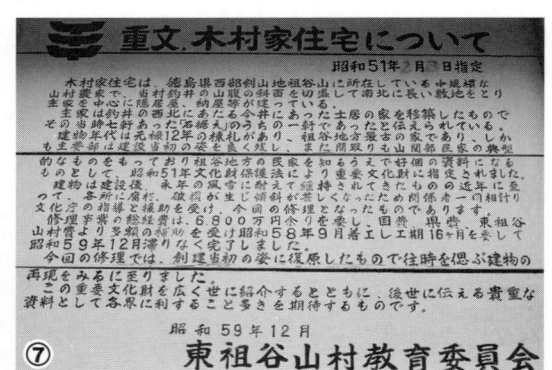

⑦

交通：徳島道「井川池田IC」→国道32号→県道32号東祖谷山村→「平」で右折して約2.5km進む。
撮影(メディア)：①②⑤-⑦ 1999.3.4(N)；③④ 2001.7.20(N).

208 36J 徳島県三好郡　個番：36-488-001
〒778-0105　三次：5033-66-52

現：**西祖谷山村**[1]**西岡**、西岡小学校裏
予：〔三好市[1]　　　　　　　〕

[1] 2006.3.1：市制施行（東祖谷山村、西祖谷山村、山城町、他3町が合併・新設の予定）

著者：資料名（発行年）、頁等	調査年/月	幹周(cm)/性	図写真
（古資料）			
環境庁：日本の巨樹・巨木林(1991)**36**-80	1988	760(n)	—
著者実測	2001/2	外周 ca.800 ♂	写真
（2100年代）			
（2200年代）			

現況：小学校裏の石垣を背にした急斜面に生育（写真①）。おそらく、イチョウの山側に石垣を積み上げたものであろう。正確な位置で測定することはできない。無数の若いヒコバエに囲まれた多幹状樹（写真①）。急斜面地のため、近づいて精査できないが、おそらく幹状に生長したヒコバエが本体に融合した状態もあるように見える。根元は、斜面下に向く側は微かな錐盤状となるが、全体的には直柱状に地面から立ち上がり、根系の露出はない（写真①）。

交通：徳島道「池田IC」→国道32号→西祖谷山村「上名」で左折、県道32号→約1.5kmで進行左手に西岡小学校。

209 36P 徳島県名西郡　個番：36-341-078
〒779-3231　三次：なし

現：**石井町石井(重松)**、八幡神社

著者：資料名（発行年）、頁等	調査年/月	幹周(cm)/性	図写真
（古資料）			
環境庁：日本の巨樹・巨木林(1991)**36**-39	1988	1069(5)	—
北野：巨木のカルテ(2000)p.430	(1988)	(1069)	写真
著者実測	2001/2	外輪郭周 600 ♂ + [120+103]	写真
（2100年代）			
（2200年代）			

現況：本来の主幹の芯部は枯死喪失し、表層部のみが輪郭に沿って部分的に残存するのみである（写真①④⑤）。芯底から生長した萌芽枝（現在は4本）はすべて幹（幹周長1m以上）状に生長している（写真④）。円盤状の根元に沿って無数のヒコバエが生じている（写真⑤⑥）。この主幹部に並んで、2本(120, 103cm)の側幹が並立している（写真①左、②③右）。根系は露出しない（写真①⑥）。

交通：徳島市方面から国道192号→石井町内「石井」で右折、県道231号（反対側が県道20号の起点）→約1kmで至る。

撮影(メディア)：①③⑥⑦ 2001.2.10(N)；② 2002.10.25(R)[佐藤氏撮影]；④⑤ 2001.2.10(R)．[②佐藤氏]

撮影(メディア)：①⑦ 2001.2.11(N)；②⑥ 2001.2.11(R)；③④ 2001.7.20(D)；⑤ 2000.3.5(R)．[⑤佐藤氏]

210 36E　徳島県名西郡　個番：36-341-059
〒779-3222　　三次：なし

現：**石井町高川原(天神)**、天満神社、
　　県天(1963.6.18)、天神のイチョウ

1 徳島県山林会(1914)、高知営林局(1928)：名西郡高川原村大字天神(村)
2 石井町(旧高川原村)天神社
3 三浦ら(1962)は石井町に909cm「神宮の公孫樹」(No.1129)と、970cm「天神の公孫樹」(No.1114)の2本のイチョウを記している。「天神の…」から、本樹はNo.1114と認定した。一方、上原(1970)は石井町910cm(p.177)と、石井町高原970cm(p.176)を記している。「高原」から、後者は次頁の「新宮本宮両神社」の木であり、前者が本樹であると認定した。

> 徳島県指定　　天然記念物
> **天神のイチョウ**
> 昭和38年6月18日指定
> 樹高38m50cm　樹周10m40cm　東西17m
> 南北16m　推定樹齢 約900年　樹勢はなお旺盛である。
> 主幹10m付近及び枝から いわゆる銀杏の乳という気根が垂下している。その大きなものは直径約30cm 長さ5mのものが15本を数え 小さなものは無数で 奇観を呈し 神木として町民の崇敬の対象となっている。　⑩

交通：徳島市方面から国道192号→石井町内から県道34号→県道30号を直交(交差)して、間もなく右手。
撮影(メディア)：①⑨ 2001.2.10 (R)；②⑧ 1999.7.17 (N)；③−⑦⑩ 2001.2.10 (N).

著者：資料名(発行年)、頁等	調査年/月	幹周(cm)/性	図写真
(古資料)			
1 徳島県山林会：徳島県老樹名木誌(1914)p.1	?	909	—
1 高知営林局：四国老樹名木誌・上巻(1928)p.81	?	910	写真
2 横山：阿波名木物語(1960)p.159	1914	900余	写真
3 三浦ら：日本老樹名木天然記念樹(1962)No.1114	1961	970	
3 上原：樹木図説2.イチョウ科(1970)p.176	?	910	
牧野：巨樹名木巡り〔中国・四国地区〕(1991)p.151	?	未記載	写真
樋田：イチョウ(1991)p.121	?	未記載♂	—
環境庁：日本の巨樹・巨木林(1991)**36**−38	1988	997	
北野：巨木のカルテ(2000)p.429	(1988)	(997)	写真
徳島県(?)：説明板(設置日不明)	?	1040	
著者実測	2001/2	外周1023♂	写真
(2100年代)			
(2200年代)			

現況：無数の長い乳が幹に沿って氷柱のように垂下するさまは他に見られない奇観である(写真①③−⑤)。すでに幹状化し本体幹に融合した長大乳(写真⑧⑨)も何本かあり、生長したヒコバエも伴う多幹状単幹樹。根元は錐盤状で、露出根系はない(写真⑥)。乳の切削端からあらためて小乳が伸びることはよくあるが、乳からさらに乳が伸出するのは珍しい(写真⑦)。

🍃 **コラム 24　千本イチョウ**

　千本イチョウと呼ばれるイチョウの中では、千葉県市川市(本巻、No.116)の「千本公孫樹」が有名です。こうした樹形は、最初から根元で分岐して多数の小幹に分かれ、それぞれが育つのでしょうか？ ギンナンからの芽生え育成をやってみますと、ギンナンから伸び出した芽は、大多数が1本で、2つに分岐して出てくる確率は0.1%以下で非常に稀です。おそらく2本以上の分岐出芽は例外中の例外に当たるでしょう。ではなぜ千本といわれるような状態になるのでしょうか。たまたま遭遇した事例を、その後どのように変化するか観察を続けた結果、千本イチョウ出現の成因が推定されましたので述べてみましょう。
　1997年5月、近くの研究所に植えられていたイチョウが伐採された直後、偶然そこを通りかかりました(写真1)。途中の詳しい経過は省略して、ほぼ6年経過後(写真2：2003年3月)の切り株の状況を示します。切り株自体は周りに生えた多数の萌芽に隠れ、主幹のよう

写真1　　写真2

――次頁へ――

211 36F 徳島県名西郡

個番：36-341-013
〒779-3208
三次：なし

現：**石井町高原(中島)**、新宮本宮両神社（左株）③、県天(1953.7.21)、矢神のイチョウ

①徳島県山林会(1914)、高知営林局(1928)：名西郡高原村大字中島(村) 新宮神社
②横山春陽(1960)：石井郡(旧高原村)中島
③右株は「日本の巨木イチョウ」(2003)のNo.134に収録

現況：樹皮剥落を伴う部分枯死が上部に達し、若いヒコバエ、すでに本体幹に融合してしまった乳、蛇のように密着伸長する太い根様の構造(写真①⑤)、枝の切削痕などを伴う多幹状単幹樹(写真①)。根元はほぼ直柱状に地面から立ち上がり、露出根系はない。

著者：資料名（発行年）、頁等	調査年/月	幹周(cm)/性	図写真
（古資料）			
①徳島県山林会：徳島県老樹名木誌(1914)p.2	?	909	—
①高知営林局：四国老樹名木誌・上巻(1928)p.81	?	910	—
②横山：阿波名木物語(1960)p.160	?	ca.910	写真
三浦ら：日本老樹名木天然記念樹(1962)No.1129	1961	909	
上原：樹木図説2.イチョウ科(1970)p.177	?	970	
徳島県(?)：説明板(設置日不明)	?	940	
樋田：イチョウ(1991)p.121	?	940 ♂	
環境庁：日本の巨樹・巨木林(1991) **36**–35	1988	970	—
北野：巨木のカルテ(2000)p.429	(1988)	(970)	写真
著者実測	2001/2	1074 ♂	写真
(2100年代)			
(2200年代)			

徳島県指定 天然記念物
矢神のイチョウ
昭和28年7月21日指定

那須与市宗高 屋島の合戦に扇の的を射抜いた功によって、この地を与えられたので神恵に感謝して 新宮 本宮を 熊野より勧請した と伝えられている。
この銀杏は 神護の名木として成長したため 矢神の銀杏とよばれている。
この銀杏は 周囲9.4m 高さ30m以上 樹冠面積 東西16.5m 南北20mでなお樹勢さかんである。また、梅檀の木がからみあって奇観を呈している。⑦

交通：徳島市方面から国道192号→石井町内から県道34号直進、3つの信号を過ぎ、「三井ガソリンスタンド」(左)で左折、約500m進んだ右手。

撮影(メディア)：① 2001.2.10(N)；②④-⑥ 2001.2.10(R)；③⑦ 1998.7.17(N).

→前頁より

な他より太い枝が1〜2本伸びてミニチュアの千本イチョウが育っています。
　自然では、超大型の台風が巨木イチョウを根元からへし折るようなことがしばしば起こります(写真5：2000.11.24)。1999年9月、九州の不知火湾を襲った台風で、八代市の熊野座神社(写真3、4)の巨木イチョウがこの被害にあいました。残痕から多数の萌芽が伸び出しています(写真6：2005.6.4)。数百年かけ親とは違った樹形を再生して行くのでしょうか。

写真3　写真4　写真5　写真6

212 36G 徳島県 〒771-1615　　個番：36-421-001　三次：なし

現：**阿波市**④**境目**
旧：阿波郡市場町①-④大字大影字境目、一般地
　（熊埜大権現前）、県天（1960.9.24）

① 本多（1913）：阿波郡大俣村大字大影村
② 徳島県山林会（1914）、高知営林局（1928）：阿波郡大俣村大字大影（村）字境目
③ 三浦ら（1962）：阿波郡市場町字大影
④ 2005.4.1：市制施行（市場町、阿波町、土成町、吉野町が合併・新設）

現況：幹は、増殖した腫瘍状の不定組織と、その間に生じる無数の微小乳と萌芽枝、コケ、藻類で覆われ（写真①）、本体幹に融合したと思われる乳の部分もある。錐盤状に地面から立ち上がり、舗装道路のため根系の露出は認められない（写真①）が、舗装工事により根系が痛めつけられたことは確かで、何年か後にその影響が心配される。すでに頂冠に微かな兆候がある。

著者：資料名（発行年）、頁等	調査年/月	幹周(cm)/性	図写真
（古資料）			
①本多：大日本老樹名木誌（1913）No.454	1912	909	—
②徳島県山林会：徳島県老樹名木誌（1914）p.5	?	ca.394	—
②高知営林局：四国老樹名木誌・上巻（1928）p.90	?	400	—
徳島県・市場町教育委員会：説明板（設置日不明）	?	780♀	—
横山：阿波名木物語（1960）p.164	?	460	—
③三浦ら：日本老樹名木天然記念樹（1962）No.1124	1961	909	—
上原：樹木図説2.イチョウ科（1970）p.177	?	910	—
樋田：イチョウ（1991）p.121	?	727♀	—
環境庁：日本の巨樹・巨木林（1991）**36**−66	1988	910(2)	—
北野：巨木のカルテ（2000）p.435	(1988)	(910)	写真
著者実測	1999/7	外周930♀+[150]	写真
（2100年代）			
（2200年代）			

交通：徳島道「城IC」→国道318号→県道12号→市場町内で県道2号→香川県との県境→道路右側。
撮影（メディア）：①② 2003.3.13（D）；③−⑤ 1999.7.20（N）；⑥⑦ 2003.3.13（N）．

天然記念物　境目のイチョウ
昭和35年9月24日指定

このイチョウは雌株で幹周7.8メートル、高さ16メートル、樹冠　東西約16メートル　南北約15メートル、主幹は地上3メートルで周囲に9本に分かれて並列し、太いものは周2メートルに及んでいる。その分岐点付近からは多数の小さな気根（乳）が垂れて、長さ1メートルに及ぶものがある。
祠堂が建てられ、乳神さんとして古くから祀られており、樹齢は600年といわれている。
いつまでも大切に保護していきましょう。
徳島県教育委員会　市場町教育委員会⑦

コラム 25　イチョウを世界に紹介したケンペル

　日本のイチョウを世界に初めて紹介したのは、1690〜92年に東インド会社の医師として長崎に滞在したケンペルです。ケンペルは詳細な滞在記録を帰国後「廻国奇観」（1712）として出版しました。その中にある「Flora Japonica」で細密画のイチョウの絵を添え、Ginkgo（銀杏）と記して発表しました。手書きの原稿（写真1：ケンペルの自筆原稿の索引部分の一部）は大英図書館に、持ち帰った乾燥標本はイギリス・ロンドンの自然史博物館（写真2）に保存されています。リンネはこれをもとにイチョウの正式学名を *Ginkgo biloba* としました（1752）。
　Ginkgoについてはいろいろな意見があります。「Ginkgoは、実はGinkjoあるいはGinkyoだったのではないか、印刷のときに間違えてGinkgoとしてしまったのだろう」、という意見は今日でも主張される誤植説です（写真3：植物学雑誌 1905）。私達は大英図書館で彼の特徴ある、びっしりと書き込まれた手書きの原稿を注意深く精査しました。結果は、索引に至るまで彼はGinkgoと書いてあり、どこにもGinkjo、Ginkyoは見つけられませんでした。中世ラテン語が専門のドイツ人にGinkgoの発音の仕方について尋ねたところ、ケンペルが生まれた北部ドイ

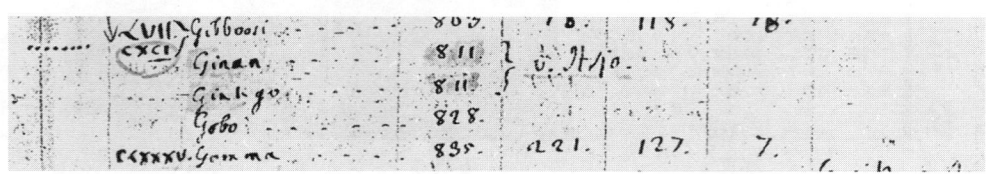

写真1

次頁へ→

213 36D 徳島県　〒771-2105

個番：36-462-004
三次：5134-00-64

現：美馬市②美馬町（銀杏木）
旧：美馬郡美馬町①②銀杏木69、一般地（郡里廃寺跡／立光寺跡／銀杏庵）

① 徳島県山林会(1914)、高知営林局(1928)：美馬郡郡里村大字郡里村，中山路銀杏庵
② 横山(1960)：美馬郡美馬町(旧郡里町)中山路、銀杏庵
③ 2005.3.1：市制施行(美馬町、脇町、穴吹町、木屋平村が合併・新設)

著者：資料名(発行年)、頁等	調査年／月	幹周(cm)／性	図写真
(古資料)			
①徳島県山林会：徳島県老樹名木誌(1914)p.2	?	909	—
①高知営林局：四国老樹名木誌・上巻(1928)p.80	?	910	—
②横山：阿波名木物語(1960)p.157	(1960)	ca.1000	写真
美馬町：美馬町史(1989)p.1320	?	1170	写真
環境庁：日本の巨樹・巨木林(1991) 36-75	1988	1190	
平岡：巨樹探検(1999)p.285	(1988)	(1190)	—
北野：巨木のカルテ(2000)p.437	(1988)	(1190)	写真
著者実測	2001/2	外周1213♀+[α]	写真
(2100年代)			
(2200年代)			

交通：徳島道「美馬IC」→国道438号→県道12号で徳島市方面へ1.5km程もどった所の右手に「郡里廃寺跡」の看板(反対側にコンビニエンス・ストア)。

撮影(メディア)：①③⑥ 2001.2.9(R)；② 2001.2.9(N)；④⑦ 1998.7.20(N)；⑤ 1999.3.4(N)．

現況：ほぼ同じ方位から撮った冬(2001/2)(写真③)と夏(1998/7)(写真④)では、周囲の状況が大きく変わっている。樹形、樹肌、そして樹表面の形状、どれをとっても全国でも唯一といってよい奇観を呈する巨樹イチョウである(写真①-⑥)。天から圧縮の力がかかったような幹、切削痕、乳を伴う複数幹状樹(写真①)。ギンナンがならない部分もあるとの土地の人の話などから、複数の幹が融合した可能性も考えられる。根元は微かな錐盤状であるが、ヒコバエの伐り株、根塊に囲まれる。露出根系が発達(写真①)。

→前頁より

ツ地方では「ギンキョウ」と発音できるということでした。ではなぜ、彼は「銀杏」の音読みを採用したのでしょうか？　ケンペルは、17世紀当時の江戸時代には「ぎんきょう」と読むことを、彼についていた通詞から教わりました。さらに当時の日本の百科事典、中村惕斎著の「訓蒙図彙」を執筆の参考にしました。この書でも「銀杏」に「ぎんきょう」と振り仮名がつけられています。また「ギンキョウ」の振り仮名のついた書(17世紀の再版「下学集」)もあります。彼はこれらに倣ったのです(写真4：すべての植物名が音読みで始まる；Flora Japonica 1712より)。

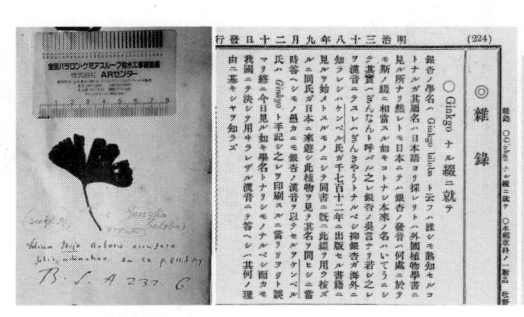

写真2　　写真3　　写真4

214 36K 徳島県　〒772-0004　個番：36-202-016　三次：なし

現：**鳴門市撫養町木津**（ムヤチョウキヅ）、長谷寺（駅路寺）

① 徳島県山林会(1914)：板野郡撫養町大字木津村
② 高知営林局(1928)：板野郡撫養町大字木津

著者：資料名（発行年）、頁等	調査年/月	幹周(cm)/性	図写真
（古資料）			
①徳島県山林会：徳島県老樹名木誌(1914)p.3	?	ca.636	―
②高知営林局：四国老樹名木誌・上巻(1928)p.83	?	660	
横山：阿波名木物語(1960)p.161	?	640	写真
環境庁：日本の巨樹・巨木林(1991)36-23	1988	692	
著者実測	2001/2	共通731♀	写真
（2100年代）			
（2200年代）			

現況：生長して幹化したヒコバエ、乳状突起体、部分的樹皮剥落を伴う多幹束生樹（写真①③）。直立1、水平数幹に分幹し、この分岐叉部からヒコバエ幹が数本直立している（写真①⑤）。根元は錐盤状で、現在は露出根系はない（写真③-⑤）。夏には錐盤部に多数の葉が生える（写真④）。盆栽のような樹姿が印象的（写真①②）。

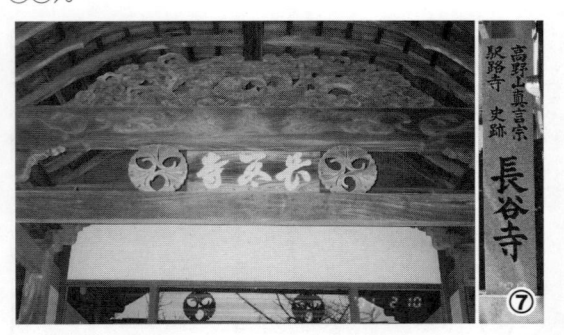

交通：徳島市方面から国道11号→県道12号→「木津野」で左折、直進。JR鳴門線を交差T字路「居屋敷」で左折。金比羅神社前を直進、至る。

撮影（メディア）：①③⑤-⑦ 2001.2.10 (N)；②④ 1998.7.17 (N)。

215 36H 徳島県板野郡　〒771-0201　個番：36-402-003　三次：なし

現：**北島町北村字水神原**、光福寺、県天(2002)、糸引き婆さんのイチョウ

① 徳島県山林会(1914)、高知営林局(1928)：板野郡北島村大字北村

著者：資料名（発行年）、頁等	調査年/月	幹周(cm)/性	図写真
（古資料）			
光福寺　慶應元年本堂落成ノ図(1865)	1865	―	図絵
①徳島県山林会：徳島県老樹名木誌(1914)p.4	?	ca.545	
①高知営林局：四国老樹名木誌・上巻(1928)p.85	?	540	
横山：阿波名木物語(1960)p.163	?	600	
環境庁：日本の巨樹・巨木林(1991)36-57	1988	769	
著者実測	2001/2	806♀	写真
徳島新聞(2002.7.30)：県天指定		775	写真
（2100年代）			
（2200年代）			

現況：若いヒコバエや、多数の細長い乳、幹と融合してしまった乳を伴う樹（写真①④⑥）。幹に密着しながら地面近くまで伸びた多数の乳を持つ樹は珍しい。2本に分幹する分岐点から根元まで割裂溝が入っている（写真①）ので、2幹が融合した樹であろうか。根元は微かな錐盤状で、根系の露出はない（写真①④）。

　最近佐藤（征）氏が「本堂落成ノ図」の中に本樹が彩色画で描かれていることを見つけた。

交通：徳島道「徳島IC」→国道11号→県道29号→県道12号へ向かう道路の右手、バス停「北村」で右折。

撮影（メディア）：①③-⑤ 1998.7.17 (N)；② 2001.2.10 (R)；⑥⑦ 2001.2.10 (N)。

216 [36M] 徳島県名東郡　個番：36-321-006
〒771-4101　　三次：なし

現：**佐那河内村下字高樋**、大宮八幡神社
(サナゴウチソンシモ)

① 徳島県山林会(1914)、高知営林局(1928)：名東郡佐那河内村大字下佐那河内村、大宮(八幡)神社

著者：資料名（発行年）、頁等	調査年／月	幹周(cm)／性	図写真
（古資料）			
①徳島県山林会：徳島県老樹名木誌(1914)p.3	?	ca.576	—
①高知営林局：四国老樹名木誌・上巻(1928)p.83	?	670	—
環境庁：日本の巨樹・巨木林(1991)**36**-33	1988	649	
著者実測	1999/7	720♂	写真
（2100年代）			
（2200年代）			

現況：本幹に密着生長したヒコバエ幹、乳を伴う単幹樹（写真④）。中上部では太枝がこれまですべて切削されてきたため（写真①）、切削端から多数の萌芽枝が放射、乳も垂下する（写真⑤）。根元は力強い円錐盤状で、露出根系がよく発達している（写真④）。ヒコバエ根塊も発達し、幹を這い上がっている（写真①④）。

交通：徳島市から国道438号→佐那河内村内で、道路右側。
撮影(メディア)：① 2000.3.8 (R)；②-④⑥ 1998.7.15 (N)；⑤ 2002.8.7 (D)．［①佐藤氏］

217 [36L] 徳島県　個番：36-201-024
〒779-3112　　三次：なし

現：**徳島市国府町芝原字宮ノ本**、八幡神社、
　　市指定保存樹 No.24 (1974.12.11)

① 1889.10.1：市制施行

著者：資料名（発行年）、頁等	調査年／月	幹周(cm)／性	図写真
（古資料）			
環境庁：日本の巨樹・巨木林(1991)**36**-15	1988	655	—
著者実測	2001/2	外周752♂	写真
（2100年代）			
（2200年代）			

現況：部分的な枯死部をもつ本来の主幹部（写真①の左半分）、垂下した巨大な乳（写真①の中央）、幹にまで生長したヒコバエ（乳である可能性もある；写真④の白い幹）、ほぼ地面に達した超巨大乳（写真④、白い幹の後ろに見える部分；⑤正面）、その裏側の新幹（写真の右側1/3）が一体をなす複雑な樹（写真①⑤）。これらの諸要素は互いに樹肌模様が違う（樹齢の違い）。本来の幹の根元は錐盤状で（写真①）、露出根系はない。この樹の場合、乳を除いた幹周の測定は不可能である。
交通：省略。
撮影(メディア)：①②⑤ 2001.2.10 (N)；③⑥ 1998.7.20 (N)；④ 2001.2.10 (R)．

218 香川県
37A 〒769-2306 個番：37-308-014 三次：5134-21-26

現：**さぬき市**[1]**多和**

旧：大川郡長尾町[1]多和字兼割、第88番札所・大窪寺(オオクボジ)、香川県保存樹

[1] 2002.4.1：市制施行（長尾町、津田町、他3町が合併・新設）

著者：資料名(発行年)、頁等	調査年/月	幹周(cm)/性	図写真
（古資料）			
環境庁：日本の巨樹・巨木林(1991) **37**-25	1988	650	—
著者実測	1999/7	700以上♂ +[3α]	写真
（2100年代）			
（2200年代）			

現況：斜面地の上縁に生育。若いヒコバエを伴う主幹（周長740 cm）の根元地際から斜面側に向けて、4〜5本の側幹が伸びていた（現在はほとんど切削されている；写真⑤）。それらの根元の下のふくらみからいくつかの小さい乳が垂下、さらにヒコバエも伸びている（写真⑥⑦）。もともとは、この木の根元はもっと下にあったかもしれない。側株が3本並立している（写真①⑤）。

交通：高松道「志度IC」→県道3号→国道337号に行き当たったら左方向へ。進行左手。

撮影(メディア)：①② 2003.3.13(N)；③⑥⑧ 1999.7.17(N)；④⑦ 2000.3.8(R)；⑤ 2003.3.13(D)．[④⑦佐藤氏]

219 愛媛県北宇和郡
38A 〒798-2112 個番：38-484-001 三次：4932-66-80

現：**松野町大字蕨生(ワラビョウ)字奥内、奥内薬師堂、県天(1950.10)**

[1]えひめの巨樹・名木(1990)：松野町奥野川奥内

著者：資料名(発行年)、頁等	調査年/月	幹周(cm)/性	図写真
（古資料）			
三浦ら：日本老樹名木天然記念物(1962)No.1092	1961	1236	写真
上原：樹木図説 2.イチョウ科(1970)p.171	?	1000♂	—
愛媛県：愛媛県史 芸術・文化財(1986)p.704	?	1100♂	—
[1]えひめの巨樹・名木(1990) p.23,137	?	未記載	写真
樋田：イチョウ(1991)p.123	?	1100♂	—
環境庁：日本の巨樹・巨木林(1991) **38**-44	1988	1100(5)	—
北野：巨木のカルテ(2000)p.455	(1988)	(1100(5))	写真
著者実測	1999/2	外周970♂	写真
（2100年代）			
（2200年代）			

現況：主幹の周りに若いヒコバエ、生長した小幹状ヒコバエが囲む多幹束生樹（写真①④）。根元は微かな錐盤状で、根系は露出しない（写真①④⑤）。このサイズの樹として、折損がありながらも目立った乳が見られない点が特徴的である。

愛媛県指定天然記念物
逆杖の公孫樹
松野町大字蕨生／奥内薬師堂

この逆杖の公孫樹は、樹齢数百年と言われ、幹周り十一メートル強、高さ三十メートルの大樹である。

公孫樹の杖を逆にさし立てたものから芽生えたという弘法大師伝説から、「逆杖の公孫樹」の名がある。

一九五〇年一〇月、愛媛県の天然記念物に指定された。

松野町
松野町教育委員会

交通：愛媛県宇和島市から国道320号→広見町で国道381号→松野町「谷口」で金谷魚店（奥野川方面への指示あり）で左折→奥野川本村「本村」バス停で左折→奥内に至る。

撮影(メディア)：①②④-⑥ 1999.3.6(N)；③ 2001.7.21(R)．

220 38B　愛媛県喜多郡　個番：38-385-005
〒791-3522　　三次：5032-26-87

現：**内子町**④**中川**
　　　カミウケナ
旧：上浮穴郡小田町①④大字中川(通称鎌土)
　　三嶋神社、県天(1949.9.17)

① 本多(1913)：上浮穴郡参川村中川
② 愛媛県(1924)、(1938)：上浮穴郡参川村大字中川字鎌土甲399番地
③ 三浦ら(1962)：上浮穴郡小田町中川
④ 2005.1.1：内子町、小田町、五十崎町が合併・新設

現況：高く盛り上がった円錐台状の根部の上に、若いヒコバエとともに細太5本(最大幹周915 cm；主幹)の幹が並立している多幹束生樹(写真①④)。低位には乳はない(写真①)。根元は錐盤状で(写真①④⑤)、露出根系が発達している。主幹〜中部にかけて乳を多数垂下させ、樹表面には円形の少突起が見られ、荒れ肌で折損している。

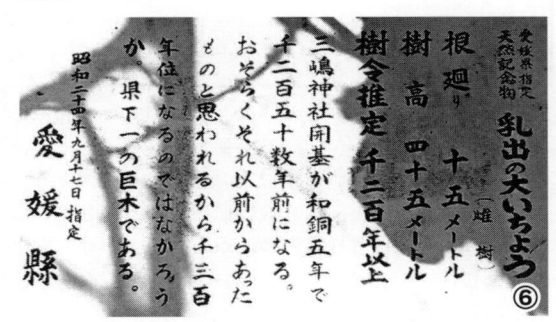

交通：松山道「内子五十嵐IC」→内子町方面で国道379号→小田町に入った所で国道380号→「本川」で県道52号→県道211号→鎌土に至る。道路左側。

撮影(メディア)：①⑥ 2001.2.11(N)；② 2001.2.11(R)；③④ 2001.7.22(D)；⑤ 1999.3.5(N).

著者：資料名(発行年)、頁等	調査年/月	幹周(cm)/性	図写真
(古資料)			
①本多：大日本老樹名木誌(1913)No.438	1912	1061	写真
②愛媛県：愛媛県史蹟名勝天然紀念物調査報告書(1924)p.115	?	根回1364	写真
②愛媛県社寺兵事課：愛媛県史蹟名勝天然紀念物調査報告書(1938)p.201	?	根回1364	写真
愛媛県：説明板(設置不明)	?	根回1500♀	—
③三浦ら：日本老樹名木天然記念樹(1962)No.1098	1961	1168	—
上原：樹木図説 2. イチョウ科(1970)p.171	?	1170♀	—
愛媛県：愛媛県史 芸術・文化財(1986)p.704	?	1200♀	—
えひめの巨樹・名木(1990)p.22,125	1988	根回1500	写真
樋田：イチョウ(1991)p.124	?	700♀	—
牧野：巨樹名木巡り[中国・四国地区](1991)p.212	?	根回1500	写真
環境庁：日本の巨樹・巨木林(1991)38-36	1988	740(1)	—
渡辺：巨樹・巨木(1999)p.369	1990/4	740♀	—
著者実測	2001/2	根回1265♀(915・350・227・175・α)	写真
高橋：日本の巨樹・巨木(2001)p.88	?	1180	
(2100年代)			
(2200年代)			

221 (38D) 愛媛県喜多郡　個番：38-385-008
〒 791-3523　　三次：5032-26-88

現：**内子町**[1]**上川**
旧：上浮穴郡小田町[1]大字上川、薬師堂、町天
（1979.9.1）

[1] 2005.1.1：内子町、小田町、五十崎町が合併・新設

著者：資料名（発行年）、頁等	調査年/月	幹周(cm)/性	図写真
（古資料）			
えひめの巨樹・名木(1990)p.125	1988	690	—
環境庁：日本の巨樹・巨木林(1991)38-36	1988	690(1)	—
小田町：説明板(1991.3 設置)（写真⑥）	?	690	
小田町教育委員会：説明板(1997.9.1 設置)（写真⑦）	?	730	
著者実測	2001/2	760 ♀	写真
（2100 年代）			
（2200 年代）			

現況：力強い錐盤状の根元の上に立ち上がる円柱状単幹樹（写真①）。根元近辺にはヒコバエ等の付属物はないが、目通り高には大形の乳が幹に密着して垂下している。それより上には枝の切削端があり、そこから小形の乳が垂下している（写真①）。露出根系は発達している（写真①）。中～上部で細太2本に分岐し、横枝はすべて短く切削され、多数の整った萌芽枝、乳を伴う（写真④⑥）。

交通：鎌土からさらに県道211号を進むと左側。
撮影(メディア)：①⑥⑦ 1999.3.5(N)；②⑤ 2001.7.22(D)；③ 2001.2.11(N)；④ 2001.2.11(R).

222 (38C) 愛媛県　個番：38-486-002
〒 798-3301　　三次：4932-54-42

現：**宇和島市**[1]**津島町岩松**
旧：北宇和郡津島町[1]岩松（通称三島拝高）、三島宮

[1] 2005.8.1：宇和島市、津島町、吉田町、三間町が合併・新設

著者：資料名（発行年）、頁等	調査年/月	幹周(cm)/性	図写真
（古資料）			
環境庁：日本の巨樹・巨木林(1991)38-44	1988	860(1)	—
北野：巨木のカルテ(2000)p.456	(1988)	(860)	写真
著者実測	1999/3	870 ♂	写真
（2100 年代）			
（2200 年代）			

現況：一方からは若いヒコバエ、小さい乳の突起を伴う単幹樹に見えるが（写真①）、他方向からは、上部は折損してなくなっているが2本の融合した樹のように見える（写真④）。上部は多数の萌芽枝が直立している（写真①）。根元は直柱状に地面から立ち上がり、露出根はなし（写真①④）。

交通：宇和島市から国道56号南下→津島町「岩松」近くの右側「警察派出所」または「岩松橋」交差点で左折、岩松橋を渡る。どちらでも、左方向、道なりに進むと至る。
撮影(メディア)：①③-⑤ 1999.3.6 (N)；② 2001.7.21 (D).

	223	愛媛県	個番：38-464-015
	38E	〒 797-1712	三次：5032-16-01

現：**西予市[1]城川町遊子谷**
旧：**東宇和郡城川町**[1]大字遊子谷、別宮氏敷地内、町天

[1] 2004.4.1：市制施行（城川町、宇和町、三瓶町、他2町が合併・新設）

著者：資料名（発行年）、頁等	調査年/月	幹周(cm)/性	図写真
（古資料）			
えひめの巨樹・名木(1990) p.86,135	1988	根回1300	写真
環境庁：日本の巨樹・巨木林(1991)**38**-43	1988	1000(5)	—
北野：巨木のカルテ(2000)p.455	(1988)	(1000(5))	写真
著者実測	2001/2	外周1200(23)♀	写真
(2100年代)			
(2200年代)			

現況：本来的には、この樹はこの本で定義する巨樹（幹周7m以上）には当てはまらない。主幹は（幹周は推定約5mくらい）多数（20本以上）の幹に生長したヒコバエに取り囲まれている（写真①）。地面から直柱状に立ち上がり、露出根はない（写真①）。若い幹でも、樹肌の荒れが目立つ。

交通：松山道「大洲IC」→国道197号（肱川町経由）→城川町との境界「辰の口」で左折、県道267号。道なり約4kmでバス停「遊子川農協前」の直近左側。
撮影（メディア）：① 2001.2.11（N）；②⑥ 2001.2.11（R）；③ 2001.7.21（D）；④⑤ 1999.3.8（N）．

コラム 26　日本一の大イチョウ

「日本で一番大きいイチョウはどこにあるのか」という質問をよく受けます。大きいという意味を、樹の高さとするか、幹周の長さとするか、ちょっと迷うこともありますが、多くの場合は幹周で比べた場合の意味のようです。しかし、幹周ではなく直径でいう人もいますので、そのときはまた別の難問を伴います。

樹高は、幹の太さや樹齢に関係なく常に変化しているといっても過言ではないのです。また、杉に囲まれたような環境の所で育つと、樹齢とは無関係に樹高は高くなります。幹周が6mを越えるような巨木、7mを越える巨樹になると樹の横断面は不規則形になり、直径という概念は当てはまらなくなります。さらに、いろいろな付属物（ちちや突起物）や分岐幹や側枝が融合したりして、真の主幹の幹周値を測定することは多くの場合困難です。そこで最外周を計った値で比べてみますと、かって一番とされた樹は、順に高知県土佐町の平石のイチョウ（760cm、写真1、本書 No.227）、岩手県久慈市の長泉寺のイチョウ（1470cm、写真2、No.27）、青森県百石町の根岸不動尊のイチョウ（1600cm、写真3、No.1）等ですが、現在では青森県深浦町の北金ケ沢のイチョウ（2000cm、No.2）（いずれも、環境庁（当時）の調査結果（1988）による値）が最も太いとされています。

写真1　写真2　写真3

224 38F 愛媛県南宇和郡　個番：38-503-004
〒 798-4353　三次：4932-34-33

現：**愛南町**④**久良**
旧：**城辺町**①-④**久良**（通称真浦）、一般地、町天、
能山さまの大イチョウ

①本多(1913)：南宇和郡東外海村字真浦
②三浦ら(1962)：南宇和郡城辺町東外海
③えひめの巨樹・名木(1990)：城辺町久良真浦、古木庵
④2004.10.1：城辺町、御荘町、内海町、他2町が合併・新設

現況：若いヒコバエを伴いながら、十数本の幹が集合して生育する集合樹（写真①⑤⑥）。乳は見られない。雌を示すギンナンは確認したが、付近の人の話では葯/花粉も見られるようで、雌雄株混生の可能性が高い。春期に葯/花粉の確認が望まれる。根元は地面から直柱状に立ち上がり（写真①⑥）、周囲はコンクリートで舗装されているため根系は見られない。

交通：宇和島市方面から国道56号南下→城辺町内、「蓮乗寺」で右折、県道34号→左折県道297号（急坂下ると真浦に至る）。

撮影(メディア)：①⑤-⑦ 1999.3.6(N)；② 1999.3.6(R)；③④ 2001.7.21(D).

著者：資料名(発行年)、頁等	調査年/月	幹周(cm)/性	図写真
（古資料）			
①本多：大日本老樹名木誌(1913)No.468	1912	767	—
②三浦ら：日本老樹名木天然記念樹(1962)No.1154	1961	767	—
上原：樹木図説2.イチョウ科(1970)p.171	?	770	
愛媛県：愛媛県史 芸術・文化財(1986)p.704	?	940 ♂	
③えひめの巨樹・名木(1990) p.87,139	(1988)	根回1000	写真
環境庁：日本の巨樹・巨木林(1991)38-46	1988	935(5)	
平岡：巨樹探検(1999)p.286	(1988)	(935)	—
北野：巨木のカルテ(2000)p.457	(1988)	(935)(5)	写真
著者実測	1999/3	個々は測定せず♀	写真
(2100年代)			
(2200年代)			

コラム　27　雌雄混在のイチョウ(1)

　イチョウの生える本州の各県には（北海道、沖縄県にもイチョウは生えてはいますが、大木、巨木イチョウは他地域に比べて非常に少ないので、ここでは除外して考えても問題はないと思います）、平均して2〜3本くらいは雌雄混在の木があるものです。混在になる要因の中から、主なもの3つを説明しましょう。

写真1　　写真2　　写真3　　写真4

→次頁へ→

225 38G 愛媛県

個番：38-207-018
〒795-0044
三次：5032-24-93

現：**大洲市**①②**手成**(テナル)(甲)、金竜寺(左株)、県天（1969.2.18）

① 1954.9.1：市制施行
② 2005.1.11：大洲市、長浜町、肱川町、河辺村が合併・新設

現況：説明板によると、現在の5本の並立直立幹（343・600（2本）・379・275）は（写真①⑦）、1806年に伐採した母樹からの萌芽枝が生長したものという。母樹の切株痕の名残は全く見られなく、根元は微かな凹形錐盤状で、露出根系が発達（写真①⑤）。各幹の樹表面は滑らかで、下位にはヒコバエ、乳はなく、いろいろな高さ（3m、5m）まで融合している（写真⑥）。

金竜寺のイチョウ ⑦
県指定天然記念物
市指定年月日　昭和三十三年十一月三日
県指定年月日　昭和四十四年二月十八日

本樹は文化三年（一八〇六年）堂建築のため当時大であったものを伐採して、その収入をもって建築費にあてたという。その時より本年まで一五二年を経過している。しこの木が開祖当時一三九七年だっていることになる。各所とも基部より幹が分岐して直立、林立て珍しい樹形をなしている。共に雌木で実をつける。県指定された時のは根周三六七寸となっている。ことになる。各所とも基部より幹が分岐して直立、林立て珍しい樹形をなしている。共に雌木で実をつける。このように古来より稀形によって、大木に成長した例は稀であって学術上好資料である。

平成四年三月建立
大洲市教育委員会

著者：資料名（発行年）、頁等	調査年／月	幹周(cm)/性	図写真
（古資料）			
大洲市教育委員会：説明板による		1591年に植栽 1806年に伐採／萌芽	
大洲市教育委員会：説明板（1992.3 設置）		3株あり／全♀	
三浦ら：日本老樹名木天然記念樹（1962）No.1285	1961	根回1077	―
上原：樹木図説2.イチョウ科（1970）p.173	?	根回1080	―
愛媛県：愛媛県史 芸術・文化財（1986）p.704	?	960♀	―
えひめの巨樹・名木（1990）p.86,128	1988	根回1077	写真
環境庁：日本の巨樹・巨木林（1991）38-22	1988	940(5)	
樋田：イチョウ（1991）p.123	?	根回1077♀	―
著者実測	2001/2	外周993 (5)♀	写真
（2100年代）			
（2200年代）			

交通：松山道「大洲IC」→大洲市内国道379号→県道24号→「河内口」で右側に入り、約4kmで山頂、金竜寺に至る。

撮影(メディア)：①②⑦ 2001.2.12（N）；③⑥ 2001.7.22（D）；④⑤ 1999.3.8（N）．

──→前頁より──

1．接ぎ木．本草書や農業書にも書かれているので、昔誰かが、いたずらあるいは興味半分で接ぎ木をした可能性があります。ただ、接ぎ木したということが伝えられていなければ、時間がたつと、要因の解明が難しいのが事実です。

2．雄木（または雌木）の枝の一部が雌（または雄）になる「枝変わり」現象。まず、木自体は雄株で、一部に雌枝がある場合のことを話しましょう。春には雄花（葯）がたくさんつきますが（写真1：落下した雄花（葯）が絨毯のように積み重なっている）、花期が終わると、花は萎れて風に吹き飛ばされてしまい花に気づかない人が多いのです。ですから、その木が雄であることを見逃してしまいます。ところが秋になりますと、株の一部にある雌枝にギンナンが実ります。それで、その株は雌木であると判断されてしまうことになります（写真2：横の説明板には雌木と書いてあります）。

反対に、雌の木の一部に雄枝があった場合は、たくさんのギンナンがなるので、雌株であることは誰にでも分かります。春しか咲かない雄花を見つけること、すなわち、雄枝を見つけることは注意していなければ非常に困難になります。「日本の巨木イチョウ」に収録した長野県飯田市（No.96）のイチョウは現在知られている唯一の例です。

3．自分の生った樹上の窪みの中でギンナンが発芽する場合（写真3：樹の股で発芽し始めたギンナン；写真4：発育途上の1年目の若木）や、ギンナン（外側の果実の部分）を食べた鳥の糞が木の上で発芽して、反対の性の枝に生長する場合。

226 39A	高知県吾川郡 〒781-1911	個番：39-409-001 三次：5033-11-91	

現：**仁淀川町**[1]-[3]**長者乙**

旧：高岡郡仁淀村[1]-[2]長者乙、十王堂、県天 (1953.1)

[1]本多(1913)、三浦ら(1962)：高岡郡長者村字茶屋ケ岡
[2]高知営林局(1928)：高岡郡長者村大字茶屋ケ岡
[3]上原(1970)：高岡郡仁淀村長者
[4]2005.8.1：町制施行(仁淀村、吾川村、池川町の合併・新設)

現況：折損幹(写真⑥)、ヒコバエ(写真①⑤)などを伴う多幹状樹(写真①③⑤⑥)。方向によって、いろいろな幹数の集合に見える。低位には乳が見られない。直柱状または微かな凹形錐盤状に地面から立ち上がり(写真⑤)、露出根系が発達している(写真⑥)。

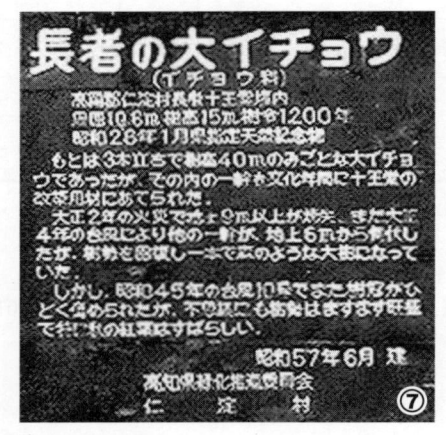

交通：高知道「伊与IC」→国道33号(佐川町、吾川村経由)→「上仁淀橋」で国道439号→「長者小学校」の看板で左折→十王堂に至る。

撮影(メディア)：①③-⑦ 1999.3.5 (N)；② 2001.7.20 (D)．

著者：資料名(発行年)、頁等	調査年／月	幹周(cm)／性	図写真
(古資料)			
説明板：十王堂改築のため1幹を伐る	1816		
[1]本多：大日本老樹名木誌(1913)No.425	1912	1364	—
[2]高知営林局：四国老樹名木誌(1928)p.79	?	990	—
[1]三浦ら：日本老樹名木天然記念樹(1962)No.1113	1961	991	—
[3]上原：樹木図説2. イチョウ科(1970)p.174	?	990	—
高知県：土佐の名木(1971)p.26	1971/3	990	写真
高知県教育委員会：高知県の指定文化財(1978)No.201	?	1080	写真
仁淀村：説明板(1982.6 設置)	?	1080	
樋田：イチョウ(1991)p.122	?	1080	—
環境庁：日本の巨樹・巨木林(1991)39-44	1988	1100(1)	—
平岡：巨樹探検(1999)p.286	(1988)	(1100)	
渡辺：巨樹・巨木(1999)p.365	1994/6	1080♂	写真
北野：巨木のカルテ(2000)p.446	(1988)	(1100)	写真
著者実測	1999/3	外周1165♂	写真
高橋：日本の巨樹・巨木(2001)p.88	?	1100	—
(2100年代)			
(2200年代)			

⑦ 長者の大イチョウ

227 39B 高知県土佐郡　個番：39-363-005
〒781-3331　　三次：5033-43-59

現：**土佐町地蔵寺字平石**、一般地、国天（1928.1.7）

1. 文部省（1928）：土佐郡地蔵寺村大字地蔵字平石
2. 高知営林局（1928）：土佐郡地蔵寺村平石
3. 高知県（1928）：土佐郡地蔵寺村大字地蔵寺字日浦
4. 本田（1957）：土佐郡土佐村平石
5. 三浦ら（1962）：土佐郡土佐村地蔵寺字平石
6. 石碑（1975）：土佐町地蔵寺字日浦3078番地（1975.2.1設置）

著者：資料名（発行年）、頁等	調査年/月	幹周(cm)/性	図写真
（古資料）			
①文部省：天然紀念物調査報告 植物之部（第八輯）(1928)p.21	?	788 ♂	
②高知営林局：四国老樹名木誌・上巻(1928)p.82	?	800	
③高知県：高知県史蹟名勝天然紀念物 第一輯(1928)p.74	?	800	写真
津村：高知県史 下巻(1951)p.536	?	ca.801	—
④本田：植物文化財(1957)p.36	?	790 ♂	
⑤三浦ら：日本老樹名木天然記念樹(1962)No.1149	1961	800 ♂	—
上原：樹木図説2. イチョウ科(1970)p.174	?	800 ♂	写真
高知県：土佐の名木(1971)No.99	(1971)	800 ♂	写真
高知県教育委員会：高知県の指定文化財(1978)No.99	?	800 ♂	写真
沼田：日本の天然記念物5.(1984)p.86	?	根回1000♂	写真
読売新聞社編：新・日本名木100選(1990)p.222	?	800	写真
牧野：巨樹名木巡り〔中国・四国地区〕(1991)p.236	?	800 ♂	写真
樋田：イチョウ(1991)p.67, 122	?	800 ♂	—
環境庁：日本の巨樹・巨木林(1991)39-32	1988	760 (1)	—
渡辺：巨樹・巨木(1999)p.364	1994/6	800 ♂	写真
藤元：全国大公孫樹調査(1999)p.6	1996/11	790	写真
著者実測	1999/7	844 ♂	写真
(2100年代)			
(2200年代)			

現況：山の斜面地に生育。樹の表面は地衣類で被覆され、水分の抜き取られたような乳が多数垂下する単幹樹（写真①）。樹表面は激しい凹凸に富む。根元は、斜面の上位では直柱状に立ち上がり、露出根系は見られない。先端が切り取られた乳があちこちに見られる。上部には多くの大きな折損被害が見られる（写真①）。このような地勢であれば、7月でも容易に見出せるはずの落葯の発見が難しかった。雄花の形成率が下がっているためか？ 70余年前の写真（高知県 1928）には樹の一部が写されているが、そこから感じられるごつごつした雰囲気は現在とほとんど変わらない。

交通：高知道「大豊IC」→国道439号、土佐方面→県道16号の起点を過ぎて約3km→「地蔵寺」で平石川に沿って右に入る→約2kmで、バス停留所「平石」→進行左手の中腹。

撮影（メディア）：① 2000.3.5 (R)；②⑥ 2003.3.13 (N)；③⑤⑦ 1999.7.16 (N)；④ 2003.3.13 (D)．[①佐藤氏]

228 39C 高知県　〒788-0267　個番：39-208-003　三次：4932-25-58

現：**宿毛市**①**小筑紫町伊与野**、一般地（永楽寺跡）、市天（1963）

① 高知営林局（1928）：幡多郡小筑紫村大字伊與野
② 1954.3.31：市制施行

著者：資料名（発行年）、頁等	調査年／月	幹周(cm)／性	図写真
（古資料）			
①高知営林局：四国老樹名木誌・上巻(1928)p.83	?	700	―
宿毛市教育委員会・高知県緑化推進委員会：説明板（設置日不明）	?	根回925	
環境庁：日本の巨樹・巨木林(1991)**39**-22	1988	710(1)	―
著者実測	1999/3	主720♂+[192]	写真
（2100年代）			
（2200年代）			

現況：主幹の横に側株（192 cm）が並立するが、主幹は多数のヒコバエに囲まれた単幹樹（写真⑦）。樹の上部まで乳は見られないが、ツタ性植物により幹が締め上げられている。イチョウの保全には除去が望ましい。多種多様な着生植物（常緑）のため、冬でも夏のイチョウを見るような錯覚を覚える（写真②④⑥）。直柱状に地面から立ち上がり（写真⑦）、露出根系は見られない（整地によって隠されたのかもしれない）。

交通：国道56号南下、宿毛市内で→国道321号、土佐清水方面→「伊与野」「三原へ20km」の標識で左折、三原林方面へ約400 m。

撮影（メディア）：①−③⑤−⑧ 1999.3.6(N)；④ 2001.7.21(D)。

229 39D 高知県　〒787-0771　個番：39-207-011　三次：4932-36-56

現：**四万十市**③**有岡**
旧：**中村市**②③**有岡**①1245、真静寺、市天

① 高知営林局（1928）：幡多郡中筋村有岡
② 1954.3.31：市制施行
③ 2005.4.10：市制施行（中村市、西土佐村が合併・新設）

著者：資料名（発行年）、頁等	調査年／月	幹周(cm)／性	図写真
（古資料）			
①高知営林局：四国老樹名木誌・上巻(1928)p.84	?	580	写真
高知県：土佐の名木(1971)p.52	?	580	写真
環境庁：日本の巨樹・巨木林(1991)**39**−21	1988	675(1)	―
著者実測	1999/12	700以上♂	写真
（2100年代）			
（2200年代）			

現況：崖縁に生育するため、裏側の精確な測定ができなかったが、若いヒコバエを伴う。地面から手を広げるように分岐する幹（写真①②）を初めて見たとき、推定値よりはるかに大きい印象を受けた。巨岩が横たわるように感じられた。それぞれの分幹は途中で伐採され、そこから萌芽枝が伸びる（写真③）。樹の表面模様は、この樹がイチョウであることを全く感じさせない。いわゆる西日本タイプのイチョウ様態の1つを示している。岩の割れ目のような割断があるのも特異である（写真④）。根元の状況は、草深いため2回の調査でも分からなかった。着生植物の種類が多い。

交通：高知市、須崎市方面から国道56号南下→中村市域へ入った「有岡」で左折→すぐ左手。

撮影（メディア）：①④ 2001.7.21(D)；②③⑤ 1999.12.26(N)。

	230	高知県	個番：登録なし
	39F	〒781-1103	三次：なし

現：**土佐市[1][2]高岡町丙字北京間、仁淀川堤防上、市天**（1968.4.2）

[1]本多(1913)、高知営林局(1928)：高岡郡高岡町字京間
[2]1959.1.1：市制施行

著者：資料名(発行年)、頁等	調査年／月	幹周(cm)／性	図写真
（古資料）			
[1]本多：大日本老樹名木誌(1913)No.505	1912	606	—
[1]高知営林局：四国老樹名木誌・上巻(1928)p.82	?	780	—
三浦ら：日本老樹名木天然記念樹(1962)No.1152	1961	780	—
上原：樹木図説2. イチョウ科(1970)p.175	?	780	—
高知県：土佐の名木(1971)p.26	1965頃	280+260+240+230(2)	写真
土佐市教育委員会：土佐市の文化財(1993)p.11	1976以前	—	写真
著者実測	1999/12	個々は測定せず♀	写真
（2100年代）			
（2200年代）			

現況：土佐市内の仁淀大橋から上流に遠望されるこの樹は、1900年（明治34）の台風時に反乱した仁淀川堤防の補修により、地上数メートルまでが堤防の土塁の中に埋まった樹である。したがって、現在の堤防面より上には独立した幹が多数集団をなして生えているように見えるが（写真①②）、本来は1本の樹の分幹である。これらの何本かからはすでに現在の地上面に露出根が発達している（写真①④）。枯死したものもある（写真⑤）。若いヒコバエが多数生えているが（写真⑤）、乳は見あたらない。

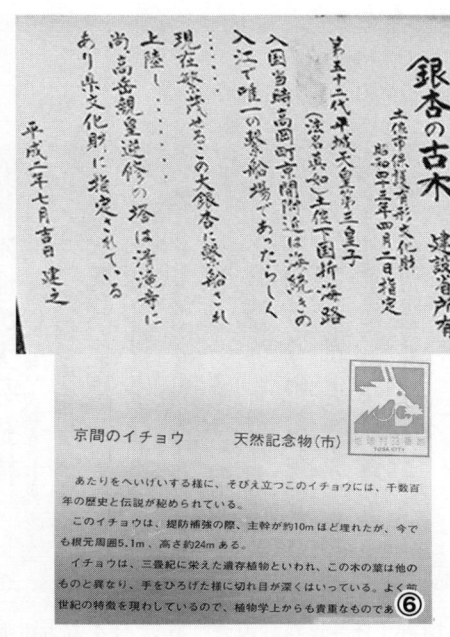

交通：高知道「土佐IC」→国道56号→土佐市内「高岡町」で右折、1.5km以内の所で右に入り仁淀川の堤防へ（56号から直接堤防上の道には入れない）。

撮影(メディア)：①②④ 2003.3.14（D）；③⑥ 1999.7.16（N）；⑤ 2003.3.14（N）．

231 40A 福岡県

〒822-0031
個番：40-204-003
三次：5030-55-27

現：**直方市**①②**大字植木**字花の木、花の木堰
（遠賀川の土手）、県天（1960.8.16）、花の木
堰のイチョウ

① 1930.1.1：市制施行
② 三浦ら（1962）：直方市植木町

著者：資料名（発行年）、頁等	調査 年/月	幹周 (cm)/性	図 写真
（古資料）			
②三浦ら：日本老樹名木天然記念樹（1962）p.889	1961	825♂	—
説明板（設置日不明）	？	825	
樋田：イチョウ（1991）p.131	？	830♂	写真
環境庁：日本の巨樹・巨木林（1991）40–32	1988	830(2)	
古賀：福岡県の巨木（1999）p.36	1999/4	825	—
北野：巨木のカルテ（2000）p.471	(1988)	(830)	写真
著者実測	2000/3	共通1360♂ (960・258 ・220)	写真
(2100年代)			
(2200年代)			

現況： 根元は地面から錐盤状に立ち上がり、すぐに斜め上方に伸びる2幹(258, 220 cm)と直立数幹に分岐する（写真①③）。根元から分岐する幹があるため、逆三角形的形状になる。このため、測定する高さによって、目通り高の幹周値は大きく異なる。樹面は象肌様で、かつ婉曲滑面的である（写真①④⑤）。垂下乳、幹化した乳を伴う（写真①④）。乳が幹の下位に集中するのが特徴である。地上2mくらいの高さで、上部は十数本に分幹し、途中で折損するものもある。小枝が少ない。河川敷に生育し露出根が僅かに発達している（写真④⑤）。

花の木堰の大公孫樹
（はなのきぜきのおおいちょう）
（福岡県指定天然記念樹）⑥

この大公孫樹（おおいちょう）は、遠賀川土手にある公孫樹の中で最も大きいものです。樹齢千年と推定され、往時、石炭を運搬して遠賀川を下った五平太船の船頭たちに航行の目標として親しまれたものです。また、この樹の眼下の花の木堰は明暦二年（一六五八年）の築堤として完成したものであり、これは現在の近代的可動ゲート（水門）堰として昭和五十二年三月の後再三改築を経たもので、樹の右端土手下に残された堰の実物縮小模型は昔日を偲ばせます。

樹高　二八・四〇／枝下　一・四〇／乳こぶ　一〇あまり
胸高幹周　八・二五／根回り　一七・六〇／枝張り　東西　二五・四　南北　二一・〇

交通： 国道3号→水巻町内で県道27号を直方市方面へ。

撮影(メディア)： ①⑥ 2000.3.27 (N)；②④⑤ 1999.7.26 (N)；③ 2000.3.27 (R).

コラム 28　雌雄混在のイチョウ(2)

イチョウの木にはさまざまな形状の樹があることは、本巻を見ればあきらかでしょう。
1本の幹が単純に丸太状に太くなった樹は何本もないことに気づかれていると思います。反対に、これは1本の樹なのだろうか？と疑問に思う樹が多いことにも気づかされます。千本イチョウの成因については**コラム24**で書きました。同様に、複数の、太さがさまざまな幹の集団で、しかし全体が何かしら不揃いな集団（これが1本の幹から多分岐したことによるものか、独立した何本かの個体が集団をなした樹なのか、判断が非常に難しい）の樹があります。後者の場合には、複数の個体が集まって1本のような樹姿になっていますが、雄の木と雌の木が混ざっていることもあります。
本巻に収録した樹の中から、その可能性のある樹を2本挙げておきます（写真1：愛媛県愛南町久良真浦(No.224)；写真2：徳島県美馬市美馬町(No.213)）。ただ、花（＝葯）のつく季節が春の短期間に限られますので、近くに住む、こういうことに関心のある方に、雄株、雌株の混在を確認してほしいものです。

→次頁へ→

232 40B 福岡県遠賀郡

個番：40-382-002
〒 807-0051
三次：5030-65-15

現：水巻町①②大字立屋敷字丸の内 203、八剣神社、県天（1978.3.25）

① 本多（1913）：遠賀郡水巻村大字立屋敷
② 三浦ら（1962）：遠賀郡水巻町大字立屋敷

現況：樹面は、小形の乳や西日本のイチョウに特有の小突起で飾られている（写真②）。ヒコバエはない。幹表面に保全のための薬剤が塗布されているため実際とは違うかもしれないが、樹肌は象肌模様である。地面から一部は錐盤状的に、一部は直柱状的に立ち上がり、露出根系は僅かに見られる（写真⑥）。胸高より上位の枝から、乳が多数垂下する。この樹について、樋田（1991）は「実は鈴なり」と記しているが、筆者らの観察では雄、またここに引用および引用しなかったが参照したすべての書誌で雌雄性についてふれたものは皆無である。

著者：資料名（発行年）、頁等	調査年／月	幹周(cm)/性	図写真
（古資料）			
筑前國続風土記拾遺 巻之三十三（1818〜1830）	?	五囲	―
福岡県地理会誌（1876）	1876	七囲	―
福岡日々新聞（1912.3）	1912	970	
①本多：大日本老樹名木誌（1913）No.448	1912	970	
増補改訂：遠賀郡誌 上巻（1961）p.724	?	ca.970	写真
②三浦ら：日本老樹名木天然記念樹（1962）No.1112	1961	1000	
上原：樹木図説 2. イチョウ科（1970）p.177	?	1000	
水巻町教育委員会：説明板（設置日不明）	?	970	
樋田：イチョウ（1991）p.132	?	970 ♀*	
環境庁：日本の巨樹・巨木林（1991）40-46	1988	970	―
平岡：巨樹探検（1999）p.287	(1988)	(970)	―
北野：巨木のカルテ（2000）p.484	(1988)	(970)	写真
著者実測	1999/7	1030 ♂	写真
（2100年代）			
（2200年代）			

＊ 他にも、この木については♂という非公式な報告もある

交通：九州道「八幡 IC」→（途中省略）→遠賀川に沿って県道 73 号北上→国道 3 号直前の右側。

撮影（メディア）：①⑤⑦ 2001.3.9（N）；②④ 2001.3.9（D）；③⑥ 1999.7.26（N）．

→前頁より

写真1　　写真2

233 40C 福岡県　〒803-0181　個番：40-100-037　三次：5030-46-98

現：**北九州市**[1]**小倉南区呼野**(ヨブノ)、大山祇(オオヤマヅミ)神社、県天（1962.7.26）

[1] 1963.2.10：市制施行

著者：資料名(発行年)、頁等	調査年/月	幹周(cm)/性	図写真
(古資料)			
樋田：イチョウ(1991)p.132	?	800	—
環境庁：日本の巨樹・巨木林(1991)40-17	1988	850(1)	—
北九州市教育委員会：説明板(設置日不明)	?	850 ♀	
牧野：巨樹名木巡り〔九州・沖縄地区〕(1991)p.4	?	850 ♀	写真
古賀：福岡県の巨木(1999)p.36	1999/4	729	—
北野：巨木のカルテ(2000)p.469	(1988)	(850)	
著者実測	2000/3	745 ♀ +[136]	写真
(2100年代)			
(2200年代)			

現況：若いヒコバエを伴い、樹全体がコケ植物に覆われた単幹樹（写真①④⑤）。側幹が1本(136 cm)並立している。根元は錐盤状で、露出根はない（写真①④⑤）。

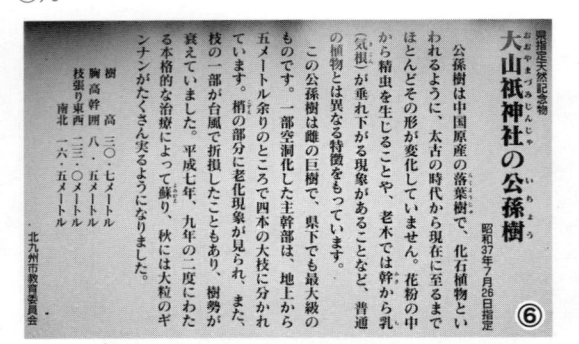

交通：九州道「小倉南IC」→国道322号を香春町方面→JR「呼野」駅前を通る旧国道322号沿い、右側。駅近く（「小倉IC」から4 km弱）。

撮影(メディア)：①②④⑥ 2000.3.27（N）；③ 2002.7.10（N）；⑤ 2002.7.10（D）．

234 40D 福岡県　〒819-1145　個番：登録なし　三次：なし

現：**前原市**[1][2]**大字雷山字中の坊**(ライザン)、雷神社、県天（1960.4.12）

[1] 三浦ら(1962)：糸島郡前原町大字雷山、雷神社
[2] 1992.10.1：市制施行

著者：資料名(発行年)、頁等	調査年/月	幹周(cm)/性	図写真
(古資料)			
[1]三浦ら：日本老樹名木天然記念樹(1962)p.889	1961	720 ♀	—
雷神社：説明板(設置日不明)	?	720 ♀	
樋田：イチョウ(1991)p.132	?	720	—
著者実測	2000/11	共通840 ♀ (650・α)	写真
(2100年代)			
(2200年代)			

現況：「明治年間に、石垣を作るために、この木の根元(後ろ)半分が土に埋められた」(説明板より)という。樹面紋様はイチョウのそれではなく、微小突起に飾られた単幹樹（写真①）。ツバキ、ネズミモチの着生がある。向かって、右側に二叉分岐の一方の太幹があったと思われる切断部があり、その芯は深いうろとなっている。うろの底部から3～4本の萌芽が伸びている（写真①）。その1本はツバキである。現在残っている主幹の幹周は650 cm、共通幹周は840 cmである。根元は直柱状に地面から立ち上がり、露出根系はない（写真①）。

交通：西九州道「前原IC」→県道564号。

撮影(メディア)：①③⑥ 2000.11.23（N）；② 2001.3.10（N）；④⑤ 2002.7.11（N）．

235 40E 福岡県糸島郡
個番：40-462-007
〒819-1641
三次：5030-10-76

現：**二丈町大字吉井久安寺54、浮嶽神社（久安寺跡）**

著者：資料名（発行年）、頁等	調査年/月	幹周(cm)/性	図写真
（古資料）			
環境庁：日本の巨樹・巨木林(1991)p.40-54	1988	680(3)	―
二丈町役場調査票（1994.8.22付）	1994/8	642	写真
古賀：福岡県の巨木(1999)p.36	1999/4	628	―
著者実測	2000/11	共通730(3) ♀(490・340・125)	写真
（2100年代）			
（2200年代）			

現況：微かな斜面に生えていて、周りの土が長年にわたって流れ去り、根元が咬んだ土だけが残ったような根上りした錐盤状根部の上に、3本の幹が並立している（写真①）。僅かながら若いヒコバエが見られるが、乳はない。樹面には、西日本のイチョウに特徴的な腫れのような小突起が散在する。コケ植物も樹面を覆っている（写真⑤）。根元の周りに置かれている壊れた石碑や石のすき間に露出根が見える（写真①）。

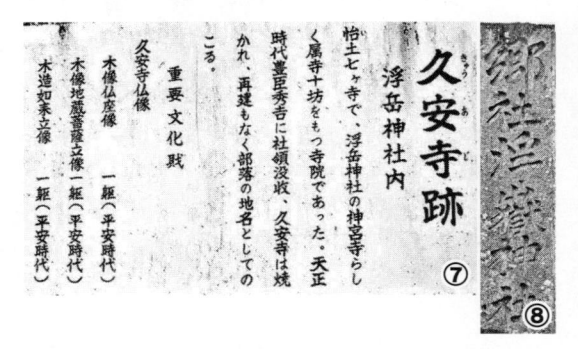

交通：西九州道（福岡前原道路）「吉井IC」（国道202号）→県道143号を「七山」方面へ進む→約1.5kmで「浮嶽神社へ」の看板あり。二叉分岐の左側へ進む。

撮影（メディア）：①② 2001.3.10（N）；③⑤⑥ 2002.7.11（N）；④⑦⑧ 2000.11.23（N）．

236 40F 福岡県山門郡（ヤマト）
個番：登録なし
〒835-0007
三次：なし

現：**瀬高町大字長田字上長1838、老松院（上長田公民館横）**

著者：資料名（発行年）、頁等	調査年/月	幹周(cm)/性	図写真
（古資料）			
古賀：福岡県の巨木(1999)p.36	1998/11	866	―
著者実測	2002/7	外周1110(5)♂	写真
（2100年代）			
（2200年代）			

現況：数本の個体が隣接束生したものか、根元から多分岐したのかは不明の多幹束生樹（写真①④⑤）。樹肌は典型的なきれいなイチョウ紋様である。根元は、微かな錐盤状で、石棚で仕切られた中に生育しているため露出根系は見られない。

交通：九州道「八女IC」→国道209号を左折。矢部川を渡り約1km、左手。

撮影（メディア）：①⑤ 2003.3.12（D）；②⑥ 2003.3.12（N）；③ 2002.7.7（N）；④ 2002.7.7（D）．

237 41A　佐賀県西松浦郡　個番：41-401-001
〒844-0001　三次：4929-67-22

現：**有田町泉山1丁目**、泉山公民館前、国天
　　（1926.10.20）

①内務省（1924）、佐賀県史蹟名勝天然紀念物調査会（1925）、佐賀県（1928）、本田（1957）：西松浦郡有田町字泉町

著者：資料名（発行年）、頁等	調査年/月	幹周(cm)/性	図写真
（古資料）			
①内務省：天然紀念物調査報告第三十五号(1924)p.42	1922～23	根回970♀	—
①佐賀県史蹟名勝天然紀念物調査会：佐賀県史蹟名勝天然紀念物梗概　西松浦郡(1925)p.11	?	1136♂	—
①佐賀県：佐賀県史蹟名勝天然紀念物調査報告 第一輯(1928)p.45	?	779♀	写真
①本田：植物文化財(1957)p.36	?	ca.800♀	—
三浦ら：日本老樹名木天然記念樹(1962)No.1135	1961	879♀	写真
上原：樹木図説2. イチョウ科(1970)p.181	?	900♀	—
沼田：日本の天然記念物5.(1984)p.87	?	980♂	写真
牧野：巨樹名木巡り〔九州・沖縄地区〕(1991)p.54	?	880♂	写真
樋田：イチョウ(1991) p.67　p.132	?　?	800♂　880♂*	写真
環境庁：日本の巨樹・巨木林(1991)**41**-40	1988	930(1)	—
平岡：巨樹探検(1999)p.287	(1988)	(930)	—
渡辺：巨樹・巨木(1999)p.383	1997/3	930♂	写真
藤元：全国大公孫樹調査(1999)p.3	1998/8	950♀	写真
北野：巨木のカルテ(2000)p.508	(1988)	(930)	写真
著者実測	1999/7	980♂	写真
（2100年代）			
（2200年代）			

＊　「雌雄株」というコメントが付けられている

現況：幹周9m台に生長した今日でも均整のとれた円柱状を保っている全国的にも非常に珍しい樹で貴重である。本樹の雌雄性については文献資料間に不一致が見られる。これにはいろいろな可能性がある。少なくとも現状では、ギンナンがならない（このことをもって「雄」と判定すると誤ることがある）ようである。筆者が行った近所の聞き取り調査では、「ギンナンは、見たことがない」である。しかし、雄器官である「葯」を確認していないので、性の判定は保留（「中性」の可能性もある）。「ギンナン」がなることを確認できれば、不一致の理由も明らかになる。

⑥ **大公孫樹**

樹令は推定で1000年。大きさは根回り約18m、高さ約40mあり、県下随一のイチョウの巨木である。実はつけないが、毎年秋にはみごとに紅葉し、屋根の上にそびえ立つ姿が、遠くからも見られる。1926年（大正15年）、国の天然記念物に指定された。1828年（文政11年）の大火で有田の町は焼け尽くされたが、このイチョウの木に隣接する池田広考家は難をまぬがれて焼け残った唯一の木造建築物である。池田家では、「イチョウの木は火を嫌い、大火の時に風をおこして火を寄せつけず、家を守ってくれた」と言い伝えられている。1979年（昭和54年）、イチョウの木は町木に定められている。

Big Ginkgo Tree (natural monument)

⑦ 大正十五年十月二十日指定

交通：長崎道「武雄北方IC」→国道35号線を有田へ→JR佐世保線「ありた」駅近く。
撮影(メディア)：① 2000.11.23(N)；②⑤ 2001.3.10(N)；③④⑦ 2000.11.23(R)；⑥ 1999.7.26(N).

238 41B　佐賀県　　個番：41-206-019
〒843-0002　　三次：4930-60-52

現：**武雄市**[1]**朝日町大字中野字黒尾**、黒尾大明神、さが名木100選

[1] 1954.4.1：市制施行

> さが名木100選 ㉕
> **黒尾の大銀杏**
> 推定樹齢 500年
> 大きさ　樹高25m 幹回り9m 枝張り16m
> 　この樹木は、佐賀の名木・古木に登録されている約900本の中から100選として選ばれたものです。
> 平成16年3月　　　　　　　　佐賀県 ⑦

著者：資料名（発行年）、頁等	調査年/月	幹周(cm)/性	図写真
（古資料）			
環境庁：日本の巨樹・巨木林(1991)**41**–24	1988	800(1)	—
平岡：巨樹探検(1999)p.287	(1988)	(800)	—
北野：巨木のカルテ(2000)p.502	(1988)	(800)	写真
著者実測	2000/11	共通870♀(563・200)	写真
佐賀県：説明板(2004.3 設置)	?	900	—
（2100年代）			
（2200年代）			

交通：長崎道「武雄北方IC」→国道498号→伊万里方面→県道270号、まもなく右折（製材所の近く）。

撮影(メディア)：① 2001.3.10(D)；②④ 2000.11.23(R)；③⑥ 2001.3.10(N)；⑤ 1999.7.26(N)；⑦ 2005.6.11(N)．
［⑦佐藤氏］

現況：ゆるやかな斜面に生育する。大蛇の背中を思わせるような主幹（写真①右；周長563 cm）、消失幹の痕跡（写真①中央）を挟んで基部で互いに融合したように見える側幹（写真①左；周長200 cm）からなる。その共通幹周は870 cm。根元は、地面から変則的な形の盤状に立ち上がり、露出根はない。標準的な幹周測定法が適用できない樹である。

コラム 29　イチョウ葉の紙魚（しみ）よけ効果

　年輩者なら、いつとはなしに、「本にはイチョウの葉を挟んでおくものだ」ということを、見よう見まねで覚えているものです。

　現在ではほとんど知る人も少なくなりました。しかし、イチョウの葉を1〜2枚挟んでおいた和紙の本が、紙魚（しみ）の攻撃から完全に回避できている例を、日本の植物学発展の基礎を築いた牧野富太郎の蔵書（高知市五台山の牧野植物園内にあります）を見たとき、経験しました。

　彼の集めた本草書を3年がかりで端から調べていたとき、2冊だけイチョウの葉が差し挟まれていたものがあったのです。その和綴じ本は、完全に虫食いがなく、頁と頁が虫食い跡によって接着することもなく簡単に頁が開けたのです。他の本は、大部分が大なり小なり紙魚に浸食され、1頁1頁の扱いに慎重さが必要で、多くの時間を要しました。古書を扱うときの基本マナーを忘れて無神経に開けば、虫食いでくっついたところから頁が裂けてしまいそうだったからです。

　これからでも、もし無傷の古文書があれば、それにイチョウの緑の葉を挟んでおくのは有効です。これからも伝えていきたい先人の知恵です。

239 42A　長崎県　〒817-2331

個番：42-446-001
三次：5129-63-66

現：**対馬市**④**上対馬町琴**
旧：上県郡上対馬町①-④大字琴675、一般地
　　（長松寺前）、県天（1961.11.24）

① 本多（1913）：上県郡（対馬島）琴村大字琴
② 長崎県史蹟名勝天然紀念物調査委員会（1923）：上県郡琴村大字琴字在家675番地
③ 三浦ら（1962）：上県郡上対馬町大字琴
④ 2004.3.1：市制施行（上対馬町、豊玉町、厳原町、他3町が合併・新設）

現況：説明板に、1798年（寛政10）（出典：津島紀事か？）の落雷のため、（主）幹が焼け、空洞化したとある。現在、中央に残る枯死部分（写真⑤⑥）がそれであろう。その周りに生える新しい幹の低、中位には多数の乳が垂下し、横に伸びる太枝の先端はコンクリートの台に支えられている（写真①）。枯死した主幹は地面からほぼ直柱状に立ち上がっているが（写真⑤⑥）、その周りに萌芽して生長した新幹の根元は錐盤状で、露出根系は僅かに発達（写真①）。ツル性着生植物（写真①⑤⑥）が多く、定期的な除去が望ましい。

交通：厳原市（または対馬空港）から国道382号→県道56号（上県小鹿港線）→左折、県道39号を上対馬町方面→道路沿い左側。
撮影（メディア）：①⑤⑦ 2000.3.26（N）；②⑥ 2000.3.26（R）；③ 2002.10.29（D）；④ 2002.10.29（N）．

著者：資料名（発行年）、頁等	調査年／月	幹周（cm）／性	図写真
（古資料）			
雨森：橘窓茶話（1786）	?	10囲	―
説明板：1798（寛政10）落雷のため焼け空洞ができる	1798		
平山：対馬紀事（1809）（対馬叢書3, 1972）	?	9囲	―
①本多：大日本老樹名木誌（1913）No.423	1912	1454	写真
②長崎県史蹟名勝天然紀念物調査委員会：史蹟名勝天然紀念物調査報告書 第三号（1923）p.35	?	1545	写真
説明板：1950（昭和25）9月29日の台風のため主幹が折れた	(1950)	折損	
③三浦ら：日本老樹名木天然記念樹（1962）No.1085	1961	1455	―
上原：樹木図説2. イチョウ科（1970）p.180	?	1460	
上対馬町教育委員会：説明板（1982.4.1 設置）	?	1250	
上対馬町役場：上対馬誌（1985）p.409	?	1250♂	写真
読売新聞社編：新 日本名木100選（1990）p.194	?	1250	写真
牧野：巨樹名木巡り〔九州・沖縄地区〕（1991）p.88	?	1250♂	写真
樋田：イチョウ（1991）p.138	?	1270♂	―
環境庁：日本の巨樹・巨木林（1991）42-61	1988	1250(1)	
渡辺：巨樹・巨木（1999）p.393	1997/3	1250♂	写真
平岡：巨樹探検（1999）p.288	(1988)	(1250)	
北野：巨木のカルテ（2000）p.525	(1988)	(1250)	写真
著者実測	2000/3	外輪郭周 1350♂	写真
高橋：日本の巨樹・巨木（2001）p.89	?	1250	―
（2100年代）			
（2200年代）			

⑦（説明板：上対馬町教育委員会設置「対馬琴のイチョウ」）

コラム 30　イチョウの本

　現在、欧米諸国の研究者がイチョウについてもつ最大の関心事は、イチョウに含まれる物質の薬理学的な貢献ということかもしれません。この研究に関する論文が、1日に1編は世界のどこかで出ているといわれるほどの勢いで研究されています。イチョウに含まれるいろいろな物質が、ヒトにとってどんな有用性があるか、医学・薬学的な研究だけが行われているというわけではないことは、写真で紹介する本の中身を見ていただければ分かることです（ここでは内容を一つ一つ紹介することはしませんが）。たった1種類の植物の名前（学名 *Ginkgo biloba*）が本のタイトルになって、この約10年の間に4冊（ここでは比較的大部な4冊（写真1～4）だけを紹介しますが、他

→次頁へ→

240 43A 熊本県下益城郡

個番：43-341-008
〒 861-4203
三次：4930-05-48

現：**城南町**①**大字隈庄字一の町、一般地、国天**（1937.12.21）

①熊本県教育委員会(1954)：下益城郡隈庄町大字隈庄

現状：胸高より低い位置で2幹に分岐している（写真①⑥）。ヒコバエや乳は伴わない。樹面は湿度の多い地方特有の荒れ性で、コケ植物、緑藻類、その他の巻き付き植物が多い（写真①）。このため、イチョウ紋様を失いつつあり、腫れもの様突起も見られる（写真①⑤⑥）。根元は錐盤状で、露出根系はない（写真⑤）。

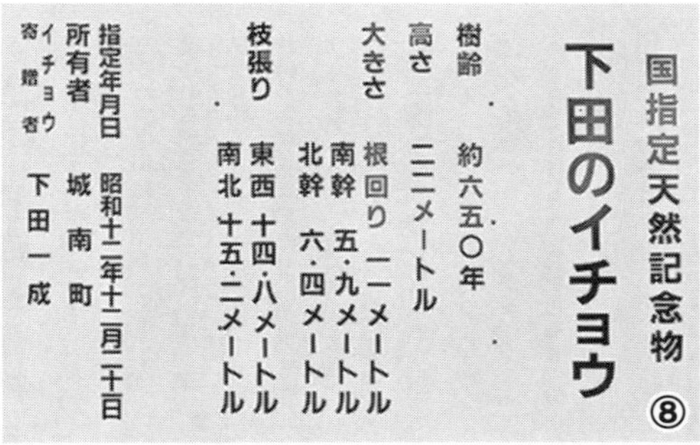

国指定天然記念物 ⑧ 下田のイチョウ

樹齢	約六五〇年
高さ	二二メートル
大きさ 根回り	一一メートル
南幹	五・九メートル
北幹	六・四メートル
枝張り 東西	十四・八メートル
南北	十五・二メートル
所有者	城南町
寄贈者	下田一成
指定年月日	昭和十二年十二月二十一日

交通：九州道「御船IC」→国道445号→（県道38号）→国道266号→城南町市街へ。

撮影(メディア)：① 2001.3.11 (R)；②④ 2001.3.11 (N)；③⑤-⑧ 1999.7.25 (N).

著者：資料名（発行年）、頁等	調査年／月	幹周(cm)/性	図写真
（古資料）			
①熊本県教育委員会：熊本県天然記念物(1954) p.24	?	900 ♂	写真
本田：植物文化財(1957) p.37	1948/4	900 ♂	写真
三浦ら：日本老樹名木天然記念樹(1962) No.1133	1961	900 ♂	―
上原：樹木図説 2. イチョウ科(1970) p.182	?	900 ♂	―
沼田：日本の天然記念物 5.(1984) p.86	？？	900 ♂	写真
牧野：巨樹名木巡り〔九州・沖縄地区〕(1991) p.117	?	1020	写真
樋田：イチョウ(1991) p.68, 134	?	900 ♂	写真
城南町？：説明板（設置日不明）	?	640・590	
環境庁：日本の巨樹・巨木林(1991) **43**-36	1988	1230(2)	―
平岡：巨樹探検(1999) p.288	(1988)	(1230)	―
藤元：全国大公孫樹調査(1999) p.20	1996/8	900	写真
北野：巨木のカルテ(2000) p.531	(1988)	(1230)	写真
著者実測	2000/3	共通1230♂ (770・640)	写真
(2100年代)			
(2200年代)			

→前頁より

にも専門書、一般啓蒙書が多数出版されています）も出版されているということで、いかにこの植物が多面的な魅力を秘めているかが分かるでしょう。

写真1：1988年刊 　写真2：1997年刊 　写真3：1998年刊 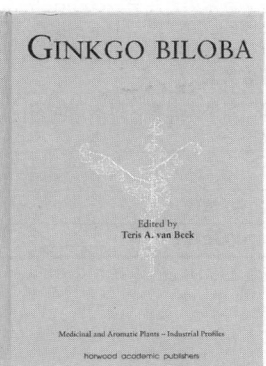　写真4：2000年刊

241
43B

熊本県阿蘇郡　　個番：43-424-013
〒869-2503　　三次：4931-50-74

現：小国町[1]-[3]大字下城坂下、一般地、国天
　　（1934.12.28）

[1]文部省(1935)：小国村大字下ノ城
[2]熊本県(1937)：小国町下ノ城坂ノ下
[3]熊本県教育委員会(1954)：小国町大字下の城字坂下716

著者：資料名（発行年）、頁等	調査年/月	幹周(cm)/性	図写真
（古資料）			
[1]文部省：天然紀念物調査報告植物之部第十五輯(1935).p.18	1933/11	960 ♀	写真
[2]熊本県：熊本県史蹟名勝天然紀念物概要附国宝其他(1937)p.15	1936以前	960	—
[3]熊本県教育委員会：熊本県天然記念物(1954)p.16	?	950 ♀	写真
本田：植物文化財(1957)p.37	?	ca.960 ♀	
三浦ら：日本老樹名木天然記念樹(1962)No.1115	1961	961 ♀	
上原：樹木図説2.イチョウ科(1970)p.182(参照p.183)	?	960 ♀	写真
小国町教育委員会：説明板(1979.3 設置)	?	ca.1000	
沼田：日本の天然記念物5.(1984)p.86	?	1100 ♀	写真
樋田：イチョウ(1991)p.68,134	?	960 ♀	—
環境庁：日本の巨樹・巨木林(1991)43-51	1988	1000	—
平岡：巨樹探検(1999)p.288	(1988)	(1000)	
渡辺：巨樹・巨木(1999)p.398	1994/9	1000 ♀	写真
藤元：全国大公孫樹調査(1999)p.13	1996/7	960	写真
北野：巨木のカルテ(2000)p.539	(1988)	(1000)	写真
著者実測	2005/6	1088*♀	写真
高橋：日本の巨樹・巨木(2001)p.89	?	1030	—
（2100年代）			
（2200年代）			

＊　地上約50cmの高さでの幹周

現況：若いヒコバエ、生長した多数のヒコバエ、幹化した乳を伴う（写真①⑤）。幹の一部に腫れもの様突起、吸盤様突起をもつものなど（写真②）、世代の違う細太多幹束生樹。樹の低位置から、水平あるいは僅かに斜め上方向に太い、長い横枝が密に伸びている（このため、幹周は地上50cmの高さで測定）（写真④⑤）。根元は、地面から直柱状に、あるいは錐盤状に立ち上がり、露出根系が発達している（写真①⑤）。

昭和五十四年三月建
小国町教育委員会

この公孫樹は、下城上総介経賢の母妙栄尼の墓標と伝承されている。目通り幹廻り約十メートル、樹高二十メートル、枝張り約東西三十四メートル、南北四十メートルの巨木で、樹齢千年を越えていると言われている。鋭ヶ池伝説によると、小松女院の乳母真神の墓標とも伝えられている。又此の公孫樹はチコブサンと呼ばれ、乳の少ない婦人が祈願をこめて樹皮を煎じて呑むと、乳が出るとの言い伝えもある。

文部省指定
天然記念物
下城公孫樹⑥
昭和九年十二月二十八日指定

交通：大分道「日田IC」→国道212号南下→小国町市街域に至る4kmくらい手前の下城大橋で左手に入る（国道からも見える）。

撮影(メディア)：①③⑤⑥ 1999.7.28（N）；② 2005.6.4（D）；④ 2000.3.10（N）．

242 43C 熊本県

個番：43-383-005
〒 861-0331
三次：4930-35-99

現：**山鹿市**①**鹿本町来民**
旧：鹿本郡鹿本町①大字来民、公園、町天

① 2005.1.15：市制施行（山鹿市、鹿本町、菊鹿町、他2町が合併・新設）

著者：資料名（発行年）、頁等	調査年/月	幹周(cm)/性	図写真
（古資料）			
環境庁：日本の巨樹・巨木林(1991)**43**-42	1988	870	—
北野：巨木のカルテ(2000)p.535	(1988)	(870)	写真
著者実測	1999/7	957 ♂	写真
（2100年代）			
（2200年代）			

現況：巨樹にして整形的な円柱状である点は貴重（写真①④⑤）だが、残念なことに主幹の中位から上は台風等による折損切断されている。下位に向け幹芯が空洞化し、割裂が生じている（写真①）。中位に微小な乳が見える。根元は力強い錐盤状で、露出根系はない（写真④⑤）。

交通：九州道「植木IC」→国道3号を山鹿方面→山鹿市内で国道325号→鹿本郵便局で右折→まもなく右折、商店街→スポーツ用品店で左折→広場に至る（名称不明、イチョウへの案内板はない）。

撮影（メディア）：①⑥ 2001.3.10 (D)； ② 2001.3.10 (R)； ③–⑤ 1999.7.25 (N)．

243 43D 熊本県阿蘇郡

個番：43-428-011
〒 869-1822
三次：4931-11-84

現：**高森町大字矢津田字高尾野**、高尾野阿弥陀堂、ふるさと熊本の樹木(1982.2.20)

著者：資料名（発行年）、頁等	調査年/月	幹周(cm)/性	図写真
（古資料）			
環境庁：日本の巨樹・巨木林(1991)**43**-53	1988	850	—
北野：巨木のカルテ(2000)p.540	(1988)	(850)	写真
著者実測	1999/7	主920 ♀ +[2α]	写真
（2100年代）			
（2200年代）			

現況：お堂のある平坦地の縁から（10 m以上の断崖面になる）に生育。生長したヒコバエ幹を伴い、樹面には西日本のイチョウ特有の瘤様突起が見られ、コケで被覆されている（写真①）。主幹（周長920 cm）から水平に太枝が伸び（写真④）、同じ根系から伸びた2本以上の側株が横に生長している（写真①③⑤）。根元は、平坦地側には錐盤状で、露出根系が発達（写真①④）、断崖側は崖面に沿って落ち込み露出根系が発達している。

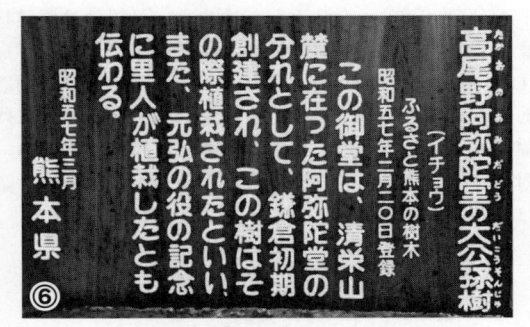

交通：九州道「熊本IC」→国道57号→（高森トンネル・高森峠経由）→旧道325号の「柳谷」で県道212号（「津留・柳谷線」の看板あり）→約4 km進み「矢津田」で左折（「高尾野」への看板あり）→約1 km進むと「円満寺」に至る。その近傍。

撮影（メディア）：①②④ 2001.3.11 (N)； ③⑤ 1999.7.28 (N)； ⑥ 2001.3.11 (D)．

244 43E 熊本県球磨郡　個番：43-511-001
〒 868-0200　　三次：4830-56-28

現：**五木村宮園 5654**、一般地（宮園公民館前）、県天

①熊本県(1937)：球磨郡五木村宮園

著者：資料名(発行年)、頁等	調査年／月	幹周(cm)／性	図写真
（古資料）			
①熊本県：熊本県史蹟名勝天然紀念物概要附国宝其他(1937)p.156	?	720	—
三浦ら：日本老樹名木天然記念樹(1962)No.1168	1961	720	
上原：樹木図説2．イチョウ科(1970)p.183	?	720	
樋田：イチョウ(1991)p.135	?	850 ♂	写真
環境庁：日本の巨樹・巨木林(1991)43-73	1988	1400	—
北野：巨木のカルテ(2000)p.545	1988	(1400)	写真
著者実測	1999/7	832 ♂	写真
(2100年代)			
(2200年代)			

現況：整形的な単幹樹（写真①⑥）。地上から3mくらいの高さの所には小・中形の垂下乳がいくつか見られるが（写真①⑥）、全体としては少ない。根元は錐盤状または直柱状に立ち上がり、露出根系はない（写真①）。近くに雌株も生えていたが1965年の台風で倒壊したとのこと（現在食堂が建っていて、その床下に残痕があるとのこと）。このように、かっては雌雄の一対のイチョウがあったが、雌株が現存しないという話は全国各地で聞かれる話である。

⇒

245 43F 熊本県球磨郡　個番：43-511-005
〒 868-0200　　三次：4830-46-76

現：**五木村田口** 2948-3（通称頭地）、田口公会堂前（この地区は、現在建設中の川辺川ダムの湖底になるため移転中）

著者：資料名(発行年)、頁等	調査年／月	幹周(cm)／性	図写真
（古資料）			
環境庁：日本の巨樹・巨木林(1991)43-73	1988	790(2)	—
著者実測	2000/11	800 ♀	写真
(2100年代)			
(2200年代)			

現況：根元周りや樹表面から無数の若いヒコバエが伸びていた（写真①④⑤）が、乳は伴わない。根元は直柱状で、露出根は見られなかった（写真④⑤）。村内を抜ける国道445号に接して生育し、片側は隣接の建物に接し、樹の上位は電線にかぶさるという不利な諸条件下にあったため（写真①③④）、電線から下、道路に面した側は頻繁に枝払いが行われていたようだ（写真①③）。現在(2005.6.3)は、2007年に移植を予定して、その準備中である（写真⑧）。

交通：九州道「人吉IC」→国道445号北上→五木村内．
撮影(メディア)：①②④⑥ 2001.3.11(N)；③⑤⑦ 1999.7.24(N)；⑧ 2005.6.3(D)．

交通：九州道「人吉IC」→国道445号北上→五木村内、バス停「宮園」近く．
撮影(メディア)：①④ 2001.3.11(N)；②⑥ 2001.3.11(R)；③⑦ 1999.7.24(N)；⑤ 2001.3.11(D)．

246 43G	熊本県球磨郡 個番：43-502-002
	〒 868-0423　三次：4830-27-43

現：**あさぎり町①大字上南**

旧：上村①大字上丙 2843、稲富氏敷地内、村天
　　（1987.1.28）

① 2003.4.1：上村、免田町、他3村が合併・新設

著者：資料名（発行年）、頁等	調査年/月	幹周(cm)/性	図写真
（古資料）			
環境庁：日本の巨樹・巨木林(1991)43-71	1988	830	—
上村教育委員会：上村の文化財第三集(1998)p.4	?	未記載	写真
北野：巨木のカルテ(2000)p.544	1988	(830)	写真
著者実測	2000/3	根回863(6) ♀	写真
(2100年代)			
(2200年代)			

交通：九州道「人吉IC」→（途中省略）→国道219号を「あさぎり町」方面→ JR「めんだ」駅近くで右折、県道260号→県道43号→左折、進行バス停「麓」、または「白髭神社」手前で数十m右に入る。

撮影(メディア)：①⑤ 2000.3.10 (N)；②④⑥ 1999.7.24 (N)；③ 2000.3.10 (R).

現況：地面から高く盛り上がった円錐盤状根塊の上に幹は立ち上がり、多数の若いヒコバエと、這い上がったヒコバエ根塊に囲まれる（写真①④）。乳は見られない。露出根系が発達している。近くの「谷水薬師」には、この樹の一部で造ったといわれる1対の仁王像が祀ってあり（写真⑤）、口に含んで紙をこの仁王像に吹きつけると…かなう。

コラム 31　3つのイチョウ遺物

　日本で発見されるイチョウ（葉、ギンナン）の化石の最も古いものは、新生代第三紀（約180万年より以前）のものといわれています（最近、一部の化石は第四紀のものではないかという論議がありますが）。いずれにしても、日本のイチョウは地史的には絶滅した植物です。世界で唯一中国の一部にイチョウが生き残り、それが再びヒトに発見されて大切に扱われ、植物の絶滅危惧種（イチョウはそのパイオニア？だったわけです）としての危機を脱し、今では東アジア3国（中国、朝鮮、日本）はもとより、世界中に広がりつつあります。

　有史になってから、上でも述べたように11世紀頃中国でヒトに再発見され、中国から朝鮮へ、あるいは中国から（朝鮮を経由したかどうかは未だに不明ですが）日本へ渡来しました。その時期は、13世紀後半以後と考えられます（詳しくは、**第III章**を参照）。

　現在確認記録されている、日本に関連する古いイチョウの遺物（江戸時代以前のもの）は3点知られています。他にもまだ多数あるでしょうが、植物歴史資料としての価値の評価がまだ低く、「イチョウの葉が挟まっている」くらいにしか気に留められないため、存在が知られていないだけかもしれません。もっと広く認識されることが望まれます。

1. 韓国の全羅南道新安の沖合の海底で見つかった、いわゆる「新安沈没船」の中から、他の植物とともに見つかった1個のギンナン（写真1：「新安海底遺物」資料編I；文化広報部文化財管理局編 1988より）があります。1323年の年号が書かれた木札や、その他の引き上げ物から、この船は中国の浙江省慶元（寧波）から博多に向かった日元貿易船だったと考えられています。

　　　　　　　　　　　　　　　次頁へ→

247 43H　熊本県鹿本郡　　個番：43-385-001
〒861-0133　　　　　　　三次：4930-25-64

現：**植木町**①②**大字滴水字東屋敷、一般地（植木町公民館前）、県天（1978.6.9）**

①本多(1913)：桜井村字東屋敷
②三浦ら(1962)：植木町大字滴水

著者：資料名(発行年)、頁等	調査年/月	幹周(cm)/性	図写真
（古資料）			
①本多：大日本老樹名木誌(1913)No.497	1912	606	—
②三浦ら：日本老樹名木天然記念樹(1962)No.1201	1961	606	—
上原：樹木図説 2. イチョウ科(1970)p.184	?	600	—
説明板(設置日不明)	?	1400♂	
読売新聞社編：新 日本名木100選(1990)p.223	?	1400	写真
樋田：イチョウ(1991)p.135	?	1450♂	—
環境庁：日本の巨樹・巨木林(1991)43-43	1988	1250(5)	—
平岡：巨樹探検(1999)p.288	1988	(1250)	
渡辺：巨樹・巨木(1999)p.400	1997/3	1250♂	写真
北野：巨木のカルテ(2000)p.536	1988	(1250)	写真
著者実測	1999/7	外周1200♂	写真
(2100年代)			
(2200年代)			

このイチョウは雄株で、幹囲14メートル、樹高は42メートルある。ここは竜雲庵というお寺があった場所といわれ、この木はその寺の境内に平家落人の墓標として植えられたものと伝えられている。現在も阿弥陀堂がある。樹下には天文2年（1533）の銘をもつ戦国武将小佐井掃部頭の板碑をはじめ板碑、五輪塔がある。
また、昔、門三郎という若者が、この木を切り薪にしようと考えたところ、夢枕に美女が立ち、切らないでほしいと頼んだ。この美女はこの木に住む白蛇の化身であったという伝説が残されている。⑦

現況：多数の若いヒコバエ、生長したヒコバエ幹が林立する多幹束生樹（写真①④）。根元は高く盛り上がって発達した円錐盤状で、露出根系が広く発達している（写真①④⑥）。

交通：九州道「植木IC」→国道3号南下、植木町市街、「舞尾」で左折→国道208号を玉名市方面→左側に「滴水のイチョウ入口」の看板あり、左折→「田原坂公園」の看板が見えたら左折、下り坂の途中。対面右側が「植木町公民館」。

撮影(メディア)：①③⑤⑦ 2001.3.10(N)；②④⑥⑧ 1999.7.25(N)．

→前頁より

1. 裸子植物, Gymnospermae
　　銀杏나무과, Ginkgoaceae
은행(銀杏, 白果, 公孫樹, ginkgo); Ginkgo biloba Linn.
송자가 1개뿐이었고 겉모양만 남았을 뿐이며 내용물은 없었다. 漢藥材로서 들어있었을 것이다.

写真1

2. 納富常天氏は金沢文庫が所蔵する鎌倉時代の古典籍の中の4点にイチョウの葉（3、1、3、1の計8枚）が挟まっていることを発見しました（写真2）（神奈川県博物館協会会報，第22号，1969）。あれから30年を経ましたので、また新たなことが発見されているかもしれません。

→次頁へ→

248
43I

熊本県　個番：43-206-020
〒865-0041　三次：4930-24-85

現：**玉名市**[1]-[3]**伊倉北方** 3210、一般地、県天

[1] 熊本県（1937）：玉名郡伊倉町北方、西屋敷
[2] 1954.4.1：市制施行
[3] 2005.10.3：玉名市と岱明町、横島町、天水町が合併・新設の予定

現況：地面から樹芯が失われC形に空洞化した中に祠が祀られている（写真①）。根元は、背後は急斜面に沿って錐盤状に広がり（写真④）、前面は錐盤状に匍匐・分岐している（写真⑤）。

交通：九州道「植木IC」→植木町方面へ国道3号→国道208号→道路標識「八嘉小学校」、または「伊倉」で左折、5～6km進む（号線の表示なし）→「キリシタン墓」、「唐人舟繋ぎの銀杏」の棒標あり。

著者：資料名（発行年）、頁等	調査年／月	幹周(cm)／性	図写真
（古資料）			
[1] 熊本県：熊本県史蹟名勝天然紀念物概要附国宝其他（1937）p.64	?	730	—
三浦ら：日本老樹名木天然記念樹（1962）No.1166	1961	730	
上原：樹木図説2．イチョウ科（1970）p.183	?	730	—
環境庁：日本の巨樹・巨木林（1991）43-31	1988	750	—
著者実測	2005/6	ca. 960 ♀	写真
（2100年代）			
（2200年代）			

撮影（メディア）：①②④⑤⑦ 2001.3.10（N）；③⑥⑧ 1999.7.25（N）．

→前頁より

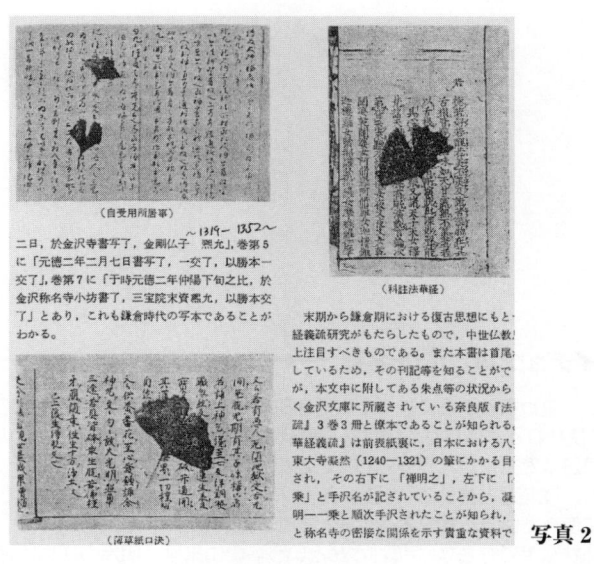

写真2

3. これはすでに、他の話題（**コラム25**参照）で扱っているので、簡潔に述べますと、1690～1692年の間に日本のどこかで採集された（この間、ケンペルは2度長崎から江戸まで、参勤交代に随行して旅をしていますので）、イチョウの乾燥標本3点がロンドンの自然史博物館に保管保存されています（ちなみに、日本の海藻の標本も1点、初めてこのとき欧州に紹介されています）。

249 43J 熊本県阿蘇郡
〒869-2225　個番：登録なし　三次：なし

現：**阿蘇市**[3]**黒川**
旧：阿蘇町[1]-[3]**大字黒川字西大門1061、一般地（長善坊跡）、町天**

[1] 熊本県（1937）：阿蘇郡黒川村坊中
[2] 三浦ら（1962）、上原（1970）：阿蘇町大字黒川字坊中
[3] 2005.2.11：市制施行（阿蘇町、一の宮町、波野村が合併・新設）

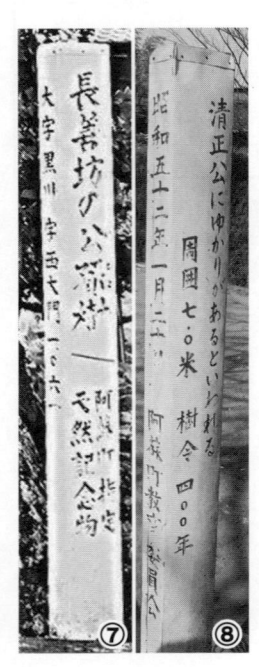

交通：九州道「熊本IC」→国道57号→旧阿蘇町内JR「あそ」駅前で右折→（坊中郵便局を）通過してまもなく右折→畳屋の横を左折、至る。
撮影(メディア)：①②⑦ 1999.7.25(N)；③⑤⑧ 2003.3.12(N)；④⑥ 2003.3.12(D)．

著者：資料名（発行年）、頁等	調査年/月	幹周(cm)/性	図写真
（古資料）			
熊本大学図書館蔵：麓三十六坊図	江戸後期	存在の記録	図絵
[1]熊本県：熊本県史蹟名勝天然紀念物概要附国宝其他(1937)p.111	?	650♀	―
[2]三浦ら：日本老樹名木天然記念樹(1962)No.1184	1961	650♀	―
[2]上原：樹木図説2. イチョウ科(1970)p.184	?	650♀	―
阿蘇町教育委員会：史料阿蘇 第一集 阿蘇町の巨樹名木(1991)p.254	?	700♀	写真
著者実測	1999/7	748♀	写真
朝日新聞（第2熊本版）(2002.4.9)	?	―	写真
（2100年代）			
（2200年代）			

現況：ヒコバエや乳は伴わない、全国的にも数少ない整型な柱状幹巨樹である（写真①⑥）。それに伴い、根元も典型的な錐盤状で、露出根はない（写真①）。着生植物はあるが（写真③-⑤）、目立つ乳は見あたらない。

⑦　⑧

コラム 32　「イチョウ」のついた名称

　イチョウが家紋として使われるようになったのは室町時代のようですが、「銀杏○○」とか「○○銀杏」などのように、形容する語として使われるようになるのは江戸時代前後のことのようです。これは、とりもなおさず、この時代になると、イチョウが日本でもポピュラー化したことの反映と受け取れます。

　人の姓名で、「鴨脚」、「銀杏」と書いて「いちょう」さんという方がいます。「銀杏」で「ぎんなん」さんという方もいます。「公孫」を姓名に使っている日本での例は未だ知りません。

　女子レスリングの姉妹選手で有名な「伊調」さんという名の由来は、明治の初め氏姓創成のとき、青森県新郷村の家の前に太いイチョウの木があったので「伊調」としたという話を田名部清一氏（青森県八戸市在住）が教えてくれました。以前、現在の五戸町又重（旧 倉石村又重）のイチョウを現地で探していたとき、隣村である新郷村の郵便局のすぐ後ろに立派なイチョウが見えたので見に行ったら、その家の表札が「伊調」さんでした。あまりの符合にそれ以来いつも心にひっかかっていたことだったのですが、田名部氏の説明で納得がいきました。

　　　　　　　　　　　　　　　　　　　　　　　　　　　次頁へ→

250
44B

大分県

個番：44-521-010
三次：5031-02-41

〒872-0464

現：**宇佐市④⑤院内町西椎屋**
旧：宇佐郡院内町①-③⑤大字西椎屋、西椎屋神社／菅原神社、町天(1975.5.23)

① 渡辺重春(1863)：宇佐郡東椎屋村、天神社
② 本多(1913)：南院内村大字西椎屋、菅原神社
③ 三浦ら(1962)：院内町大字西椎屋
④ 1967.4.1：市制施行
⑤ 2005.3.31：宇佐市、院内町、安心院町が合併・新設

現況：1925年（大正14）7月の台風で、根幹1/3を失ったとあり（三浦ら 1962）、それから回復したと見られる現況（写真①）との時間差が、萌芽から育った幹の樹肌と母体となった樹のそれとの対照的違いとして見て取れる（写真①）。この樹の特徴として、幹の低位から根元に向けて伸びる多数の太い根様構造があることである（写真①⑤⑥）。この樹が急斜面地の神社境内に生育するため（写真①⑥）、おそらく何百年にわたって徐々に樹の周りから土砂が流失したことから、それに合わせて樹体を物理的に支えるために発達した構造と思われる。この樹のギンナンは小粒（長径で6～7mm）であることも特徴。

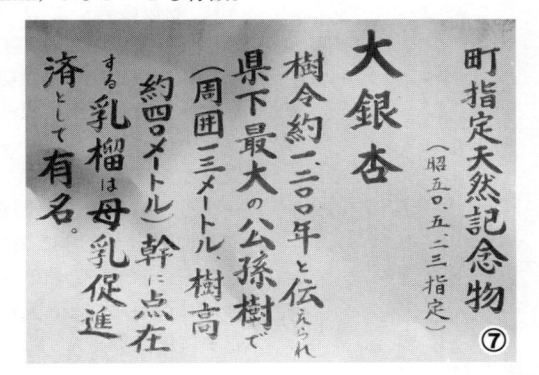

著者：資料名（発行年）、頁等	調査年/月	幹周(cm)/性	図写真
（古資料）			
① 渡辺：豊前志(1863)		存在を記す	—
② 本多：大日本老樹名木誌(1913)No.440	1912	1061	—
③ 三浦ら：日本老樹名木天然記念樹(1962)No.1088	1961	1382	写真
上原：樹木図説2．イチョウ科(1970)p.179	?	1380	—
環境庁：日本の巨樹・巨木林(1991)**44-72**	1988	1058(1)	—
平岡：巨樹探検(1999)p.289	(1988)	(1058)	—
渡辺：巨樹・巨木(1999)p.411	1994/9	1060 ♂	写真
北野：巨木のカルテ(2000)p.556	(1988)	(1058)	写真
著者実測	2000/3	1113 ♀	写真
高橋：日本の巨樹・巨木(2001) p.89	?	1100	—
（2100年代）			
（2200年代）			

交通：大分道「玖珠IC」→国道387号→バス停「西椎屋」で急坂を下り、現地（新道路建設中につき、現地で要確認）。または迂回して国道387号→県道409号→現地。
撮影（メディア）：①②⑤⑦ 2000.3.12 (N)；③ 1999.7.28 (N)；④⑥ 2000.3.12 (R)．

町指定天然記念物（昭五〇．五．二三指定）
大銀杏
樹令約一、二〇〇年と伝えられ県下最大の公孫樹で（周囲一三メートル、樹高約四〇メートル）幹に点在する乳榴は母乳促進済として有名。 ⑦

→前頁より

　明治以降になると、生物学の中でも特に分類学とか形に関係のある分野で、「イチョウ○○」という形容詞的なイチョウの使われ方をした名前、呼称が登場してきます。以下にいくつか例を挙げます。菌類：イチョウタケ、藻類：ヒメイチョウ、アカバギンナンソウ（写真1；草ではなく藻が正しい）、コケ植物：イチョウキゴケ、シダ植物：イチョウシダ、イチョウシノブ、被子植物：イチョウグサ、イチョウバイカモ、軟体動物：イチョウガイ、イチョウシラトリ、魚類：イチョウザメ、ほ乳類：イチョウハクジラ、鳥類：おしどりの羽の一部にイチョウ羽、などがあります。

写真1

173

251 44K 大分県
〒872-0506　個番：44-522-017　三次：5031-12-08

現：**宇佐市**[1]**安心院町妻垣**
旧：宇佐郡安心院町(アジムマチ)[1]大字妻垣(ツマガケ)、八幡宮跡／妻垣神社

[1] 2005.3.31：宇佐市、院内町、安心院町が合併・新設

著者：資料名(発行年)、頁等	調査年/月	幹周(cm)/性	図写真
（古資料）			
環境庁：日本の巨樹・巨木林(1991)**44**-73	1988	650(3)	―
著者実測	2000/3	主562♀+[127+108]	写真
（2100年代）			
（2200年代）			

現況：表から分かるように、これまで記録されたことのない木である。写真的にも映える姿ではないし、サイズの点で巨樹・巨木に入るものでもない。しかし、イチョウという木のもつ凄まじいまでの生命力と生き方を体現し、見せてくれている樹である。生き方の表現として「皮一枚で生きる」というのがあるが、この木はまさにその植物版である。全身空洞になりながら、かつ半身も失い、残った半身の皮（表層の数cmの厚さ部分）だけで生きている（写真①②）。それをも、着生植物が襲っている（写真②-④）。

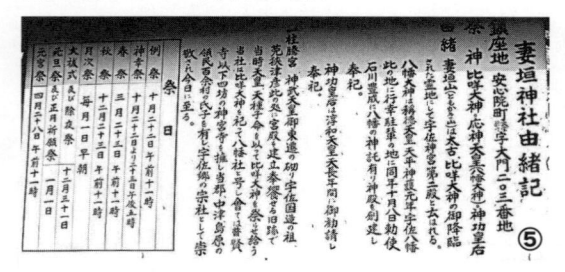

交通：宇佐別府道「安心院IC」→県道24号→国道500号→「妻垣老人ホーム」の看板で左折→県道50号で右折→進行左手、丘陵の上。
撮影(メディア)：①②⑤ 2000.3.12 (N)；③④ 2003.3.10 (N).

252 44D 大分県玖珠郡
〒879-4722　個番：44-461-027　三次：4931-61-74

現：**九重町大字弘治字富迫**(ヒキジ)**、富迫観音、町天**（1984.1.17）

著者：資料名(発行年)、頁等	調査年/月	幹周(cm)/性	図写真
（古資料）			
九重町教育委員会：説明板(設置日不明)	?	710♀	―
環境庁：日本の巨樹・巨木林(1991)**44**-59	1988	710	―
著者実測	2000/11	共通1100♀(900・410・3α)	写真
（2100年代）			
（2200年代）			

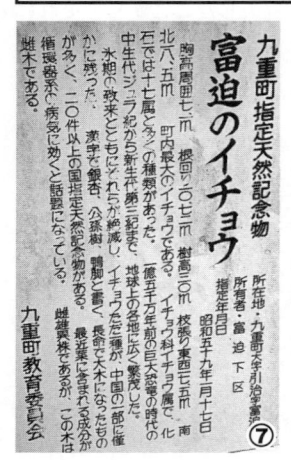

現況：同一根系の上に2つの（それぞれ2本と3本）幹群が伸び（写真①④）、多数の若いヒコバエを伴う多幹樹（写真④⑤）。根元は錐盤状で切削幹痕もある。露出根系はない（写真①）。
交通：大分道「玖珠IC」→国道387/210号を小国町方面→（「栗野」で210号は左へ）→387号の進行（栗野から約3km先）右手に見える。

撮影(メディア)：①④ 2001.3.12 (D)；② 2001.3.12 (N)；③⑤ 1999.7.27(N)；⑥ 2000.11.26(R)；⑦ 2000.11.26(N).

253 44A	大分県玖珠郡 〒879-4521	個番：44-462-040 三次：4931-71-71	

現：**玖珠町大字太田字石坂**（通称平井）、平井大神宮、県指定特別保護樹

著者：資料名(発行年)、頁等	調査年/月	幹周(cm)/性	図写真
（古資料）			
玖珠町教育委員会広報誌：巨木銘木(1977.1)	?	1100	写真
環境庁：日本の巨樹・巨木林(1991)44–65	1988	1200	—
平岡：巨樹探検(1999)p.289	(1988)	(1200)	—
北野：巨木のカルテ(2000)p.555	(1988)	(1200)	写真
著者実測	2000/3	1150以上♂	写真
(2100年代)			
(2200年代)			

現況：この樹を2回目に訪れたとき(2001.3)、周りのクヌギがすべて切り払われ、樹態が見やすくなっていた（写真①④⑦）。コケ、シダに包まれた巨大な幹（①②④）、その一部に残る焼け跡、巨枝の折れた痕（写真②）、上部には萌芽枝が多数伸びていた。樹肌はイチョウのそれではなく、全体が醸し出す雰囲気は妖気をたたえた巨獣のようだった。これほどの迫力を感じさせるイチョウを他に知らない。小高い土地の上に生え、根元は微かな錐盤状、直柱状で、露出根系はない（写真①②④–⑥）。樹下には江戸時代の墓石が多数、雑草に覆われて横たわっている（写真⑧⑨）。

交通：大分道「玖珠IC」→国道387号を耶馬渓町方面へ→県道28号、1kmくらいで左折（新しい切り通しの道）→1kmくらい先の右側に鳥居が見える（写真⑪）。

撮影(メディア)：①⑩ 2001.3.12(N)；②⑦ 2000.11.6(N)；③ 2000.3.12(R)；④⑧⑨ 2000.3.12(N)；⑤⑪ 1999.7.27(N)；⑥ 2001.3.12(D)．

254 44C 大分県 〒879-5551
個番：44-202-040
三次：4931-63-88

現：**別府市**[1]**大字内成字勢場1539**、大野氏敷地内、市指定保護樹（1977.3.1）

[1] 1924.4.1：市制施行

著者：資料名（発行年）、頁等	調査年/月	幹周(cm)/性	図写真
（古資料）			
環境庁：日本の巨樹・巨木林(1991) **44**-23	1988	960(1)	—
著者実測	1999/7	900 ♀	写真
（2100年代）			
（2200年代）			

現況：斜面地に生育（写真①）。ヒコバエ、生長したヒコバエ幹を伴う多幹束生樹（写真①）。樹表面には吸盤様の突起物が多数見られる（写真④⑤）。斜面下位側には根様構造が発達し（写真①）、背面側は微かな錐盤状で、露出根はない（写真④⑤）。小形の乳が少数ながら見られる。

交通：大分道「別府IC」→国道10号→JR「ひがしべっぷ」駅で山側に入る→鳥越峠を越え、「古賀原」で右方向→「御苑」、「内成公民館」を通過、「仲の迫」で右折→勢場へ。

撮影(メディア)：①③⑥ 2001.3.12(N)；②④⑤ 1999.7.28(N).

255 44E 大分県 〒879-6421
個番：44-426-001
三次：4931-44-01

現：**豊後大野市**[1]**大野町中原**、一般地（山林の中）

旧：大野郡大野町[1]大字中原（ナカバル）

[1] 2005.3.31：市制施行（大野町、三重村、犬飼町、他3町村が合併・新設）

著者：資料名（発行年）、頁等	調査年/月	幹周(cm)/性	図写真
（古資料）			
環境庁：日本の巨樹・巨木林(1991) **44**-56	1988	770(1)	—
著者実測	2000/11	850 ♀	写真
（2100年代）			
（2200年代）			

現況：山林内の斜面地に生育する（写真①⑦）。多数の若いヒコバエ、小乳に囲まれ（写真①⑤⑥）、根様の構造物も発達（写真①）。シダ、コケ、その他の着生植物が多く、樹肌は荒れている。山側の根元は錐盤状、平地側は直柱状で、露出根系はない（写真①②⑤）。

交通：東九州道「大分米良IC」→国道10号南下→国道57号→旧大野町内「田中」で県道26号→「中原」バス停で左折直進→公民館で右折（案内なしで到達するのは難しいので、現地近くで訊ねるのがよい）。

撮影(メディア)：①-③⑤⑦ 2000.11.26(N)；④⑥ 1999.7.28(N).

コラム 33　イチョウ番付

昭和55年(1980)5月に勧進元撰者として石川県林業試験所と里見信生氏（当時金沢大学）が選んだ、「日本銀杏（公孫樹）見立番附」という、面白い番付表があります。詳細部で少しずつ違う版があるようで、筆者の手元にある2つの番付表を比べても、前頭の後半以降になると入れ替わりが目立ちます。そのひとつを写真1に、拡大したものを写真2に示します。他に、全樹種についての番付表（本多 1912による）、各県における樹木番付表などもあります。この番付では、東の横綱は岩手県久慈市・長泉寺の銀杏、西の横綱は青森県深浦町・北金ヶ沢の銀杏となっており、別の版の番付表では西と東が入れ替わっています。全体を通して見て、番付けをした評価の主なものは幹周の大きさのようですが、樹姿、その他の要素も入っているのかもしれません。そうでないと、納得できない番付の地

→次頁へ→

256 44F　**大分県**　個番：44-204-055
〒877-0016　　三次：4930-77-84

現：<u>日田市</u>②<u>三本松</u>①③２丁目、圣王天明神
　（右株）④（商工会議所横）

① 本多(1913)：日田郡日田町大字豆田字大地蔵
② 1940.12.11：市制施行
③ 三浦ら(1970)：日田市大字豆田字大地蔵
④ 左株は「日本の巨木イチョウ」(2003)のNo.169に収録

現況：地面から芯部が完全になく、かつ輪郭に沿って残る表層部のみの４つの柱片に分断されている（写真①③）。枯死したかに見える根元の周囲から多数の新葉が伸び（写真①）、残存表層部の上端からは萌芽枝が伸び（写真②）、夏期には盛装をとりもどす（写真④）。根元は、錐盤状で、露出根系はない。凄まじいばかりのその生きた姿に畏敬を感じる。この樹は、本多(1913)がいう日田高等小学校に残った大公孫樹なのであろうか。現在は、同一根系から伸びる幹周600 cmのイチョウ（写真⑦左：「日本の巨木イチョウ」No.169）が、この樹（写真⑦右・奥の木（矢印））の隣に立っている。

交通：詳細省略（日田市商工会議所横）。
撮影（メディア）：①③⑥ 2002.7.9 (D)； ② 2000.11.26 (N)； ④⑦ 2001.3.12 (D)； ⑤ 2001.3.12 (N).

著者：資料名(発行年)、頁等	調査年／月	幹周(cm)／性	図写真
(古資料)			
① 本多：大日本老樹名木誌(1913) No.480	1912	758	―
③ 三浦ら：日本老樹名木天然記念樹(1962) No.1160	1961	758	―
上原：樹木図説2. イチョウ科(1970) p.179	?	760	―
環境庁：日本の巨樹・巨木林(1991) 44-30	1988	650	―
著者実測	2000/3	外輪郭周 850 ♂	写真
(2100年代)			
(2200年代)			

⑦

→前頁より

位を得ているものが見受けられます。皆さんも自分の目で評価した番付表を作ってみるのも一興ですね。

写真1

写真2

257 44J　**大分県**　〒879-4121　個番：44-485-001　三次：4931-70-54

現：**日田市**①**天瀬町馬原**
旧：日田郡天瀬町①大字馬原(マバル)、高塚愛宕地蔵尊、
　　大分県特別保護樹（1974.3.15）

① 2005.3.22：天瀬町、大山町、他2村が編入

著者：資料名(発行年)、頁等	調査年／月	幹周(cm)／性	図写真
（古資料）			
本多：大日本老樹名木誌(1913) No.490	1912	455＋651	—
三浦ら：日本老樹名木天然記念樹(1962)No.1185	1961	455＋650	—
上原：樹木図説2. イチョウ科(1970)p.179	?	455＋650	—
愛宕地蔵尊：説明板(設置日不明)	?	580	
牧野：巨樹名木巡り〔九州・沖縄地区〕(1991)p.140	?	20本弱	写真
樋田：イチョウ(1991)p.134	?	300 ♂ ＋[15α]	—
環境庁：日本の巨樹・巨木林(1991)44-68	1988	530	—
渡辺：巨樹・巨木(1999)p.411	1994/9	主 530 (20) ♂	写真
著者実測	2000/3	主 600～700(n) ♂	写真
（2100年代）			
（2200年代）			

現況：9本以上の側幹と主幹が一群をなし急峻な石段の上の平坦地に生育している多幹束生樹（写真①）。水平に伸びる太枝（幹）は石段下のみやげ屋まで伸びている（写真④⑥）。乳はないが（写真①）、吸盤様突起が見られる幹がある（写真⑤）。根元は直柱状に立ち上がり、露出根系はない。

交通：大分道「天瀬高塚IC」→県道54号→まもなく「地蔵尊」入口に至る。

撮影(メディア)：① 2002.7.9(D)；② 2002.7.9(N)；③-⑥ 2001.3.12(N)；⑦⑧ 2000.3.11(N).

258 44G 大分県 〒871-0434
個番：44-503-013
三次：5031-10-17

現：**中津市**①**耶馬渓町樋山路**
旧：下毛郡耶馬渓町①大字樋山路字黒法師、樋山黒法師堂

① 2005.3.1：耶馬渓町、本耶馬渓町、他2町村が編入

著者：資料名（発行年）、頁等	調査年／月	幹周(cm)／性	図写真
（古資料）			
環境庁：日本の巨樹・巨木林(1991)**44**–69	1988	738(1)	—
著者実測	1999/7	外周800 ♀	写真
（2100年代）			
（2200年代）			

現況：若いヒコバエを伴い、地上数十cmの高さで二叉に分岐、分岐股からヒコバエ幹が伸びている（写真①⑥）。さらに、根元から生長した太いヒコバエが密着融合している（写真①④）。根元は錐盤状で、露出根は僅かである（写真④⑤）。ツタ類の着生植物が上部の枝に巻き付き浸食しているようである（写真①③）。早期の完全除去が望ましい。

交通：大分道「日田IC」→国道212号北上→（県道28号に至る前の）「下郷入口」／「下郷小学校」で左折→バス停「黒法師」近く。

撮影（メディア）：①③ 2003.3.10（N）；② 2000.7.9（D）；④ 2003.3.10（D）；⑤⑥ 2002.7.9（N）；⑦ 1999.7.27（N）．

259 44H 大分県 〒870-0277
個番：44-201-022
三次：4931-55-97

現：**大分市**①②**大字広内字九六位、九六位山円通寺**

① 1911.4.1：市制施行
② 2005.1.1：佐賀関町、野津原町が編入

著者：資料名（発行年）、頁等	調査年／月	幹周(cm)／性	図写真
（古資料）			
大分市：説明板(1974.2.1設置)	?	800	—
環境庁：日本の巨樹・巨木林(1991)**44**–18	1988	800(2)	—
著者実測	1999/7	主768 ♀ +[440 + 412 + α]	写真
（2100年代）			
（2200年代）			

現況：錐盤状に発達した同一根系の上に、分離した3本の幹（周長768, 440, 412 cm）が伸びている。最も太い幹（写真①④）の樹表面はでこぼこで、分厚いコケ、地衣類層で覆われ、肌の紋様はイチョウのそれではない。不定形の乳を垂下させている。2番目の幹（写真②左、③右）は樹肌にイチョウ紋様が見られるので、太さと共に樹齢が若いことを示している。3番目は折損し、すでに枯死していると思われる。山上で、湿度が極度に高い環境の中で長年樹体が被覆植物で覆われていたためか、一般的なイチョウの特徴はほとんど見られない。

（由来）いちょう
樹齢1380年、樹高30メートル、幹廻り、8メートル。日羅上人が九六位開山の折、手植えしたものと言われ、その乳根の大きさは、全国でも珍しい。
昭和49年2月1日　大分市⑤

交通：東九州道「大分宮河内IC」→県道21号（臼杵市方面）→4〜5km先で右折、九六位キャンプ場方面→円通寺に至る。

撮影（メディア）：① 2000.3.12（N）；②〜④ 2000.3.12（R）；⑤ 2000.3.12（N）．

260 大分県
44I

〒 879-6103

個番：44-441-001
三次：4931-22-83

現：**竹田市**①**荻町新藤**

旧：**直入郡荻町**①**大字新藤 1039、荻神社、県特別保護樹（1960）**

① 2005.4.1：市制施行（荻町、竹田市、久住町、直入町が合併・新設）

著者：資料名(発行年)、頁等	調査年／月	幹周(cm)／性	図写真
（古資料）			
荻町：説明板（設置日不明）	?	ca.920	—
環境庁：日本の巨樹・巨木林(1991) 44-56	1988	925(1)	—
北野：巨木のカルテ(2000) p.553	(1988)	(925)	写真
著者実測	2000/11	外周1000 (n) ♂	写真
(2100 年代)			
(2200 年代)			

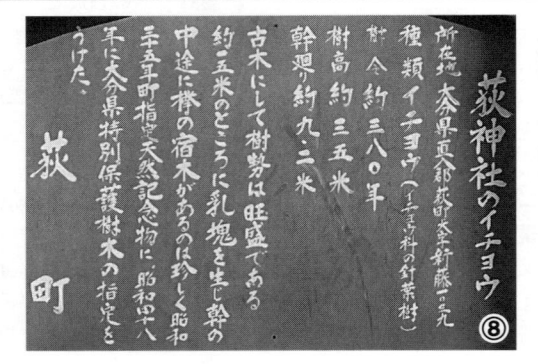

現況：若いヒコバエ、ヒコバエから生長した幹（少なくても 7 本以上の）が互いに密着した、樹肌がきれいな多幹束生樹（写真①⑥）。低位に乳は見られない。根元は円錐盤状で、露出根系が発達している（写真①⑤）。

交通：九州道「熊本 IC」→国道 57 号→「七ツ盛り古墳群」で右折→新藤宮園に至る→「荻神社」の看板で右折。

撮影（メディア）：①⑤〜⑦ 1999.7.28（N）；②④ 2000.11.26（R）；③ 2001.3.11（N）；⑧ 2000.11.26（N）．

コラム 34　樹齢の推定

木の年齢、すなわち樹齢を知るには、木を伐って年輪数を数えれば精確に知ることができます。しかし、むやみに木を伐ることは許されません。そのため、木を伐ることを必須の職業とした人で、伐った木の太さと年輪数の関係を確認する経験を何度もした人だけが、樹木の外見的観察をもとに（より真実に近い）樹齢を推定できるようになるのかもしれません。

そうした経験のない私達が、しかも、自分の木でなければ自由に伐ることはできませんから、木を伐らないで、ある（樹）木の年齢を知るには以下で述べる年輪カウント法しかありません。この方法は、例えていうならば、採血するために、注射針を血管に刺すのとほぼ同じと考えてよいと思います。

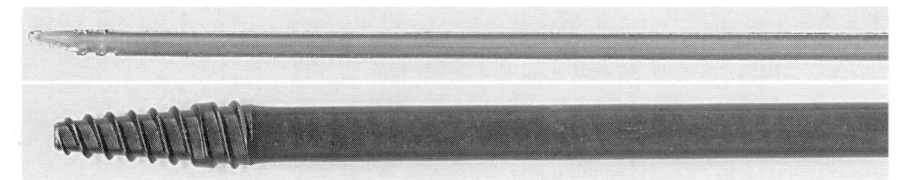

写真 1

方法を簡単に説明します。生長錐と呼ばれる太い注射針様の器具を使います。生長錐は、中心が空管状（内径が 5 mm 弱）になっている鉄棒状で、その先端部分が螺旋状の錐刃になっています（写真 1：拡大した先端部分）。これを幹の中心に向けて水平にねじ込んでいきます。すると、幹の組織が太い竹箸様に空管の中に切り込まれるので、それを引き出し（写真 2：左が木の表層側）、年輪を数えるのです（写真 3：印が付けてある正面観；写真 4：同じ試料の側面観）。通常、生長錐の棒の長さは 30 cm くらいですから、採れる試料の長さも 30 cm 以下で、大木、巨木の半径には遠く及びません。そこで、採取した試料の実寸長が推定半径の何分の 1 に相当するかを計算し、かつ

→次頁へ→

261 45A 宮崎県東諸県郡　　個番：45-381-015
〒880-2321　　　　　三次：4731-61-98

現：**高岡町**[1][2]**大字内山**（通称去川(サルカワ)）、一般地、
　　国天（1935.12.24）、去川のイチョウ

予：〔宮崎市[2]　　　　　　　　　　　〕

[1] 文部省(1936)、本田(1957)、三浦ら(1962)：高岡町
　大字内山字高野
[2] 2006.1.1：高岡町、佐土原町、田野町が編入の予定

現況：片側には多数の若いヒコバエ、生長したヒコバ
エ、乳様構造が見られ（写真①⑥）、反対側はきれいな
多幹状樹（写真④）。上位には大きな折損痕の保護面が
見られる（写真⑤）。横枝が少ない樹である。根元は錐
盤状で、露出根系はほとんどない（写真①④⑥）。

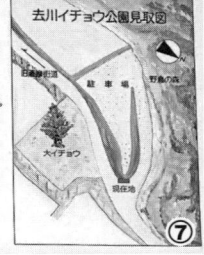

交通：宮崎道「宮崎西IC」→国道10号（都城の方面へ）
→去川小学校横（「去川のイチョウ」の看板あり）で左
折、数百m進む。

撮影(メディア)：①④ 2000.3.9 (R)；②⑤⑦ 2000.3.9
(N)；③⑥ 1999.7.23 (N)．

著者：資料名（発行年）、頁等	調査年／月	幹周(cm)／性	図写真
（古資料）			
[1]文部省：天然紀念物調査報告植物之部第十六輯(1936)p.20	1935/6	1115 ♀	写真
[1]本田：植物文化財(1957)p.39	?	ca.1110 ♀	—
[1]三浦ら：日本老樹名木天然記念樹(1962)No.1099	1961	1115 ♀	—
上原：樹木図説2. イチョウ科(1970)p.184	?	1120 ♀	—
沼田：日本の天然記念物5.(1984)p.87	?	1120 ♀	写真
読売新聞社編：新 日本名木100選(1990)p.223	?	1120	—
樋田：イチョウ(1991)p.68, 135	?	1150 ♀*	写真
環境庁：日本の巨樹・巨木林(1991)45-44	1988	1120	—
宮崎県：説明板（みやざきの巨樹百選）	?	1220	—
高岡町教育委員会：説明板(1993.3.22 設置)（写真⑦）	?	1000 ♀	
1993年9月：台風のため大枝折損			
平岡：巨樹探検(1999)p.290	(1988)	(1120)	—
渡辺：巨樹・巨木(1999)p.407	1990/4	1100 ♀	写真
藤元：全国大公孫樹調査(1999)p.4	1995/10	1150	写真
北野：巨木のカルテ(2000)p.567	(1988)	(1120)	—
著者実測	2000/3	1025 ♀ +[α]	写真
高橋：日本の巨樹・巨木(2001)p.72, 89	?	1170 ♀	写真
(2100年代)			
(2200年代)			

* 他に2通りの値が記されている

→前頁より

試料の年輪数を数え、相当倍して全体を推定する方法です。精度の高い年輪の測定には、他に注意しなければならない多くの必要事項がありますが、ここではそれは省略します。

写真2
写真3
写真4

262
45B

宮崎県西臼杵郡　個番：45-441-010
〒882-1412　三次：4931-02-94

現：**高千穂町①下野字下野、下野八幡宮、**
　　国天（1951.6.9）

①本田(1957)：西臼杵郡上野村(カミノ)大字下野字八幡
②三浦ら(1962)：西臼杵郡上野村大字下野

現況：若いヒコバエを伴うが重量感を感じさせる樹である。樹面は匍匐性シダやコケ、その他の着生植物につつまれて変化し（写真①③―⑤）、特異な種々のモザイク様樹肌紋様を呈する（写真③⑤）。根元は錐盤状で、露出根系は僅かに発達（写真④⑤）。

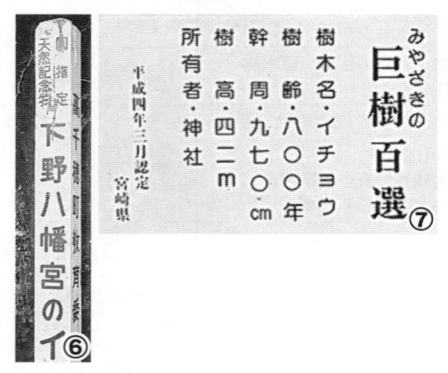

著者：資料名(発行年)、頁等	調査年／月	幹周(cm)/性	図写真
（古資料）			
①本田：植物文化財(1957)p.40	1948/11	920♂	―
②三浦ら：日本老樹名木天然記念樹(1962)No.1122	1961	920♂	写真
上原：樹木図説2. イチョウ科(1970)p.185	?	920♂	
宮崎県：説明板（みやざきの巨樹百選）	1992.3	970	
沼田：日本の天然記念物5.(1984)p.86	?	920♂	写真
牧野：巨樹名木巡り〔九州・沖縄地区〕(1991)p.170	?	920♂	写真
樋田：イチョウ(1991)p.136	?	920♂	写真
環境庁：日本の巨樹・巨木林(1991)45-61	1988	960	―
平岡：巨樹探検(1999)p.290	(1988)	(960)	―
藤元：全国大公孫樹調査(1999)p.7	1996/7	920	写真
北野：巨木のカルテ(2000)p.571	(1988)	(960)	写真
著者実測	1999/7	1014♂	写真
大貫：日本の巨樹100選(2002)No.93	?	950	写真
(2100年代)			
(2200年代)			

（説明板内容）
みやざきの巨樹百選⑦
町指定天然記念物 下野八幡宮のイ⑥
所有者・神社
樹高・四二m
幹周・九七〇cm
樹齢・八〇〇年
樹木名・イチョウ
平成四年三月認定
宮崎県

交通：高千穂町市街から高森町方面へ国道325号→「雲井都」で県道204号→これ以後の詳細は、現地で聞く。

撮影(メディア)：① 2001.3.11(N); ② 2001.3.11(R); ③―⑦ 1999.7.25(N).

コラム 35　イチョウの説明板から(1)

　　本巻に収録された、幹周7m以上の巨樹イチョウ260余本のうちの半分弱の129本については、樹齢（推定も含む）もしくは樹齢を推定できる関連事項（例えば、○○が植えた）が説明板に書かれています。ただ、注意しておかなければならない点は、樹齢が書かれた時点から50～100年近く経過しているものも多数あるということです。特に、記念物に指定されると、評価指定された時点の計測値がそのまま、時間の経過とは無関係に書き継がれることがよくあります。ですから、説明板に書かれている数字に、さらに50～100年加算しなければならない樹も結構の数含んでいることになります。

樹齢	本数	樹齢	本数
2000年以上	1	1000年以上	20
1800年以上	1	900年以上	8
1500年以上	1	800年以上	14
1400年以上	1	700年以上	11
1300年以上	1	600年以上	22
1200年以上	7	500年以上	11
1100年以上	4	300～400年以上	22

　しかし、ここではその点は度外視して、書かれている数字を基に統計をとってみたところ、表のようになりました。平安時代中期（10世紀）以前から生えている樹が36本、それ以降から鎌倉時代末期（14世紀前半）までの間に芽生えた樹が33本以上あることになります。両方をたすと69本となり、大変な長寿樹数になります。これに関連した、日本におけるイチョウの歴史を第Ⅲ章で論議しますので参照して下さい。

263 45F 宮崎県西臼杵郡

個番：45-441-001
〒882-1414
三次：4931-12-20

現：**高千穂町**[1]**大字河内字中河内 34**、有藤氏敷地内（熊野鳴滝神社横）、国天

[1]本田（1957）：西臼杵郡高千穂町大字河内

著者：資料名（発行年）、頁等	調査年／月	幹周(cm)/性	図写真
（古資料）			
[1]本田：植物文化財(1957)p.39		735 ♀	—
三浦ら：日本老樹名木天然記念樹(1962)No.1164	1961	735 ♀	—
上原：樹木図説2．イチョウ科(1970)p.184	?	740 ♀	—
沼田：日本の天然記念物5．(1984)p.87	?	740 ♀	写真
樋田：イチョウ(1991)p.69, 136	?	735 ♀	写真
高千穂町教育委員会：説明板（設置日不明）	?	770 ♀	—
環境庁：日本の巨樹・巨木林(1991)45-60	1988	770	—
宮崎県：説明板（みやざきの巨樹百選）(1992.3 設置)		770	
平岡：巨樹探検(1999)p.289	?	735	—
著者実測	2005/6	780 ♀	写真
(2100年代)			
(2200年代)			

現況：斜面地に生育していて、周りに植物が繁茂する。若いヒコバエ、生長した太いヒコバエ、本幹に融合したヒコバエ等を伴い、斜面上方から見ると地面から1mくらいの高さで二叉に分岐している（写真④⑤）。コケに覆われているため、樹肌は荒れ性（写真④）。根元は微かな錐盤状で、露出根系はない。側立する幹の枝に、その太さには不釣り合いなほどの太い乳が垂下している（写真①）。

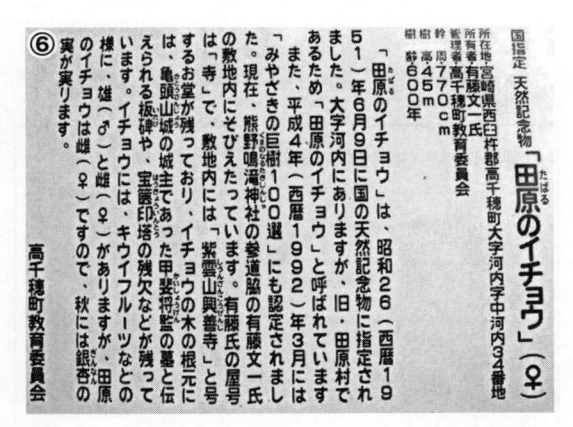

⑥
国指定　天然記念物
「田原のイチョウ」(♀)
所在地　宮崎県西臼杵郡高千穂町大字河内字中河内34番地
所有者　有藤文一氏
監守者　高千穂町教育委員会
樹高　47m
幹周　600cm

「田原のイチョウ」は、昭和26（西暦1951）年6月9日に国の天然記念物に指定されました。大字河内にありますが、旧・田原村であるため「田原のイチョウ」と呼ばれています。また、平成4年（西暦1992）年3月には「みやざきの巨樹100選」にも認定されました。現在、熊野鳴滝神社の参道脇の有藤文一氏の敷地内にそびえたっています。有藤氏の居屋は「寺」で、敷地内には「紫雲山興善寺」と号するお堂が残っており、亀頭山城の城主であった甲斐将監の墓と伝えられる板碑や、宝篋印塔の残欠などが残っています。イチョウには、キウイフルーツなどの様に、雄（♂）と雌（♀）がありますが、田原のイチョウは雌（♀）ですので、秋には銀杏の実が実ります。

高千穂町教育委員会

交通：九州道「御船IC」→国道445号→国道218号→高千穂町内で、国道325号北上→「河内」のT字路で右折、県道8号に入ったらすぐ→JAの横で左折、山側に入る。

撮影(メディア)：① 2001.3.11 (R)；②④ 2001.3.11 (N)；③⑤ 1999.7.25 (N)；⑥ 2005.6.4 (D)．

264 45C　宮崎県北諸県郡　個番：45-344-002
〒889-4601　三次：4731-60-01

現：**山田町[1]大字山田**（通称椎屋または石風呂）、永井氏敷地内、県天（1939.1.27）

予：〔都城市[1]　　　　〕

[1] 2006.1.1：山田町、都城市、他3町が合併・新設の予定

著者：資料名（発行年）、頁等	調査年/月	幹周(cm)/性	図写真
（古資料）			
三浦ら：日本老樹名木天然記念物(1962)No.1295	1961	記載なし	—
上原：樹木図説2．イチョウ科(1970)p.185	?	記載なし	—
山田町教育委員会：説明板(1988.2 設置)	?	750♀	—
樋田：イチョウ(1991)p.137	?	800♀	—
環境庁：日本の巨樹・巨木林(1991)**45-39**	1988	750	—
著者実測	1999/7	外周910♀	写真
（2100年代）			
（2200年代）			

現況：若いヒコバエ、生長して本幹と融合したヒコバエ・乳、幹に密着して垂下する巨大な乳（周長1m以上）等を伴う、重厚な単幹樹（写真①）。乳からヒコバエも伸びている（写真⑥）。横枝の多くが細いのが特徴。根本は錐盤状で、露出根系はない（写真①④⑤）。

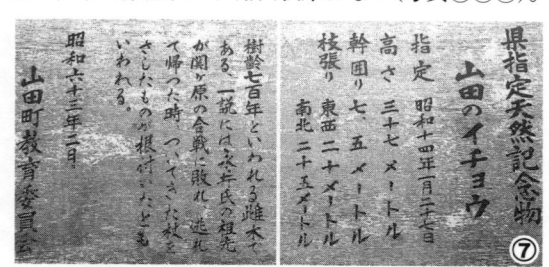

交通：宮崎道「都城IC」→国道221号北上→左折、県道46号→進行そのまま県道417号→「下椎屋」で右方向の「石風呂」方面→「大イチョウ」の指示矢印あり。

撮影（メディア）：①②④⑤⑦ 2000.3.9 (N)；③⑥ 1999.7.23 (N)。

撮影（メディア）：①②④⑤ 2002.7.8 (D)；③ 2003.3.9 (D)；⑥-⑧ 1999.7.16 (N)。

265 45D　宮崎県　個番：45-208-058
〒881-0032　三次：4831-13-23

現：**西都市白馬町17-1**、麟祥院（イチョウの木寺）

[1] 1958.11.1：市制施行

著者：資料名（発行年）、頁等	調査年/月	幹周(cm)/性	図写真
（古資料）			
環境庁：日本の巨樹・巨木林(1991)**45-32**	1988	910	—
宮崎県：説明板（みやざきの巨樹百選）(1992.3 設置)	?	910	—
平岡：巨樹探検(1999)p.290	(1988)	(910)	—
北野：巨木のカルテ(2000)p.562	(1988)	(910)	写真
著者実測	1999/7	外輪郭周856(2)♀+[α]	写真
（2100年代）			
（2200年代）			

現況：方向により、1〜4本に見える複雑な立体構造の樹。うち2本はヒコバエが生長した幹と考えられるが（写真①③手前中央）、疑問も残る。他は若いヒコバエを伴い、根元近くから二分岐したもので（写真⑤⑥）、この2幹が一緒になり内部が大形空洞化し、C形輪郭となった。中に祠が置かれている（写真①④）。

交通：東九州道「西都IC」→国道219号北上→西都市内「御船町」で右折、県道24号→「中妻」で右折、直進左側。

266 45E	宮崎県 〒 881-0005	個番：45-208-035 三次：4831-13-11

現：**西都市三宅字国分**、木喰五智館（日向国分寺跡）

① 1958.11.1：市制施行

著者：資料名(発行年)、頁等	調査年／月	幹周(cm)／性	図写真
（古資料）			
環境庁：日本の巨樹・巨木林(1991)**45**-30	1988	800	―
北野：巨木のカルテ(2000)p.563	(1988)	(800)	写真
著者実測	1999/7	外周 840 (5) ♀	写真
（2100 年代）			
（2200 年代）			

現況：主幹は折損（写真①の中央）し、それを挟んで4本の幹が密着並立している（写真①③④）。主幹の中腹に空隙があり（写真①）、芯部は空洞化している。若いヒコバエを伴うが、乳は見あたらない。根元は円錐盤状で、露出根系が発達している（写真①③）。1999年には、樹の近くまで発掘調査のため掘り返されていた（写真⑥）が、致命的な根切り傷害が起こっていなければよいが。

交通：東九州道「西都IC」→国道219号北上→西都市内「御船町」で県道24号→「平田」（信号あり）で右折→まもなく左折して細い道に入る→木喰五智館／国分寺跡への指示あり。

撮影(メディア)：① 2003.3.11（D）；②⑤ 2002.7.8（D）；③ 2003.3.11（N）；④ 2002.7.8（N）；⑥⑦ 1999.7.23（N）．

267 46C	鹿児島県 〒 895-2504	個番：46-209-013 三次：4830-05-61

現：**大口市青木**、一般地（泉徳寺跡）
（オオクチ）

① 1954.4.1：市制施行

著者：資料名(発行年)、頁等	調査年／月	幹周(cm)／性	図写真
（古資料）			
環境庁：日本の巨樹・巨木林(1991)**46**-22	1988	760	―
著者実測	1999/7	772 ♀	写真
（2100 年代）			
（2200 年代）			

現況：若いヒコバエを伴う多幹状を呈する樹（写真①④）。匍匐性のシダ、コケ類で覆われている（写真⑤）。単幹樹にしてはその横幅が大きく、現在では識別ができなくなった何本かのヒコバエ幹の融合によるものであろうか。根元は錐盤状で、露出根はない（写真①⑤）。

交通：九州道「えびのIC」→国道447号→青木川の手前で左折、現地に至る。

撮影(メディア)：①③⑤-⑦ 1999.7.24（N）；②④ 2000.12.26（N）．［②④川床氏］

268 46A 鹿児島県姶良郡　個番：46-451-002
〒899-4501　三次：4730-46-05

現：**福山町**①**福山**、宮浦神社（右株）、県天（1964）
予：〔霧島市①　　　　　〕

① 2005.11.7：市制施行（福山町、国分市、溝辺町、他4町が合併・新設の予定）

著者：資料名(発行年)、頁等	調査 年/月	幹周 (cm)/性	図 写真
（古資料）			
宮浦神社：説明板（1964.6.5 設置）		755	―
牧野：巨樹名木巡り〔九州・沖縄地区〕(1991)p.196	?	755	写真
樋田：イチョウ(1991)p.139	?	755	―
環境庁：日本の巨樹・巨木林(1991)**46**-35	1988	755	―
南日本新聞社：かごしまの天然記念物データブック(1998)p.56	―	768	―
著者実測	1999/7	外周824 ♀	写真
（2100 年代）			
（2200 年代）			

現況：境内に左右1対で生育する右株。多数の若いヒコバエ、生長して幹化したヒコバエを伴う多幹状単幹樹（写真①⑤）。表側（海側）は多幹状を呈し（写真①）、裏側はきれいな単幹状（写真⑤）。低位に乳は見られず、樹面はイチョウ紋様ではない。根元は地面から直柱状に立ち上がり、露出根系はない（写真⑤）。

交通：九州道→隼人道→東九州道「国分IC」→国道220号→福山町内、県道478号の起点横。

撮影(メディア)：①②④ 2003.3.12（N）；③⑥ 1999.7.23（N）；⑤ 2000.12.27（N）．［⑤川床氏］

撮影(メディア)：①②⑥⑦ 1999.7.23（N）；③ 2000.4.16（N）；④ 2003.3.12（D）；⑤ 2000.12.27（N）．［③⑤川床氏］

269 46B 鹿児島県姶良郡　個番：46-451-002
〒899-4501　三次：4730-46-05

現：**福山町**①**福山**、宮浦神社（左株）、県天（1964）
予：〔霧島市①　　　　　〕

① 2005.11.7：市制施行（福山町、国分市、溝辺町、他4町が合併・新設の予定）

著者：資料名(発行年)、頁等	調査 年/月	幹周 (cm)/性	図 写真
（古資料）			
宮浦神社：説明板（1964.6.5 設置）	?	768	
牧野：巨樹名木巡り〔九州・沖縄地区〕(1991)p.196	?	760	写真
樋田：イチョウ(1991)p.139	?	768	―
環境庁：日本の巨樹・巨木林(1991)**46**-35	1988	768	―
南日本新聞社：かごしまの天然記念物データブック(1998)p.56	―	760	写真
平岡：巨樹探検(1999)p.290	1988	(762)	―
著者実測	1999/7	792 ♀	写真
（2100 年代）			
（2200 年代）			

現況：少数のヒコバエ、乳を伴う整円柱状単幹樹（写真①）。被覆植物は見られないが、イチョウ紋様ではない（写真①）。海側の根元は直柱状、背側は錐盤状で、露出根系は見られない（写真①）。2003年春の再訪では、保護清掃のやぐらが組まれていた（写真④）。

交通：前項に同じ。

補1 東京都 13o

個番：13-101-013
三次：5339-46-10

現：**千代田区千代田 1-4、皇居内の病院裏**
　　（非公開地）

著者：資料名（発行年）、頁等	調査年/月	幹周(cm)/性	図写真
（古資料）			
環境庁：日本の巨樹・巨木林(1991) 13-17	1988	700(1)	—
著者実測	1998/11	690 ♀	写真
(2100年代)			
(2200年代)			

現況：若いヒコバエ、生長したヒコバエで切削された残痕部などを伴う単幹樹（写真①）。目立つ乳の発達は見られない。根元は、地面から直柱状に立ち上がり、露出根系はない（写真④⑤）。中部で2幹に分幹（写真①②）、葉量は豊富。この樹以外に皇居内（公開していない場所）には10ヶ所12本のイチョウが生育している。現在はいずれも幹周5m未満のものである。1〜200年後には、6m台に達すると思われる木もある。ひさご池前のイチョウ（幹周(主)395♀+176 cm）には中型の乳が2本垂下している。

⑤

撮影(メディア)：①② 1998.11.19 (N)；③-⑤ 1999.4.16 (N).

補2 青森県 02α

個番：不明
〒 031-0011
三次：不明

現：**八戸市大字田向**①**字毘沙門平、八戸市民病院裏**（区画整理のためイチョウは移植予定）、**毘沙門の公孫樹**

①三戸郡大館村新井田
②1929.5.1：市制施行

著者：資料名（発行年）、頁等	調査年/月	幹周(cm)/性	図写真
（古資料）			
環境庁：日本の巨樹・巨木林(1991)	1988	該当樹なし	—
田名部：土地に刻まれた歴史(1995)p.142		記載なし	写真
著者実測	2005/4	728 ♀	写真
(2100年代)			
(2200年代)			

現況：区画整理のため、現在移植準備中で（写真①）、太枝を残しほぼ全部の枝が切り払われている（写真②③）。布の巻かれた状態にあるため、正確なことは分からないが、低位で分岐しているようである。根元は直柱状に立ち上がり、露出根系はない（写真④）。
最近、この樹の存在を知り急遽調査を行ったところ、昨秋のギンナンを見つけたが、雌雄同株の可能性もある。かっては、この樹は大正10年に伐採された「御庵の公孫樹」（本多 1912、No.457「新井田の大公孫樹」）と東西に相対していた樹（田名部 1995）いわれる。

交通：詳細省略（八戸市民病院裏またはバス停「毘沙門前」）。

撮影(メディア)：① 2004.12.21 (N)；②-④ 2005.4.13 (D)．［①瀬田氏］

| 補3 03R | 岩手県 〒028-0031 | 個番：不明 三次：なし | | | |

現：久慈市天神堂35-64、天神堂、県天
　　（1993.4.28）

① 1954.11.3：市制施行
② 2006.3.6：久慈市、山形村が合併・新設の予定

現況：若いヒコバエ、生長して本幹に融合したヒコバエ、垂下乳を伴う多幹様単幹樹（写真①-④）。低位に、幹に沿って垂下する乳が多い。根元は錐盤状で、露出根系が見られる（写真④）。

著者：資料名（発行年）、頁等	調査年/月	幹周(cm)/性	図 写真
（古資料）			
久慈市教育委員会：説明板（設置日不明）	?	767♂	
久慈市教育委員会：久慈市の指定文化財(1994)p.73	?	767♂	写真
著者実測	2005/6	843♂	写真
（2100年代）			
（2200年代）			

交通：省略。
撮影（メディア）：①-⑤ 2005.4.13（D）．

```
久慈市指定天然記念物
　天神堂のイチョウ
　樹　種　イチョウ科イチョウ 雄株
　胸高周　　　7.67m
　樹　高　約22.00m
　平成5年4月28日指定
　　　　久慈市教育委員会  ⑤
```

コラム 36　イチョウの説明板（2）

　古樹イチョウの多くには、その樹にまつわる民話、説話、由来伝説などがあり、付設された説明板にそれが書かれていることがあります。現代人の常識や知識では、それらは後世になって意図的に作られた話のように思えるものがたくさんありますが、悠久の歴史時間から見れば、現代のわれわれはその一瞬間を生きているに過ぎませんので、それを検証する時間も機会もありません。しかし、そうした説話の中には、長い時間を経た後に真実が浮かび上がってきて、事実として受け入れられるようになることもあるように思えるものもあります。
　観点を変えて評価してみると、単なる神話に見えるその中に、その時代の背景を探る手掛かりが見いだせるかもしれません。そこで、本巻に収録した巨樹イチョウにまつわる調査をした結果について、以下に簡単にまとめてみました。
　1. イチョウのちち（乳）に対する母乳不足の母親の祈願・安産に関するもの ……………………………48本
　2. 貴人、武将などが持っていたイチョウの杖、箸、鞭などを土に挿したものから生長したイチョウ
　　　………………………………………………………………弘法大師 5本；慈覚大師 2本；
　　　　　　　　　行基菩薩、親鸞上人、法然上人、蓮如上人、源義家 各1本の計12本
　3. 僧、貴人、武将などのお手植えイチョウ……………阿倍野比羅夫 3本；源義家 3本；行基菩薩 2本；
　　　　　　　　　親鸞上人、源頼家、坂上田村麻呂、覚如上人 各1本の計12本
　4. 記念樹として植えたイチョウ（寺社の創建、再建、移築等）……………………………19本
　5. イチョウの黄葉、落葉で天候、作柄を予測 ………………………………………………9本
　6. 目印に植えられたイチョウ ………………………………………………………………9本
　7. 落雷、火災からの守護としてのイチョウ ………………………………………………6本
　8. 病気治癒等の祈願としてのイチョウ ……………………………………………………3本
　9. その他 ………………………………………………………………………………………7本

参考文献
―主に発行年代順に配列―

〈全国の部〉

1　本多静六：大日本老樹名木誌，大日本山林会，三浦書店，1913
2　内務省：天然紀念物及び名勝調査報告，1924
3　内務省：天然紀念物調査報告 植物之部（第三輯），1926
4　内務省：天然紀念物調査報告 植物之部（第六輯），1926
5　内務省：天然紀念物及び名勝調査報告，植物之部第七輯，1927
6　文部省：天然紀念物調査報告，植物之部第八輯，動物之部第二輯，1928
7　文部省：天然紀念物調査報告，植物之部第九輯，1929
8　文部省：天然紀念物調査報告，植物之部第十三輯，1932
9　文部省：天然紀念物調査報告，植物之部第十四輯，1934
10　文部省：天然紀念物調査報告，植物之部第十五輯，1935
11　文部省：天然紀念物調査報告，植物之部第十六輯，1936
12　文部省天然紀念物調査報告，植物之部第十九輯，1942
13　本多正次：植物文化財・天然記念物・植物，三省堂，1957
14　三浦伊八郎，他監修：日本老樹名木天然記念樹，大日本山林会，1962
15　上原敬二：樹木図説，第二巻イチョウ科，加島書店，1970
16　平井信二：木の辞典・第1集第7巻，かなえ書房，1980
17　沼田真編：日本の天然記念物5，植物III，講談社，1984
18　八木下弘：巨樹，講談社現代新書，講談社，1986
19　読売新聞社編：新 日本名木100選，読売新聞社，1990
20　牧野和春：巨樹名木巡り（全6冊），牧野出版，1989-1996
21　環境庁編：第4回自然環境保全基礎調査，日本の巨樹・巨木林（全8冊），1991
22　環境庁編：第4回自然環境保全基礎調査，巨樹・巨木林調査報告書，日本の巨樹・巨木（全国版），1991
23　樋田豊宏：イチョウ，自家出版（神奈川県茅ヶ崎市若松町9-28），1991
24　梅原猛・C.W.ニコル：巨樹を見に行く 千年の生命との出会い，講談社，1994
25　芦田裕文：巨樹紀行 最高の瞬間に出会う，1997
26　平岡忠夫：巨樹探検 森の神に会いに行く，講談社，1999
27　渡辺典博：日本全国674本 巨樹・巨木，山と渓谷社，1999
28　藤元司郎：全国大公孫樹調査，ぎょうせい，1999
29　須田信行：全国名木探訪 魅惑の巨樹巡り，牧野出版，2000
30　北野七郎左ヱ門：巨木のカルテ，牧野出版，2000
31　高橋弘：森のシンボルを守る 日本の巨樹・巨木，新日本出版社，2001
32　環境省自然環境局生物多様性センター編：第6回自然環境保全基礎調査，巨樹・巨木林フォローアップ調査報告書，2001
33　大貫茂：日本の巨樹100選，淡交社，2002
34　堀輝三：写真と資料が語る 日本の巨木イチョウ―23世紀へのメッセージ，内田老鶴圃，2003

〈都道府県の部〉

35　斎藤幸雄：江戸名所図会（1834-），名所図会叢刊7，新典社，1979

36 元木廬洲：灯下録，1804-1817
37 徳島県山林会：徳島県老樹名木誌，1914
38 島川観水：西津軽郡誌 編纂余録「老樹名木」，1915
39 高知県営林局編：四国老樹名木誌 上巻，1928
40 青森県史蹟名勝天然紀念物調査会：史蹟名勝天然紀念物調査報告（第七輯），1939
41 宮城県史蹟名勝天然紀念物調査会：宮城史蹟名勝天然紀念物調査報告 第五輯，1930
42 宮城県史蹟名勝天然紀念物調査会：宮城史蹟名勝天然紀念物調査報告 第六輯，1931
43 宮城県史蹟名勝天然紀念物調査会：宮城史蹟名勝天然紀念物調査報告 第十輯，1935
44 宮城県史蹟名勝天然紀念物調査会：指定史蹟名勝天然紀念物国寳 第十一輯，1937
45 山形県：史蹟名勝天然紀念物調査報告 第三輯，1928
46 埼玉県：自治資料 埼玉県史蹟名勝天然紀念物調査報告 第一輯，1923
47 埼玉県：自治資料 埼玉県史蹟名勝天然紀念物調査報告 史蹟之部 第三輯，1926
48 千葉県：史蹟名勝天然紀念物調査 第三輯，1927
49 東京府：東京府史蹟名勝天然記念物調査報告書 第二冊，「天然記念物老樹大木の調査」，1924
50 新潟県：新潟県史蹟名勝天然紀念物調査報告 第四輯，1934
51 富山県：富山県史蹟名勝天然紀念物調査会報告 第四号，1923
52 長野県：史蹟名勝天然記念物調査報告 第一輯，1923
53 長野県：史蹟名勝天然記念物調査報告 第参輯，1925
54 長野県：史蹟名勝天然記念物調査報告 第拾貮輯，1931
55 長野県：史蹟名勝天然記念物調査報告 第拾参輯，1932
56 岐阜県：岐阜県史蹟名勝天然紀念物調査報告書 第三回，1928
57 三重県：名勝舊蹟天然紀念物調査報告 鈴鹿・河藝二群之部，1936
58 兵庫県：兵庫県史蹟名勝天然紀念物調査報告 第三輯，1926
59 兵庫県：兵庫県史蹟名勝天然紀念物調査報告書 第四輯，1927
60 兵庫県：兵庫県史蹟名勝天然紀念物調査報告書 第十四輯，1939
61 岡山県：岡山県史蹟名勝天然紀念物調査報告 第二冊，1928
62 島根県：島根県史蹟名勝天然紀念物調査報告 第三輯，1929
63 徳島県：徳島県史蹟名勝天然紀念物調査報告 第一輯，1929
64 愛媛県社寺兵事課：愛媛県史蹟名勝天然紀念物調査報告書，1924
65 愛媛県社寺兵事課：愛媛県史蹟名勝天然紀念物調査報告書，1938
66 高知県：高知県史蹟名勝天然紀念物 第一輯，1928
67 長崎県史蹟名勝天然紀念物調査委員会：史蹟名勝天然紀念物調査報告書 第三号，1923
68 長崎県：長崎県史蹟名勝天然紀念物 第六輯，1929
69 佐賀県史蹟名勝天然紀念物調査会：佐賀県史蹟名勝天然紀念物梗概，1925
70 佐賀県：佐賀県史蹟名勝天然紀念物調査報告 第一輯，1928
71 熊本県：熊本県史蹟名勝天然紀念物 概要附国寳其他，1937
72 熊本県教育委員会：熊本県天然記念物，1954
73 横山春陽：阿波名木物語，徳島新聞出版部，1960
74 酒井順蔵：阿波国漫遊紀，徳島史学会，1972
75 山口県文化財要録 第2集，1975
76 広島県文化財協会編：広島県巨樹調査，1982
77 神奈川県教育庁文化財保護課編：かながわの名木100選，神奈川合同出版，1987
78 愛媛の森林基金：木と語る えひめの巨樹・名木，1990
79 会津生物同好会：会津の巨樹と名木，1990

80　福井県自然保護センター：ふくいの巨木，1992
81　小林則夫，他編：ふくいの巨木，福井自然保護センター，1992
82　徳島県教育委員会：徳島の文化財，1992
83　平松純宏：東京 巨樹探訪 いのちの声を聞くとき，けやき出版，1994
84　秋田県教育委員会：平成10年度 秋田県内国県指定文化財等一覧，1998
85　財団法人鹿児島県環境技術協会編：かごしまの天然記念物 データブック，南日本新聞社，1998
86　神山町文化財保護審議会：大栗雑誌稿(原本1831)，1998
87　第49回全国植樹祭群馬県実行委員会編：ぐんまの巨樹巨木ガイド，上毛新聞社，1999
88　宮城県緑化推進委員会監修(社)：宮城の巨樹・古木，河北新報社，1999
89　古賀佳好：福岡県の巨木（自家出版：福岡県小郡市井上1368），1999(非売品)
90　山口県植物研究会：山口県の巨樹資料(岡国夫・原資料)，2000
91　静岡新聞社：静岡県の巨樹・巨木，静岡新聞社，2001
92　山崎睦男：茨城の天然記念物，暁印書館，2002

〈市町村の部〉(「市町村史」は主なもののみ記載)
93　岡田光側：播磨古跡考，1755
94　丹波志(復刻版)，名著出版，1794
95　元木蘆洲：灯下録(文化年間著：1804-1817)
96　皆木保実：白玉拾(津山郷土博物館蔵)，1804-1830
97　中村良之進：折曽乃關，No.6，25，1922(非売品)
98　寺坂五夫編：美作高円史，1958
99　名西郡神領村誌編集委員会：神領村誌，1960
100　高知県：土佐の名木，1971
101　佐用郡誌(1926)，臨川書店・復刻，1972
102　浜田洋：増補改訂 佐用の史蹟と伝説，千住川レクリエーション，1973
103　高知県教育委員会：高知県の指定文化財，1978
104　仙台市建設局緑地部編：杜の都の名木・古木，仙台市公園協会，1979
105　深浦町：深浦町史 下巻，1985
106　青森市教育委員会編：青森市の文化財，1991
107　一戸町教育委員会：一戸町の指定天然記念物，1992
108　河本伸征：わが愛するふるさと 巨樹・巨木 滝紀行(河本伸征：広島県山県郡筒賀村大字上筒賀979-4)，1992
109　長岡市教育委員会編：長岡の文化財，長岡市教育委員会，1993
110　土佐市教育委員会：土佐市の文化財，1993
111　長浜町文化財保護審議会委員編：長浜の文化財，長浜町教育委員会，1994
112　佐用郡文化財保護審議委員会監修：佐用郡の文化財，佐用郡教育委員会，1994
113　川崎町教育委員会編：川崎町の文化財，第9集「古木・名木」，川崎町教育委員会，1996
114　永瀬嘉平：巨樹を歩く，書苑新社，1996
115　高知県教育委員会文化財保護室：高知県文化財ハンドブック，1996
116　深浦町文化財審議会編：深浦の文化財，深浦町教育委員会，1997
117　加瀬雄二：巨樹の風景—「平成の巨樹信仰」を検証する—，舵社，1997
118　岩槻邦夫：東京樹木めぐり，海鳴社，1998
119　二戸市教育委員会：二戸市の名木・巨木(最終版原稿)，1999
120　氷見市教育委員会編：氷見の巨樹名木，氷見市教育委員会，1999
121　佐藤仁：源常・中野・五本松—東根道北辺の諸問題—，浪岡町史研究年報Ⅳ，2001

122　三峯城跡保存会：三峯の歴史・伝説・浪漫，2001
123　佐用町：佐用偉産　町制50周年記念誌，2004

〈その他の部〉

124　雨森芳洲：橘窓茶話，1786
125　平山東山：津島紀事，1806(津島双書3，鈴木棠三編『津島紀事』中巻)，東京堂出版，1972
126　筑前国続風土記拾遺　巻之三十三，1818-1830
127　福岡県地理会誌，1876
128　向坂道治：イチョウの研究，1958
129　H. Tralau：Evolutionary trends in the genus Ginkgo, Lethaia **1**：63，1968
130　織田秀実：イチョウの雌雄性，遺伝 **23**：25，1969
131　内田武志・宮本常一編：菅江真澄全集，第4, 5巻，未来社，1979
132　芦田輝一：草木夜ばなし・今や昔，草思社，1989
133　神奈川県教育庁文化財保護課編：樹木綜合診断調査報告書，1990
134　渡辺新一郎：巨樹と樹齢，新風舎，1996
135　堀輝三：イチョウの精子―その観察法―，遺伝 **50**：21，1996
136　環境庁自然保護局計画課編：都道府県別メッシュマップ(全53巻)，環境庁自然環境研究センター，1997
137　T. Hori et al. (Eds.)：Ginkgo Biloba ― A Global Treasure ― From Biology to Medicine, Springer Tokyo, 1997
138　能城修一・鈴木三男・高橋　敦：近世江戸のイチョウ木製品，植生史研究 **7**：81，1999
139　津村義彦：アイソザイムでイチョウの伝播経路を探る，林業技術 No. 693，1999
140　山川千代美：鮮新-更新続古琵琶湖層群産のイチョウ葉化石，植生史研究 **8**：33，2000
141　佐竹研一：県境汚染のタイムカプセル"入皮"による地球汚染時系列変化手法の開発と応用，文部科学省，科学研究費補助金(基盤研究B)・研究成果報告書，2001
142　唐沢孝一：よみがえった黒こげのイチョウ，大日本図書，2001
143　堀輝三：イチョウの伝来は何時か―古典資料からの考察―，Plant Morphology **13**：31，2001
144　田上喬一・堀輝三：大阪御堂筋並木イチョウの雌雄間にみられる開芽日の差異，東大阪短期大学紀要　第26号，81，2001
145　堀輝三：イチョウの植物季節2. 仙台市のイチョウ並木における開芽日の雌雄差，第14回日本植物学会東北支部大会(山形大学)，講演要旨集，p.15，2001

第III章

参　考　編
―わが国のイチョウの文化史―

　「イチョウは仏教の伝来とともに中国から渡来した」というのが、わが国において一般的に言われたり、書かれたりする常識である。しかし、そう書かれている文書で、「中国から」、「仏教の伝来とともに」を明示する文献根拠を示しているものは皆無である。地質年代の新世代第四紀までは日本でも化石が発見されるが、イチョウの生存は確認されたことがない。中国を除くと、東アジアにおいてはもちろん、地球上の他のいかなる地域でもない。とすれば、現在、日本、韓国に繁茂するイチョウは、中国が起源ということには疑問はない。また、日本への渡来が朝鮮半島経由であったか、中国からの直接の渡来であったかという問題は、将来何らかの調査研究で明らかにされるであろう。

　日本に現生するイチョウは、過去のいつの日か東アジアの国から渡来し、日本人の生活に深く入り込み、現在に至っている。それをあとづける資料（多分、まだ多くの重要な資料が欠けている可能性はあると思うが）を探り、歴史的展開を追ってみたいと思う。

第1節　日本へのイチョウの伝来はいつか*

「仏教の伝来とともに」、「遣唐使節が持ち帰った」、「観音経の渡来とともに」、「留学僧が持ち帰った」、「中国帰化人が持ち込んだ」等々、いろいろな書誌に諸説が書かれているが、何故かそれを証明する根拠を示した説はない。状況として、「(いつだかわからないが)古い時代」に「誰かによって持ち込まれた」という憶測は、多くの人に無理なく受け入れられ得るであろう。だから、「(らしい)候補語句」を組み合わせれば、幾通りもの風説が生まれる。「仏教の伝来」した時期という点だけを考えてみても、渡来期の可能性は600〜900年にも及ぶ広い時間レンジにまたがり、その間のどこかという具体的な年(月)には及ばないのである。

一方、これに照応するように、「巨樹イチョウ」に設置されている説明板には、樹齢が書かれている。樹齢が記されている樹の数は270本中129本(詳しい分析結果は、**コラム35**を参照)。樹齢1000年以上ということは、西暦1000年(平安中期)以前に生えた樹である。なかには有史年数と同じ樹齢の樹もあり、上に述べた風説的な「仏教渡来とともに」よりも、ずっと以前からわが国にイチョウは生えていたことになる。

こうした樹齢が、植栽時期を記した文献根拠があって記されたかどうかは分からないが、多くの場合「推定」、「…といわれている」等の文言がついているので、樹齢数の信頼度は非常に低いと言わざるを得ない。

1-1　中国の古典資料に見られるイチョウの出現

中国の文献史学に疎い私達が、中国におけるイチョウの歴史を調べるには、まず本草書を見るのがよいであろうと考え、李時珍の『本草綱目』(以下『綱目』と略す、写真1)と、そこに引用されている文献を手掛かりに調査を始めた。

『綱目』は、各植物について、〔釈名〕(別名、名称の由来等)、〔集解〕(産地、形状・鑑別法等)、〔正誤〕、〔修治〕……などの項目にわけて記述するという特異な定型記載様式をとる。初刊本に最も近いとされる『金陵小字本』(内閣文庫所蔵)の第三十巻(後刻本では、第二十九巻)「果部」において、「桃」と「胡桃」の間に「銀杏」が立項されている。木としてではなく果実(生物学的には「種子」であるが、以下では一般に分かりやすいように「果実」という語を使う)として扱われていることに注意しておきたい。書かれた内容は雌雄の区別など博物学的な事項にも触れているが、主要な部分は「ギンナン」の効用/害についてである。描かれている絵は、とてもイチョウとは見えない代物である。これは、李時珍自身がイチョウの木を実際には見たことがないのではないかとの疑問をなげかけ、絵を描く人に任せきりにした可能性を示している。

立項された「銀杏」の下に、「日用」と書かれている。「日用」とは『日用本草』(呉端 1329)のことであり、これは、時珍自身は「銀杏」を薬草として最初に記述した書は『日用本草』であったと考えたからである。言い換えると、公式な書物に「銀杏」という表記が使われた最初は1329年であると時珍は認識したことを

---

* 本節は、日本植物形態学会誌 Plant Morphology 13巻，2001[1]に発表した稿をもとに、その後得られた新しい資料を加えて大幅に加筆修正したものである。

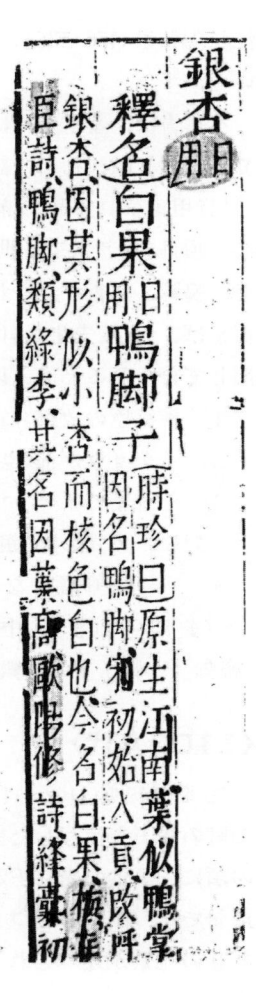

写真1　李時珍『本草綱目』

意味する。

　第一項目〔釈名〕では、別名として「白果」をあげ、そこにも「日用」とある。「鴨脚子」も列記している。これはすべて果実としての別名である。

　続いて、本稿の目標に関連した以下のような重要なことが書かれている。「(時珍曰)原生江南葉似鴨掌因名鴨脚宋初始入貢改呼銀杏因其形似小杏而核色白也今名白果…」とあり、イチョウは「江南(現在の安徽省宣城県)に生えていた」、「葉の形が鴨の脚に似ているので、**鴨脚と名づけた**」、「**宋代初期**(宋代[960–1279]の前半、すなわち、北宋[960–1120年頃まで]の時代を意味していると考えられる)に始めて貢ぎ物として献上する際、その実が杏に似ており、核が白いので、**呼び名を銀杏と改めた**」とある。

　第五項目〔発明〕では「(時珍曰)銀杏宋初始著名而修本草者不修不収…」とあり、「銀杏は宋代の初めにはじめて名が知られるようになったが、本草学者は本草書に収載していない」と言っている。これは宋代前半に書かれた本草書、『嘉祐本草』(掌禹錫等1061)、『図経本草』(蘇頌等1062)、『本草図経』(蘇敬1092)、『大観本草』(唐慎微1108)、『政和本草』(菖孝忠等1116)、『本草衍義』(寇宗奭1119)などに、「イチョウ」(銀杏、鴨脚)が収録されていないことを指摘したものである。当然、それ以前の『神農本草経集

注』(陶弘景 456-536)、『新修本草』(蘇敬 659)等、10世紀までに著された本草書にも「鴨脚」の記載はない。

本草書は、基本的には古い文献を総集し、改訂・増補のときに新しい知見が追記される形式をとるので、参照文献、初出の記述の追跡が比較的容易である。

『日用本草』(前出)以前に、本草書以外で「銀杏」という語が使われて書かれた文書、詩のあることは、第一項目〔釈名〕に11世紀に生きた2人の有名な詩人、梅堯臣(1002-1060)と欧陽修(1007-1072)の名前と、鴨脚、銀杏が記されていることから分かる。この記述をもとに、本草書、その他いろいろな書誌、例えば、『宛陵先生集』(1046)、『欧陽文忠公集』(1191-96)、『古今図書集成』(陳夢雷編 1985)等を比較参照して分かることは、以下のことである。

1　梅堯臣の故郷、宣城ではイチョウが栽培されていた。
2　イチョウが都(現在の開封市)にも植えられた。
3　それまでイチョウの木は「鴨脚」、実は「鴨脚子」と呼ばれていたが、梅堯臣と欧陽修が生きた11世紀に、入貢の際「銀杏」と改称された。
4　11世紀中頃になると、ギンナンが一般にも広まり珍果ではなくなった。

つまり、それまで中国南部の一部でしか知られていなかったイチョウが11世紀の前半には、呼び名が「鴨脚」「鴨脚子」から「銀杏」に変わり、中国各地に広がり始めたということである。

〈1100年代〉

12世紀初頭(1102〜1125年頃；これは北宋の末期に当たる時期)の北宋の首都・東京(現在の河南省開封市)の町の様子を活写した『東京夢華録』(孟元老 1147)[2]という書誌がある。この本の巻2「飲食物と果物」の項に、子供の売り子が小皿に入れた旋炒(いり)銀杏を酒場に売りにくる記述がある。また、巻8の「重陽」の節句では、小麦粉でつくった糕(こなもち)の上に、マツの実、栗の実、銀杏の実などの木の実をちりばめて配る…と巷の光景が述べられている。これは12世紀初頭にはギンナンが一般人の食品になっていたことを示す。

イチョウの歴史も研究されている東洋医学史研究の専門家でおられる真柳誠教授(茨城大学人文学部)から、時珍も見ることのできなかった、「銀杏」を立項した本草書の存在することを教示された(日本医史学雑誌 44:224, 1998)。1159年に刊行された『昭興本草』である。この本草書で初めて「銀杏」の効用について、「外種皮を塗ると、ほくろがとれる」等が記された。

1159年に「銀杏」がこの本草書に収録されたことの意義は、その頃の中国ではイチョウが中国の各地で生育するようになっていて、「銀杏」という表記が一般化していたことを示していることにある。この本は1315年以前の鎌倉末期に日本に伝来していたが(『万安方』[1315 梶原性全])、中国には伝本が残らなかったとされている。日本に伝来はしたが、和刻されることも、広まることもなかったので、日本のイチョウ史にはほとんど影響を与えなかった。

〈1200年代〉

13世紀には、農業書の『全芳備祖』(陳景沂編 1225年頃)でも「銀杏」を立項して扱うようになった。市民の間でもギンナンの食用が一般化し、ギンナンが農産物的な受けとめ方をされるようになったことを示すものであろう。なお本書は、梅堯臣と欧陽修のイチョウについての詩を最初に引用した書誌である。

『三元延寿書』(李鵬飛 1291)は始めて「白果」という語を採用した。中国においては、現在「銀杏」より「白果」が一般的である。『綱目』にはこの書が引用されているにもかかわらず、何故か第五項目〔発明〕で「白果」の原著として時代が下って書かれた『日用本草』を引用した。

以上から次のことが分かる。

1 　中国の人々の前にイチョウが姿を現したのは10～11世紀である。
2 　12世紀初めには、ギンナンは食品として一般に広まり、『昭興本草』にはじめて薬用効果が記載された。
3 　12世紀以前にわが国に伝えられた中国の本草書には、イチョウ（鴨脚、銀杏、白果等）は採録されていないので、『昭興本草』を見た、ほんの少数の人を除き、ほとんどの日本人がイチョウを知らなかった。

1-2　イチョウの渡来に関するわが国の資料

伝来したイチョウが木（芽生えも含めて）であったか、種子（ギンナン）であったかについてはこれまで論議されたことは全くない。イチョウの伝来に関心を持つ人でも、無意識にその場に応じて木を想定したり、ギンナンを想定したりしていた可能性がある。わが国に直接木が持ち込まれたことを証す文献、資料は現在のところ見つかっていない。だが、直径が5cm以上、長さが3～4mもある枝ならば、適当な湿度が保たれれば、切り払われた枝でも翌春には花が開くことを筆者は何度も観察している。したがって、10～13世紀頃の日中間の航海が数ヶ月以上を要したとしても、開芽能を維持した枝が運搬され、挿し木されて生きる可能性は充分あり得たと考えられる。

一方、ギンナンは今日でも生のまま保存される。食すときに、焼いたり、煮たりの調理を施すが、調理して日数が経つと風味がなくなるので、当時も生のまま保存したと考えるのが妥当である。したがって、当時海外も含めて遠隔地にギンナンが運搬される場合、生であった可能性が高い。

筆者の試験では、室内常温保存でも、翌年は100％に近い発芽率を維持し、経年につれて率は減ずるが3年までは発芽するものがある。したがって、古い時代に海外から運搬されたギンナンでも、そのうちの何割かは1～2年の後でも発芽し得る能力を持ち続けたものがあっただろうし、それらが何らかの機会に発芽し（種子として蒔いた場合もふくめて）、木に育ったと考えるのはきわめて自然である。

〈700～1100年代〉

これまで調査し得た限り、西暦700年代から1100年代末までにわが国で書かれた、あるいは描かれた主な古典資料、例えば『万葉集』（700年代末）、『入唐求法巡礼行記』（円仁 838-847）、『古今和歌集』（913）、『本草和名』（深根輔仁 914）、『倭名類聚鈔』（源順 930年代）、『枕草子』（清少納言 1001）、『源氏物語』（紫式部 1010頃）、『源氏物語絵巻』〈1159頃〉、『信貴山縁起絵巻』（作者不詳1167頃）、『鳥獣戯画』（鳥羽僧正12～3c）、『伴大納言絵詞』（春日光長か？ 1177頃）、『粉川寺縁起』（作者不詳1184）『寝覚物語絵巻』（12世紀末）、『吉備大臣入唐絵詞』（1200年前後）等に、イチョウと判断できる記述や、描いている場面は認められない。

〈1200年代〉

1205年に編まれた『新古今和歌集』、1284年に刊行された『本草色葉抄』（惟宗具俊）にも鴨脚、銀杏は

載っていない。したがって、1200年代の国内にイチョウ（樹木であれ、ギンナンであれ）の木が存在したことを示す証拠は、現在のところ1つも見出せない。

鎌倉の鶴岡八幡宮にあるイチョウは、1219年三代将軍源実朝を暗殺した公暁が隠れていたという話で有名である。しかし、『愚管抄』（慈円 1220）には、実朝が公暁に殺傷されたことは記録されているが、隠れていたとされるイチョウの描写はない。このイチョウの初出をたどっていくと、『鎌倉物語』（中川喜雲 1659頃）に行き着く。

神奈川県教育庁が1990年、この樹について成長錐（**コラム34参照**）による年輪実測調査を行った（「樹木総合診断調査報告書」、神奈川県教育庁 1990）。それによると、樹齢500年前後ということである。すなわち、1500年頃までは、現在ある鶴岡八幡宮の場所にイチョウは生えていなかったことを示している。しかし、中川喜雲が『鎌倉物語』を書いた1659年頃には、「公暁がイチョウに隠れていて」と作者の想像を膨らませるに充分な太さに成長したイチョウが生えていたのであろう。

1200年代後期に描かれたとされる（小松茂美 1984）[3]、『玄奘三蔵絵』（『続日本絵巻大成』中央公論社を参照）に、マツを連想させる樹形の枝にイチョウの葉と見えるものが描かれている。しかも、絵を注意深く見ると、若いギンナンとおぼしきものが空に向かって伸びている。イチョウという木を見たことがない絵師が、何個かのギンナンのついた乾燥葉を見せられ、中国の植物だと知らされて、想像力を駆使して描いたのであろう。いずれにしても、13世紀のわが国のイチョウに関する資料は僅かにこれだけで、イチョウの木が日本国内に生えていた証拠は全く見出せない。

〈1300年代〉
1 物的証拠

（1） 韓国の沿岸、新安で見つかった沈没船の調査に関する報告書[4]の中の第Ⅲ章第4節の植物類の項に、沈没船から引き上げられた植物遺物の品々（詳細は省くが、胡椒をはじめ何種類もの植物が引き上げられた）が示されている。その中にギンナンがある（**コラム31参照**）。報告書の内容を読むと、この沈没船からは「至治参年」（元の年号、1323年）と記された木牌（荷札に相当するもの）と博多にある寺社名を記したものが引き上げられた。これは、沈没した船が中国から博多に向かった貿易船であったことを強く示唆している。そして、最も重要なことはギンナンが輸入されていたことを示す重要な証拠と考えられることである。

（2） 納富常天氏（神奈川県立金沢文庫）は、「鎌倉期典籍と葉子—金沢文庫資料研究余滴—」（1969）[5]で、金沢文庫に収蔵されている西暦1250〜1400年に集められた13,233冊の古書・仏教典籍中の4点に、イチョウ葉8枚が挟まれていることを報告している。当時の種々の状況を考え、氏はこれら4冊に挟まれていた葉は鎌倉末期の1322年から南北朝期を下らない時期に、典籍の持ち主によって挟まれたであろうと推察している。もしこれが正しければ、鎌倉末期（1320年前後頃）には、必ずしも金沢文庫の近辺だけとは限らないが、人の目に触れ得る程度の本数のイチョウの木がわが国内の各地に生えていたことになり、イチョウの木の存在を示す現在知り得る最も古い証拠となる。このように重要な標本であるが、次のような問題点があり、結論はそれらの検証を待ってなされるべきだと考えられる。

1　仏典の元所有者の生没年が不明である。
2　イチョウの葉を挟んだ年や場所の、より厳密な推定ができない。
3　典籍の所有者以外に挟んだ人はいないであろうという前提の当否。

典籍の紙面に残された微量なDNAや指紋の検出、鑑定ができるような技術の進歩が見られたとき、

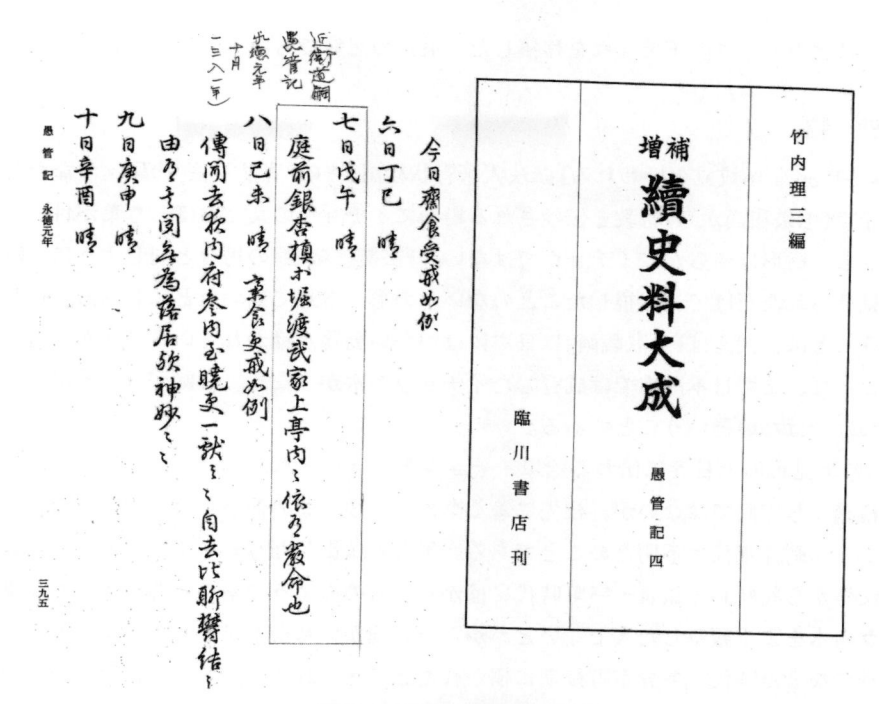

写真2 近衛道嗣『愚管記』

これらの疑問も解決され、標本の価値と意義が明らかになるであろう。

2 文字証拠

文字として「銀杏」が記された最も古い可能性のある文書として、現在の知見では、2つあげられる。
（1） 1356–75年頃成立といわれる『異制庭訓往来』（著者不詳）[6]。
『群書類従』（第9輯 巻140・消息部3）には「…金柑柑子温州 橘枇杷林檎楊梅柘榴桃杏梅李梨鉛桃銀杏柏實椎榛栗烏芋芡生栗干栗…」とあり、「銀杏」にふりがなはない。羅列されたこれらの名前から銀杏も果実の1つとして扱われていて、その多くは輸入果実であったと推測される。
（2） 南北朝時代の北朝方の関白をつとめた近衛道嗣の記した『愚管記』（後深心院関白記、写真2）[7]。
そこに「銀杏」の記されていることを瀬田勝哉教授（武蔵大学人文学部）より教示された。この日記の永徳元年（1381）十月七日の条に、「庭前銀杏槙等堀渡武家上亭内々依有厳命也」とある。これは、前の関白近衛道嗣に対する足利義満からの厳命である。この年には花御所といわれる義満の室町第が落成し、天皇の行幸もあったが、造園はまだ続けられていたのであろう。権力者が珍しい木やよい木を他の庭園からもって来させることは古来から行われたが、この記録はイチョウという木がまだ珍しく、貴重であったことを示しているとともに、14世紀後半にイチョウの木が京都に生えていたことを明確に証明している。
現代では、京都を中心に畿内地域は日本の中でも巨樹イチョウが特異的に少ない地域である。公家の筆頭の近衛家の庭に植えられていたイチョウの葉は黄色に色づき、目にとまったのであろう。それが花御所の庭に移植されたということは非常に興味深い。悪木として、庭にイチョウを植えるのを嫌うようになったのは、江戸時代に『鎌倉物語』（前出）が書かれて以後のことであろう。太さや樹齢はわからない

が、眼につくほどの大きさのイチョウを移植した、最古の記録でもある。

3 絵巻物

（**1**） 1374～1386年頃成立といわれる『弘法大師行状絵詞』[8]の「青龍受法」の段、すなわち空海が唐の長安の青龍寺で（恵果和尚から）密教を伝授される場面にイチョウの葉とおぼしき葉が付いた木が描かれている。しかし、樹形は明らかにイチョウではない。『玄奘三蔵絵』の場合と同じように当時の絵師は何枚かの葉を見せられただけで、実視したことのない木の形を空想で描いたと思われる。絵師が空想で絵を描くということは、例えば『鳥獣戯画』に日本にはいない動物が描かれていることからもうなずける。推論できることは、まだ日本国内では成育したイチョウの木が少なく、絵師が日常的に見るほどどこにでもあったわけではないということである。

（**2**） 富山県氷見市の上日寺に伝わる絵にイチョウとおぼしき木が描かれている。畳一枚大の大きな絵である。精緻な写実画ではないが、枝先に着く葉の形、枝・葉の伸び方はイチョウの新萌芽の枝を思わせる絵である。制作年代は不明とのことである。筆者が撮影した写真を美術史研究者に見てもらったところ、筆法等から判断して鎌倉～室町時代に描かれたもののようであると鑑定された。描かれた絵には、イチョウの木をよく観察した人でないとわからない細かい特徴が描かれているので、木を日常的に見られるようになった時代、多分室町後期に描かれたと考えられる。使われた絵の具の成分分析等による、より正確な年代特定の調査が待たれる。

以上から、以下の推論がなされる。

日本には、13世紀後半～14世紀前半に果実（ギンナン）としてイチョウが渡来し、室町時代中期（1450年頃）までに国内に急速に広まり、各地で木が生えるようになった。1500年代以降になると、イチョウの果、木ともにわが国の人々の日常生活に入り込んで行った。

最終的には、日本においてはいつの時代からギンナンが食されていたか、いつからイチョウの木が生えていたかを示す物的証拠の発見、例えば、平城京の長屋王邸宅や植物遺体が出土する遺跡からのギンナンの発掘、そして、時代の明確な地層からのイチョウ花粉の発見等があれば、渡来の歴史を決定的に解決する可能性がある。

第2節　伝来後の日本におけるイチョウ文化の展開[*]

　寺社の境内はもちろん、並木道、公園、校庭などあちこちにイチョウが植えられ、現在の私達はイチョウに囲まれて暮らしていると言っても過言ではないだろう。各地の巨樹・巨木イチョウにはそれにまつわる伝説があるし、十両以上の関取は頭に「銀杏曲げ」を結う。茶碗蒸しの中にギンナンを見つけるのは嬉しいし、炒ったギンナンをつまみながらの酒はおいしい。だが、いったい、いつ頃からイチョウはわれわれにとって身近な木になったのだろうか？

　わが国のイチョウに関する資料を時代順に整理し、イチョウ文化の展開の歴史をたどってみた。

2-1　鎌倉時代以前

　『万葉集』には「もみぢ」を詠んだ歌が75首あるが、「赤葉」「紅葉」の字を用いたのはそれぞれ1首ずつで、「黄葉」が67首、「黄変」が6首。この「黄色い葉」や「黄色に変わ」った葉はイチョウだろうか？　諸説から推すと、当時の人々には赤と黄の区別がなかったと考えられ、「黄土」「黄葉」は、「赤土」「紅葉」と同じことで、葉が黄ばみ衰えていくことが「もみず」（もみじする）であった。それ故、「黄葉」「黄変」はイチョウとはかぎらない。また、『万葉集』には「ちち」を詠った歌は「知智乃實乃　父能美許等」（新編国歌大観4188 大伴家持）と「…知々能未乃　知々能美許等波…」（4432 大伴家持）の2首があり、これはイチョウではないかと長く論議された。「ちちの実の」は「父」にかかる枕詞だが、鎌倉時代には、仙覚が『万葉集註釈』(1269)に、「葉は楊梅（ヤマモモ）に、菓は胡頽子（ナワシログミ）に似る」と書き、江戸時代の『冠辞考』（賀茂真淵 1757）、『和訓栞』（谷川士清 1777-1887）、『古史傳』（平田篤胤 1776-1843）、『本草図譜』（岩崎常正 1830-?）はイチョウ説を採った。それ以外の植物を採る人もおり、屋代弘賢は『古今要覧稿』(1821-42)で、イチジク、イヌビワなどをあげている。現代では、『万葉植物新考』[10]等が採る、イヌビワ説が一般的である。

　「古今集」「新古今集」にもイチョウは詠われておらず、『源氏物語』『枕草子』などにも、イチョウの記述はない。美意識に富んだ紫式部や清少納言そして多くの歌人達が美しいイチョウの葉の形や黄葉を見て、歌や文にしないはずはない。あの時代、少なくとも都にはイチョウが存在しなかったと考えられる。

2-2　南北朝・室町時代

　この時代に初めて、イチョウに関する記述が往来物（初等教科書）や辞書類に載るようになり、文学書にも現れる。ギンナンは貴人など一部の人々が茶菓子として口にする貴重品であった。イチョウ葉の形は紋などのデザインに取り入れられ、その美しさが認められ始めた。

1　往来物・辞書・日記に見られるイチョウ

（1）『異制庭訓往来』(1356–75頃成立といわれる)：往来物

---

[*]　本節は、1997年に外国人を主な対象として書いた稿[9]をもとに、その後見つかった新しい資料等を加えて、大幅に加筆、修正したものである。

庶民教育の初等教科書「往来物」の１つで、年間の各月に往復する消息文(手紙)を通じて社会生活に必要な事柄や言葉を学ばせた。「大簇七日」(1月7日)の項に「銀杏」が出てくる(2-2項2(1)参照)。

(2) 『愚管記』(後深心院関白記)(近衛道嗣 1354-83)：日記

将軍足利義満から前の関白近衛道嗣に対し、庭の銀杏や槙等を寄越せとの厳命が下り、掘って渡した旨が永徳元年(1381)10月7日の項に書かれている(p.199参照)。

(3) 『下学集』(1444)：字書

下・「草木門」第十四に優曇華(ウドンゲ)、牡丹、芍薬から始まり、蜜柑、柑子など果樹が列記され、胡桃(クルミ)、榛栗(ハシバミ)の次に、「銀杏」がある。ふりがなは右に「イチヤウ」とのみあり、異名は「鴨脚」で、葉の形が鴨の脚に似ているためという簡単な説明がある。

(4) 『壒囊鈔(あいのうしょう)』(行誉 1445)：問答形式の事典

十二「アセボト云木ノ毒ナルト云ハ」で始まる「馬酔木」の項目の最後に「此外銀杏梔子ナントハ(イチヤウクチナシ)。和名ニモ不見歟」と付記される。

アセビはもちろん、イチョウやクチナシなどは「和名」(『本草和名』(深根輔仁 914)か？)にも収載されておらず、15世紀中頃でも一般にはあまり知られていない、目新しい植物であったことがうかがわれる。

(5) 『言国卿記』(ときくにきょうき)(山科言国 1474-1502)：日記

第二・文明8年(1476)10月11日の項に、「度々御参内無祗候間トテ御オサヘ物ノイチヤノ葉ノ三ナラヒナルヲ被下也」とあり、銀杏葉の三紋をいただいた旨が記される[11]。

(6) 『尺素往来』(一条兼良 1481？-1522)：往来物

著者は当時の関白。イチョウは「消息部四」にある。「春の花は庭桜、庭柳…躑躅…牡丹…」と四季の草木が列挙された後、「雑草木」として、「松…杉…椿…銀杏(イチヤウ)等」とある。

(7) 『温故知新書』(大伴広公 1484)：辞書

「キ」の「生」の項に、「銀杏」とあり、ふりがなは「キアン」。左に「鴨丁實(イチヤウ)」とある。

(8) 『新撰類聚往来』(1492-1521)：往来物

「其茶子并菓子者」の項に、「銀杏」が見える(2-2項2(2)参照)。

(9) 『節用集』(室町末期)：いろは引きの辞書

① 伊京集：「イ」の「草木」の一番に、「銀杏」があり、その下に「異名 鴨脚」とある。前者には、「イチヤウ」とふりがなされるが、後者にはふりがなはない。「キ」の「食物」の項に「ギンナン」はない。

② 饅頭屋本：「イ」の「草木」の最初に「銀杏」があり、「イチヤウ」とふりがなされる。「キ」に「銀杏」はない。

③ 易林本：「イ」の「草木」の2番目に「銀杏」があり、読みは「イチヤウ」。「キ」の「草木」の最初に「銀杏」があり、ふりがなは右に「ギンアン」、左に「イチヤウ」とある。「異名 鴨脚(アフキヤク)葉形鴨脚の如くなり」との簡単な説明がある。

2 茶菓子・デザートとしてのイチョウ

(1) 『異制庭訓往来』(前出)の「大簇七日(たいそう)」の項は酒の肴として用意した食物の種類とその量の記述で、「山鳥水鳥雁…鶉雀等小鳥長櫃十枝。鹿猪…車五両。鯉鮒…舟五艘」と肉や魚介類があげられ、「昆布、海松(モヅク)…海雲」と海藻類が続き、「大根…松茸」など野菜の後に、「桃杏梅李梨鉛桃銀杏柏實(クルミ)…二重百合。…」とある。この場合、「銀杏」は前後に果実が列記されているので、「ギンナン」を指す。

(2) 『新撰類聚往来』(前出)の「其茶子并菓子者」の項に「銀杏」が見えることは上で述べた。「棗(ナツメ) 石榴(サクロ)

銀杏　橘」とふりがなは「イチヤウ」であるが、他にも「蒲萄…枇杷…桃…」と果物が列記されているので、「銀杏」は「ギンナン」を意味する。

（3）『松屋会記』(1533-1650) という源三郎久政、源三郎久好、源三郎久重の松屋三代が書いた茶会記録がある。『久政茶会記』(1533-96) の「弘治2年(1556)3月16日」の項は堺薬師院を迎えての茶会の記録で、「タコ…ナマス、カマホコ　飯」のあと、「クワシ」(菓子) として、「イリモチ、キンナン(銀杏)、コフ」が出されている。永禄2年(1559)4月20日に堺住吉屋宗左衛門へ出したものは、「カマホコ　イカ…蛤」で、「盆ニ菓子キンナン・アマノリ…」と記される。

（4）「三好亭御成記」(続群書類従　第23輯下　武家部　巻662) には永禄4年(1561)3月、将軍足利義輝が三好筑前守義長邸へ御成(外出)したときの献立が詳しく載っている。「御菓子」として、キントン、結昆布、平栗(姫胡桃)等とともに、「銀杏」があり、デザートとしてギンナンが出されたことがわかる。

3　デザインに現れるイチョウ

（1）家　　紋

① 『長倉追罰記』(続群書類従　第21輯　合戦部　巻614) は長倉遠江(現静岡県)守を追罰するため、永享7年(1435)6月下旬、常州(現茨城県)佐竹の郡で、御所の御旗が進発したところから始まる。同年10月28日の記には陣を張った幕の紋が、「竹に雀は上杉殿御両家…水色に桔梗は土岐の紋…」などと列挙される。その中に、「大石の源左衛門はいてうの木」とある。

② 東山に別荘(現銀閣寺)を建てた八代将軍足利義政(1436-90)は「東山殿」と呼ばれたので、『見聞諸家紋』(群書類従　第23輯　武家部　巻424) の別名は「東山殿御紋帳」といい、将軍家を初め、諸家の紋章を収めている。そこに、「銀杏　二番　西郡」「佐々木本」「イ本」と書かれた3種類の「三銀杏」がある。形の類似から、「イ本」は佐々木本の異本と推察される(写真3)。

現在ではイチョウの家紋は100余種に及び、葉の数も1〜16枚、全体が円形をなすものや円の中にイチョウ葉が描かれたもの、菱形、五角形、六角形、七角形、八角形のもの、イチョウ葉で蝶や鶴を形作るもの、反時計回りにアレンジされたもの、他の植物、扇、刀などと組み合わせたものなどあるが、「三銀杏」が最も古い銀杏紋である。

（2）花　　瓶

① 足利義政に仕えた同朋衆(将軍や大名に近侍して、芸能・茶事・雑役をおこなった僧)の眞相(相阿彌)は画家でもあり、連歌をよくし、茶道、華道、香道、作庭にも造詣が深かったが、東山殿(足利義政)のお座敷の様子や茶道具の飾り方などを『御飾書』という本にまとめ、十代将軍義稙(1466-1523)に

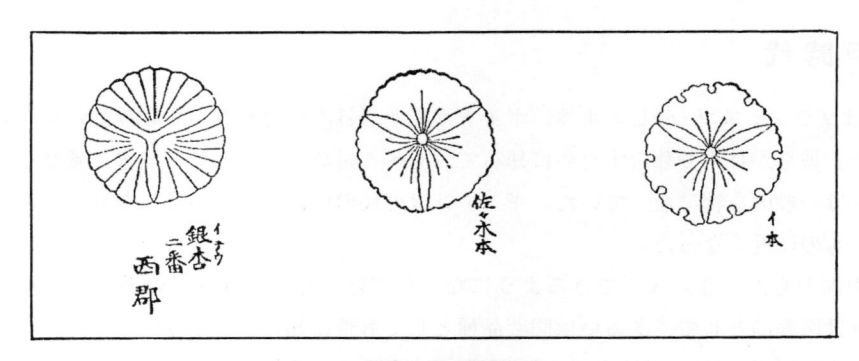

写真3　三銀杏

献上した。その中に、「銀杏口の花瓶、四方也」という説明と側面図がある。花瓶自体は四角形で、花瓶の先端がデフォルメされたイチョウの葉の形をしている。

② 茶会記録を書いた松屋の3代目松屋久重は、『久重茶会記』の慶長17年(1611)11月21日の項に、「イチヤウ口ニウメ入」と書いている。これは、「銀杏口の花瓶に梅を生けた」ことを意味する。

4 文芸に現れるイチョウ

連歌師宗祇の高弟で、自らも連歌師の旅を続けた宗長(1448-1532)は最晩年(83〜4歳)に『宗長日記』(1530-31)を書いた。

この日記で、享禄3年(1530)神無月(10月)に書かれた「イチョウ」が、文学書に現れた最初のもので、和歌として詠まれたのも最初である。

　　いちやうの葉をひらはせて、人に遣すとて、
　　　　あづさ弓いちやうの本のうすくこき落葉を風にひろはせぞやる
　　　　　(あづさ弓：射を引き出すための序。本：弓の縁語)

和歌につけてやったイチョウは、駿河国(現静岡県)宇津山(静岡市丸子と志太群との境の山)の山麓にあった宗長の庵「柴屋軒」近辺のものか？

2-3 桃山時代

室町末期から出版された節用集は桃山時代にも何回か増版され、イチョウの名は次第に知られるようになった。

この時期で特筆すべきは、イチョウの葉が武将の着る晴れ着の模様になったことである。江戸時代におけるイチョウ葉のデザイン化は、これを機に発展したものであろう。

1 衣装のデザインに見られるイチョウ

東京国立博物館所蔵の衣装に、「斜縞銀杏葉雪輪散模様胴服」(染織4070 桃山時代 16世紀)がある。「胴服」というのは、桃山時代の武将の晴れ着で、衣服の上にはおった丈の短い上着。後に羽織となった。丈117.0 cm、裄63.0 cmで、表は白練平絹に、浅葱、紫の斜縞を縫い絞り、雪輪(六角形の雪の結晶を丸い形に図案化したもの)は白く染め抜き、銀杏葉はこれに色挿し、銀摺箔を施す。また白地の斜縞には墨ではだれ雪を表す。裏は紅練平絹で、胸裏には共裂の平くけ紐を付け、左脇に刀差明を設ける。

2-4 江戸時代

16世紀にはフランシスコ・ザビエル等、ポルトガルから日本にたくさんの宣教師がキリスト教の布教にやって来た。彼らが日本で暮らすために知っておくべき言葉の1つとして辞書に載せたほど、イチョウやギンナンは一般的な物になっていた。ギンナンは庶民の口にも入るようになり、料理方法も、現代のわれわれのものに近くなった。

本草書は中国からたくさん入手できるようになっただけでなく、日本人の手によるものもできたので、イチョウは医薬品として、あるいは園芸品種としても世に知られるようになった。

江戸初期の1600年代には、男性衣装、歌舞伎の幕、のれん、手拭いにイチョウ紋をほどこしたものが

見られ、師宣や近松が描いたのも男のイチョウ髪である。しかし、1700年代に入ると、女性や子供にイチョウ形の髪が流行し始め、かんざし、吹き寄せ模様の着物など、女性の持ち物や衣装にイチョウのデザインが多く見えるようになる。

文芸の分野では、1600年代にイチョウを描いたものは少ないが、1700～1800年代には、俳句にも詠まれ、雑俳、川柳などの格好の題材になった。浮世草子、滑稽本・洒落本の類には、イチョウ風俗がしばしば描かれている。

1　辞書・百科事典などに載るイチョウ（主なもの）

（1）　『日葡辞書』(1603)：ポルトガル語による日本語の辞書

「G」の項に「Guinan ギンアン（銀杏）」がある(2-4項2(1)参照)。

（2）　『新刊多識編』（林羅山　1631）：本草綱目植物名辞典

『本草綱目』の植物名に和名を付し、異名をあげる。イチョウに関しては、「今案ズルニ伊長（伊天宇）。俗ニ云ワク銀安（岐牟阿牟）。〔異名〕「白果」とあり、「イチョウ」の表記は版により異なる。「鴨脚子」を付す版もある。

（3）　『訓蒙図彙』（中村惕斎　1666）：図入り百科事典

「銀杏俗云ぎんあん。杏は唐音に従う。一名白果。銀杏樹一名鴨脚樹。いちやう」
とあり、ギンナンと葉のついた枝の図とギンナンだけの図がある。銀杏を「ぎんきょう」と音読みにするのはこの本が最初。

（4）　『和訓栞』（谷川士清　1777-1887）：辞書

「一葉の義は一葉づゝわかれて叢生せりよて名とす…銀杏は実の名也…悪木と称し庭中に植ゑざるは鶴が岡にて公暁が実朝を銀杏樹下に刺したるに據れり…漢土にても忌むは銀杏は淫行と音に通じ近き故なりといへり」

とある。

（5）　『古名録』（畔田翠山　1843）：名物学

「イチヤウ」（壒嚢鈔）。「漢名」銀杏（本草）。「一名」きむなん「朝倉亭御成記」(1568)曰、御菓子、きむなん。他に室町時代の辞書・往来物を引く）。

2　食物としてのイチョウ

（1）　『日葡辞書』には、「Ichŏnomi（鴨脚の実）。Ichŏ（鴨脚）と呼ばれる木の実で、あぶって食べるもの。また、木そのものをも言う」(邦訳日葡辞書)と載っている。安土桃山時代までには、一般にもかなり知られていたことがわかる。

（2）　『料理物語』は作者不詳であるが、寛永20年(1643)に出された日本で最初の本格的な料理書である。目録は第一「海の魚之部」から第二十「萬聞書之部」まであり、ギンナンは第七「青物之部」、第十二「煮物之部」、第十六「さかな之部」に見える。室町時代には茶菓子として扱われたが、第十八「菓子之部」、第十九「茶之部」にはない。

第七は「菜、大根、牛蒡、ふ、とうふ、…青麦」等74品をあげる。「銀杏」は「じゅんさい」と「梅」の間にあり、「にもの　くわしによし　いりてかはをさる」と記される。

第十二は「煎り鯛、煎り鯉」に始まり、35品をあげる。ギンナンは14番目の「煮和」に入っており、

「だし溜りよし。乾鮭の皮、薄み身も少し入、黒豆、からかは（山椒の木の皮なり）、梅干、田作り、

木くらげ、あんにん、ぎんなんなど入(いれ)に候て、玉子のそぼろ、うはおき(上置き)にしてよ
　　　し、夏はさまし出し候也」
とある。
　第十六は「玉子ふわふわ、巻きかまぼこ、巻きずるめ」を初めとして、26品をあげる。最後の「無尽(むじん)漬け」の項に
　　　「辛皮(からかは)、木くらげ、梅干、竹の子、同甘皮、さがらめ(相良布)、昆布、ほんだはら、銀杏、
　　　とさか、生姜…右のうち当座有りあひ候(あるもの)を入てよし。此外も作次(つくり)第に可入(いるべき)也」
とある。
　(3)　松江重頼が編纂した俳諧方式の書『毛吹草』(1645)の巻第4は、古来の連歌師や近世の俳諧者と同様、あちこちを行脚し見聞した諸国の名物を、庭訓往来所載の分を除いて、地方別に列挙したものである。「大和」の項に、「興福寺銀杏(コウブクジノギンナン)」が見える。現在では巨樹・巨木のイチョウが極度に少ない畿内(巻頭イチョウ分布図参照)に、名物になるほどたくさんのギンナンをつけるイチョウの木が存在していたという記録は注目に値する。
　(4)　茶会記録『久重茶会記』には、正保3年(1646)11月15日の茶会の最後の方に、引物(膳にそえて出す料理)として、「大イテフ」の記録がある。これは、上記『新撰類聚往来』で「茶菓子」の「銀杏」に「イチヤウ」とふりがなされているのに倣えば、「大きなギンナン」を供したものと考えられる。
　(5)　『秘傳花鏡』(陳扶揺 1688)の「銀杏」の項に「或いは炒め或いは煮て食べる」とある。
　(6)　『農業全書』(宮崎安貞 1697)は園芸・農業の書であるが、「銀杏」の名の由来、生物学的現象、医薬の他、
　　　「9、10月に熟して落ちたのを拾って俵に入れ、川池に漬けておき、果肉が縮んできたら、
　　　きれいにもみ洗いして、中の実を取り出し、乾かす。炒って殻を除き、菓子、又は煮物に
　　　入れる」
と、果肉の処理の仕方や調理法も記している。
　(7)　『本朝食鑑』(人見必大 1697)の記述の大部分は中国の『本草綱目』(前出)によるが、料理に関する箇所では、
　　　「核仁新者青陳者黄白倶着薄皮上白下褐赤色去薄皮炒而可食或入羹用以厨供也」(核仁の新
　　　しいのは青く、古いのは黄白で、ともに上部は白く、下部は褐赤色の皮をつけている。薄皮をはい
　　　で、炒って食べたり、あるいは、羹(あつもの)〔野菜や魚肉を入れてつくった熱い吸い物〕に入れて、料理
　　　する)
と、今日の食べ方や料理法に近いことが述べられる。
　(8)　『会席料理帳』(禿箒子 1784)には、「十月」の「猪口之物」の項の1品に「黒豆　木耳　銀杏　いづれもあぢつけておろし大根かけて」
とギンナン料理が載っている。尚、同本の「凡例　並に　大意」の1節に、
　　　「此書に珍物、遠来の産物を用ひず。たゞもとめやすきものを以て本意とし…」
という文があり、ギンナンはもはや珍物ではなく、求めやすい物になっていたことを示す。
　(9)　『料理早指南』(=『華船集』醍醐散人 1801)には、「精進こくせう平　四季混雑」の項で、「引酒菜」(ひきざかな)(供応の席で膳にそえて引き出物として出す料理)の「硯蓋」(祝いの席などで口取りの肴をのせるもの、また盛ったもの)に、「霜の菊　くるみよせ　やき松茸　松葉しきて　ぎんなん　うまに　ゆず　白ざとうかけ」とあり、ギンナンのうま煮がオードブルとして出ている。

（10）　江戸市井のさまざまの人を会話を中心に活写した式亭三馬(1776-1822)は『浮世風呂』(1811・三下「女中湯の遺漏・午時自鳴鐘」)で、

  「イヤほんに聞なせへ。腹をへらして物を食ふほど、うまい物はおそらくねへによ。汁が
  銀杏大根に焼豆腐の賽目、お平はお定りの芋にんじん…」

と、大根のイチョウ切りをする庶民を描いている。

3　日本の本草書・農業書で扱われ始めたイチョウ

　江戸時代には中国の本草書がたくさん日本に入り、それらの翻訳本や引用本もたくさん出版された。だから、日本の本草学は、中国のものが基本になっている。ここでは、日本人が書いた本草書を中心にとりあげる。

（1）　林羅山は李時珍の『本草綱目』(1590)を長崎で入手し、慶長12年(1607)に徳川家康に献上した。本書の和刻本は6種類あり、江戸全期では十数回印刷された。「釈名」に、当世の名「白果」、古名「鴨脚」が「銀杏」になった由来が記される。

（2）　『汝南圃史』(周文華 1620)は中国の本草書であるが、返り点などがほどこされた本が多く、本書を下敷きにした本(『訳本・秘伝花鏡』『本草綱目啓蒙』『草木性譜』など)の多さから推察すると、日本人に多く読まれたと思われる。

「銀杏」「鴨脚樹」以外に、「公孫樹」という呼称とその由来(種を蒔いたら、孫の代になって始めて食べられる)、「白果」「霊眼」「白眼」などの名があげられ、薬の効については、

  「小児で多食した者は死ぬか、毒にあたって腹が張れ、冷白酒を幾盃か続けて飲んで吐き出
  せばすぐ治るが吐かないとすぐ死ぬ」

と記す。また、園芸についても詳しく、暦に従い農作業が列記され、各植物に関する説明がある。銀杏については、「〔1月〕下種・移植、〔2月〕植え付け・接ぎ木、〔8月〕移植、〔9月〕果実落下」とある。『本草綱目』に記されないか、異なる点をあげれば、

  「古木になると、連抱する。木理は非常に細かく、彫りやすいので、額顔を作ると甚だ雅で
  ある」「花は夜開き、昼に落ちる。実は枇杷ほど大きい」「木には雌雄があり、雄は実を結ば
  ない」「雌雄はその影が映るよう池のそばに植えるか、雌樹に穴をあけて、雄樹を差し込め
  ば、不結実はない」「『農桑撮要』曰、2月に肥えた土に灰糞を用いて種を蒔くと小樹に育つ。
  それを翌年の春分前後に移植する。移植するときは、同じ用土を用い、草で包むか麻絹の
  端切れで束ねておくと容易に活着する。接ぎ木にはいい土を用いる」

などである。

（3）　『和歌食物本草』(山岡元隣 1646)は『本草綱目』の内容を和歌にしたもので、口調のよい歌によってイチョウの効能が一般に広まったことが推察される。いくつか、例をあげよう。

  銀杏は生にてくへば酒毒解ぞ小児食ひては瘂の虫引
   （ギンナンを生食すれば、酒気を抜き、子供が食せば、引きつけを起こす）
  銀杏は熟食すれば気をまして肺をあたため喘嗽をとむ
   （熟したのを食せば、気を益し、肺を温め、喘息や咳を止める）
  銀杏は小便をしじめ白濁をとどめて生は痰を降せり
   （ギンナンは小便の回数を減らし白濁をなくし、生食は痰を出させる）

（4）　『閲甫食物本草』(名古屋玄医 1671)、『庖厨備用倭名本草』(向井元升 1684)、『本朝食鑑』(人見必

大 1697)、『広益本草大成』(岡本為竹 1698)などが次々と出された。内容は『本草綱目』とほぼ同じだが、人見必大は

> 「この樹は山中処処にあり、家園にも栽培しているが、古高のものは稀である」「葉は我が国の扇のような形をしており、古来、書虫(しみ)をよく除くと言われ、新しい葉を採って書中にはさむ。芳がない銀杏の葉が何故効くのかわからない」「イチョウの効能を自分も試したら効き目があった」

と記す。書物の虫食い除けにイチョウ葉が使われるのをもじって、『口拍子』(安永2〔1773〕)では以下のように書いている。

> どうぞとゝ様。ゆもじ(婦人の腰巻き。女性が入浴時に身につけた衣服)に珍しいもやうを染めて欲しうござんす」「それは安い事。何がよからふ。ソレ／＼、いてうがよい」「イヤわたしや、いてうはいやでござります」「デモ、いてうがよい」「ナゼとゝ様、そのよふに、いてう／＼とはおつしやります」「イヤサ、虫がつかでよい」。

(5) 『和漢三才図会』(寺島良安 1697)も『本草綱目』を踏襲しているが、

> 「思うに、銀杏は処処どこにでもあるが、対州(つしま)の産が良く、芸州(あき)のものがこれに次ぐ」「葉の刻欠(きれこみ)の深いものが雄で実を結ばない。けれども三稜ある実が雄で、二稜のものが雌というからには、雄でも実を結ぶのであろうか」

などと、著者の見聞・疑問が付加されているのは興味深い。

> 「四月に茎の頭に花を著ける。茎は細くて長さは五、七分 (1.7～2.3 cm)。花は薄青色で山椒(さんしょう)粒のようである。葩(はなびら)はなく二顆で一双になっている。朝、樹下をみると落下の茎がある」

は雌花に関する観察で、「花茎」と書かれ、図に載っている。

(6) 『大和本草』(貝原益軒 1707)は、「倭名イチヨフ一葉ノ意ナルベシ。…小樹ニ実ノラズ」の記述がやや他書と異なる。

(7) 『本草綱目啓蒙』(小野嵐山 1803)には『汝南圃史』(前出)『事物異名録』(厲荃 1788)など多くの書が引かれ、各地の「イチョウ」の呼称(方言)も記される。それまでの本草書にあまり見えず、本書で特記していることは、

> 大木ニシテ聳ユルコト三四丈 (10～12 m)、梢ニテ枝多キモノハ常ノ産ナリ。木高カラズシテ四旁ニ枝繁ルモノハ稀ナリ。…実ハ無患子(ムクロジ)ノ殻ヲ帯ビル者ニ似タリ。…五福全書ニ日、三稜ハ有毒ト。又六七稜ナルモアリ。甚マレナリ。大木ニ瘤ヲ生ジテ長ク下垂シテ石鍾乳ノゴトクナルアリ。極テ長キモノハ丈(約3m)ニイタル。土州方言イチョウノチヽ(ツララィシ)。

この頃には大木になったイチョウが見られ、「乳」に関して書かれているのも注目に値する。

(8) 『有毒草木図説』(清原重巨 1827)と『日用食鑑』(石川元混 1832)はギンナンの毒に注目し、前者は「生に毒なし。熟に毒あり」、後者は「毒なし。痰を降し虫を殺し酒毒を解す。百病に妨なし」と記す。

(9) 『草木性譜』(清原重臣 1823)は『汝南圃史』に倣って、「公孫樹」を見出し語にし、「こうそんじゅ」「いちやうのき」と2種類のふりがなを付す。植物に雌雄が存在することに注目し、イチョウ以外に、雌雄のある植物を35種あげる。ちなみに、『草木性譜』が出された文政6年(1823)にシーボルトが来日、日本の自然誌発達に貢献した。

(10) 『本草図譜』(岩崎灌園〔常正〕1828)は色彩本で、ギンナンと葉のついた枝が左右見開きのページにまたがって、2房の雄花が右ページの下方に描かれている。右上に見出し語として「銀杏　ぎんきやう」、下に「いちやう　木の名」、横に「ぎんなん　実の名即チ銀杏の唐音なり」と説明が付されている。

「ちちのき」「仁杏」「白眼」など多くの名も列挙され、「秋、実が熟すと、大杏のように黄色く、脂液が多い」「老樹には枝の又より乳のごとき物を生じ、長いものは丈余り、土中に入りて根になるべし」と絵図の隙間に、デザインのように配置されている。「長い乳が土中に入り根になる」という観察は注目に値する。

（11）　シーボルトの訓を受けた伊藤圭介の『泰西本草名疏』(1829)では和名は「イチャウ」「公孫樹」、学名は Salisburia Ginkio. TH. としている。

（12）　『草木錦葉集』(水野逸斎他 1829)にはさまざまな斑入り植物が載っているが、イチョウも「銀杏白布」「銀杏勝之助黄布」「金玉銀杏白布」の3種類の斑入り品が美しい絵とともに解説されている。

18世紀後半は園芸文化が爛熟し、19世紀初頭には奇品（花・葉の形や色が他と異なる奇抜なもの）を作り出したり、突然変異で生じた奇花・奇葉を楽しむことが流行した。園芸に情熱を傾けたのは、武士、裕福な町人、僧侶、植木屋などであるが、彼らは実践を通して、遺伝や系統に注目していたことは、「つり」（系）「くせ」（奇品奇葉）などの用語からも分かる。

（13）　飯沼慾斎(1782-1865)は50歳(1832年)で植物の研究に専念した。

『草木図説・木部』は83歳で没するまでの間に書かれたものと思われる。「イチヤウノ木　公孫樹　ギンナン　実名　銀杏」の見出しで、「葉末裂ザルハ雄木、岐アルハ雌木ト、又核三稜ナルハ雄性、二稜ナルハ雌性ナリト、余未検」と通説を自分で確かめていないことを記しているのは、新しい自然科学の影響であろう。花についてもよく観察し、「雌ハ梗長一寸余、頂ニ2萼並対叉をなし、椎子状の子室を具し、色淡黄緑」、雄花は「一寸余の穂をなすものを葉間に出し、色淡黄白、淡黄粉を吐く」と記し、雌花と雄花の図を描いた。「淡黄粉」は花粉である。

4　デザインに見られるイチョウ

（1）　カード・衣装・家紋など

① 後水尾院(1596-1680)在位時の年中行事をまとめた『後水尾院当時年中行事』上巻の「十月朔日」で始まる項は、玄猪について書かれている。「玄猪」は陰暦10月の玄の日に行われた「玄の子の祝い」で、玄猪(玄の子餅)を食べたり、贈ったりして万病除去・子孫繁栄を祈った。江戸時代には、この日に炉やこたつを開き、火鉢を出す習慣があった。大勢の人々が天皇から給わる玄猪は杉原紙(播磨の国杉原に産した紙)や檀紙(マユミの樹皮で作ったちりめん状のしわがある和紙)に包んで、小角(約9cm四方の盆)に載せて水引で結わえてある。その包みについて、

　　「つつみの中にいる物は初度は菊と志のぶと、中度はもみぢと志のぶと、三度めはいちやう
　　と志のぶとなり。いちやうの葉には出す人の名を書てつつみ紙にさしはさむなり」

とある。最初は菊(白)、次は紅葉(赤)、三度目は銀杏(黄)と包みの中に入るものが変わるが、イチョウがキクやモミジとともに秋の風物として定着し、イチョウ葉が現代のカードのように、名前を書く台紙として用いられたことがわかる。「志のぶ」は、1写本の書き込みに、「石長生」とあるので、ハコネソウ、ハコネシダ、イチョウシノブ、イチョウグサなどと呼ばれる、小葉がイチョウ形をしているシダ(*Adiantaum monochlamys*)のことか。

② 『宇多の法師』(李由・許六共撰 1656-1715)にも①と同様なイチョウ葉の使い方が記されている。

③ 「小簱之絵図」(1631)に上杉家諸藩家中の旗印が残されており、「市川土佐守(銀杏)」とある。

④ ニューヨーク・パブリック・ライブラリー所蔵の「津　八幡宮祭礼絵巻」(1660年前後)は、大きなイチョウの葉が4枚描かれたのれんの下がった店の前を荷を背負った行列が通っている図である。

⑤ 『男色大鏡』(井原西鶴 1687)第一巻・四「玉章は鱸に通はす」に、

「寛文七年(1667)三月廿六日と留て。…甚之介装束は。浮世の着おさめとてはなやかに。肌には白き袷に。上は浅黄紫の腰替り(腰の部分を染めずに白く残してあるもの。また、その部分の色や模様が他の部分と異なっているもの)に。五色の糸桜を縫せ銀杏の丸(銀杏の葉を丸く図案化した紋所)の定紋(家紋)しほらし。…」

とある。

⑥ 東京国立博物館蔵の「中村座内外図屏風」は、芝居小屋の入り口、天井近くにイチョウが染められた幕がかかっている図で、菱川師宣(1618?-1694)作と伝えられる。同様のものに、奥村政信(1686-1764)の「中村座芝居図」(縦54 cm、横166 cm)がある。これは西欧の遠近法を用いて室内や江戸市中の風景画にすぐれた手腕を示した政信が「歌舞伎屏風」の手法で描いたものである。芝居小屋の看板は「福引名護屋」、隅切り銀杏(隅切り角に銀杏鶴を櫓にした紋)を染め抜いた中村座の紋幕には「きやうげんづくし なかむらかん三郎」とある。中村座の銀杏紋は、『仁勢物語通補抄』(志水燕十 1784)の「三くだり半段」にも、「なうてんきなる男ありけり、かの手拭〔手ぬぐひ、本染の初、いてうつるにのりて…〕」と描かれる。

⑦ 浮世絵師鈴木春信(1725-70)は庶民婦女子の日常生活を題材にした浮世絵美人画を制作した。中でも、明和期(1764-71)、江戸で一、二を競った美人、笠森稲荷の水茶屋の娘お仙とイチョウの葉が舞い散る中に立っている浅草寺境内の楊枝屋(当時は歯医者が存在せず、楊枝屋は歯の治療にも関わる大事な商い)のお藤他2人を描いた「当時評判店娘」(15.6 × 32.8 cm)は四ツ切り判の小さい作品で、4人の高名美人図は2つ割になっている。そもそもは太田南畝が『売飴土平伝』の中で「阿仙阿藤優劣弁」(1769)を著して以来流行したもので、挿し絵を描いた春信の名も広く知れ渡った。表題にイチョウ葉のデザインがあり、楊枝屋の店先にはイチョウの木が見える。

⑧ 「南楼名妓」(縦37.5 cm、横25.5 cm)と題する歌川豊広(1773-1828)が描いた大判錦絵(多色刷りの浮世絵)がある。南楼とは品川遊郭のことで、描かれた名妓は手紙の末尾に「から琴」としたためていることから、その名が分かる。銀杏紋が浮き出た黒の絽の着物の輪郭は太い線を用いてのびのびと描かれている。たくさん挿したかんざしの中には、イチョウの葉をあしらったものが2本。当時、イチョウの葉がデザインとして愛でられたことが分かる。

(2) 工芸・履き物・農具

① 野々村仁清(〜1656〜)の作品に、イチョウ葉を蓋にあしらった「玄猪香合(香を入れる箱)」が2点ある。

② 鴨脚台子(いちょうだいす):大徳寺山内にあるイチョウ老樹を用いて、不見斎(1746-1801)が又玄斎に所望されて作った台子。小判形の天板(長さ69.1 cm、幅42.4 cm)と地板(83.3 cm)を2本の柱で支えている。高さ57 cm。脚がイチョウ形。

③ 銀杏脚:貴人所用の膳などの四脚を、それぞれ末広く、先を外へ反らして作ったもの。脚の形はイチョウの葉のようで、上部の食器を置く所は、四面に縁があり、朱漆、他はすべて黒漆。

④ 銀杏歯:イチョウの葉のように末広がりの下駄の歯。

『笹色猪口暦手』(ささいろのちょくはこよみて)(柳亭種彦 1826)に、「ソレ小萬さんに銀杏歯の足駄を穿いて頸ッたけ」、『守貞漫稿』(喜多川守貞 1837-53)巻30「傘履」に、「銀杏歯と云。是は五分高と云て京差より五分高く三寸五分也」と書かれ、歌舞伎の「恋闇鵜飼燎」序幕に、「着流し三尺帯尻端折り、銀杏の下駄を履き」とある。

⑤ 銀杏万能:『農具便利論』(大蔵常永 1822)に、「杏葉萬能」(いてうまんのふ)が図とともに載っている。「此草削(くさけずり)は真

土に専ら用ゆ、綿作の筋の横面に草の生ずるを切具なり、又は畦底のたをめなる(凹んだ所)は、此杏葉萬能を用ひざればあしく…」とあり、仕事のはか行くことは、男2人でも取り切れない草をこの万能を使えば、女1人できれいに取れるという。図は「杏葉萬能。岬けづり。すべて草けづりを万のうとよべり」の説明と、柄に3尺6寸(約109 cm)、イチョウ葉形の刃渡りのカーブに7寸5分(約23 cm)とある。現代の「ものぐさ鎌」と似る。

⑥ 銀杏喝食：能面の一。額に銀杏葉形の前髪を描いた少年の面。

5 髪型に取り込まれたイチョウ

(1) 男性の髪型

① 銀杏頭：普通丁髷はこの銀杏頭のことをいう。

単に「銀杏」ともいう。菱川師宣(前出)が「姿絵百人一首」に描いた男の髪は「二つ折」というが、刷毛先(男の髷の先端)が広がった様子がイチョウ葉に似ているので、これを一般に「銀杏」と呼んだ。『世間娘容気』(江嶋其磧 1716)・巻1「世間にかくれのない寛濶な驕娘」に、「思ひ切て亭主に訴訟し、笄曲の髪を切て、二つ折に髷出して若衆めきたるたてかけにゆはせ」とある。

② 大銀杏：刷毛先の太いもの。武士や関取が結う。

この他、諸藩士によく見る「剃下げ銀杏」、月代(額から頭の中ほど)をそらない「浪人銀杏」、刷毛がまっすぐになっていて、町人・商人が結う「小銀杏」、髪が少なく細い、商家の主人が結う「細銀杏」、銀杏が平たくつぶれていて、町人の手代が結う「銀杏つぶし」、清元延寿太夫派の間で流行し、その後芸人が結った「清元銀杏」などがある。

藤本箕山(1628-1704)は松永貞徳の門下で俳諧を学び、好んで文をものしたが、京都の花街の方式や習慣を記録した『色道大鏡』(1673-81)巻2に、「髪の結ひやうは、立髪、銀杏がしら、ふともとゆひ、是六方(侠客・旗本奴・町奴)むき陽気者の好む処なり」、巻3に「立兵庫(女の髪の結い方の1つ)の銀杏がしらは、昔の傾城(遊女)をしなへて是をこのめり、されども、近代かたく是を制す」と書く。

『守貞漫稿』の「男子髪の結ひぶり」に、『嬉遊笑覧』(喜多村信節 1830)や『色道大鏡』を引いて、信長以来の男の髪について記し、「今世男子髪、おほむねかくのごときなり」で始まる項に、

「今三都とも市民の髷に銀杏形と云ふもの多し。大いてう、小いてう、銀杏崩し、清元いてう等、種々の名あり。…先年は本多をもつて名づくる形多く、今は銀杏をもつて名とする多し」

とある。『曽我五人兄弟』4(近松門左衛門 1700？)に、「かみはいてふかたてかけか」とあるが、この「いてふ」は銀杏頭である。

(2) 女性の髪型

① 「銀杏髷」：「島田髷」を簡単にしたもの。2つの輪に分けられる。

「銀杏結」とも。『嬉遊笑覧』巻1下「容儀」の「銀杏曲」の項に、

「もとは島田を銀杏の葉のやうにしたるを名付しが今は一種の結かたあり」

とある。『守貞漫稿』巻12「女扮 下」に、

「江戸の銀杏は京坂のもたせ髪に似たり。…江戸のいてうは稚児の専らとする所なり。江戸にて婦のこの形に結ふものは踊りの師のみなりしが、嘉永5、6年(1853-4)、他の婦も往々これに結ふあり」

と記され、結い方を説明した図も載る。『春色英対暖語』(為永春水 1838)初編・3巻・第6回には、
「マアはやくいへば、お前がお屋敷へお上りでなく、家内にお在の時分、銀杏髷や茶せん
(切り髪に似て、髷が茶筅状のもの)でお在の時から惚て居たと申すことサ」
とあり、少女の髪型として描かれる。

② 「銀杏曲」:『守貞漫稿』は、
「七、八歳に至れば、…男子は男曲、女児には銀杏曲に結ふ」「およそ男女児十歳ばかりに至
れば、額および眉を剃らず。男童には男曲、女童は銀杏曲」
と記す。

③ 芥子坊の銀杏曲:幼児の芥子坊(頭髪をまん中だけ残して周囲を剃り落とした髪型)が長くなったのを取り上げてイチョウ形に結う。『守貞漫稿』に、
「すなはち女児なり。男児には男髷に結ふ。また女児にも男曲にするもあり。男児には必ず銀杏曲にゆわず」
とある。

④ 「銀杏崩し」:「銀杏髷」の変形で、『守貞漫稿』に、
「十二、三歳の女童、あるひはいてうにゆひ、あるいはいてうくづしに結ふ」「十四、五以上は島田曲を専らとす」「従来江戸稚女の髷風なるを、今嘉永5年(1853)、この銀杏くづし、婦人略芸専らこれを結ふ。けだし市民の妾あるいは時様を専らとする者のみなり。髷内に浅葱あるひは紫の無地ちりめんを巻く。三十以前に多く、それより長年には稀なり。しかるにただ一年にて同六年には廃せり」
とあり、少女と水商売の女に人気があったことが分かる。

⑤ 「銀杏返し」:髻の上を左右に分けて半円形に結ぶ。比較的略式の髪。
文化(1804-18)以後から遊芸の師匠、花柳界に流行。江戸後期からの風俗を英語の題や目次をつけて美しく描いた『吾妻余波』(岡本昆石 1885)は、「銀杏返し」を結った後ろ髪の図に「十二、三より二十歳前までこの風最も多し。天神髷と異なるなり」、「銀杏返」と書かれた前髪の図に「十一、二位の子供此風に結ぶ。後ハ銀杏返しなり」と記す。

⑥ 「根下り銀杏」:「銀杏返し」の軽装。かもじを使わず、髷が細い。
『吾妻余波』に、後ろ髪の図と「自毛斗りで結ぶ。夏期芸妓などにこの風多し」の説明あり。

⑦ 「おとも」:『吾妻余波』に、頭頂部の図と「十一、二の少女この風に結ぶ。中ハ銀杏返しなり」とある。

(3) 相撲界

日本相撲協会によれば、その長い歴史の間に、力士の髪型はいろいろに変化したが、「丁髷」と「大銀杏」だけが残った。

「丁髷」は江戸時代に商人が結った「細曲」から出た。十両になるまでの力士が結う。「大銀杏」は天明(1781-89)寛政(1789-1801)頃に髷の根本の所を広げ、銀杏葉のように見える髪型になった。その頃は月代を剃った銀杏まげと月代を剃らないものがあったが、現代のような総髪の大銀杏が流行し始めたのは、文化(1804-18)文政(1818-30)頃からである。

美人画で高い評価を得ていた勝川春章(1726-92)は相撲を題材にとりあげ、相撲錦絵を確立した。彼は「鷲ヶ濱と鬼面山」で、月代を剃った鷲ヶ濱と総髪にした鬼面山が並んだ姿を描いた。勝川春英(1762-1819)が文化時代に描いた「常山倉之助」「高砂浦右衛門」「鳥居崎与助」などの力士は月代を剃った銀杏曲

げを、天保2年(1831)に香蝶楼国貞が描いた「東の方鷲ガ濱音右衛門」や弘化4年(1847)一陽斎豊国が描いた「東ノ方稲川政右衛門」は、総髪の大銀杏を結う。

6　文学に描かれるイチョウ

和歌では、良寛(1758-1831)の次の歌(柳園詠草　上・雑歌)がイチョウを詠み込んだ唯一のものである。
　　　　黄なるもの
　　法の師のよむそめがみに似かよひていてふちりしく大寺の庭
　　　　(そめがみ：染紙、経文。銀杏の黄を経文の紙の黄に喩えた)

江戸末期の岡部東平(？-1856)は『万葉集』の「ちち」論争(p.201、2-1参照)の影響を受け、イチョウを「ちち」として詠んだ(近世和歌史)。
　　　　閑居落葉
　　しづけさをひとり味はふ書巻のしをりに似たりちゝの落葉は

俳諧ではイチョウを詠んだ句が4首ある。

『新続犬筑波集』(1660)にある2首が、江戸時代にイチョウが詠み込まれた最古のものである。
　　ふりぬれどかたみのまはし肌ふれていてふの葉こそなつかしきもの(巻7「恋」・正利)
　　　　(ふりぬれど：古くなったけれど。まはし：イチョウ葉模様の下帯)
　　いてうの葉ちるやかしきのかみなつき(巻19「冬」発句上・鞋雲)
　　　　(かしき：渇食[かしき・かっしき]で、禅寺の寺院で僧達に食事を知らせる役。寺で修行する有
　　髪の童児が大声で食事を知らせることが多かった。かみなつき：神無月)

元禄元年(1688)に芭蕉らが興行した『芭蕉一座連句』の「何の木の」歌仙(36句が1巻)は芭蕉の発句「何の木の花とは知らず匂ひ哉」で始まり、28番目に勝延がイチョウを詠んだ。
　　しぐるゝ風に銀杏吹ちる

元禄4年(1691)、路通の「うるはしき稲の穂並の朝日哉」で始まる「うるはしき」歌仙では、5番目に野径がイチョウを詠っている。
　　頼れて銀杏の廣葉かち落とす

俳句では、芭蕉(1644-94)の高弟榎本其角(1661-1707)や同じ蕉門の僧李由の詠んだものが古い。早野巴人(1677-1742)は門下に与謝蕪村(1716-83)や宋屋がおり、宋屋の弟子の嘯山(1718-1801)にもイチョウの句がある。蕪村は鎌倉若宮八幡のイチョウの化け物を『怪物図譜』に描いたほど、イチョウに興味をもっていたらしく、イチョウの句も多い。蕪村の時代には寺子屋に通う子供が多く詠まれ、寺にイチョウがあったことがわかる。
　　ぎんなんも落ちるや神の旅支度(天野桃隣　1638-1719)
　　ありし代の供奉の扇やちる銀杏(其角)
　　御玄猪も過て銀杏の落葉哉(李由)
　　寺子屋の庭も後架も鴨脚かな(嘯山)
　　いてふ踏んでしづかに児の下山かな(蕪村)
　　稚児の寺なつかしむいてふ哉(蕪村)
　　北は黄にいてふぞ見ゆる大徳寺(召波　1727-71)

イチョウが庶民のものになるにつれ、俳句から雑俳や川柳へ、散文でも西鶴や近松から滑稽・洒落本などへと流れが移って行き、庶民生活が戯作的に描かれるようになった。

雑俳の類では、ギンナンやイチョウ葉の性質をもじったり、銀杏髷や銀杏結びの娘を詠ったものが多い。以下に例をあげる。

　　　　銀杏のわれては末にあふどくみ（さすの神子　正徳2）
　　　　手を握る所へ銀杏壱つ落（安永9　川傍柳1）
　　　　ぎんなんが落ると楊枝置いて立ち（安元信3）
　　　　銀杏歯に比丘尼小雨の二蓋笠（享保17　表若葉）
　　　　落髪は世を秋に散るいちやうわげ（雪みどり）
　　　　いてふの葉入れておかれぬ娘の子（宝暦十　梅1）
　　　　はさみけり手本大事にする銀杏（文政7　かざしぐさ）
　　　　叶ふたる文に包みし銀杏の葉（享保14　初桜）
　　　　髪も娘銀杏結びに鎌倉路（雑俳　歌羅衣五）

散文としては、銀杏髪・銀杏娘・銀杏の木などが『男色大鏡』（井原西鶴　1687）、『色道大鏡』（畠山箕山　1673-81）、『曽我五人兄弟』（近松門左衛門　1700？）、『世間娘容気（かたぎ）』（江嶋其磧　1716）、『根南志具佐（ねなしぐさ）』（風来山人　1768）、太田南畝（1768-1822）の『半日閑話』・「笠森仙、お藤」や『売飴土平伝』・「阿仙阿藤優劣弁」、『一目土堤（ひとめづつみ）』（内新好　1771）、『仁勢物語通補抄』（志水燕十　1784）、『北窓瑣談（ほくそうさだん）』（橘春暉　1829）の「寛政四年（1792）壬子四月」の条になどに描かれる。

6　人名・作中人物名・屋号に使われたイチョウ

（1）　脚克子（いちょうかつこ　1816-1883）：孝明天皇女房。能登。京都生まれ。
（2）　脚和泉（いちょういずみ　1820〜明治）：地下（蔵人でない人）。山城国生まれ。
（3）　鴨脚加賀（いちょうかが　1826〜明治）：地下。山城国生まれ。
（4）　銀杏麗助（いちょうれいすけ）：歌舞伎役者。河竹黙阿弥作『夢結蝶鳥追（ゆめむすぶちょうにとりおい）』に出演。この品目は通称「雪駄直し長五郎」として、安政3年（1856）3月初演。
（5）　銀杏の前（いちょうのまえ）：『傾城反魂香（けいせいはんごんこう）』（近松門左衛門　1708初演）に出てくる姫君の名。
（6）　銀杏のおかん：『根南志具佐』に、「菊之丞が其容貌、誉るにも詞なく…団子のお仙小指くわへ、銀杏のおかんはだしにて逃げ…」とある。
（7）　銀杏娘お藤：浅草観音堂裏、熊谷稲荷前の楊枝屋、本柳屋仁平次の娘。
『半日閑話』・「笠森お仙、お藤」に、「銀杏娘、本竹屋仁平次女、名はお藤、開帳半ばより出ず。熊谷いなり前のいてう木の下の楊枝屋娘なり…」「浅草観音堂の後、銀杏の樹の下の銀杏娘…」、『一目土堤』に、「いてう娘のおつかぶせをしやうと思って…」と書かれ、春信の浮世絵などに描かれる。
（8）　銀杏和尚（ぎんなんおしょう）：『売飴土平伝』（太田南畝）の「阿仙阿藤優劣弁」（1769）に登場。
（9）　いてうや：『嬉遊笑覧』（1830）に、「深川で安永（1772-81）頃高名な鰻屋として載る。古来、ギンナンと鰻の同食は禁じられているのに、鰻屋に「イチョウ」の屋号をつけているのは面白い。

2-5　明治以後

西洋の自然科学の影響を受け、本草学は植物学へと発展した。明治時代に銀杏文化として花を咲かせたのは、文学の分野である。江戸時代には往々戯作の題材になったイチョウが純文学の分野で取り上げられ、幸田露伴や夏目漱石などがイチョウという木を再発見した。和歌や俳句のみならず、詩という新

しい分野でも、イチョウ(木、葉、花)の美しさと生命力に満ちた魅力が真剣に歌われるようになった。また、「銀杏返し」を結った女性を通して、その時代背景も浮かび上がってくる。ここでは、昭和初期までの代表的作品の中に描かれたイチョウを見てみよう。

1　詩歌に詠まれたイチョウ

　平瀬作五郎がイチョウの精子を発見し、世界の植物学者達を驚かせたのは、1896年である。それに関して新村出は「日本文学の方でも、(明治)三十年(1897)以降に至って初めて銀杏を題材にする者が続出する様になったのは不思議な縁だ」と言い、当時のイチョウの歌を集めた(『琅玕記』・「公孫樹の歌」)。あれから100余年を過ぎた今、銀杏歌人ともいわれた与謝野晶子(1878-1942)を除いては、その作者を知る人も少なくなっていると思われる。

　与謝野晶子は以下の歌をはじめ、10首ほどイチョウを詠んだ。
　　　金色の小さき鳥のかたちして銀杏ちるなり岡の夕に／夕日の丘に
　　　日の射して狐の毛にも似る銀杏稀に青かる極月の空
　　　公孫樹黄にして立つにふためきて野の霧くだる秋の夕ぐれ
　斉藤茂吉(1882-1953)は「銀杏の実」という一連の歌を詠んだが、
　　　新年といへば何がなく豊かならずや銀杏などをあぶり食みつつ
は、ギンナンを味わう風情が現代の我々の感覚に近い。
　　　田圃から見ゆる谷中の銀杏哉(正岡子規　1867-1902)
　ふと目を上げると、田圃の向こうに、真っ黄色なイチョウの木がそびえている。ああ、あれは、谷中のイチョウだ、と気づく。そんな嬉しい発見は、今の我々にも通じる。江戸時代には見られなかった感覚である。他に、時代の古いものとしては、
　　　鐘つけば銀杏散るなり建長寺(夏目漱石　1867-1916)
　　　町中に城の銀杏の落葉かな(玄耳　1872-1926)
　　　鳩立つや銀杏落葉をふりかぶり(高浜虚子　1874-1959)
　　　とある日の銀杏黄葉の遠眺め(久保田万太郎　1889-1963)
　　　銀杏散るまっただ中に法科あり(山口青邨　1892-1988)
　　　大銀杏無尽蔵なる芽ふきかな(川端茅舎　1897-1941)
　　　銀杏にちりぢりの空暮れにきり(芝　不器男　1927年作)
などがある。
　北原白秋(1885-1942)は独特な口調で「銀杏」(白秋全集)を歌った。
　　　銀杏は緑いろの実だ、白い眼の形した殻、あの稜をたたくと──わたしは思ひ出す、小さな木の槌と台砧とを　お河童髪さんの昔を。銀杏は緑いろの実だ、火に寄せると金いろの輝きをして……
　石川啄木(1886-1912)は「公孫樹」・十一月十七日夜(啄木全集)を歌った。
　　　秋風死ぬる夕べの　入日の映のひと時、…仰ぐは黄金の秋の雲をし　まとへる丘の公孫樹。…黄金の雲の葉、あはれ、法恵の　雨とし散りぞこぼるる。今、日ぞ落つれ、夜ぞ来れ。真夜中時雨また来め。─公孫樹よ、明日の裸身、我、はた、何に儔へむ。
　西條八十(1892-1970)は「凧」や「銀杏」、薄田泣菫(1877-1945)は「公孫樹下にたちて」、蒲原有明(1876-1952)は「公孫樹」、日夏耿之介(1890-1971)は「地にうごめく公孫樹」、高橋真吉(1901-87)は「公孫樹の葉

の歌へる」などでイチョウを歌った。

2　散文に書かれたイチョウ

　志賀重昂は『日本風景論』(1894)(5)紀南半島、四国の南半、九州の水蒸気(秋)で、「銀杏城」の雅名をもつ熊本城の「公孫樹黄金を布」いているのに感激したことを書いている。

　幸田露伴(1867-1947)は「世に忘れられたる草木」の1つにイチョウをあげ、その美を讃えた。

> 銀杏樹は其実こそ厭はしけれ、落葉の趣き、また比無くめでたし。野寺の鐘の音緩く渡りて禽も塒に静まるころ、…
> 此の樹の幹あらはに聳え立ちて其蔭の落葉の蔽へるあたりのみは、猶日の光も残れるかと疑はるるまで明るく黄ばみ互りて暮れのこるさま、美しとも美しといふべきなり。

　小説・戯曲・短編・児童文学などにも、イチョウや銀杏返しを結った女がさかんに描かれるようになった。

　森鷗外(1862-1922)は『雁』に「銀杏返し」を4回、『青年』には「銀杏の落葉」1回、「銀杏返し」を3回書いている。

　夏目漱石(1867-1916)は『趣味の遺伝』(1906)で、するどい観察眼をもって、寂光院のイチョウを美しく描写した。

> …寂光院のばけ銀杏と云へば誰も知らぬ者はないさうだ。然し何が化けたつて、こんなに高くはなりさうもない。三抱もあらうと云ふ大木だ。**例年なら今頃はとくに葉を振つて、から坊主になつて、野分のなかに唸つて居るのだが、今年は全く破格な時候なので、高い枝が悉く美しい葉をつけて居る。**

太字部分は、「イチョウの落葉時期は寒暖の差により年ごとに異なる」ということを、漱石がよく観察していることを示す。

> 下から仰ぐと目に餘る黄金の雲が、穏かな日光を浴びて、所々鼈甲の様に輝くからまぼしい位見事である。其雲の塊りが風もないのにはら／＼と落ちてくる。無論薄い葉の事だから落ちても音はしない、落ちる間も亦頗る長い。枝を離れて地に着く迄の間に或は日に向ひ或は日に背いて色々な光を放つ。…だから見て居ると落つるのではない、空中を揺曳して遊んで居る様に思はれる。閑静である。…限りもない葉が朝、夕を厭はず降ってくるのだから、木の下は、黒い地の見えぬ程扇形の小さい葉で敷きつめられて居る。…女は化銀杏の下で、行きかけた躯を斜めに捩って此方を見上げて居る。銀杏は風なきに猶ひら／＼と女の髪の上、袖の上、帯の上へ舞ひさがる。…

上のくだりを読むと、秋の陽を浴びたイチョウの落葉を目の前で見ているように感じる。

　『三四郎』には、東京大学の第3代総長浜尾新の時(1893-97)に植えられたイチョウ並木が、

> ＊正門を這入ると、取突(とっつき)の大通りの左右に植えてある銀杏の並木が眼に付いた。
> ＊銀杏が向うの方で尽きるあたりから、だらだら坂に下がって、正門の際に立った三四郎から見ると…
> ＊銀杏の並木が此方側で尽きる右手には法文科大学がある。

と描かれている。これは樹齢が比較的正確に推定できる、生物学的に貴重なイチョウ群である。

　島崎藤村(1872-1943)は『破壊』に「銀杏の枯々な梢」、『夜明け前』に「寺の境内にある銀杏の樹」、『都会の情調』に「町中に残って居る銀杏」、『エトランゼエ』に「東京の市街に残った古い銀杏の樹」、『平和の巴

里』に「育種場から銀杏」「…の庭では銀杏が生えた」「銀杏が奈何な風に成長しているか」など、多くの作品にイチョウを書いているが、ここでは、『幼きものに』の中にある「銀杏の樹」(1917)の一部を紹介する。

> 太郎よ、父さんは佛蘭西の何といふ都に居たか知つて居ますか。
> 「知つてるさ。佛蘭西の巴里さ。」
> と太郎が答へました。太郎が言ふやうに、父さんは三年もその都に居て来ました。
> 日本にある樹で、佛蘭西の方に無いものの一つは、銀杏です。銀杏といふ樹は今では東洋のものださうです。さう思ひましたから、父さんは佛蘭西の方へ出掛ける時に、日本から銀杏の實を持って参りました。その話をあるお友達にしましたら、そのお友達はギルモオランの農園に通つて居て、植物のことに委しい人でしたから、「巴里にも無いことはありません。ルュクサンブウルの公園へ行って御覧なさい、銀杏が一本植ゑてあります。」と父さんに教へて呉れました。…

現在もルクセンブルグ公園にイチョウが植わっているが、藤村が書いたイチョウと同じものかどうかは確認できていない。

泉鏡花(1873-1939)は『化銀杏』で「銀杏返」を2回、『公孫樹下』(南地心中—戯曲—)で「銀杏の樹」を1回描き、志賀直哉(1883-1971)は『暗夜行路』で、「大きな銀杏があって、濡れた地面へ其黄色い葉が落ち散っていた」「彼は蝙蝠の先で銀杏の落葉を一つ一つ刺しながら…」と書いている。

豊島与志雄(1890-1955)は『公孫樹』(1922-26)という作品で、イチョウ一般に見られる顕著な生物学的形質(太字部分)を記述している。焼死したと見える残痕から芽を吹き、防火に役立った実話はいくつもある。

> 火事は隣家を焼いただけで済んだ。そして僕の家は、垣根を壊されたくらいの損害だったが、**公孫樹は隣家に近く聳え立っていたので、火気と火の粉とを受けて、憐れな姿になっていた。**まだ青々としていた葉は、小さく焦げ縮れてしまって、殊に隣家に面した方は、可なりの枝まで焼け枯れていた。…とても助かりそうになかった。…
> 「**この木のために家は救われたのだ。**」と父は云った。…
> 「おい来てごらん。どうだ、**公孫樹の芽がふいたぞ。**」…

芥川龍之介(1892-1927)は『鼻』で、

> 翌朝、内供が何時ものように早く眼をさまして見ると、寺内の**銀杏や橡が一晩の中に葉を落としたので**、庭は黄金を敷いたように明るい。

と描いた。太字で表された現象は、特別な環境条件のときに起こることで、朝日が顔を出してから2~3時間のうちにすべての葉が落ちる例が知られている。その他『蜜柑』で2回、『玄鶴山房』で1回、「銀杏返し」の女性を書いている。

宮沢賢治(1896-1933)の『いてふの実』は、ギンナンの落下と落葉の現象(太字部分)をやさしい言葉で表現している。

> …その明け方の空の下、ひるの鳥でも行かない高い所を鋭い霜のかけらが風に流されてサラサラサラサラ南の方へ飛んで行きました。実にその微かな音が丘の上の一本のいてふの木に聞こえる位澄み切った明け方です。
> **いてふの実はみんな一度に目をさましました。**そしてドキッとしたのです。今日こそはたしかに旅立ちの日でした。みんなも前からさう思ってゐましたし、昨日の夕方やって来た二羽の鳥もそう云ひました。…

「よく目をつぶって行けばいゝさ。」も一つの実が云ひました。…
　　さうです。この銀杏の木はお母さんでした。
　　今年は千人の黄金色の子供が生れたのです。
　　そして今日こそ子供らがみんな一緒に旅に発つのです。お母さんはそれをあんまり悲しん
　　で扇形の黄金の髪の毛を昨日までにみんな落としてしまひました。…

葉が落ちるより先にギンナンが落ちる木が一般的だが、葉が先に落ちて、後からギンナンが落ちる木もある。経験的には、後者のタイプが東北地方に多い。

　永井龍男(1904-90)が『いてふの町』で描いた下の情景は、我々も時々経験する。
　　秋の末になると、思わぬ町家の屋根越しとか、屋敷町の坂の上なぞに、黄色く冴えた葉の
　　群を見かけることがある。…屋根の上に公孫樹の梢が日を浴びている。あんな処に、あん
　　な大きな樹があったのかしらと、だまされたような気がすることがある。

参照・引用文献

古典籍等については、本文中において著者名、刊行年またはそれが不明な場合は著者の生没年等を記し、参照・引用文献欄には個々には挙げなかった。

1　堀　輝三：イチョウの伝来は何時か―古典資料からの考察, Plant Morphology **13**：31-40, 2001.
2　孟元老：東京夢華録(入矢義高・梅原郁訳注), 東洋文庫 598, 平凡社, 1999.
3　『玄奘三蔵絵』,『続日本絵巻大成』, 中央公論社, 1984.
4　新安海底遺物(綜合篇), 546 pp., 韓国文化公報部 文化財管理局, 1988.
5　納富常天：「鎌倉期典籍と葉子―金沢文庫資料研究余滴―」, 神奈川県博物館協会報 **22**：1-7, 1969.
6　西岡芳文：歴史のなかのイチョウ, 三田中世研究 **5**：1-26, 1998.
7　近衛道嗣：愚管記(後深心院関白記), 増補 続史料大成, 第四巻, 竹内理三編, 臨川書店, 1978.
8　『弘法大師行状絵詞』,『続日本絵巻大成』, 中央公論社, 1984.
9　S. Hori and T. Hori : A Cultural History of *Ginkgo biloba* in Japan and the Generic Name *Ginkgo*. *In* T. Hori et al.(eds.) "Ginkgo Biloba―A Global Treasure―, Springer, Tokyo, p. 385-411, 1997.
10　松田修：萬葉植物新考, 春陽堂, 1934.
11　山科言國：言國卿記(豊田武, 飯倉晴武校訂)史料纂集第 2, 続群書類従完成会, 1969-1995.

著者のプロフィール

堀　輝　三（ほり　てるみつ）
1938年北海道札幌市生まれ．筑波大学名誉教授，理学博士．
現在，銀杏科学研究舎を主宰．日本植物学会の諸役員，日本藻類学会元会長，その他国内外の専門誌の編集長，編集委員等を歴任．
主な著書として，21世紀初頭の藻学の現況(共編)，日本藻類学会 2002；写真と資料が語る・日本の巨木イチョウ・23世紀へのメッセージ，内田老鶴圃 2003；T. Hori et al. (Eds.), Ginkgo Biloba — A Global Treasure —, Springer, Tokyo 1997；いまなぜイチョウ，イチョウ精子発見百周年記念市民国際フォーラム・リポート，現代書林 1997；陸上植物の起源(共訳)，内田老鶴圃 1996；藻類の生活史集成(全3巻)，内田老鶴圃 1993 など．
茨城県つくば市在住，Fax: 029-852-0612，e-mail: tshori@mail1.accsnet.ne.jp

堀　志保美（ほり　しほみ）
東京都生まれ．現在，銀杏科学研究舎・主任研究員（文化部門担当）．
主な著書として，信濃花歳時記(共著)，信濃路 1973；イチョウ—精子発見から100年—(共著)，東京大学理学部附属植物園 1996；S. Hori & T. Hori: A Cultural History of *Ginkgo biloba* in Japan and the Generic Name *Ginkgo*. *In* T. Hori et al. (Eds.): Ginkgo Biloba — A Global Treasure — From Biology to Medicine, Springer, Tokyo 1997；欧州のイチョウ探訪記(共著)，ミクロスコピア 14(4)：65, 1997；小侍従全注釈(共著)，新典社，近刊，2005．
茨城県つくば市在住，Fax, e-mail は上記と同じ．

Terumitsu Hori & Shihomi Hori: Enormous Ginkgo Trees in Japan

2005年12月15日　第1版発行

著者の了解により検印を省略いたします

写真と資料が語る
総覧・日本の巨樹イチョウ
幹周 7m 以上 22m 台までの全巨樹

著　者　©　堀　輝　三
　　　　　　堀　志保美

発行者　内田　悟

印刷者　山岡　景仁

発行所　株式会社　内田老鶴圃　℡ 112-0012 東京都文京区大塚3丁目34番3号
電話（03）3945-6781（代）・FAX（03）3945-6782
印刷／三美印刷 K.K.・製本／榎本製本 K.K.

Published by UCHIDA ROKAKUHO PUBLISHING CO., LTD.
3-34-3 Otsuka, Bunkyo-ku, Tokyo 112-0012, Japan

U.R. No. 542-1

ISBN 4-7536-4096-5　C1045

写真と資料が語る
日本の巨木イチョウ
23世紀へのメッセージ

堀 輝三 著
B5判・336頁（カラー180頁）
定価16800円（本体16000円＋税5％）

幹周6メートル台の全国のイチョウの巨木のほとんどを著者自ら足を運んで取材．180本のイチョウの巨木を収録する．写真はすべて実地に著者が撮影したものであり，最新の調査資料として極めて有益である．本書は，著者が蓄積した膨大な資料から，764枚のカラー写真を掲載するとともに，巨木にまつわるさまざまな知見・情報を盛り込んだ貴重な成書である．

【内容主目】収録イチョウ一覧　収録したイチョウの所在地概略図　巨木イチョウの地理的分布　記載項目（凡例）の説明　第1章　写真編　写真図版1～180（カラー）　第2章　資料編　記載項目の説明　資料各論　521cm以上600cm未満の巨木イチョウリスト　第3章　参考編　巨樹・巨木イチョウに関するこれまでの調査　消えたイチョウ史　イチョウの特異な生存戦略

藻類の生活史集成

堀 輝三 編

専門研究者115名が，502種に及ぶ藻類の生活史を図と解説により見やすく，分かりやすく示した労作．左ページに図，右ページに解説を配した見開き編集で構成する．

　第1巻　緑色藻類　　　　　B5判・448頁(185種)　定価8400円（本体8000円＋税5％）
　第2巻　褐藻・紅藻類　　　B5判・424頁(171種)　定価8400円（本体8000円＋税5％）
　第3巻　単細胞性・鞭毛藻類　B5判・400頁(146種)　定価7350円（本体7000円＋税5％）

陸上植物の起源
─緑藻から緑色植物へ─

渡邊 信・堀 輝三 共訳
A5判・384頁・定価5040円（本体4800円＋税5％）

最初に海で生まれた現生植物の祖先はどのような進化をたどって陸上に進出したのか．本書は，分子生物学，生化学，発生学，形態学などの成果にもとづく探求の書．海藻のような海産藻類からでなく，淡水域に生息した緑藻，特にシャジクモ類から派生したという推論をたて，陸上植物の出現した約五億年前の地球環境，DNAの構造，シャジクモ類の形態・生態・生理などを総合的に考察する．

藻類多様性の生物学

千原光雄　編著
B5判・400頁・定価9450円（本体9000円＋税5％）

藻類の複雑な多様性・異質性は藻学およびその周辺領域の多くの学問による長い年月の成果に裏付けられたものであり，その全貌を理解することは容易なことではない．本書は，かねてより最近の知識を盛った藻類の教科書の必要性を痛感していた編者が，それぞれの藻群を得意とする専門家の参加を得て，膨大な知識の蓄積を整理するとともに，次々と発表される新しい成果を取り入れつつ編んだもので，現在の藻類を理解するための最適の書である．

生物学史展望

井上清恒 著
A5判・448頁・定価6090円（本体5800円）

五千年に渉る生物学の流れを追い，各時代の「学」の特質を浮き彫りにするとともに，個別分野の発展の跡をも正確に跡付け，歴史的に分析し，生命探求の足跡とその成果を明示する．

花色の生理・生化学

安田 齊 著
A5判・296頁・定価5250円（本体5000円）

花色をつくりだすカロチノイド，フラボノイド，アントシアニンなどの色素群についての多くの知見，それらの生合成の研究を花の色と題してまとめた書．　総論／色素の化学／色素の生合成／花色変異の機構／花色の遺伝生化学

植物生長の遺伝と生理

中山 包 著
A5判・240頁・定価4200円（本体4000円）

本書は主に植物の発育・生長の生理の遺伝関係を解説することを主眼とする．　組織培養／種子と発芽／胎生／形態形成の立場から／凋萎／葉と葉色の変異／光合成の立場から／特異の生長型1／特異の生長型2／根系の生長／矮性／腫瘍／倍数体と生長／ヘテロシス／遺伝死

植物細胞遺伝工学

西山市三 著
A5判・280頁・定価5775円（本体5500円）

細胞／種間雑種／メンデル遺伝とその歪み／ゲノム付随の遺伝要素／性染色体と性決定／細胞質遺伝／人為倍数体の育成／応用細胞遺伝／倍数性と植物進化／植物細胞組織培養／分子遺伝学の基礎／核外遺伝子

内田老鶴圃